有机化学课堂精要

范 平 编

科学出版社
北京

内 容 简 介

本书是有机化学课堂精要，试图贴近课堂讲授时的实际情况，力求简明扼要、系统而又有一定深度地介绍有机化学的最基本内容，主要包括常见有机化合物的命名、基本反应及反应机理。全书共16章，以官能团为主线展开讨论，由浅入深地进行叙述，并增加了例题的详细讲解，以便于读者理解和学习。

本书可作为地方综合性大学和师范院校化学专业的教材或教学参考书，也可供化学及相关专业学生复习有机化学时使用。

图书在版编目(CIP)数据

有机化学课堂精要/范平编. —北京：科学出版社，2014.1
ISBN 978-7-03-039467-5

Ⅰ. ①有… Ⅱ. ①范… Ⅲ. ①有机化学-课堂教学-教学研究-高等学校 Ⅳ. ①O62-42

中国版本图书馆 CIP 数据核字(2013)第 312485 号

责任编辑：丁 里 / 责任校对：宋玲玲
责任印制：张 伟 / 封面设计：迷底书装

科学出版社 出版
北京东黄城根北街16号
邮政编码：100717
http://www.sciencep.com

北京厚诚则铭印刷科技有限公司 印刷
科学出版社发行 各地新华书店经销

*

2014年1月第 一 版　开本：787×1092　1/16
2023年11月第九次印刷　印张：19 1/2
字数：422 000
定价：68.00元
(如有印装质量问题，我社负责调换)

前　言

本书是有机化学课堂精要,是在编者编写的有机化学讲稿和课件的基础上,结合多年有机化学教学实践及经验编著而成。全书共16章,主要以官能团为主线展开讨论,按照反应机理分类叙述基本有机反应。

有机化学是化学及相关学科专业的重要基础课,近年来随着国家高等教育教学改革的深入,基础有机化学课程的教学内容和手段已发生了很大的变化,特别是授课学时已大为减少。国内大部分理科院校化学专业有机化学课程的授课学时均由原来的144学时降至不足100学时。由于有机化学知识体系庞大,并且仍处于不断的发展中,新知识、新成果不断涌现,有限的课堂容量与不断增加的教学内容间的矛盾日益突出,因此作为教材必须精选内容。在本书编写过程中努力追求内容少而精,概念清晰,重点突出,所述内容具有一定的深度,使学生使用后对有机化学的框架结构有一个系统的、完整的、初步的认识,同时还注意到所述内容尽量与生产实际及学生的考研、就业相关联。

本书编写根据地方综合性大学化学专业学生的实际情况,由浅入深地进行叙述,努力贴近课堂实际,许多反应方程式附以说明,以便引起读者的重视。同时增加了例题的详细讲解,以便读者理解。

本书的出版得益于"辽宁省普通高等学校本科教学改革与质量提高工程资金"的资助,并且在编写过程中得到了辽宁大学相关领导及同事的帮助与鼓励,在此深表谢意。

编写教材是在借鉴、取舍前人工作的基础上抒发己见,在本书编写过程中参照的主要参考书列于书后。本书若有可取之处,当归功于这些专家及学者,若有谬误则责在编者。由于编者水平所限,定有取舍不当或叙述不清之处,恳请读者批评指正。

范　平
2013年2月

目 录

前言
第1章 绪论 ··· 1
  1.1 有机化合物和有机化学 ·· 1
    1.1.1 有机化合物、有机化学的定义 ·· 1
    1.1.2 有机化合物及有机反应的特性 ·· 2
    1.1.3 有机化学中的酸碱理论 ·· 2
    1.1.4 有机化学的研究方法 ··· 4
  1.2 共价键的一些基本概念与共价键的键参数 ·· 5
    1.2.1 离子键与共价键，八隅律 ··· 5
    1.2.2 关于共振论 ··· 6
    1.2.3 原子轨道 ··· 9
    1.2.4 分子轨道和共价键 ··· 9
    1.2.5 共价键的键参数 ·· 13
  1.3 官能团和有机化合物的分类 ·· 14
    1.3.1 按碳骨架分类 ··· 14
    1.3.2 按官能团分类 ··· 14
    1.3.3 有机化合物构造式的表达方式 ·· 14
第2章 烷烃 ·· 16
  2.1 烷烃的同系列和异构 ·· 16
    2.1.1 烷烃的结构特征 ·· 16
    2.1.2 烷烃的同系列及异构 ··· 16
  2.2 烷烃的命名 ·· 18
    2.2.1 普通命名法 ··· 18
    2.2.2 系统命名法 ··· 18
    2.2.3 系统命名法与 IUPAC 命名法的差别 ·· 20
  2.3 烷烃的构象 ·· 21
    2.3.1 乙烷的典型构象 ·· 21
    2.3.2 正丁烷的构象 ··· 22
  2.4 烷烃的物理性质 ··· 23
  2.5 烷烃的化学性质 ··· 23
    2.5.1 烷烃的结构特点 ·· 23
    2.5.2 预备知识 ·· 23
    2.5.3 烷烃的反应 ··· 25
    2.5.4 烷烃氯代的反应机理 ··· 27

第3章 环烷烃 29
3.1 环烷烃的分类 29
3.2 环烷烃的异构和命名 29
3.2.1 单环烷烃的异构现象 29
3.2.2 单环烷烃的命名 30
3.2.3 桥环烷烃的命名 30
3.2.4 螺环烷烃的命名 31
3.2.5 环烷烃的其他命名方法 31
3.3 环烷烃的化学性质 31
3.3.1 与氢反应 31
3.3.2 与溴反应 32
3.3.3 与氢碘(溴)酸反应 32
3.3.4 氧化反应 32
3.4 环的张力 32
3.5 环己烷的构象 33
3.5.1 环己烷的椅式构象 34
3.5.2 环己烷的船式构象 34
3.5.3 环己烷的其他构象 35
3.5.4 环己烷椅式、船式和扭船式构象间的能量关系 35
3.6 取代环己烷的构象 36
3.6.1 一取代环己烷的构象 36
3.6.2 二取代环己烷的构象 37
3.6.3 多取代环己烷的构象 38
3.7 其他单环烷烃的构象 38
3.8 十氢化萘的构象 38

第4章 立体异构 39
4.1 旋光异构 39
4.1.1 旋光性 39
4.1.2 手性 40
4.1.3 对映体构型的表示方法 42
4.1.4 对映体的命名 43
4.1.5 相对构型与绝对构型 44
4.2 分子的手性与对称性 45
4.2.1 对称元素和对称操作 45
4.2.2 分子的对称性与手性 45
4.3 手性化合物的各种类型 46
4.3.1 有手性中心的化合物 46
4.3.2 有手性轴的化合物 51
4.3.3 有手性面的化合物 53

4.4	顺反异构	54
4.5	构象与旋光性	54
4.6	外消旋体的拆分	54
	4.6.1 晶种结晶法	55
	4.6.2 化学拆分法	55
4.7	不对称合成方法简介	55
	4.7.1 几个基本概念	56
	4.7.2 不对称合成常采用的方法	56

第5章 卤代烷

5.1	卤代烷的分类和命名	57
	5.1.1 卤代烷的分类	57
	5.1.2 卤代烷的命名	57
5.2	卤代烷的结构特点	58
	5.2.1 吸电子诱导效应	58
	5.2.2 碳-卤键的键长	58
	5.2.3 碳-卤键的断裂	59
	5.2.4 α-H 和 β-H 具有弱酸性	59
5.3	卤代烷的亲核取代反应和消除反应	59
	5.3.1 卤代烷的亲核取代反应	59
	5.3.2 卤代烷的消除反应	60
5.4	亲核取代反应机理	61
	5.4.1 双分子亲核取代反应	61
	5.4.2 单分子亲核取代反应	62
	5.4.3 影响亲核取代反应的因素	65
5.5	卤代烷的其他反应	71
	5.5.1 卤代烷的还原	71
	5.5.2 与金属的反应	72
5.6	一卤代烷的制法	75

第6章 烯烃

6.1	烯烃的结构和命名	76
	6.1.1 烯烃的结构	76
	6.1.2 烯烃的异构	76
	6.1.3 烯烃的命名	76
6.2	烯烃的相对稳定性	78
6.3	烯烃的制备——消除反应	78
	6.3.1 消除反应的定义、分类和反应机理	79
	6.3.2 卤代烷脱除卤化氢	79
	6.3.3 醇失水	80
6.4	消除反应机理	81
	6.4.1 单分子消除反应	81

6.4.2 双分子消除反应 ……………………………………………………… 82
6.4.3 单分子共轭碱消除 ……………………………………………………… 86
6.5 烯烃的化学性质 ……………………………………………………………… 87
6.5.1 烯烃的亲电加成反应及机理 ……………………………………………… 87
6.5.2 烯烃的自由基加成 ………………………………………………………… 91
6.5.3 烯烃的α-卤化 …………………………………………………………… 92
6.5.4 硼氢化-氧化和硼氢化-还原反应 ………………………………………… 92
6.5.5 烯烃的催化氢化 …………………………………………………………… 93
6.5.6 烯烃的氧化 ………………………………………………………………… 94
6.5.7 烯烃的聚合反应 …………………………………………………………… 97

第7章 炔烃和共轭烯烃 …………………………………………………………… 98
7.1 炔烃 ………………………………………………………………………………… 98
7.1.1 炔烃的异构和命名 ………………………………………………………… 98
7.1.2 炔烃的结构 ………………………………………………………………… 98
7.1.3 炔烃的化学性质 …………………………………………………………… 99
7.1.4 炔烃的制备 ………………………………………………………………… 102
7.2 共轭二烯烃 ……………………………………………………………………… 102
7.2.1 双烯体的分类、命名和异构现象 ………………………………………… 103
7.2.2 共轭体系的结构和特点 …………………………………………………… 103
7.2.3 共轭二烯烃的反应 ………………………………………………………… 107
7.2.4 共轭二烯烃的用途 ………………………………………………………… 110

第8章 苯和芳香烃 ………………………………………………………………… 112
8.1 芳香烃、芳香性和苯的结构 ……………………………………………………… 112
8.1.1 芳烃的分类 ………………………………………………………………… 112
8.1.2 苯的结构和芳香性 ………………………………………………………… 112
8.2 苯及其衍生物的异构和命名 ……………………………………………………… 114
8.2.1 异构现象 …………………………………………………………………… 114
8.2.2 命名 ………………………………………………………………………… 115
8.3 苯环上的亲电取代反应 …………………………………………………………… 115
8.3.1 苯环上亲电取代反应机理 ………………………………………………… 115
8.3.2 卤代反应 …………………………………………………………………… 116
8.3.3 硝化反应 …………………………………………………………………… 117
8.3.4 磺化反应 …………………………………………………………………… 118
8.3.5 Friedel-Crafts 反应 ……………………………………………………… 119
8.3.6 甲酰化反应 ………………………………………………………………… 121
8.3.7 氯甲基化反应 ……………………………………………………………… 122
8.4 苯环上亲电取代反应的定位规律 ………………………………………………… 122
8.4.1 定位规律 …………………………………………………………………… 122
8.4.2 定位规律的理论根据 ……………………………………………………… 123
8.4.3 定位规律的应用 …………………………………………………………… 126

8.5 苯的其他反应 · 130
    8.5.1 加成反应 · 130
    8.5.2 氧化反应 · 131
8.6 卤代芳烃的亲核取代反应及机理 · 131
    8.6.1 卤代芳烃的亲核取代反应 · 132
    8.6.2 卤代芳烃亲核取代反应机理 · 132
8.7 多环芳烃 · 135
    8.7.1 多苯代脂烃 · 135
    8.7.2 联苯 · 137
    8.7.3 稠环化合物 · 137
8.8 Hückel 规则和非苯芳香体系 · 142
    8.8.1 Hückel 规则 · 142
    8.8.2 非苯芳香体系 · 143
    8.8.3 关于芳香性研究的新进展 · 146

第 9 章 醇、酚、醚 · 148

9.1 醇 · 148
    9.1.1 醇的定义和分类 · 148
    9.1.2 醇的结构和命名 · 149
    9.1.3 醇的化学性质 · 150
    9.1.4 醇的制备 · 157
    9.1.5 邻二醇的特殊反应 · 160
9.2 酚 · 162
    9.2.1 酚的结构和命名 · 162
    9.2.2 苯酚及其衍生物的化学性质 · 163
    9.2.3 萘酚的化学性质 · 169
    9.2.4 酚的制备 · 170
    9.2.5 多元酚 · 171
9.3 醚 · 172
    9.3.1 醚的分类和结构 · 172
    9.3.2 醚的命名 · 172
    9.3.3 醚的制备 · 173
    9.3.4 醚的化学性质 · 174
    9.3.5 环醚 · 175
9.4 硫醇、硫酚和硫醚 · 178
    9.4.1 硫醇 · 178
    9.4.2 硫醚 · 178

第 10 章 醛、酮 · 180

10.1 醛、酮的分类、命名和结构 · 180
    10.1.1 醛、酮的分类 · 180
    10.1.2 醛、酮的命名 · 180

10.1.3 羰基的结构与反应性 ·· 181
 10.2 羰基的亲核加成 ·· 181
  10.2.1 羰基的亲核加成反应总述 ·· 181
  10.2.2 羰基与含碳亲核试剂的加成 ·· 182
  10.2.3 羰基与含氧亲核试剂的加成 ·· 185
  10.2.4 羰基与含氮亲核试剂的加成 ·· 187
  10.2.5 羰基与含硫亲核试剂的加成 ·· 189
 10.3 酮式-烯醇式平衡及相关反应 ·· 190
  10.3.1 α-H 的酸性及酮式-烯醇式平衡 ·· 190
  10.3.2 卤代反应 ·· 193
  10.3.3 缩合反应 ·· 195
  10.3.4 Favorski 重排 ·· 199
  10.3.5 Wittig 反应 ·· 199
  10.3.6 二苯乙醇酸重排 ·· 200
 10.4 醛、酮的还原 ·· 200
 10.5 醛、酮的氧化 ·· 201
  10.5.1 醛的氧化 ·· 201
  10.5.2 酮的氧化 ·· 202
 10.6 醛、酮的制备 ·· 203
  10.6.1 几种已知的方法 ·· 203
  10.6.2 芳烃氧化 ·· 204
  10.6.3 二卤代物水解 ·· 204
 10.7 α,β-不饱和醛、酮 ·· 204
  10.7.1 α,β-不饱和醛、酮的亲电加成反应 ·· 205
  10.7.2 α,β-不饱和醛、酮的亲核加成反应 ·· 206
  10.7.3 α,β-不饱和醛、酮的羟醛缩合 ·· 208
  10.7.4 α,β-不饱和醛、酮的还原 ·· 208

第 11 章 羧酸 ·· 210
 11.1 羧酸的分类、命名和结构 ·· 210
  11.1.1 羧酸的分类和命名 ·· 210
  11.1.2 羧酸的结构 ·· 211
 11.2 羧酸的化学性质 ·· 211
  11.2.1 羧酸的酸性 ·· 211
  11.2.2 羧酸衍生物的生成 ·· 212
  11.2.3 羧酸的还原 ·· 215
  11.2.4 脱羧反应 ·· 215
  11.2.5 羧酸 α-H 的反应 ·· 217
 11.3 羧酸的制备 ·· 217
  11.3.1 常用方法 ·· 217
  11.3.2 有机金属化合物与 CO_2 反应 ·· 218

11.4 卤代酸的合成和反应 ·· 218
　　11.4.1 卤代酸的合成 ·· 218
　　11.4.2 卤代酸的反应 ·· 218
11.5 羟基酸的合成和反应 ·· 219
　　11.5.1 羟基酸的合成 ·· 219
　　11.5.2 羟基酸的反应 ·· 219

第 12 章 羧酸衍生物 ·· 221
12.1 羧酸衍生物的命名 ·· 221
　　12.1.1 酰卤的命名 ·· 221
　　12.1.2 酸酐和酯的命名 ·· 221
　　12.1.3 酰胺和腈的命名 ·· 221
12.2 羧酸衍生物的结构和反应性能 ·· 222
12.3 羧酸衍生物的制备及相互转换 ·· 222
　　12.3.1 酰卤的制备 ·· 222
　　12.3.2 酸酐的制备 ·· 223
　　12.3.3 羧酸的制备 ·· 224
　　12.3.4 酯的制备 ·· 226
　　12.3.5 酰胺和腈 ·· 227
　　12.3.6 羧酸及其衍生物间的转化 ·· 228
12.4 羧酸衍生物的其他反应 ·· 228
　　12.4.1 羧酸衍生物的还原反应 ·· 228
　　12.4.2 烯酮的制备和反应 ·· 230
　　12.4.3 Reformatsky 反应 ·· 231
　　12.4.4 酯的热解 ·· 232
　　12.4.5 酯缩合反应 ·· 233
　　12.4.6 酯的酰基化反应 ·· 235
　　12.4.7 酯的烷基化反应 ·· 235
12.5 与酯缩合、酯的烷基化和酰基化类似的反应 ·· 236
　　12.5.1 酮的类似反应小结 ·· 236
　　12.5.2 酮经烯胺发生的烷基化、酰基化 ·· 236
12.6 β-二羰基化合物的特性及应用 ·· 237
　　12.6.1 β-二羰基化合物的酸性及判别 ·· 237
　　12.6.2 β-二羰基化合物的烷基化与酰基化 ······································ 238
　　12.6.3 β-二羰基化合物的酮式分解和酸式分解 ·································· 239
　　12.6.4 β-二羰基化合物在合成中的应用 ·· 239

第 13 章 胺 ·· 241
13.1 胺的分类、结构和命名 ·· 241
　　13.1.1 胺的分类 ·· 241
　　13.1.2 胺的结构与构型 ·· 242
　　13.1.3 胺的系统命名 ·· 242

- 13.2 胺的制备 243
  - 13.2.1 氨或胺的烷基化——Hofmann 烷基化 243
  - 13.2.2 Gabriel 合成法 243
  - 13.2.3 硝基化合物的还原——制备 1°胺 243
  - 13.2.4 酰胺、腈、肟的还原 244
  - 13.2.5 醛、酮的还原胺化 244
  - 13.2.6 从羧酸及其衍生物制胺——Hofmann 重排 244
- 13.3 胺的化学性质 245
  - 13.3.1 胺的碱性 245
  - 13.3.2 胺的成盐反应 246
  - 13.3.3 四级铵盐及其相转移催化作用 246
  - 13.3.4 四级铵碱和 Hofmann 消除反应 247
  - 13.3.5 胺的酰化和 Hinsberg 反应 248
  - 13.3.6 胺的氧化和 Cope 消除反应 249
  - 13.3.7 胺与亚硝酸的反应 249
- 13.4 芳胺 250
  - 13.4.1 芳胺的制备 250
  - 13.4.2 芳胺的化学性质 250
- 13.5 重氮化反应及重氮盐在合成上的应用 252
  - 13.5.1 重氮化反应 252
  - 13.5.2 重氮盐在合成上的应用 252

第 14 章 周环反应 255
- 14.1 周环反应和分子轨道对称守恒原理 255
  - 14.1.1 周环反应简介 255
  - 14.1.2 分子轨道对称守恒原理简介 255
- 14.2 电环化反应 256
  - 14.2.1 电环化反应定义 256
  - 14.2.2 前线轨道理论对电环化反应选择规则的描述 256
- 14.3 环加成反应 259
  - 14.3.1 环加成反应的定义、分类 259
  - 14.3.2 前线轨道理论对环加成反应选择规则的描述 259
  - 14.3.3 1,3-偶极化合物的环加成反应 261
- 14.4 σ迁移反应 263
  - 14.4.1 σ迁移反应的定义、命名 263
  - 14.4.2 前线轨道理论对σ迁移反应选择规则的描述 263

第 15 章 杂环化合物 268
- 15.1 杂环化合物的简介和命名 268
  - 15.1.1 杂环化合物的简介 268
  - 15.1.2 五元杂环化合物的命名 269
  - 15.1.3 六元杂环化合物的命名 270

15.2 含一个杂原子的五元杂环体系 ·· 270
    15.2.1 呋喃、噻吩、吡咯的结构 ··· 270
    15.2.2 呋喃、噻吩、吡咯环系的制备 ·· 271
    15.2.3 呋喃、噻吩、吡咯的反应 ··· 271
15.3 含两个杂原子的五元杂环体系简介 ··· 275
    15.3.1 1,3-唑的结构 ·· 275
    15.3.2 唑的反应 ·· 276
15.4 含一个杂原子的六元杂环体系 ·· 277
    15.4.1 吡啶的结构 ·· 277
    15.4.2 吡啶环系的合成 ··· 277
    15.4.3 吡啶与亲电试剂的反应 ·· 278
    15.4.4 吡啶与亲核试剂的反应 ·· 279
    15.4.5 吡啶的氧化还原反应 ·· 280
    15.4.6 吡啶侧链 α-H 的反应 ·· 280
    15.4.7 吡啶 N-氧化物的反应 ·· 281
15.5 含两个氮原子的六元杂环体系简介 ··· 281
    15.5.1 嘧啶的合成 ·· 281
    15.5.2 嘧啶的反应 ·· 281
    15.5.3 几个重要的嘧啶衍生物 ·· 282
15.6 含一个杂原子的五元杂环苯并体系简介 ··· 282
    15.6.1 吲哚的合成 ·· 282
    15.6.2 吲哚的反应 ·· 282
15.7 含一个杂原子的六元杂环苯并体系简介 ··· 283
    15.7.1 喹啉和异喹啉的合成 ·· 283
    15.7.2 喹啉和异喹啉的反应 ·· 284
15.8 嘧啶和咪唑的并环体系——嘌呤环系简介 ··· 286
    15.8.1 结构 ·· 286
    15.8.2 嘌呤的两个重要衍生物 ·· 286

第 16 章 碳水化合物 ·· 287
16.1 糖的定义和分类 ··· 287
    16.1.1 糖的定义 ·· 287
    16.1.2 糖的分类 ·· 287
16.2 单糖的链式结构及表示方法 ·· 287
    16.2.1 单糖链式结构的表示方法 ·· 287
    16.2.2 相对构型 ·· 288
16.3 单糖的命名 ·· 289
16.4 单糖的环形结构 ··· 289
    16.4.1 葡萄糖的变旋现象及环形结构 ·· 289
    16.4.2 葡萄糖 Haworth 透视式的画法 ··· 291
    16.4.3 葡萄糖的构象式 ··· 292

16.5 单糖的反应 ·· 292
　16.5.1 差向异构化 ·· 292
　16.5.2 糖的递增反应——Kiliani 氰化增碳法 ·· 292
　16.5.3 糖的递降反应——Ruff 递降法(氧化脱羧) ······································· 293
　16.5.4 形成糖脎 ··· 293
　16.5.5 糖的氧化反应 ··· 293
　16.5.6 单糖的还原 ·· 294
　16.5.7 形成糖苷 ··· 295
16.6 一些重要的单糖及其衍生物 ·· 296
16.7 双糖 ··· 296
　16.7.1 纤维二糖的结构和命名 ··· 296
　16.7.2 麦芽糖的结构和命名 ·· 297
　16.7.3 乳糖的结构和命名 ··· 297
　16.7.4 蔗糖的结构和命名 ··· 297

主要参考文献 ··· 298

第1章 绪 论

1.1 有机化合物和有机化学

1.1.1 有机化合物、有机化学的定义

(1) 化学是研究物质的来源、结构、性质、制备及相关理论和方法的科学。

(2) 有机化学是研究有机化合物的来源、结构、性质、制备及相关理论和方法的科学。

(3) 什么是有机化合物呢？

在有机化学发展的早期，有机物的获得主要来自于动植物有机体。例如，由葡萄汁中获得酒石酸，由柠檬汁中获得柠檬酸，由发酵的牛奶中获得乳酸，由尿液中获得尿素等。1806年，Berzelius 首次将有机物与无机物截然分开，认为有机物只能在生物体内，在特殊力量的作用下才能产生，人工合成是不可能的。这便是有机化学发展过程中一度占统治地位的"生命力论"。

1828年，德国化学家 Wöhler 在由无机化合物合成氰酸铵时意外地得到了尿素。

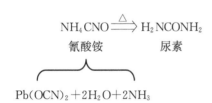

Wöhler

尿素是第一个人工合成的有机化合物。1845年，Kolbe 合成了乙酸，Berthelot 合成了油脂，随后又有许多有机化合物从无机化合物合成出来，"生命力论"被彻底否定，有机化学也进入了人工合成有机物的时代。

现在有机化合物虽然不存在"生命力"，但有机化合物组成了生命的基本构筑单元——脂肪、糖、蛋白质、核酸等，所以生命过程中的化学始终是有机化学的重要研究内容。人在长距离登山后，为什么第二天腿部肌肉会酸痛？头痛时所吃的止痛药片中含有什么成分？虾和螃蟹煮熟后为什么呈现红色？……通过有机化学的学习也许都会得到答案。

从化学组成上看有机物都含有"C"。

CH_4，C_6H_6，CH_3CH_2OH，CH_3COOH，CCl_4，

$CH_3\underset{O}{\overset{}{C}}CH_3$，$H_2N\underset{O}{\overset{}{C}}NH_2$，$H-\underset{CH_2OH}{\overset{CHO}{C}}-OH$

碳是组成有机化合物的基本元素,因此把"含碳化合物称为有机化合物"。1848年,Gmelin将有机化学定义为"碳化合物的化学"。

在使用这一定义时需要注意,一些简单的含碳化合物如 CO、CO_2、H_2CO_3、$CaCO_3$ 等仍然被看作是无机物。

除了碳以外,绝大部分有机物的分子组成中还都含有氢,只由碳氢两种元素组成的有机物称为"烃"。其他的有机化合物除含有 C 和 H 外,还可能含有 O、N、S、P、卤素等,它们都可由相应的烃衍生出来,所以又把有机化学定义为烃及其衍生物的化学。例如:

$$CH_4 + Cl_2 \xrightarrow[\text{或}\Delta]{h\nu} CH_3Cl + CH_2Cl_2 + \cdots$$

$$H_2C=CH_2 \xrightarrow{HBr} CH_3CH_2Br \xrightarrow{OH^-/H_2O} CH_3CH_2OH \xrightarrow{KMnO_4}$$

$$CH_3COOH \xrightarrow[H_2SO_4]{CH_3CH_2OH} CH_3\underset{\underset{O}{\|}}{C}CH_2CH_3$$

1.1.2 有机化合物及有机反应的特性

虽然在有机化合物与无机化合物之间并没有一个可以截然划分的界限,但在组成及性质方面二者确实存在很大的差别。

有机化合物的常见组成元素通常只有 C、H、O、N、S、P 和卤素,但有机化合物的数量非常庞大,已达几千万种以上;而由其他上百种元素组成的无机化合物只有几万种。这是由于具有正四面体结构的四价碳原子可以自相结合,因此一个有机化合物的分子结构不仅与其所含原子的数目及连接次序有关,还与这些原子的空间排布有关。

另外,有机化合物还表现出许多与无机化合物截然不同的性质。

(1) 对热不稳定,容易燃烧。

(2) 熔点较低。

(3) 难溶于水,易溶于有机溶剂。

(4) 普遍存在同分异构现象。例如,CH_3COCH_3 和 CH_3CH_2CHO 二者有相同的分子式 C_3H_6O,但分子中原子的连接顺序不同。

(5) 反应速率比较慢。

(6) 易发生副反应(有机化学中的普遍现象)。

1.1.3 有机化学中的酸碱理论

1. Brönsted-Lowry 所定义的酸碱

酸是质子供体,碱是质子受体,酸碱反应是质子转移的过程。

(1) 酸释放质子后得到的酸根称为该酸的共轭碱;碱结合质子后得到的质子化物称为该碱的共轭酸。例如:

酸		碱		共轭碱		共轭酸
CH$_3$COOH	+	H$_2$O	$\rightleftharpoons$	CH$_3$COO$^-$	+	H$_3$O$^+$
H$_2$O	+	CH$_3$NH$_2$	$\rightleftharpoons$	HO$^-$	+	CH$_3$$\overset{+}{\text{N}}H_3$

（2）物质的酸碱性是相对的，这要看它在反应中是给出质子，还是接受质子。

（3）酸性越强，其共轭碱的碱性就越弱；碱性越强，其共轭酸的酸性也就越弱。酸碱反应是可逆反应，平衡总是偏向于生成弱酸或弱碱的方向。

（4）酸的强度常用其电离平衡常数（K_a）或其负对数（pK_a）表示，pK_a = $-\lg K_a$。在水溶液中测定时，其电离平衡常数为

$$HA + H_2O \rightleftharpoons A^- + H_3O^+$$

$$K_a \approx \frac{[H_3O^+][A^-]}{[HA]}$$

* H$_2$O作为溶剂，浓度基本不变，作为常数合并在K_a中

酸的pK_a数值越小，强度越大。例如，乙酸在25℃的pK_a值为4.76，它的酸性比苯酚（pK_a=9.95）强。

类似地，碱的强度可以用pK_b表示（pK_b = $-\lg K_b$）。

$$HB + H_2O \rightleftharpoons B^- + H_3O^+$$

$$K_b \approx \frac{[H_3O^+][B^-]}{[HB]}$$

（5）根据Brönsted-Lowry的定义，有机化合物C—H键发生断裂形成碳负离子和质子的过程也可以看作是酸的离解，因此广义上可把含有C—H键的有机化合物称为碳氢酸。由于碳的电负性（2.55）与氢的电负性（2.22）相近，C—H键离解的倾向很小，因此碳氢酸的酸性很弱。例如：

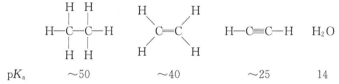

| pK_a | ～50 | ～40 | ～25 | 14 |

碳负离子是碳氢酸的共轭碱，也是一些反应的活性中间体，影响碳负离子稳定性的结构因素将在后面的相关章节中讨论。

2. Lewis的酸碱定义

碱是电子的给予体，酸是电子的接受体。酸碱反应是酸从碱接受一对电子形成配位键，得到一个加合物。

例如，硼烷中硼的外层电子只有6个，可以接受电子（为Lewis酸），而四氢呋喃的氧原子具有孤对电子（为Lewis碱），二者可以形成加合物。

硼烷-四氢呋喃加合物

Lewis碱与Brönsted-Lowry碱基本一致，而Lewis酸却比Brönsted-Lowry酸范围广泛，按照Lewis酸的定义，金属离子Al^{3+}、Fe^{3+}、Ag$^+$等是酸，AlCl$_3$、

BF₃等也是酸,并且质子本身就是酸。

在有机化学中,Lewis 酸碱与 Brönsted-Lowry 酸碱的概念都在使用。例如,醇、酚、羧酸等具有酸性是由于 O—H 键的电离,硫醇、硫酚具有酸性是由于 S—H 键的电离,碳氢酸具有酸性是由于 C—H 键的电离;胺、吡啶等具有碱性是由于氮原子能接受质子。这些化合物的酸碱性采用的是 Brönsted-Lowry 酸碱定义。又如,三烷基硼、三烃基铝具有酸性是由于硼原子和铝原子具有空轨道能够接受一对电子;醚、硫醚等具有碱性是由于杂原子上具有孤对电子,这些化合物的酸碱性采用的是 Lewis 酸碱定义。

3. Pearson 的软硬酸碱概念(1963 年)

将体积小、正电荷数高、可极化性低的中心原子称为硬酸,而将体积大、正电荷数低、可极化性高的中心原子称为软酸;将电负性高、可极化性低、难于氧化的配位原子称为硬碱,而将电负性小、可极化性高、易于氧化的配位原子称为软碱,并归纳了"硬亲硬,软亲软"的经验规则。

软硬酸碱理论虽然只是一种定性的描述,但能够说明许多化学现象。例如:

$$ClCH=CH_2 \xleftarrow{CH_3O^-} ClCH_2CH_2Cl \xrightarrow{C_6H_5S^-} C_6H_5SCH_2CH_2SC_6H_5$$

CH_3O^- 是硬碱,优先进攻硬的 C—H 键上的 H,得到消除产物;而 $C_6H_5S^-$ 是软碱,优先进攻较软的 C—Cl 键上的 C,得到取代产物。

1.1.4 有机化学的研究方法

有机化合物的性质与有机化合物的结构密切相关,所以研究有机化合物首先需要了解其结构。进行有机化合物的结构表征,其一般程序为:有机化合物的分离提纯;元素定性、定量分析,确定实验式;相对分子质量测定,确定分子式;官能团测定,确定化合物的结构式,完成结构表征。在实际工作中这些实验过程可以相互交错进行。

1. 分离提纯

研究一个有机化合物的结构,首先要得到这个化合物的纯净样品。由于有机反应复杂,一般伴随副反应,所得产物通常含有杂质,必须进行分离提纯。

分离提纯的方法很多,如蒸馏、萃取、重结晶、升华及色谱分离等。经分离提纯得到的化合物,通常需进行熔点、沸点、折光率及色谱测定,以确定其是否为单一纯净的化合物。

2. 元素定性、定量分析,确定实验式

提纯后的有机化合物可以进行元素定性和定量分析,以确定化合物的元素组成和实验式。目前有机化合物的元素定量分析通常使用元素分析仪进行。

3. 相对分子质量测定,确定分子式

相对分子质量的测定目前主要使用质谱法。低分辨质谱法可以测得化合物整数位的相对分子质量,再结合实验式,就可得到该化合物的分子式。高分辨质谱法不但可以测得化合物的相对分子质量,而且能够确定化合物的分子式。

4. 官能团测定及结构的确定

目前有机化合物的官能团及结构确定均采用以波谱法为主,化学法为辅的方式进行。波谱法主要包括紫外光谱(UV)、红外光谱(IR)、核磁共振谱(NMR)及质谱(MS)四种方法。

1) 紫外光谱

根据化合物紫外光谱的 λ_{max} 和 ε_{max} 可以判断化合物有无共轭体系及所含生色团是芳香族还是脂肪族。

2) 红外光谱

根据红外光谱中吸收峰的位置,易对下述官能团的存在作出判断:—OH、$\diagdown\!\!\!\text{C}\!\!=\!\!\text{O}\diagup$、—CHO、—COOH、—COOR、—$NH_2$、—CN、—$NO_2$ 等。还可以判断芳环、双键和叁键的存在、相邻官能团是否与不饱和键共轭及苯环、烯键的取代类型等。

3) 核磁共振谱

(1) 核磁共振氢谱(^{1}H-NMR)可区别连接于不同碳原子及杂原子上的质子及各类质子的数目。根据谱峰的裂分及偶合常数可找出相互偶合的相邻基团。

(2) 由于核磁共振碳谱(^{13}C-NMR)的测量范围远大于氢谱,因而能给出更多有关结构的信息。由全氢去偶谱可知分子中含有几种磁不等价的碳原子;由化学位移可以获得饱和碳、烯碳、苯环碳、炔碳及羰碳等信息。由偏共振去偶谱、DETP 谱等可获得有关碳原子级数(伯、仲、叔、季)的信息。

(3) 核磁共振二维谱可以把相互偶合的氢原子(H-H COSY)以及直接相连的氢核与碳核(H-C COSY)关联起来,大大提高了所能鉴定的有机化合物结构的复杂性及难度。

4) 质谱

质谱法的灵敏度远高于其他波谱方法,并且是唯一能够确定分子式的方法,同时由特征碎片离子及裂解方式可以推测特征结构单元的存在,现已成为鉴定有机化合物结构的最重要的方法之一。

在实际工作中,仅凭一种图谱来确定未知物的结构往往行不通,因为任何仪器分析的方法都有局限,必须巧妙结合各种方法的优点,综合利用光谱数据,多种图谱互相印证,才能使结构分析工作准确、快速地进行。

1.2 共价键的一些基本概念与共价键的键参数

1.2.1 离子键与共价键,八隅律

(1) 离子键:通过带异种电荷的离子间的静电吸引力形成。

(2) 共价键:通过共享电子对形成。

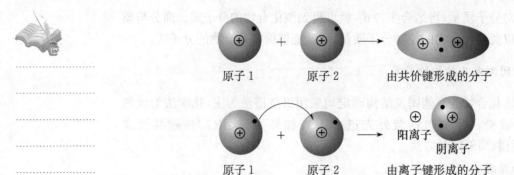

(3) 原子在形成分子时倾向于其最外电子层具有八隅体,即获得惰性气体的结构。

在纯粹的离子键中,八隅体是通过电子转移形成的,例如,钠原子与氯原子形成 NaCl:

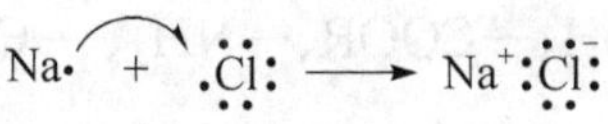

$$Na\cdot + \cdot \ddot{\underset{..}{Cl}}: \longrightarrow Na^+ : \ddot{\underset{..}{Cl}}:^-$$

在共价键中,通过电子共享以达成八隅体构型,如甲烷 $H:\overset{H}{\underset{H}{\overset{..}{C}}}:H$。

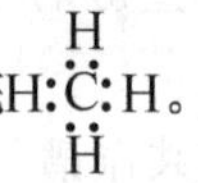

绝大多数有机分子中存在的化学键是共价键。但是通常由于成键的两个原子电负性不同,共用电子对会偏向电负性较大的原子,导致该共价键具有极性,即极性共价键。而键的极性可能会引起分子的极性。

1.2.2 关于共振论

1. 共振论的基本思想

以 CO_3^{2-} 为例:

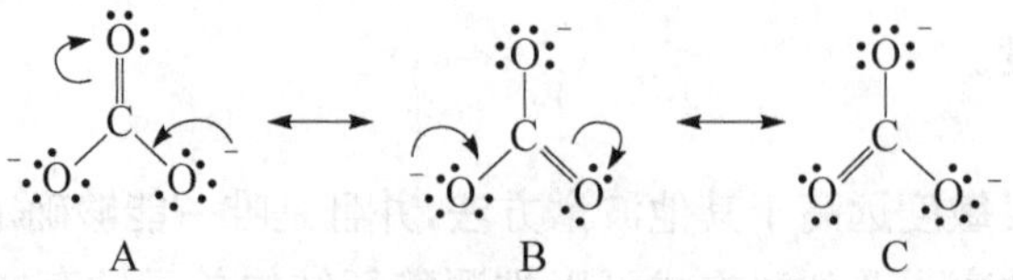

碳酸根的共振式

这三个经典结构式的特点是仅通过电子对的移动就可以互相变换,分子各原子核的位置保持不变,这就是共振式。其含义为在 CO_3^{2-} 中不存在典型的单键和双键,两个负电荷均匀分布在三个氧原子上。

真实的碳酸根离子是完全对称的,有一个位于三角形中心的碳原子,所有 C—O 键的键长相同,介于双键与单键之间。负电荷平均分布于三个氧原子上,称为离域。

碳酸根离子的静电势能图

碳酸根离子共振杂化体的点线表示法

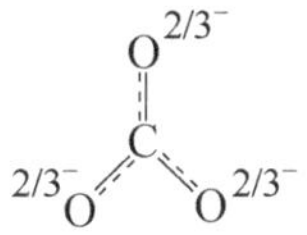

换句话说,这个分子的各个单一经典结构式都不能正确反映 CO_3^{2-} 的真实结构。实际上正确的结构是 A、B、C 的组合物,最终图像称为共振杂化体。共振式不是真实的,虽然每个共振式都对真实结构有贡献。

以上就是 Pauling 共振论的基本思想,即在存在电子离域的分子体系,各单一的共振式都不能正确反映该分子的真实结构,正确的结构是各共振式的共振杂化体。

在有机化学中也会遇到一个分子按照价键规则可以写出一个以上 Lewis 结构式的情况。乙酸根负离子是一个例子。

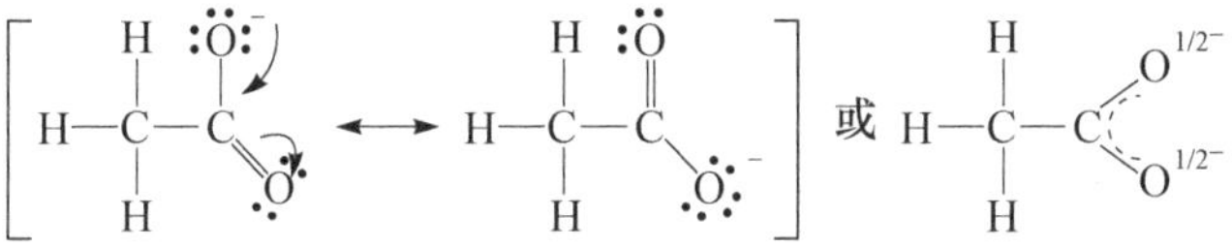

乙酸根负离子

2. 画共振结构式的注意事项

(1) 所有的共振式都必须符合 Lewis 结构式,代表同一分子的共振式间,原子的相对位置保持不变,只有电子移动。

(2) 将一对电子从一个原子移动到另一个原子上将导致电荷的迁移,但所有共振式必须有相同的未成对电子数。

(3) 等价的共振式对共振杂化体的贡献相同。

(4) 联系共振式的箭头是双箭头,所有的共振式用一个方括号括起来。

3. 不是所有的共振式都是等价的

(1) 拥有最多八电子结构的共振式是最重要的。

在甲醛的两种不等价共振式中,含有八电子结构的共振式对甲醛的真实结构贡献大,即甲醛分子中的碳氧键更接近双键。

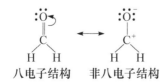
八电子结构　非八电子结构

(2) 电荷应优先处于与其电负性一致的原子上。

$$\begin{matrix}H_3C\\H\end{matrix}C=C\begin{matrix}H\\\ddot{\underset{..}{O}}\bar{:}\end{matrix} \longleftrightarrow \begin{matrix}H_3C\\H\end{matrix}\bar{\ddot{C}}-C\begin{matrix}H\\\ddot{O}:\end{matrix}$$

烯醇负离子的两种不等价共振式

第一种共振式贡献大,因为其负电荷处在电负性较大的氧原子上。

八隅律比电负性标准更重要,即原则(1)要优先于原则(2)。例如:

$$:N\!\!\equiv\!\!\overset{+}{O}: \longleftrightarrow :\overset{+}{N}\!\!=\!\!\ddot{\underset{..}{O}}:$$

在第一种共振式中,正电荷在氧原子上时两个原子都有八个电子;而正电荷位于氮原子上的共振式中,氮原子只有六个电子。根据八隅律比电负性标准优先的原则,第一种共振式对 NO^+ 结构的贡献较大。

(3) 拥有较少正、负电荷分离的结构比拥有较多电荷分离的结构重要,因此中性结构比偶极结构重要。

$$H-C\begin{matrix}\ddot{\underset{..}{O}}:\\\ddot{\underset{..}{O}}-H\end{matrix} \longleftrightarrow H-C\begin{matrix}:\ddot{\underset{..}{O}}:^-\\=\overset{+}{\underset{..}{O}}-H\end{matrix}$$

主要　　　　　次要
甲酸

在有些情况下,为了画出八电子 Lewis 结构,电荷分离是必要的;也就是说,原则(1)要优先于原则(3)。

当同时有几种电荷分离的共振式符合八隅律时,最合适的形式是电荷分布与分子中组成原子的相对电负性最匹配的一种。

$$\begin{matrix}H\\H\end{matrix}C=\overset{+}{\underset{..}{N}}=\ddot{\underset{..}{N}}: \longleftrightarrow \begin{matrix}H\\H\end{matrix}\bar{C}-\overset{+}{N}\!\!\equiv\!\!N:$$

主要　　　　　次要
重氮甲烷

4. 共振论的缺陷

共振论以其通俗简洁的化学语言和经典的结构要素,简明、有效地解释了许多物理、化学问题,迄今为止仍是有机化学中的重要理论之一。但共振论对立体化学、反应过程中的激发态等许多问题不能给出令人满意的解释。例如,共振论无法解释苯和环丁二烯都有两个相同的共振式,但前者非常稳定,后者却十分活泼,在通常情况下难以制备。

5. 共振式的书写练习

较稳定，负电荷　　　不稳定，负电荷在碳原子上　　　较稳定，负电荷分
在氧原子上　　　　　　　　　　　　　　　　　　散到氧原子上

1.2.3　原子轨道

原子中电子的运动状态称为原子轨道。原子轨道可用波函数 Φ（Schrödinger 方程的解）表示。原子中电子在某一点周围出现的概率与 Φ^2 成正比。

可以把电子的概率密度分布近似地看作轮廓不清的"电子云"。电子出现概率大的地方电子云的密度大；电子出现概率小的地方电子云的密度小，这是形象地表示原子轨道的一种方法；也可以画一个界面，使电子在这个界面内出现的概率很大（通常大于90%），而在这个界面以外则很小。这是形象化地表示原子轨道的另一种方法。

有机化学中常遇到的原子轨道是 s 轨道和 p 轨道。1s 电子的电子云对于原子核呈球形对称分布；1s 轨道的界面是以原子核为中心的球面，如图 1-1 所示。

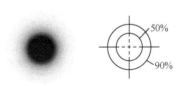

图 1-1　1s 轨道

p 轨道的电子云以通过原子核的直线为轴对称分布，呈哑铃形。p 轨道具有方向性。有三个能量相等的 p 轨道，它们的对称轴相互垂直，分别用 p_x、p_y 和 p_z 表示，如图 1-2 所示。

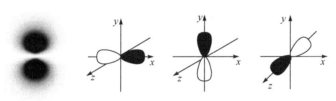

图 1-2　2p 轨道

1.2.4　分子轨道和共价键

Pauling 认为"原子轨道间的同相重叠形成化学键"。

分子轨道理论和价键理论是量子力学处理化学键问题的两种近似方法。

1. 分子轨道理论

分子轨道理论中目前应用最广泛的是"原子轨道线性组合法"，其基本内容为：分子轨道是由原子轨道线性组合而成的，有几个原子轨道参加组合就形成几个分子轨道。分子轨道的电子填充服从 Pauli 不相容原理、能量最低原理和简并轨道填充的 Hund 规则。

例如，两个氢原子的 1s 轨道可以组合成两个分子轨道，两个波函数相加得到的分子轨道，其能量低于原子轨道，称为成键轨道；两个波函数相减得到的分子轨道，其能量高于原子轨道，称为反键轨道。

在基态下氢分子的两个电子自旋反平行地填充在成键轨道中。成键轨道电子云密度最大的地方在两个原子核之间的区域。而反键轨道的电子云互相排斥，不能或很少重叠，不能形成稳定的化学键(图 1-3)。

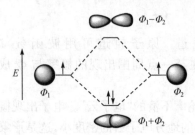

由原子轨道组成分子轨道时，必须符合对称匹配(对称性相同)、原子轨道最大重叠和能量相近这三个原则。

两个原子轨道重叠时必须有一定的方向，才能达到最大重叠，有效成键，如图 1-4 的(1)和(3)所示。

图 1-3　氢分子的分子轨道

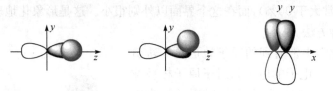

(1) 1s 轨道与 2p$_z$ 轨道最大重叠　　(2) 不是最大重叠　　(3) p 轨道在侧面最大重叠

图 1-4　1s 轨道与 2p 轨道及 2p 轨道间的重叠

能量相近是指组成分子轨道的两个原子轨道的能量要比较接近。因为根据量子力学的计算，当两个能量相差很大的原子轨道组成分子轨道时，将得到如图 1-5 所示的情况。由于成键轨道与原子轨道 Φ_1 的能量接近(在成键过程中能量降低很少)，因此不能形成稳定的分子轨道。

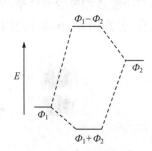

图 1-5　两个能量相差较大的原子轨道组成分子轨道的情况

2. 价键理论

(1) 价键理论认为共价键的形成可以看成是原子轨道的重叠或电子配对的结果，共价键具有方向性和饱和性。当两个原子互相接近生成共价键时，它们的原子轨道互相重叠，自旋相反的两个电子在原子轨道重叠区域内为两个成键原子所共有；生成的共价键的键能与原子轨道重叠的程度成正比，因此分子中原子的位置应能使原子轨道最大限度地重叠，如图 1-6 所示。

原子轨道沿轨道对称轴方向重叠形成的化学键称为 σ 键；沿平行轨道对称轴方向重叠形成的化学键称为 π 键。

σ 键的电子云可以达到最大程度的重叠，所以比较牢固。σ 键旋转时不会破坏其电子云的重叠，所以 σ 键可以自由旋转。

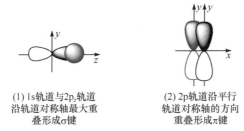

(1) 1s轨道与2p$_z$轨道沿轨道对称轴最大重叠形成σ键

(2) 2p轨道沿平行轨道对称轴的方向重叠形成π键

图 1-6　σ 键与 π 键的形成

(2) 价键理论还认为在生成共价键时,为使原子轨道能更大限度地重叠,能量相近的原子轨道可进行杂化,组成能量相等的杂化轨道。可以组成三种杂化轨道：sp^{3}杂化轨道、sp^{2}杂化轨道和 sp 杂化轨道。

1) sp^{3}杂化轨道

碳原子在形成甲烷时其 2s 轨道上的 1 个电子激发到 2p 轨道上,最终形成四个能量相等的杂化轨道。

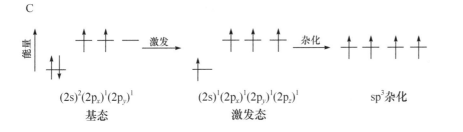

为使 sp^3 轨道间彼此达到最大的距离及最小的干扰,以碳原子核为中心,四个轨道分别指向正四面体的顶点,轨道间的夹角是 109.5°。

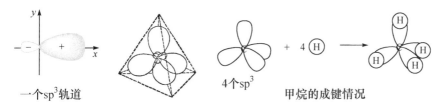

2) sp^{2}杂化轨道

一个 s 轨道与两个 p 轨道形成三个 sp^2 轨道。sp^2 轨道处于同一个平面上,对称地分布在碳原子核的周围,三者之间的夹角是120°,剩下的一个 p 轨道垂直于 sp^2 轨道所在平面。

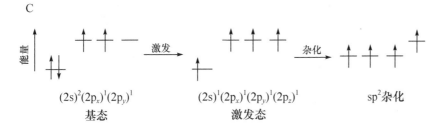

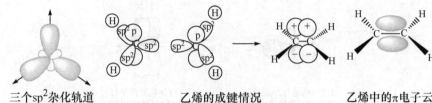

三个sp²杂化轨道　　　　　乙烯的成键情况　　　　　乙烯中的π电子云

3) sp 杂化轨道

一个 s 轨道和一个 p 轨道形成两个 sp 杂化轨道。sp 轨道间的夹角是 $180°$，剩下的两个 p 轨道互相垂直，同时垂直于 sp 轨道所在平面。

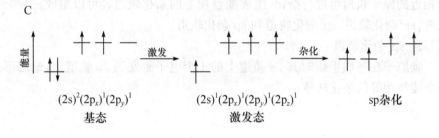

$(2s)^2(2p_x)^1(2p_y)^1$　　　　$(2s)^1(2p_x)^1(2p_y)^1(2p_z)^1$　　　　sp 杂化
基态　　　　　　　　　　　激发态

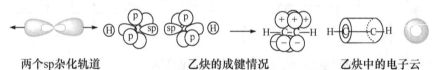

两个sp杂化轨道　　　　　乙炔的成键情况　　　　　乙炔中的电子云

价键法和原子轨道线性组合法都是量子力学处理化学键问题时的近似方法，二者可以互相补充。例如，在乙烯分子中，所有的原子都在同一平面内。两个碳原子以 sp² 杂化轨道互相重叠，并以 sp² 杂化轨道分别与四个氢原子的 1s 轨道重叠，生成五个 σ 键（一个 C—C 键和四个 C—H 键）。两个碳原子上各剩下一个 2p 轨道，它们可以组合成两个分子轨道，一个是成键轨道 π，另一个是反键轨道 $π^*$，两个 p 电子填充在成键 π 轨道上。

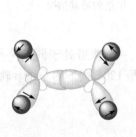

乙烯分子中的σ键

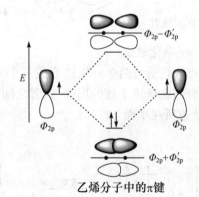

乙烯分子中的π键

1.2.5 共价键的键参数

1. 键长

键长指以共价键结合的两个原子核之间的距离。某两个原子间的键长一般是不变的。

常见共价键的键长

共价键	键长/pm	共价键	键长/pm
C—H	107	C=C（烯烃）	135
C—C（烷烃）	154	C=O（酮）	122
C—O（醇）	143	C≡C（炔烃）	120
H—O	96		

2. 键角

键角指两个共价键之间的夹角。

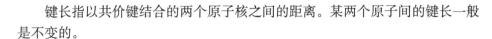

3. 键能

键能指在标准状态下，把 1mol 气态双原子分子 A—B 拆开成气态原子 A 和 B 时所需要的能量，也称为 A—B 键的离解能。对于多原子分子，键能是同类共价键的平均离解能。例如：

$$CH_4 \longrightarrow 4H + C(气) \quad \Delta H = +1663 kJ/mol$$

所以每一个 C—H 的键能为 416kJ/mol。

4. 键的极性

(1) 由 A 和 B 两个原子形成的共价键，会因为 A 和 B 的电负性不同而具有极性。

一般来说，两种原子电负性相差在 1.7 以上，形成离子键；电负性相差为 0～0.6，形成共价键；介于二者之间（电负性相差为 0.6～1.7）的，则形成极性共价键。由共价键到离子键是一个过渡。

(2) 分子的极性。

在多原子分子中，由于各原子电负性不同，电荷分布不很均匀，某部分正电荷多些，另一部分负电荷多些，正电中心与负电中心不能重合。例如，二氯甲烷分子正电中心与负电中心各在空间集于一点，这种在空间具有两个大小相等、符号相反电荷的分子构成一个偶极。

(3) 分子的极性常用偶极矩表示。

正电中心(或负电中心)上的电荷值 q 与正、负电荷中心之间的距离 d 的乘积($\mu = q \times d$)称为偶极矩,单位为 C·m(库·米),偶极矩是有方向性的,方向从正到负。

1.3 官能团和有机化合物的分类

1.3.1 按碳骨架分类

传统上,将有机化合物根据碳骨架的不同分为三类。

(1) 无环化合物:$CH_3CH_2CH_2CH_2CH_3$

(2) 碳环化合物

(i) 脂环化合物:

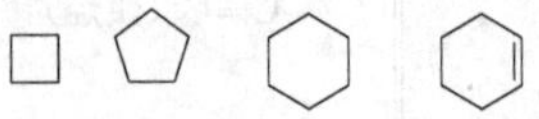

(ii) 芳香环化合物:

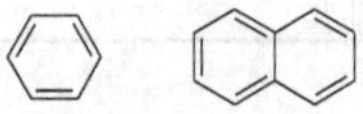

(3) 杂环化合物:

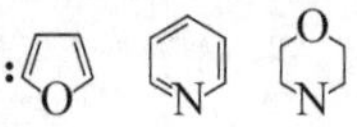

1.3.2 按官能团分类

能决定有机化合物特性的原子或原子团称为官能团。

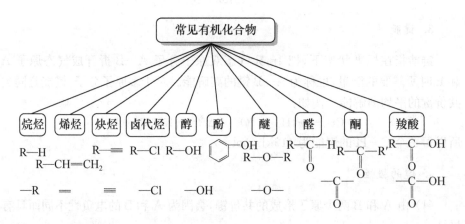

1.3.3 有机化合物构造式的表达方式

表示分子中原子的连接方式和次序的式子称为构造式,主要有 Lewis 结构式和 Kekulé 结构式两种表达方式。

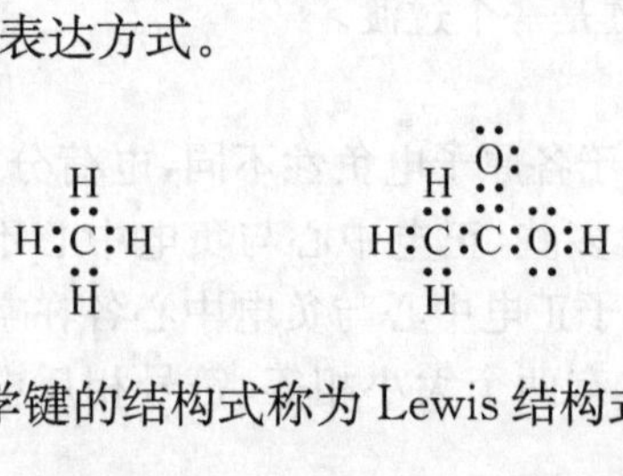

这种以电子点对表示化学键的结构式称为 Lewis 结构式。

也可以用单一直线表示单键,两条直线表示双键,三条直线表示叁键,孤对电子可用点表示或完全省略,所得到的结构式称为 Kekulé 结构式。

Kekulé式	缩写式	键线式
(丙烷 Kekulé)	CH₃CH₂CH₃	⋀
(1,3-二溴丙烷 Kekulé)	CH₃CHBrCH₂Br	(结构)
(甲基乙烯基酮 Kekulé)	CH₃COCH=CH₂	(结构)
HC≡C—CH₂—OH	CH≡CCH₂OH	≡—OH

第2章 烷 烃

2.1 烷烃的同系列和异构

2.1.1 烷烃的结构特征

(1) 烷烃分子中的碳原子以单键互相连接成链,其余的价键完全与氢原子相连,分子中氢的含量已达最高限度,因此又称为饱和烃。

(2) 烷烃分子中的碳都采用 sp^3 杂化。甲烷具有正四面体的结构特征。烷烃中的 C—H 键和 C—C 键都是 σ 键。

(3) 当烷烃所含的碳原子数大于 3 时,碳链就形成锯齿形状,因此所谓"直链烷烃"是指碳链没有分支。

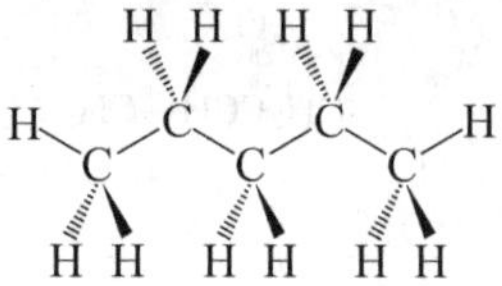

2.1.2 烷烃的同系列及异构

1. 烷烃的同系列

烷烃通式是 C_nH_{2n+2},两个烷烃分子式间的差为 CH_2 或其倍数,并且它们的性质也很相似,这样的一系列化合物称为同系列。同系列中的化合物互称为同系物。烷烃同系列中相邻同系物在组成上相差的 CH_2 称为系差。例如:

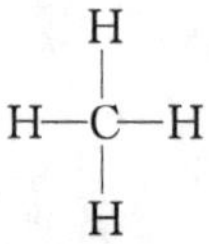

CH_4 C_2H_6 C_3H_8
甲烷(methane)   乙烷(ethane)   丙烷(propane)

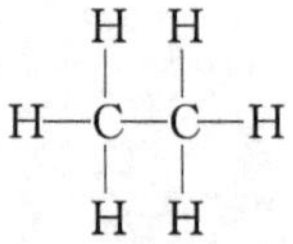

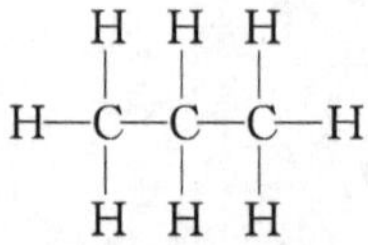

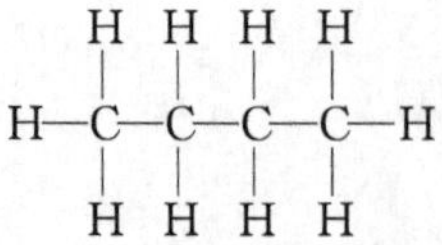

C_4H_{10} C_5H_{12}
丁烷(butane)   戊烷(pentane)

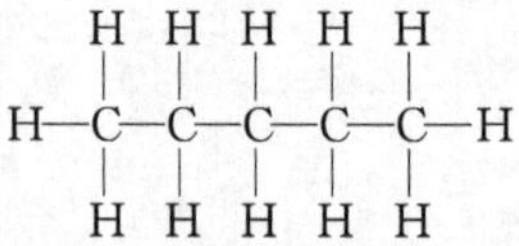

2. 烷烃的异构

1) 烷烃的异构现象

烷烃同系列中,甲烷、乙烷、丙烷只有一种结合方式,没有异构现象。丁烷有两种异构体,这两种异构体之间的差别是分子中碳链的连接方式不同。

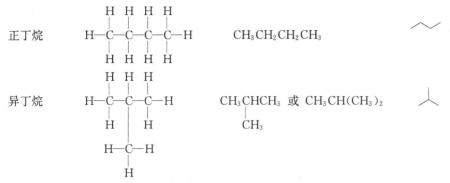

正丁烷

异丁烷

分子中原子互相连接的方式和次序称为构造。分子式相同,而构造不同的异构体称为构造异构体(也称为同分异构体)。

随着碳原子数的增加,烷烃分子异构体的数目迅速增加。低级烷烃同分异构体的数目和构造式可利用碳骨架的不同来推导。以己烷为例,其基本步骤如下。

(1) 写出这个烷烃的最长直链式:

C—C—C—C—C—C
(i)

(2) 写出少一个碳原子的直链式作为主链,把剩下的碳原子作为取代基,依次连接在各碳原子上:

```
C—C—C—C—C        C—C—C—C—C
    |                    |
    C                    C
  (ii)                 (iii)
```

(3) 写出少两个碳原子的直链式作为主链,把两个碳原子作为取代基,依次连接在各碳原子上:

```
C—C—C—C      C—C—C—C      C—C—C—C      C—C—C—C
|   |           |             |              |
C   C           C             C              C
                              |              
                              C              
 (iv)           (v)      (vi)与(i)相同   (vii)与(iii)相同
```

把重复者去掉,并添上 H,这样己烷共有五个同分异构体。

$CH_3—CH_2—CH_2—CH_2—CH_2—CH_3$ $CH_3—CH—CH_2—CH_2—CH_3$
                                              |
                                             CH_3

$CH_3—CH_2—CH—CH_2—CH_3$ $CH_3—CH—CH—CH_3$ CH_3
                | | | |
               CH_3 CH_3 CH_3 $CH_3—C—CH_2—CH_3$
                                                         |
                                                        CH_3

2) 碳原子的分类

以下面两个化合物为例。

$$CH_3—\overset{H}{\underset{CH_3}{\overset{|}{\underset{|}{C}}}}—CH_2—CH_3 \qquad CH_3—\overset{CH_3}{\underset{CH_3}{\overset{|}{\underset{|}{C}}}}—CH_2—CH_3$$

（3° 2° 1°, 4°标注）

只与一个碳原子相连的碳称为伯碳或一级碳原子,用 1°表示;与两个碳原子相连的碳称为仲碳或二级碳原子,用 2°表示;与三个碳原子相连的碳称为叔碳或三级碳原子,用 3°表示;与四个碳原子相连的碳称为季碳或四级碳原子,用 4°表示。与伯碳、仲碳或叔碳相连的氢原子分别称为伯氢、仲氢或叔氢。

2.2 烷烃的命名

2.2.1 普通命名法

(1) 通常把烷烃称为"某烷","某"是指烷烃中碳原子的数目。碳原子数为 1~10,分别用甲、乙、丙、丁、戊、己、庚、辛、壬、癸表示,十个碳原子以上用汉字数字表示。例如,$C_{11}H_{24}$ 称为十一烷。

(2) 直链烷烃称为正某烷。例如,$CH_3CH_2CH_2CH_2CH_3$ 称为正戊烷。

(3) 碳链的一个末端连有两个甲基的特定结构的烷烃称为异某烷。例如:

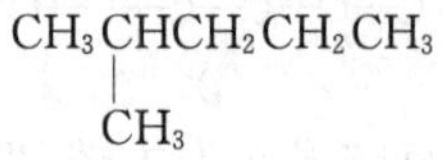

$$CH_3CHCH_2CH_2CH_3$$
$$|$$
$$CH_3$$

异己烷

(4) 在含有 5~6 个碳原子的烷烃异构体中,含季碳原子的可称为新某烷。例如:

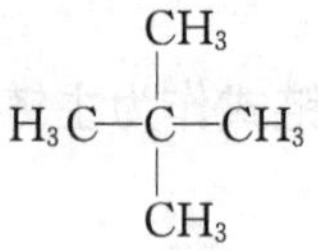

$$H_3C-\underset{\underset{CH_3}{|}}{\overset{\overset{CH_3}{|}}{C}}-CH_3$$

新戊烷

衡量汽油品质的基准物质异辛烷则属例外,因为它的名称沿用日久,已成习惯。

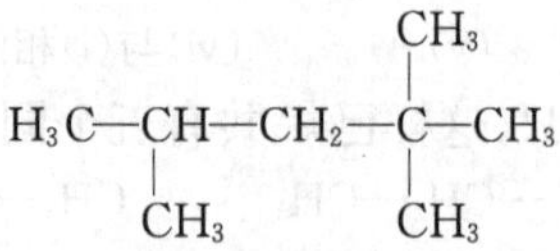

$$H_3C-CH-CH_2-\underset{\underset{CH_3}{|}}{\overset{\overset{CH_3}{|}}{C}}-CH_3$$
$$|$$
$$CH_3$$

异辛烷

2.2.2 系统命名法

1892 年,国际化学大会制定了系统的有机化合物命名法(日内瓦命名法),后经国际纯粹与应用化学联合会(IUPAC)修订,简称为 IUPAC 命名法。我国根据 IUPAC 命名原则,并结合汉字特点制定了"有机化学命名原则",即系统命名法。

1. 直链烷烃

在系统命名法中,直链烷烃的命名与普通命名法基本相同,只是不写"正"字。

$$CH_3CH_2CH_2CH_2CH_2CH_3$$
己烷

2. 支链烷烃的命名步骤

(1) 选择分子中最长的碳链作为主链,写出相当于主链的直链烷烃的名称作为母体,把支链当作取代基。

烷烃分子去掉一个氢原子后剩余的部分称为烷基。

R—(烷基)	中文名	英文名(缩写)
CH_3-	甲基	methyl(Me)
CH_3CH_2-	乙基	ethyl(Et)
$CH_3CH_2CH_2-$	正丙基	n-propyl(n-Pr)
CH_3CHCH_3 (带—)	异丙基	isopropyl(i-Pr)
$CH_3CH_2CH_2CH_2-$	正丁基	n-butyl(n-Bu)
$CH_3CHCH_2CH_3$ (带—)	仲丁基	sec-butyl(s-Bu)
$(CH_3)_2CHCH_2-$	异丁基	isobutyl(i-Bu)
$(CH_3)_3C-$	叔丁基	$tert$-butyl(t-Bu)

(2) 从离取代基最近的一端开始,将主链上的碳原子用阿拉伯数字进行编号。

(3) 将取代基的位置(用阿拉伯数字表示)和名称写在母体名称的前面,并且在阿拉伯数字与汉字之间加"-"连接起来。例如:

$$\overset{1}{C}H_3-\overset{2}{C}H_2-\overset{3}{C}H-\overset{4}{C}H_2-\overset{5}{C}H_2-\overset{6}{C}H_3$$
$$\qquad\qquad\quad |$$
$$\qquad\qquad CH_3$$

3-甲基己烷

(4) 如果两个取代基分别处于主链两端等距离位置,则应按"次序规则"给较小取代基以较小的编号。

常见烷基大小次序:甲基<乙基<丙基<丁基<戊基<异戊基<异丁基<异丙基<仲丁基<叔丁基……

(次序规则的详细内容将在 4.1.4 中讨论)

当同时还有其他取代基时,主链编号位次的原则是使取代基位次编号的和最小。

相同的取代基应并在一起，其数目用汉字表示；取代基位次必须逐个注明，表示取代基位置的阿拉伯数字之间应加逗号","隔开。

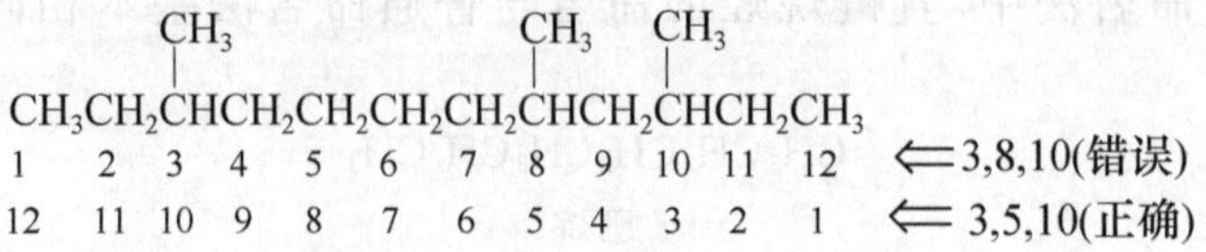

$$\begin{array}{c} \quad\quad\quad CH_3 \quad\quad\quad\quad CH_3 \quad CH_3 \\ CH_3CH_2CHCH_2CH_2CH_2CH_2CHCH_2CH_3 \\ 1\ \ 2\ \ 3\ \ 4\ \ 5\ \ 6\ \ 7\ \ 8\ \ 9\ \ 10\ 11\ 12 \quad \Leftarrow 3,8,10(错误)\\ 12\ 11\ 10\ 9\ \ 8\ \ 7\ \ 6\ \ 5\ \ 4\ \ 3\ \ 2\ \ 1 \quad \Leftarrow 3,5,10(正确) \end{array}$$

3,5,10-三甲基十二烷

（5）当分子中有多个相同长度的链可选作主链时，应选择含支链数目最多的链作为主链。

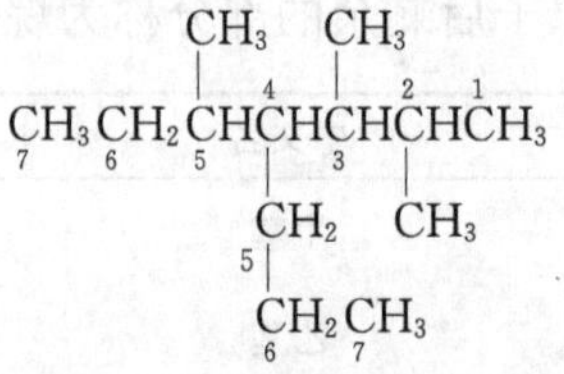

2,3,5-三甲基-4-丙基庚烷

（6）如果支链上还有取代基，则应从与主链相连的碳原子开始，给支链的碳原子依次编号，把这个带有取代基的支链的位置、名称放在括号中。

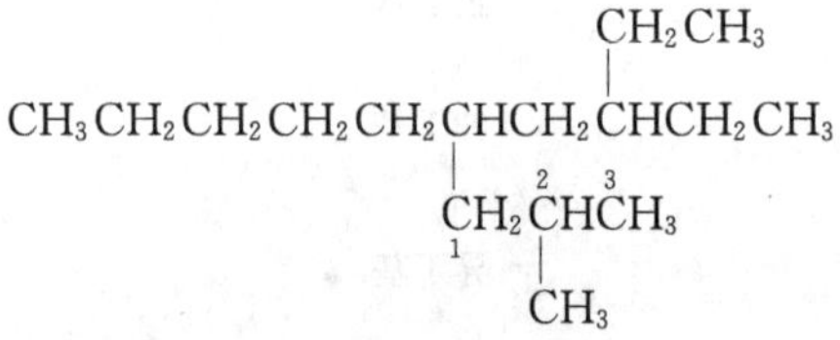

3-乙基-5-(2-甲基丙基)癸烷

练习：

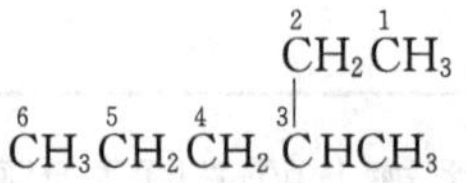

3-甲基己烷 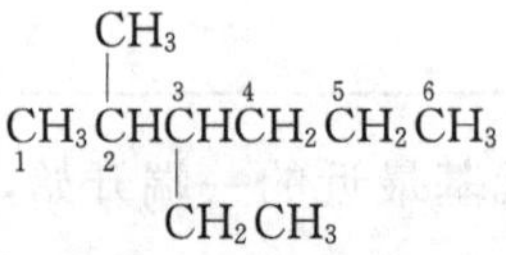   2-甲基-3-乙基己烷

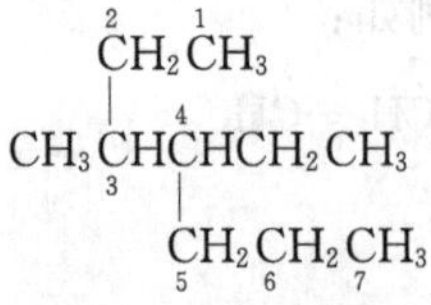

3-甲基-4-乙基庚烷 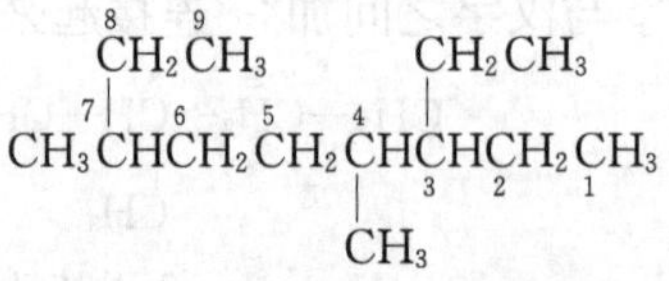   4,7-二甲基-3-乙基壬烷

❑2.2.3　系统命名法与IUPAC命名法的差别

（1）取代基的列出顺序存在差别。IUPAC命名法按照取代基英文名称第一个字母在字母表中的次序列出：butyl（丁基）、ethyl（乙基）、methyl（甲基）、propyl（丙基）等；而系统命名法是按取代基大小的次序规则列出，二者并不完全一致。

在 IUPAC 命名法中相同的取代基也要并在一起,分别用字头 di-,tri-,tetra 表示。

(2) 当两个不同的取代基分别处于主链两端等距离位置时,IUPAC 命名法是给取代基英文名称第一个字母在字母表中排在前面的取代基以较小的编号;而系统命名法是给次序规则中较小取代基以较小的编号,二者并不完全一致。

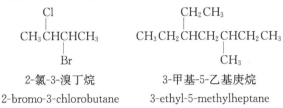

  2-氯-3-溴丁烷   3-甲基-5-乙基庚烷
2-bromo-3-chlorobutane 3-ethyl-5-methylheptane

2.3　烷烃的构象

由于单键旋转而产生的分子中原子在空间的不同排列方式称为构象。构造式相同的化合物因为单键的旋转,可能有多种构象,它们之间互为构象异构体。

2.3.1　乙烷的典型构象

(1) 当乙烷分子的 C—C σ 键绕键轴旋转时,可形成许多构象(C—H σ 键的旋转不改变构象),乙烷的两种最重要的构象如下:

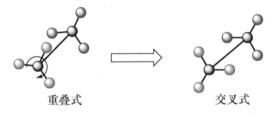

   重叠式   交叉式

乙烷的两种典型构象

(2) 构象的表示方法。

球棍模型	楔形线式(伞式)	锯架式	Newman 式	两面角*
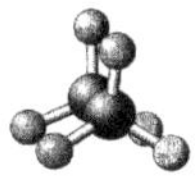	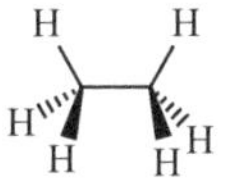	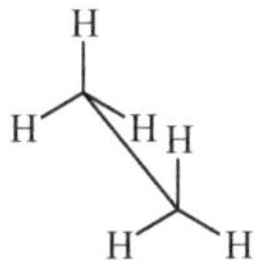	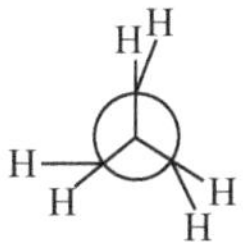	$\phi = 0°$
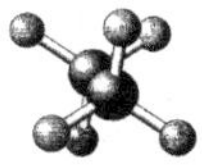	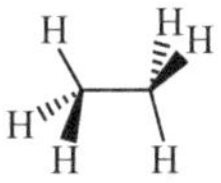	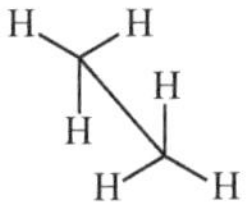	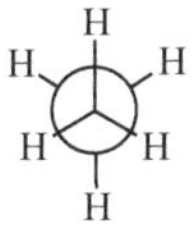	$\phi = 60°$

* 当乙烷分子以 C—C 键为轴旋转时,相邻两碳上的 C—H 键间形成的夹角称为两面角,用 ϕ 表

示。

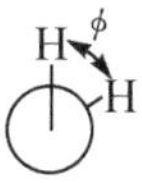

重叠式和交叉式构象只是乙烷众多构象中的两个极限式,其他构象的扭转角则介于上述两种极限构象之间。

(3) 乙烷交叉式构象与重叠式构象的能量分析。

以单键的旋转角度为横坐标,以各种构象的势能为纵坐标,可以画出构象的势能关系图(图2-1)。

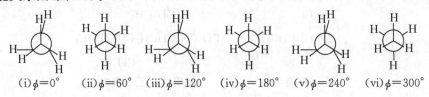

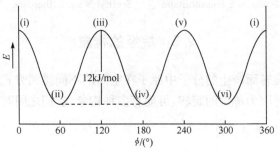

图2-1 乙烷势能与两面角关系示意图

当乙烷处于重叠式构象时,相邻碳上的两个氢原子相距229pm＜240pm(两个氢原子的半径之和),因此产生排斥力,使分子热力学能增大。

当乙烷处于交叉式构象时,相邻碳上的两个氢原子相距250pm,所以重叠式构象比交叉式构象的热力学能高,二者间的能垒为12kJ/mol。

2.3.2 正丁烷的构象

旋转正丁烷 C_2—C_3 键也可以产生无数构象,其典型构象如图2-2所示。

(i) $\phi=0°$　　　　(ii) $\phi=60°$　　　　(iii) $\phi=120°$

反交叉式　　　　部分重叠式　　　　顺式交叉式

(iv) $\phi=180°$　　(v) $\phi=240°$　　(vi) $\phi=300°$　　(vii) $\phi=360°$

全重叠式　　顺式交叉式　　部分重叠式　　反交叉式

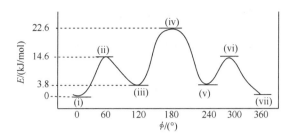

图 2-2 丁烷的典型构象

(ii)、(iv)、(vi)是不稳定构象,(i)、(iii)、(v)、(vii)是稳定构象,其中(i)、(vii)是优势构象。能量最低的稳定构象称为优势构象。

2.4 烷烃的物理性质

有机化合物的物理性质包括化合物的状态、熔点、沸点、密度、折光率、溶解度等,这些物理常数通常用物理方法测定,可以从化学和物理手册中查到。

例如,在通常状态下 $C_1 \sim C_4$ 的烷烃为气体,$C_5 \sim C_{16}$ 的直链烷烃为液体,C_{17} 以上的直链烷烃为固体。

对于有机化合物的物理性质,至少要求掌握以下内容:

(1) 各类有机化合物的物态(气体、液体还是固体)、沸点、熔点、密度、溶解度(包括在水中的溶解度以及在有机溶剂中的溶解度)、折光率等。

(2) 各类化合物物理性质的变化规律,以及造成这种变化规律的内在原因。

2.5 烷烃的化学性质

2.5.1 烷烃的结构特点

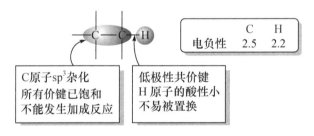

一般情况下烷烃化学性质不活泼、耐酸碱,因此正己烷、石油醚等常用作低极性溶剂。烷烃的多数反应都是通过自由基机理进行的。

2.5.2 预备知识

1. 自由基

(1) 带有未配对电子的原子或原子团称为自由基。自由基中的未配对电子用一个圆点表示。例如:

$$\cdot Cl \qquad \cdot CH_3$$

氯自由基　甲基自由基

带有孤电子的碳原子体系称为碳自由基。

$$CH_3\overset{\cdot}{C}H_2 \qquad CH_3\overset{\cdot}{C}HCH_3 \qquad CH_3\overset{\cdot}{C}CH_3$$
$$\qquad\qquad\qquad\qquad\qquad\qquad\qquad\qquad |$$
$$\qquad\qquad\qquad\qquad\qquad\qquad\qquad\qquad CH_3$$

一级碳自由基　　二级碳自由基　　三级碳自由基

(2) 自由基稳定次序。

三级碳自由基＞二级碳自由基＞一级碳自由基

$$CH_3\overset{\cdot}{\underset{|}{C}}CH_3 > CH_3\overset{\cdot}{C}HCH_3 > CH_3\overset{\cdot}{C}H_2 > \overset{\cdot}{C}H_3$$
$$\quad CH_3$$

(3) 自由基的结构。

自由基有三种可能的结构：平面型(i)、迅速翻转的角锥体(ii)、刚性角锥体(iii)。

(i) 甲基自由基　　　　(ii) 迅速翻转的角锥体　　　(iii) 叔丁基自由基

2. 自由基反应

(1) 定义：由化学键均裂引起的反应称为自由基反应。

(2) 共性：①反应过程包括链引发、链增长、链终止三个阶段；②反应必须在光、热或自由基引发剂的作用下才能发生；③反应多在气相或非极性溶剂中进行，酸或碱通常对反应无催化作用；④反应的选择性通常较差；⑤氧气是自由基反应的抑制剂。

O_2 具有双自由基的结构，可以作为自由基抑制剂。

$$O_2 \equiv \cdot\overset{\cdot\cdot}{\underset{\cdot\cdot}{O}}—\overset{\cdot\cdot}{\underset{\cdot\cdot}{O}}\cdot$$

双自由基

$$\cdot\overset{\cdot\cdot}{\underset{\cdot\cdot}{O}}—\overset{\cdot\cdot}{\underset{\cdot\cdot}{O}}\cdot \; + \; \cdot CH_3 \longrightarrow \cdot\overset{\cdot\cdot}{\underset{\cdot\cdot}{O}}—\overset{\cdot\cdot}{\underset{\cdot\cdot}{O}}—CH_3$$

过氧化烷基自由基
较稳定，活性低

3. 反应机理

反应机理又称为反应历程，是对反应过程的详细描述。研究反应机理是为了了解影响反应的各种因素，最大限度地提高反应产率。同时可以发现反应的一些规律，指导研究的深入。

在描述反应机理时必须正确写出反应的活性中间体或过渡态，并指明电子的流向[规定用全箭头（⌒）表示一对电子的转移，用半箭头（⌒）表示一个电子的转移]。反应机理的描述也可以用反应的势能曲线图(能线图)表示。

在能线图 2-3 中,
反应坐标:由反应物到生成物所经过的能量要求最低的途径。
反应势能曲线:图 2-3 中表示势能高低的曲线。
过渡态:在反应物互相接近的反应过程中,与势能最高点相对应的结构。
活化能:由反应物转变为过渡态所需要的能量。
中间体:两个过滤态之间的产物。
中间体可用实验方法证明其结构,过滤态则不能。

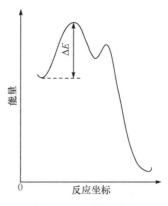

图 2-3 反应能线图

4. 过渡态理论简介

过渡态理论认为任何一个化学反应都要经过一个过渡态才能完成。

$$A + BG \longrightarrow [A\cdots B\cdots G]^{\neq} \longrightarrow AB + G$$

在过渡态时旧键未完全断开,新键未完全形成,此时体系能量最高。过渡态极不稳定,不能分离得到,不能通过实验来确定其结构。

Hammond 通过研究认为:过渡态的结构总是与反应势能曲线两端能量相近的分子的结构近似。

5. 燃烧热和生成热

(1) 在标准状态(298K,0.1MPa)下,1mol 纯物质完全燃烧时的热效应称为该物质的标准摩尔燃烧热。

在烷烃异构体中,燃烧热越小,化合物越稳定。

(2) 在标准状态下,由稳定单质生成 1mol 纯化合物时的热效应称为该物质的标准摩尔生成热。

在烷烃异构体中,生成热越小,化合物越稳定。

2.5.3 烷烃的反应

1. 烷烃的氧化

1) 完全氧化(燃烧)

$$C_nH_{2n+2} + \frac{3n+1}{2}O_2 \xrightarrow{\text{完全燃烧}} nCO_2 + (n+1)H_2O + 热$$

特点:①反应产生大量的热,烷烃最广泛的用途是作为燃料;②反应需要消耗大量的氧,供氧不足,燃烧不完全,会产生 CO 等有害物质。

2) 部分氧化

在催化剂作用下可以使烷烃部分氧化，生成醇、醛、羧酸等。例如：

$$CH_3CH_2CH_2CH_3 \xrightarrow{\text{催化氧化}} CH_3COOH$$

2. 烷烃的热解

在隔绝空气的条件下加热烷烃，可得到相对分子质量较小的烷烃和烯烃的混合物。这一反应在工业上用于提高汽油的质量。

$$CH_3CH_2CH_2CH_3 \xrightarrow[3MPa]{500\sim600\text{℃}} CH_4 + CH_3CH_3 + CH_3CH_2CH_3 +$$
$$H_2C{=}CH_2 + CH_3CH{=}CH_2 + \cdots$$

(1) 该反应也可以在催化剂存在下进行，称为催化裂化。如果热解反应在 700℃以上进行，称为深度裂化。

(2) 烷烃的热解反应是通过自由基机理进行的。烷烃热解时，碳-碳键易发生均裂，生成含有未配对电子的烷基自由基。以丁烷热解为例：

$$CH_3CH_2CH_2CH_3 \xrightarrow{\triangle} \begin{matrix} \cdot CH_3 + \cdot CH_2CH_2CH_3 \\ CH_3CH_2\cdot + \cdot CH_2CH_3 \end{matrix}$$

烷基自由基的反应活性很高，寿命很短。两个烷基自由基可以结合生成稳定的烷烃分子，烷基自由基也可以从另外一个烷基自由基夺取氢原子生成烷烃，而失去氢原子的烷基自由基则转变为烯烃。

$$CH_3CH_2\cdot + \cdot CH_3 \longrightarrow CH_3CH_2CH_3$$
$$CH_3\cdot + \cdot CH_2CH_3 \longrightarrow CH_4 + CH_3CH{=}CH_2$$
$$CH_3CH_2\cdot + \cdot CH_2CH_3 \longrightarrow CH_3CH_3 + H_2C{=}CH_2$$

3. 烷烃的取代反应

烷烃分子中的氢被其他原子取代，称为取代反应，其中与卤素的取代反应是烷烃的重要反应，常见的有氯代和溴代。

1) 甲烷的氯代

$$CH_4 \xrightarrow[\text{光照或}\triangle]{Cl_2} CH_3Cl + CH_2Cl_2 + CHCl_3 + CCl_4$$

甲烷的氯代反应较难停留在一氯甲烷阶段，在实际生产中，通常采用改变反应物投料比的方法，使反应主要生成某一产物。例如：

$$CH_4(\text{过量}) + Cl_2 \xrightarrow{\text{光照或}\triangle} CH_3Cl(\text{主}) + HCl$$
$$CH_4 + Cl_2(\text{过量}) \xrightarrow{\text{光照或}\triangle} CCl_4(\text{主}) + HCl$$

反应需光照或加热。光照时吸收一个光子可产生几千个氯甲烷（反应有引发阶段，是一个连锁反应过程）。反应体系存在 O_2 时反应会被延迟，延迟时间与 O_2 的量有关。

2) 甲烷与其他卤素的反应

反应速率：$F_2 > Cl_2 > Br_2 > I_2$（不反应）

其中 F_2 的反应过分剧烈，较难控制；Cl_2 在常温下即可发生反应；Br_2 需在加热条件下发生反应；I_2 不反应，因为其逆反应更易进行。

$$CH_3I + HI \longrightarrow CH_4 + I_2$$

3) 其他烷烃的氯代反应

(1) 乙烷氯代时除生成氯乙烷外,还生成二氯乙烷等产物。在较高温度下氯代可使氯乙烷成为主要产物。

$$CH_3CH_3 \xrightarrow[\text{光照}]{Cl_2} CH_3CH_2Cl + ClCH_2CH_2Cl + CH_3CHCl_2$$

(2) 丙烷氯代时,生成的一氯化物中有 1-氯丙烷,也有 2-氯丙烷。

$$CH_3CH_2CH_3 \xrightarrow[\text{光照},250℃]{Cl_2/CCl_4} CH_3CH_2CH_2Cl + CH_3\underset{Cl}{CH}CH_3$$

$$\qquad\qquad\qquad\qquad\qquad 43\% \qquad\qquad 57\%$$

丙烷含有 6 个伯氢和 2 个仲氢,但 2-氯丙烷却比 1-氯丙烷多,说明仲氢比伯氢更容易被氯取代。二者的相对反应活性为

$$\frac{\text{仲氢}}{\text{伯氢}} = \frac{57/2}{43/6} \approx \frac{4}{1}$$

(3) 丁烷和异丁烷氯代时,产物中一氯化物的组成为

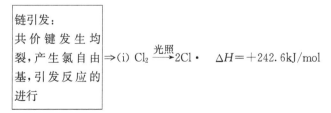

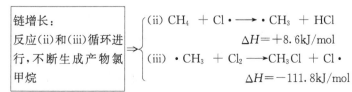

由此可算出仲氢、叔氢与伯氢的相对反应活性。

$$\frac{\text{仲氢}}{\text{伯氢}} = \frac{72/4}{28/6} \approx 4$$

$$\frac{\text{叔氢}}{\text{伯氢}} = \frac{37/1}{63/9} \approx 5$$

2.5.4 烷烃氯代的反应机理

(1) 以甲烷氯代反应为例,研究表明甲烷氯代的反应机理为自由基反应。

| 链引发:共价键发生均裂,产生氯自由基,引发反应的进行 | (i) $Cl_2 \xrightarrow{\text{光照}} 2Cl\cdot$ $\Delta H = +242.6 \text{kJ/mol}$ |

| 链增长:反应(ii)和(iii)循环进行,不断生成产物氯甲烷 | (ii) $CH_4 + Cl\cdot \longrightarrow \cdot CH_3 + HCl$ $\Delta H = +8.6 \text{kJ/mol}$
 (iii) $\cdot CH_3 + Cl_2 \longrightarrow CH_3Cl + Cl\cdot$ $\Delta H = -111.8 \text{kJ/mol}$ |

$$\begin{aligned}&\text{链终止:}\\&\text{自由基互相结}\\&\text{合,使反应停止}\end{aligned} \Bigg\} \begin{aligned}&\text{(iv)} \quad Cl\cdot + Cl\cdot \longrightarrow Cl_2\\&\text{(v)} \quad \cdot CH_3 + \cdot CH_3 \longrightarrow CH_3CH_3\\&\text{(vi)} \quad \cdot CH_3 + Cl\cdot \longrightarrow CH_3Cl\end{aligned}$$

(2) 甲烷氯代反应的能线图。

甲烷氯代反应中甲基自由基产生的过程可以简要地用下式表示：

$$H_3C-H + Cl\cdot \longrightarrow [H_3C\cdots H\cdots Cl]^{\neq} \longrightarrow \cdot CH_3 + HCl$$

当·Cl与甲烷分子接近达到一定距离后，H—Cl键开始形成，C—H键开始断裂。同时，与其他C—H键之间的键角也逐渐加大，体系的能量逐渐上升。当C—H键要断未断，H—Cl键要成未成时，体系能量达到最大值。而后随着H—Cl键成键程度的增加，体系的能量开始降低，最后形成平面形的甲基自由基和一分子氯化氢。

这一过程也可以用能线图(图2-4)表示。

由图2-4可以看出，甲烷与氯自由基反应的活化能约为17kJ/mol。活化能的大小与反应速率有关，活化能越小，反应速率越快。

根据微观可逆性原则，在相同的条件下，正反应和逆反应的途径相同，因此这也是逆反应 $CH_3\cdot + HCl \longrightarrow CH_4 + \cdot Cl$ 的能线图。正反应是吸热的，逆反应就是放热的，其活化能比正反应小，约为8.4kJ/mol。

(3) 甲烷氯代反应能线图的分析。

由图2-5可以看出甲烷氯代是分两步完成的。在一个多步连续反应中，活化能最大的那一步反应是控制反应速率的步骤。

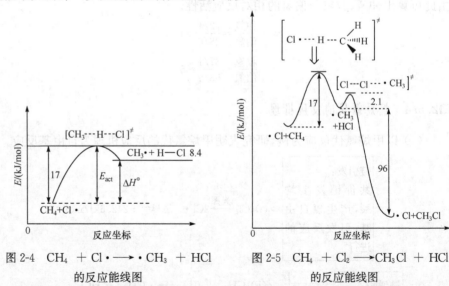

图2-4 $CH_4 + Cl\cdot \longrightarrow \cdot CH_3 + HCl$ 的反应能线图

图2-5 $CH_4 + Cl_2 \longrightarrow CH_3Cl + HCl$ 的反应能线图

反应第一步是吸热的，但因为CH_3Cl的能量比CH_4低很多，所以甲烷的氯代反应总体是放热反应。反应只需开始时供给少量能量。

该反应的选择性较差，通常只适合工业生产而不适合实验室制备。

第3章 环 烷 烃

3.1 环烷烃的分类

- 环烷烃
  - 单环烷烃
    - 通式：C_nH_{2n} — 只有一个环的烷烃称为单环烷烃
      - $n=3,4$ 小环化合物
      - $n=5\sim7$ 普通环化合物
      - $n=8\sim11$ 中环化合物
      - $n\geqslant12$ 大环化合物

乙基环己烷

  - 桥环烷烃 — 共用两个或多个碳原子的多环烷烃称为桥环烷烃
  - 螺环烷烃 — 共用一个碳原子的多环烷烃称为螺环烷烃

2-甲基二环[3.1.0]己烷

1-溴-5-甲基螺[3.4]辛烷

  - 集合环烷烃 — 两个或两个以上的环系各以一个碳原子用单键或双键直接相连而成的化合物称为集合环烷烃

环戊基环己烷

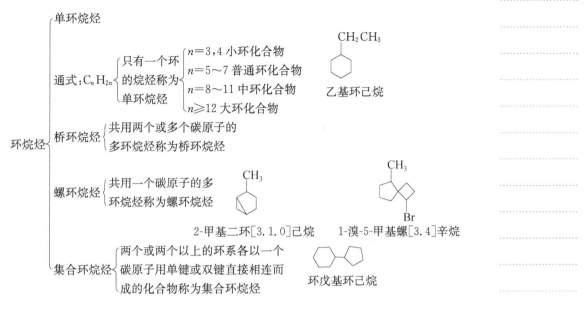

3.2 环烷烃的异构和命名

□3.2.1 单环烷烃的异构现象

1. 碳架异构

分子式相同的环烷烃由于环的大小及侧链的长短和位置不同而产生的异构称为碳架异构。例如，环烷烃 C_5H_{10} 的异构体中，(1)～(5)为碳架异构。

(1) (2) (3) (4) (5) (6) (7)

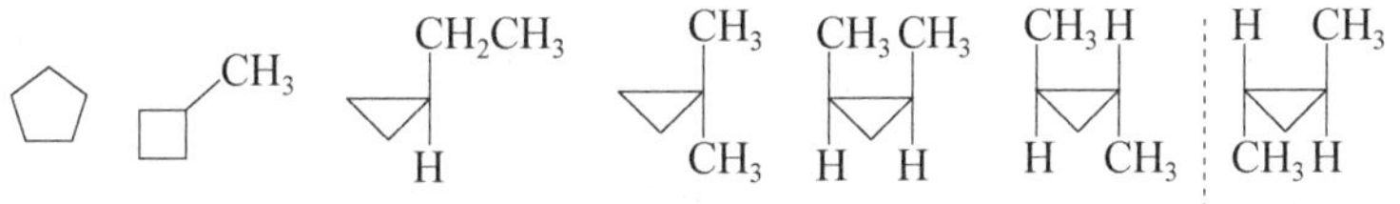

另外，(5)与(6)或(5)与(7)为顺反异构，是由于环碳原子间的 C—C 键不能自由旋转而产生。而(6)与(7)互为镜像，为对映异构(旋光异构)。顺反异构和对映异构属于立体异构。

2. 立体异构

分子中原子在空间的排列方式不同而产生的异构称为立体异构。顺反异构是立体异构的一种。对映异构的相关内容将在第 4 章中讨论。

顺反异构体具有不同的物理性质,要使它们互相转变会引起共价键的断裂,并需要较高的能量,在室温下不能实现。

顺-1,4-二甲基环己烷　　　反-1,4-二甲基环己烷

熔点:-87℃　　　　　　　熔点:-37℃

沸点:124.3℃　　　　　　沸点:119.4℃

3.2.2　单环烷烃的命名

(1) 单环烷烃的命名是根据环中碳原子的数目称为环某烷。

(2) 如果环上有取代基,则在母体环烷烃名称的前面加上取代基的名称和位置。

环上碳原子的编号应使表示取代基位置的数字尽可能小;有不同的取代基时,要用较小的数字表示较小取代基的位置。

乙基环己烷　　　　　　1,4-二甲基-2-乙基环己烷

(3) 当侧链比较复杂时,也可以链为母体,环为取代基。

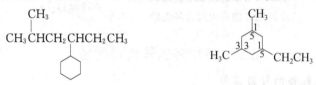

2-甲基-4-环己基己烷　　　1,3-二甲基-5-乙基环己烷

1-ethyl-3,5-dimethylcyclohexane

当用"取代基编号和为最小"原则无法确定选哪一种编号时,使次序规则中较小基团的位次尽可能小(IUPAC 命名则是使取代基英文名称的第一个字母在字母表中排在前面的基团的位次尽可能小)。

(4) 顺反异构体的命名是假定环中碳原子在一个平面上,即以环平面为参考平面,两个相同的取代基在环的同侧称为顺式(*cis*-),在环的异侧称为反式(*trans*-)。

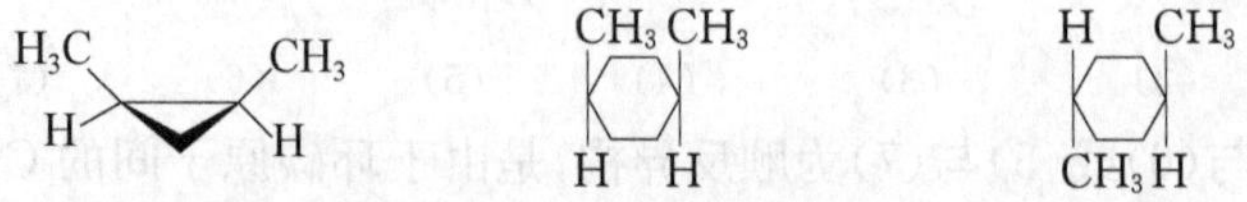

顺-1,2-二甲基环丙烷　　顺-1,4-二甲基环己烷　　反-1,4-二甲基环己烷

3.2.3　桥环烷烃的命名

桥环烷烃的命名模式为"环数[数字]母体烃名称"。

(1) 根据成环碳原子的总数目确定母体烃的名称。

(2) 确定环数,环数等于把化合物切开成开链烃的最少切割次数。

(3) 从一个桥头碳开始编号,沿碳多的一半到另一桥头碳,再编另一半回到起点,最后给桥上的碳原子编号。

(4) 在方括号内,依次标出除桥头碳原子外的桥碳原子数(大在前,小在后),阿拉伯数字间用圆点隔开。

7,7-二甲基二环[2.2.1]庚烷

(5) 由"环数[数字]母体烃名称"三部分共同组成桥环烷烃的名称。若环上有取代基,则把取代基的编号、名称放在母体烃名称前。

3.2.4 螺环烷烃的命名

螺环烷烃的命名模式为"螺[数字]母体烃名称"。

(1) 根据成环碳原子的数目确定母体烃的名称。

(2) 单螺环从较小环中与螺原子相邻的一个碳原子开始,途经小环到螺原子,再沿大环至所有环碳原子;多螺环由较小的端环顺次编号,尽量给螺原子以最小的编号。

(3) 在方括号中,顺着整个编号次序用数字标明各螺原子间所夹的碳原子数目,阿拉伯数字间用圆点隔开。

(4) 若有取代基,将其编号和名称放在母体烃名称前。

 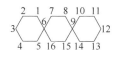

6,8-二甲基螺[3.5]壬烷 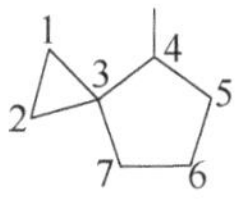　　4-甲基螺[2.4]庚烷　　二螺[5.2.5.2]十六烷

3.2.5 环烷烃的其他命名方法

(1) 按形象命名。

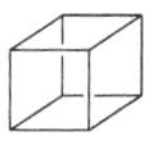

立方烷 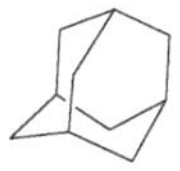　　金刚烷

(2) 按衍生物命名。

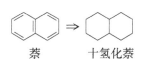

萘　　十氢化萘

3.3 环烷烃的化学性质

大环、中环烷烃的化学性质与链状烷烃相似。小环烷烃有一些特殊的性质,即易开环形成开链化合物。

3.3.1 与氢反应

环丙烷在较低温度和镍催化剂存在下,便可加氢开环生成丙烷。随着环的增大,环戊烷、环己烷等要用活性高的铂催化剂,并在更高温度下才能开环。

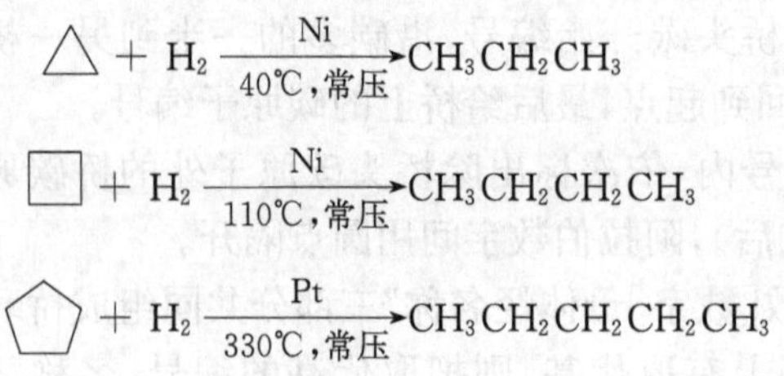

$$\triangle + H_2 \xrightarrow[40℃,常压]{Ni} CH_3CH_2CH_3$$

$$\square + H_2 \xrightarrow[110℃,常压]{Ni} CH_3CH_2CH_2CH_3$$

$$\pentagon + H_2 \xrightarrow[330℃,常压]{Pt} CH_3CH_2CH_2CH_2CH_3$$

3.3.2 与溴反应

溴在室温下即能使环丙烷开环。

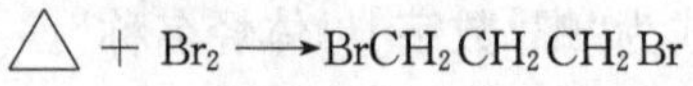

$$\triangle + Br_2 \longrightarrow BrCH_2CH_2CH_2Br$$

环丁烷和环戊烷等只能与氯或溴发生取代反应。

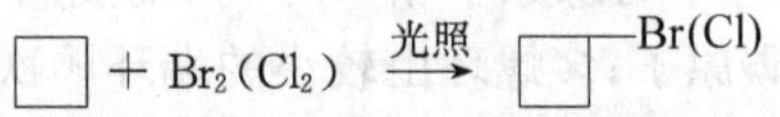

$$\square + Br_2(Cl_2) \xrightarrow{光照} \square\text{—}Br(Cl)$$

取代反应为自由基机理。开环反应为离子型机理，极性条件有利于开环反应的发生，并且开环的难易程度为：三元环＞四元环＞普通环。

3.3.3 与氢碘(溴)酸反应

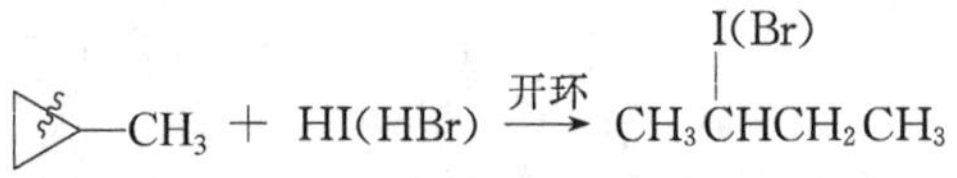

$$\triangle\text{—}CH_3 + HI(HBr) \xrightarrow{开环} CH_3\overset{I(Br)}{\underset{|}{C}}HCH_2CH_3$$

此反应是离子型机理，极性大的键易打开；环丁烷、环戊烷等不发生此反应。

3.3.4 氧化反应

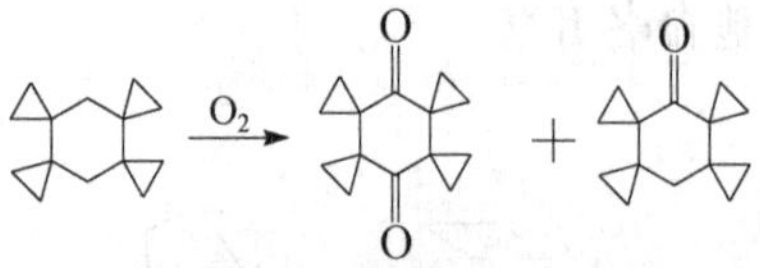

工业生产中利用环己烷这一特点合成环己醇和环己酮。

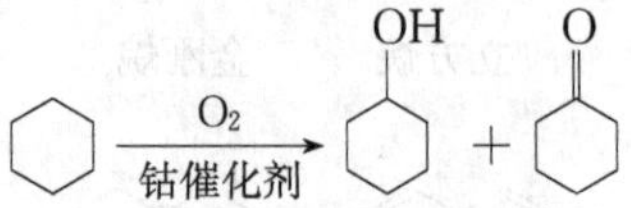

$$\hexagon \xrightarrow[钴催化剂]{O_2} \hexagon\text{—}OH + \hexagon{=}O$$

3.4 环的张力

1883年，Perkin合成得到了三元环、四元环。1885年，Baeyer提出了环张力学说，认为形成环的碳原子都在同一平面上排成正多边形，所有的碳都应有正四面体结构。当碳-碳键间的夹角小于或大于正四面体所要求的角度109.5°时就会产生张力。键角变形（偏转角度）越大，环的张力越大，环的稳定性随之降低，反应活性加大（图3-1）。

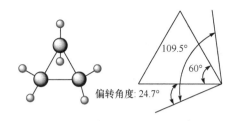

图 3-1　Baeyer 环丙烷分子模型及键角的偏转

$$偏转角度 = \frac{109.5° - 内角}{2}$$

环烷烃(C_nH_{2n})中 n 的取值	3	4	5	6
偏转角度	24.7°	9.7°	0.7°	−5.3°

　　从偏转角度来看,五元环应最稳定,大于或小于五元环都将越来越不稳定。但实际上六元环和更大的环形化合物都是稳定的,这说明 Baeyer 张力学说存在缺陷。因为在环己烷以及更大的环中,碳原子并不像 Baeyer 假设的那样在同一平面内。

　　研究表明,决定有机化合物张力的因素有非键作用(E_{nb})、键长变化(E_l)、键角变化(E_θ)和扭转角变化(E_ϕ)。通常几种因素影响的大小顺序如下:$E_{nb} > E_l > E_\theta > E_\phi$。只是"在小环化合物中,张力主要是由键角变化引起的"。

　　现代物理方法测定得到环丙烷分子的结构模型如图 3-2 所示。从图中可以看出,环丙烷分子中碳原子之间的 sp³ 杂化轨道不是沿轴向重叠,而是以偏离轴向的方向相互交盖,形成"弯曲键",所以环丙烷分子存在着较大的张力。

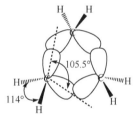

图 3-2　环丙烷分子结构模型

3.5　环己烷的构象

　　Sachse 和 Mohr 先后对 Baeyer 张力学说提出了异议,并用碳的四面体模型组成了两种环己烷模型。

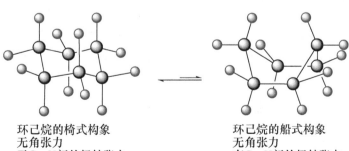

环己烷的椅式构象　　　　　　环己烷的船式构象
无角张力　　　　　　　　　　无角张力
无 C—H 间的扭转张力　　　　有 C—H 间的扭转张力
无张力环　　　　　　　　　　有张力环
常温 99%　　　　　　　　　　常温 1%

3.5.1 环己烷的椅式构象

(1) 环己烷椅式构象的画法。

(2) 环己烷椅式构象的特点：

(i) 环己烷椅式构象中有 6 个直立键(a 键)和 6 个平伏键(e 键)(已被 ^{1}H-NMR 证明)；环中相邻两个碳原子均为交叉式构象。

(ii) 有 C_3 对称轴*(过环的中心，垂直于 1,3,5 碳原子构成的平面和 2,4,6 碳原子构成的平面，两平面间距 50pm)。

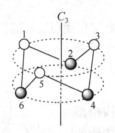

* 如果分子中有一根直线，分子绕其旋转 $2\pi/n$ 可以复原，则称其为该分子的 n 阶对称轴，用 C_n 表示

(iii) 椅式构象在室温下可以快速翻转，能垒为 44.3kJ/mol。

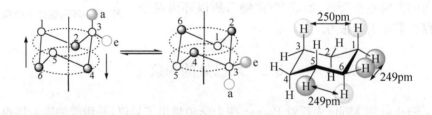

(3) 椅式构象是环己烷的优势构象。

在椅型构象中，相邻的两个碳原子上 C—H 键都在交叉式的位置；所有键角都接近平衡值；非键原子间的距离也都大于范德华半径之和，不存在使键长改变的因素。因此，椅式构象是环己烷的最稳定构象，室温下环己烷的椅式构象大于 99%。

3.5.2 环己烷的船式构象

(1) 环己烷船式构象的画法。

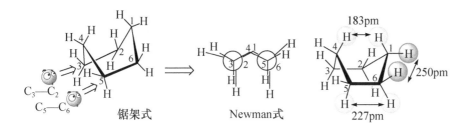

锯架式　　　　　Newman式

(2) 环己烷船式构象的特点：

(i) 在其船式构象中 2,3,5,6 四个碳原子在同一平面内，1,4 碳原子在这一平面的上方。

(ii) 在船式构象中，碳原子 2 和 3 及 5 和 6 的 C—H 键都处在重叠的位置上。

(3) 碳原子 1 和 4 上相对的两个氢原子间的距离只有 183pm，小于其范德华半径之和(240pm)，这迫使 1 和 4 碳原子在空间上尽量远离，结果使键长和键角都发生一定的改变。

3.5.3　环己烷的其他构象

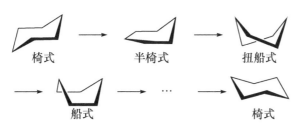

椅式　　　半椅式　　　扭船式

船式　　　　　　　椅式

将环己烷船式构象的模型扭动，使 3 和 6 两个碳原子错开，碳原子 1 和 2 及 4 和 5 之间的角度也随之发生变化，当所有的扭转角都达到 30°时，张力减小得最大，这就是扭船式构象。

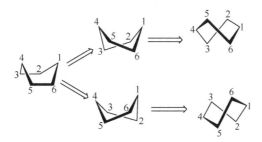

3.5.4　环己烷椅式、船式和扭船式构象间的能量关系

环己烷椅式、船式和扭船式构象间的能量关系如图 3-3 所示。由图可见，环己烷椅式构象的能量最低。扭船式构象的能量比椅式构象高 23.0kJ/mol；船式构象的能量比椅式构象高 29.7kJ/mol。

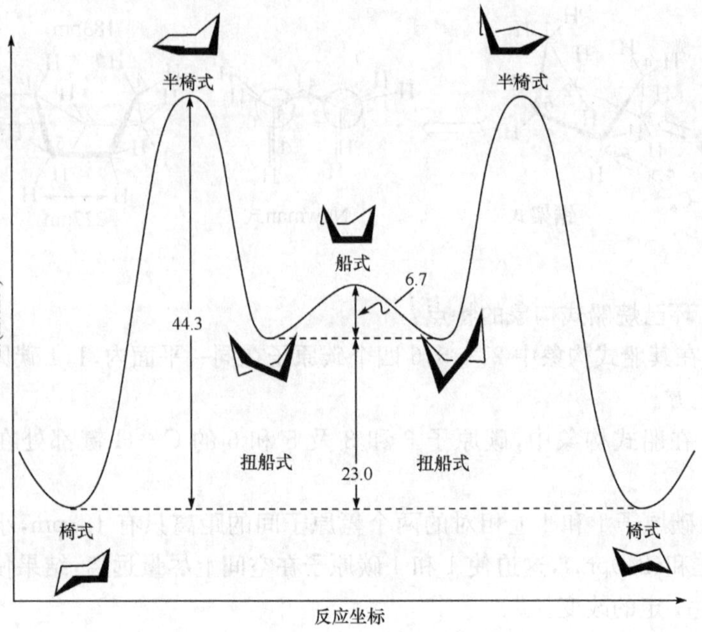

图 3-3 环己烷构象转换的能量关系

只能取船式构象的环己烷衍生物：

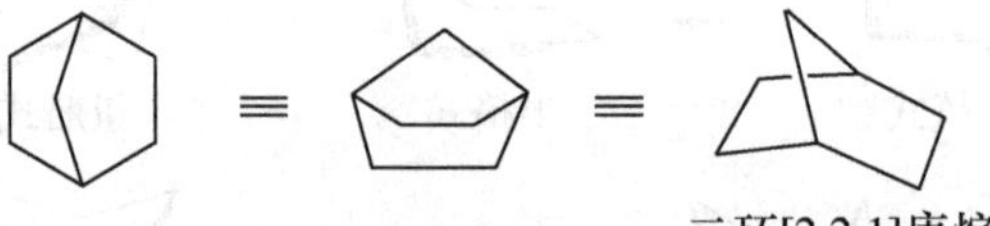

二环[2.2.1]庚烷

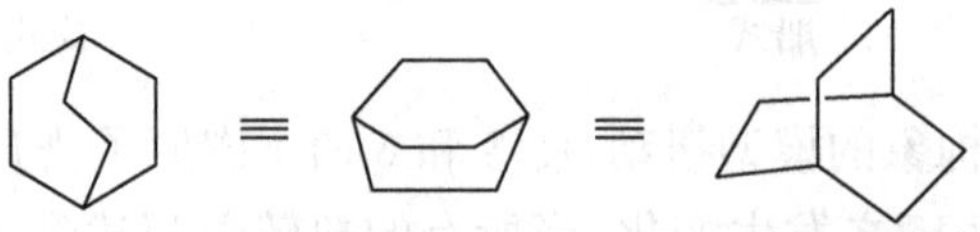

二环[2.2.2]辛烷

3.6 取代环己烷的构象

3.6.1 一取代环己烷的构象

由于连在 e 键上的原子或原子团与邻近的氢相距较远，所以取代基连在 e 键上是稳定的构象。

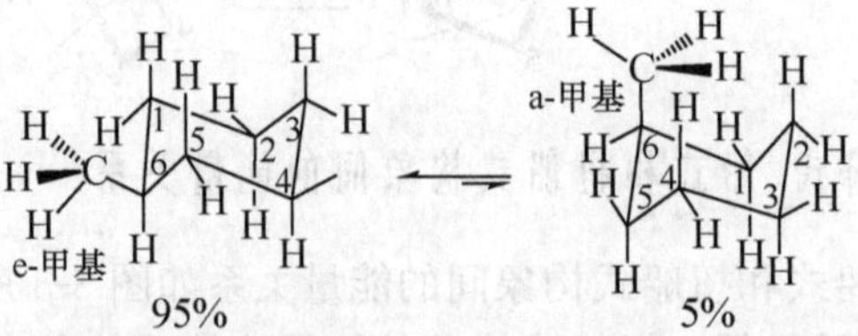

由于叔丁基体积大，叔丁基环己烷的翻转需要较大的能量，所以叔丁基的引入可以起到固定环己烷构象的作用。

环己烷的取代基处于 a 键或 e 键会影响其反应速率。

由于在顺式异构体中—OCOCH₃ 基锁定在直立键的位置,同侧另外两个直立键上的氢阻碍试剂的进攻,因此其反应速率较慢。

❑ 3.6.2 二取代环己烷的构象

二取代环己烷的构象取决于两个取代基的相互位置及空间取向。

(1) 1,1-二取代为 a,e 型,大基团在 e 键为优势构象。

(2) 1,2-二取代分为顺式和反式两种情况。

顺式为 a,e 型,大基团在 e 键为优势构象。反式时,e,e 型优于 a,a 型,两个基团都在 e 键为优势构象。

(3) 1,3-二取代顺式时,e,e 型优于 a,a 型。反式为 a,e 型,大基团在 e 键为优势构象。

(4) 1,4-二取代顺式时为 a,e 型,大基团在 e 键为优势构象。反式时,e,e 型优于 a,a 型。

□3.6.3 多取代环己烷的构象

对多取代环己烷的优势构象应进行具体分析，总的原则是大的取代基在 e 键上，并且 e 键上连有取代基多的为优势构象。

Hassel 规则：带有相同基团的多取代环己烷，如果没有其他因素的参与，在两个构象异构体之间，总是有较多取代基取 e 键相位的构象为优势构象。

Barton 规则：带有不同基团的多取代环己烷，如果没有其他因素的参与，其优势构象总是趋向于使作用最强和较强的基团尽可能多地取 e 键相位。例如：

优势构象　　　　优势构象

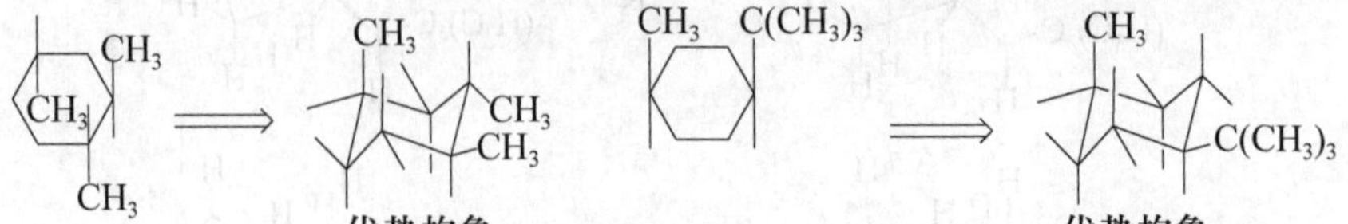

3.7 其他单环烷烃的构象

(1) 四元环：

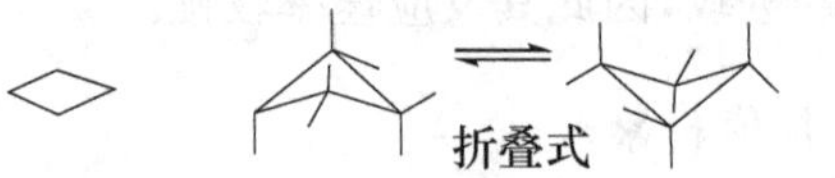

平面式　　折叠式
转换能量ΔE=6.3kJ/mol

(2) 五元环：

信封式

3.8 十氢化萘的构象

萘环命名体系　　　　桥环系统命名体系

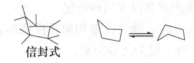

十氢化萘(普通名)　　萘　　二环[4.4.0]癸烷

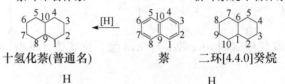

反十氢化萘平面表示法

沸点：159.7℃

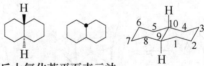

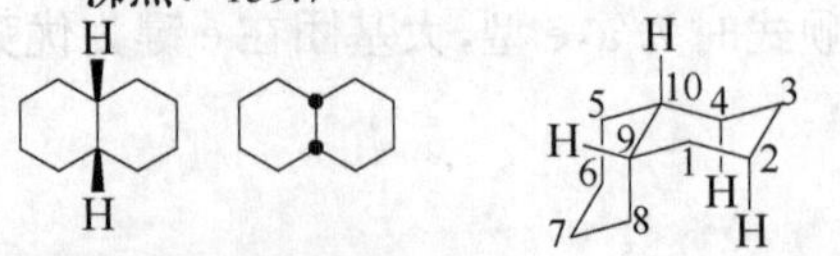

顺十氢化萘平面表示法

沸点：187.3℃

顺式比反式能量高 11.4kJ/mol

第4章 立体异构

立体化学是研究分子的立体形象及与立体形象相联系的特殊物理性质和化学性质的学科。立体异构是立体化学的主要研究内容之一。

构造相同但分子中原子或原子团在空间的排列方式不同的化合物称为立体异构体，这种现象称为立体异构。分子中原子在空间的排列方式称为构型，立体异构体的构型不同。分子由于单键的旋转产生的不同空间排列方式称为构象。构型的含义中不包括构象的概念。

$$\text{立体异构}\begin{cases}\text{构型异构}\begin{cases}\text{顺反异构}\\\text{对映异构（旋光异构）}\end{cases}\\\text{构象异构}\end{cases}$$

4.1 旋光异构

4.1.1 旋光性

旋光异构又称为对映异构，是与分子的旋光性有关的一种立体异构。旋光性是识别对映异构体的重要方法。

1. 平面偏振光

光波是一种电磁波，它的振动方向与前进方向垂直，可以在垂直前进方向的各个平面内振动。如果在光前进的方向上放一个 Nicol 棱镜，只允许平行于棱镜镜轴的光线透过，所获得的只在一个平面上振动的光称为平面偏振光，简称偏振光或偏光。

2. 物质的旋光性和比旋光度

(1) 物质能使平面偏振光振动平面旋转的性质称为物质的旋光性(图 4-1)。

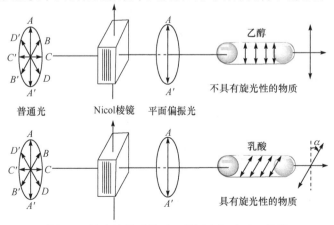

图 4-1 旋光性物质使平面偏振光振动平面旋转

(2) 具有旋光性的物质称为旋光物质(也称为光学活性物质)。能使偏振光振动平面向右(顺时针)旋转的物质称为右旋体,记作(+);能使偏振光振动平面向左(逆时针)旋转的物质称为左旋体,记作(−)。

(3) 旋光仪。定量测定液态或溶液旋光程度的仪器称为旋光仪,其工作原理如图 4-2 所示。从光源发出的光,通过一个固定的 Nicol 棱镜(称为起偏器)后得到偏光,然后通过盛有样品的盛液管,偏光的振动平面旋转了一定的角度 α,要将另一个带有刻度盘的 Nicol 棱镜(称为检偏器)旋转相应角度后,偏光才能完全通过,由检偏器可直接读出其旋转角度 α 的数值,这就是所测样品的旋光度。

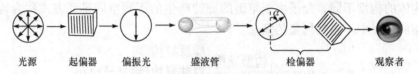

图 4-2 旋光仪工作原理

(4) 旋光度和比旋光度。旋光物质使偏振光振动平面旋转的角度称为旋光度,用 α 表示。旋光度的大小与旋光物质的结构、测定时溶液的浓度、盛液管的长度、温度以及所用光源的波长有关。为了便于比较,一般用比旋光度作为表示化合物旋光性的物理常数。

$$[\alpha]_D^t = \frac{100\alpha}{\rho l}$$

式中,ρ 为样品的质量浓度,为 100mL 溶液中样品的质量(g);l 为盛液管的长度,为 10cm;t 为测定时的温度;D 为钠光作光源,$\lambda = 589.3$nm。

4.1.2 手性

1. 对映异构体

乳酸有两种不同构型(空间排列),二者互为镜像,不能互相重叠;二者旋光度相同,但方向相反(图 4-3)。这种异构体称为旋光异构体或对映异构体,简称对映体。

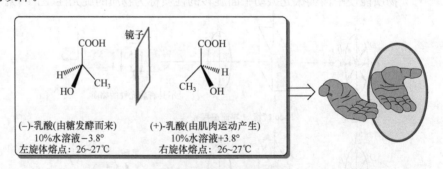

图 4-3 乳酸分子的手性

物质的分子互为实物和镜像关系(像人的左手和右手一样),彼此不能完全重叠的特征称为手性。不能与其镜像叠合的分子称为手性分子。

2. 对映体的性质

（1）对映体的熔点、沸点、在非手性溶剂中的溶解度及与非手性试剂反应的速率都相同。

（2）对映体的旋光性、与手性试剂反应或用手性催化剂催化及在手性溶剂中的反应速率则不相同。生物体内的酶和各种底物是有手性的，因此对映体的生理性质往往有很大差异。

例如，(－)-氯霉素有疗效，而(＋)-氯霉素没有疗效。

又如：

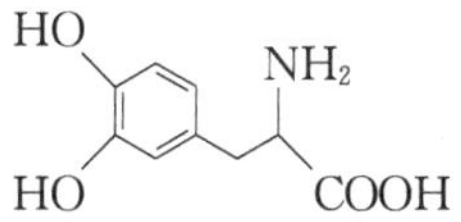

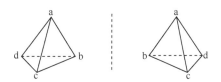

左旋体可以治疗帕金森病；而右旋体在体内聚集，不能被代谢。

3. 不对称碳原子

van't Hoff 把与四个互不相同的一价基团相连的碳原子称为不对称碳原子。因为碳原子的四价指向以碳为中心的正四面体的四个顶点，如果与碳原子连接的四个一价基团互不相同，它们在碳原子周围就有两种不同的排列方式（图 4-4）。这两种不同的排列方式之间的关系相当于实物和镜像，不能互相叠合，因此不对称碳原子也称为手性碳原子或手性碳。

图 4-4　不对称碳原子的四面体模型

通常在化合物的构造式中不对称碳原子的右上角加一个星号表示。

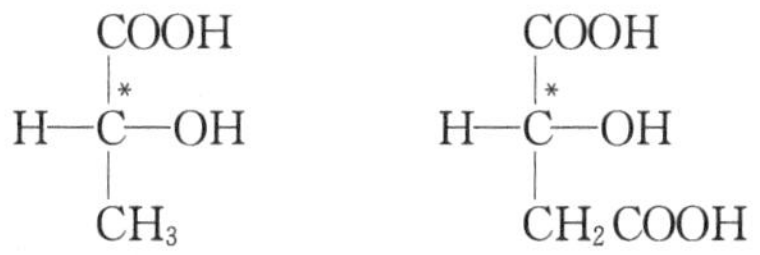

$$\begin{array}{cc} \text{COOH} & \text{COOH} \\ | & | \\ \text{H—C*—OH} & \text{H—C*—OH} \\ | & | \\ \text{CH}_3 & \text{CH}_2\text{COOH} \\ \text{乳酸} & \text{苹果酸} \end{array}$$

4. 外消旋体

含有一个不对称碳原子的化合物有两个对映异构体，如图 4-3 所示的(＋)-乳酸和(－)-乳酸。它们等物质的量的混合物称为外消旋体。外消旋体没有旋光性，用(±)-乳酸表示，其熔点为 18℃。

5. 外消旋化

旋光化合物在物理因素或化学试剂作用下变成两个对映体的平衡混合物，失去旋光性的过程称为外消旋化。

外消旋化实际上是使不对称碳原子的构型反转。Pasteur 使(＋)-酒石酸转变成(±)-酒石酸和内消旋酒石酸,首次实现了外消旋化。

由于纯粹的旋光化合物在多种条件下会发生外消旋化,因此即使是从天然产物中分离出来的旋光化合物,有时也不能保证它是纯粹的对映异构体。

4.1.3 对映体构型的表示方法

1. 构型的表示方法

(1) 对映体可以用球棍模型、楔形线式和透视式表示。

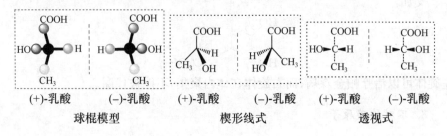

这些表达式形象生动,一目了然,但书写不太方便。目前表达立体构型最常用的方法仍然是 Fischer 投影式。

(2) Fischer 投影式。Fischer 投影式是假定纸面通过不对称碳原子,位于纸面前的两个原子或原子团用通过不对称碳原子的横实线连接,通过不对称碳原子的垂直虚线连接位于纸面后的两个原子或原子团,再将四面体的其他棱边画出,如图 4-5 所示。

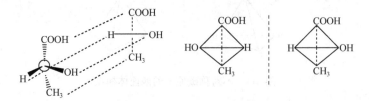

图 4-5 乳酸的 Fischer 投影式

Fischer 投影式一般不写出不对称碳原子,在投影式中,明确规定横向的两个原子团在纸平面前,竖向的两个原子团在纸平面后,不能随意改变。Fischer 投影式常简写成十字形,但各原子团的前后关系不变。例如:

$$\begin{matrix} \text{COOH} \\ \text{HO}\!-\!\!|\!\!-\!\text{H} \\ \text{CH}_3 \end{matrix} \qquad \begin{matrix} \text{COOH} \\ \text{H}\!-\!\!|\!\!-\!\text{OH} \\ \text{CH}_3 \end{matrix}$$

2. 判断不同投影式是否为同一构型的方法

(1) Fischer 投影式不能离开纸平面翻转,只能在纸平面上平移,或在纸平面上旋转 180°。将投影式在纸平面上旋转 180°,投影式构型不变。

(2) 任意固定一个基团不动,依次顺时针或逆时针调换另三个基团的位置,投影式构型不变。

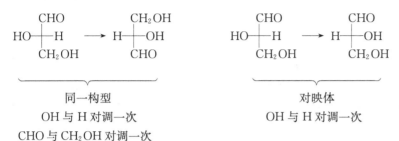

(3) 对调任意两个基团的位置，对调偶数次构型不变，对调奇数次则为原构型的对映体。例如：

同一构型　　　　　　　　　对映体
OH 与 H 对调一次　　　　OH 与 H 对调一次
CHO 与 CH$_2$OH 对调一次

4.1.4　对映体的命名

1. 次序规则

根据 IUPAC 的建议，对映体构型的命名采用 R,S 构型标记法。这种命名法需用到次序规则。各种取代基按先后次序排列的规则称为次序规则。

(1) 取代基游离价所在的原子按原子序数排列，原子序数大的为较优基团，同位素原子按相对原子质量排列，相对原子质量大的为较优原子。命名时较优基团在后。这样就得到下面的次序：

$$H<D<T<B<C<N<O<F<Si<P<S<Cl<Br<I$$

(2) 含不饱和键时，连有双键或叁键的原子可以认为是分别连有两个或三个相同的原子。

$$-C=O \Rightarrow -\overset{O}{\underset{|}{C}}-O \ ; \ -C=C \Rightarrow -\overset{C}{\underset{|}{C}}-\overset{C}{\underset{|}{C}}- \ ; \ -C\equiv C \Rightarrow -\overset{C}{\underset{\underset{C}{|}}{\overset{|}{C}}}-\overset{C}{\underset{\underset{C}{|}}{\overset{|}{C}}}-$$

(3) 若多原子基团的第一个连接原子相同，则外推，比较与它相连的原子；若第二层次的原子仍相同，则沿取代链依次比较，直至比出大小为止，如图 4-6 所示。

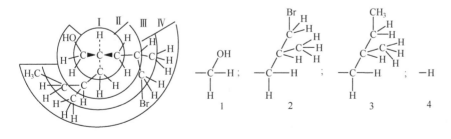

图 4-6　次序规则的使用方法

例如：

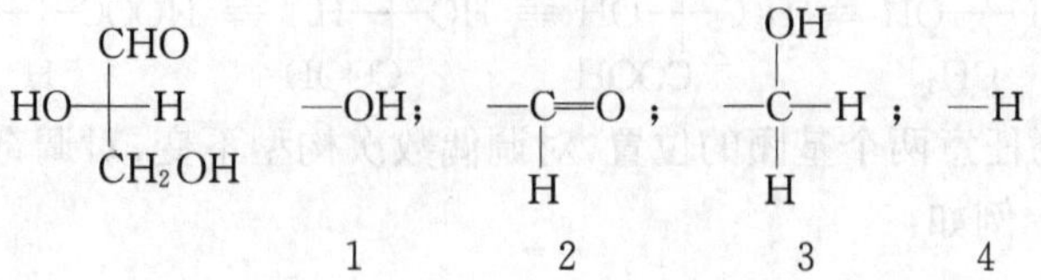

$$\underset{\underset{1}{\text{CH}_2\text{OH}}}{\text{HO}-\overset{\overset{\text{CHO}}{|}}{\underset{|}{\text{C}}}-\text{H}} \qquad \underset{2}{-\text{OH}}; \quad \underset{3}{-\overset{\overset{\text{O}}{\|}}{\underset{|}{\text{C}}}-\text{H}}; \quad \underset{3}{-\overset{\overset{\text{OH}}{|}}{\underset{|}{\text{C}}}-\text{H}}; \quad \underset{4}{-\text{H}}$$

2. R, S 构型标记法

按次序规则将手性碳原子上的四个基团排序。把排序最小的基团放在离观察者眼睛最远（或放在方向盘杆）的位置，观察其余三个基团按由大到小的顺序，若顺时针排列，手性碳为 R 构型；若逆时针排列，则手性碳为 S 构型。例如：

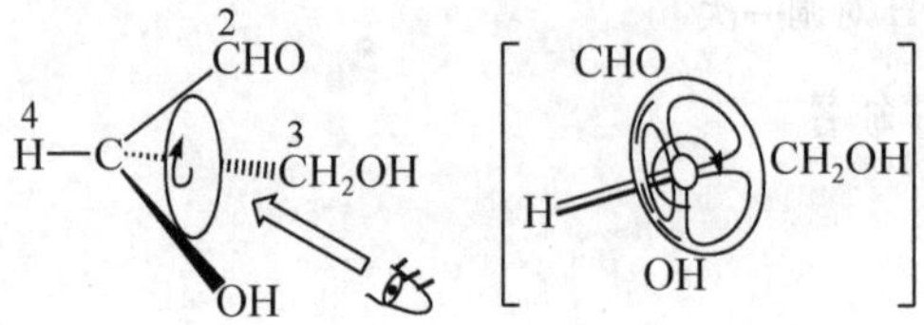

因为 $-\text{OH} > -\overset{\overset{\text{O}}{\|}}{\underset{\underset{\text{H}}{|}}{\text{C}}} > -\overset{\overset{\text{OH}}{|}}{\underset{\underset{\text{H}}{|}}{\text{C}}} - \text{H} > -\text{H}$，所以该化合物为 (R)-甘油醛。

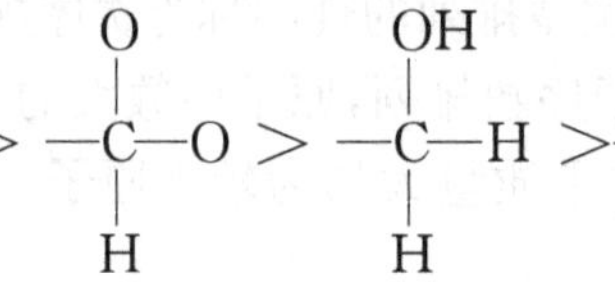

又如：

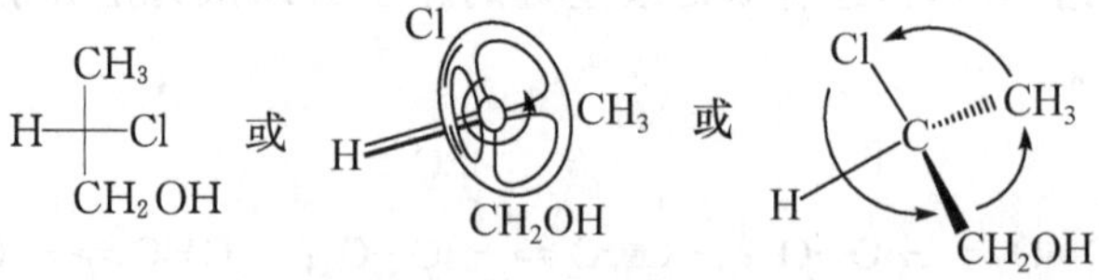

因为 $-\text{Cl} > -\overset{\overset{\text{OH}}{|}}{\underset{\underset{\text{H}}{|}}{\text{C}}} - \text{H} > -\overset{\overset{\text{OH}}{|}}{\underset{\underset{\text{H}}{|}}{\text{C}}} - \text{H} > -\text{H}$，所以该化合物为 (S)-2-氯丙醇。

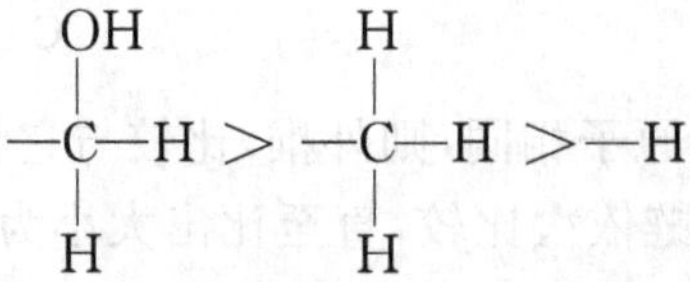

根据 Fischer 投影式可直接判断构型为 R 或 S。

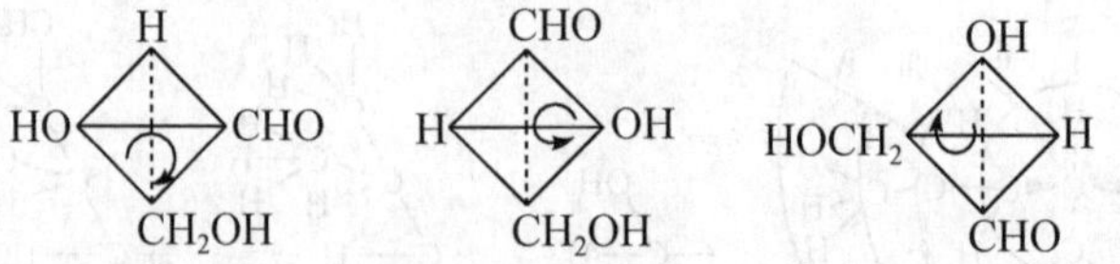

R 型　　　R 型　　　S 型

4.1.5 相对构型与绝对构型

1. 相对构型（D, L 标记法）

在有机化学的早期，Fischer 在研究糖类化合物时，人为指定 (+)-甘油醛为

D 型,(−)-甘油醛为 L 型,并且假定"当一个光活化合物发生反应时,只要不对称中心的键不发生断裂,分子的空间构型就保持不变"。于是可以通过化学方法把许多光活异构体的相对构型关联起来。例如:

$$\begin{array}{c} CHO \\ H{-}\!\!\!-\!\!\!-OH \\ CH_2OH \end{array} \xrightarrow{[O]} \begin{array}{c} COOH \\ H{-}\!\!\!-\!\!\!-OH \\ CH_2OH \end{array} \xrightarrow{[H]} \begin{array}{c} COOH \\ H{-}\!\!\!-\!\!\!-OH \\ CH_3 \end{array}$$

D-(+)-甘油醛　　　　　　　　　　D-(−)-乳酸

这种以甘油醛的构型为参照标准确定的构型称为相对构型,并且以 D,L 构型标记法表示。

2. 绝对构型(R,S 标记法)

用实验方法确证的构型称为绝对构型。1951 年,Bijvoet 测定了(+)-酒石酸钠铷的结构,证明其构型与 R,S 标记法标记的构型一致。现在确定了绝对构型的化合物已有数千种,结果表明这些绝对构型都与 R,S 标记法标记的构型一致。

D,L 标记的是相对构型,R,S 标记的是绝对构型。但无论是 D,L 标记法还是 R,S 标记法,都不能通过其标记的构型来判断旋光方向。

4.2　分子的手性与对称性

分子的手性是由于分子内缺少对称性引起的,因此可以通过判断分子的对称因素来判别其是否具有手性。

4.2.1　对称元素和对称操作

在不改变分子中任何两个原子之间距离的前提下使分子复原的操作称为对称操作。对称操作赖以进行的几何元素称为对称元素。

分子的对称元素有对称轴、对称面、对称中心和更迭对称轴。与之相对应的操作有转动、反映、反演和转动反映,另外还有一个恒等操作。恒等操作是维持分子中任何一点都保留在原来位置上不动的操作,一般用 E 或 I 表示。

4.2.2　分子的对称性与手性

1. 对称轴

对称轴的符号为 C_n,表示分子绕该轴转动 $2\pi/n$ 角度后能够复原,字母 n 为对称轴的阶。

水分子有一个二重轴 C_2,水分子绕其转动 $2\pi/2(180°)$ 后,分子中每一个原子都与未转动前分子中的等价原子相叠。氨和一氯甲烷有 C_3,线形分子有 C_∞。所有分子都有 C_1,C_1 操作相当于恒等操作。

2. 对称面

对称面的符号为 σ,对称操作是反映。假设分子中有一平面,可以把分子切

成互为镜像的两半,该平面就是分子的对称面。例如:

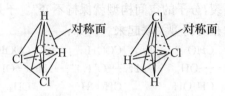

手性基团经过反映操作后,其构型反转。具有对称面的分子无手性。

3. 对称中心

对称中心的符号为 i,对称操作是反演。若分子中有一点 P,通过点 P 画任一直线,如果在离点 P 等距离的直线两端有相同的原子或基团,则点 P 称为该分子的对称中心。一个分子只能有一个对称中心。

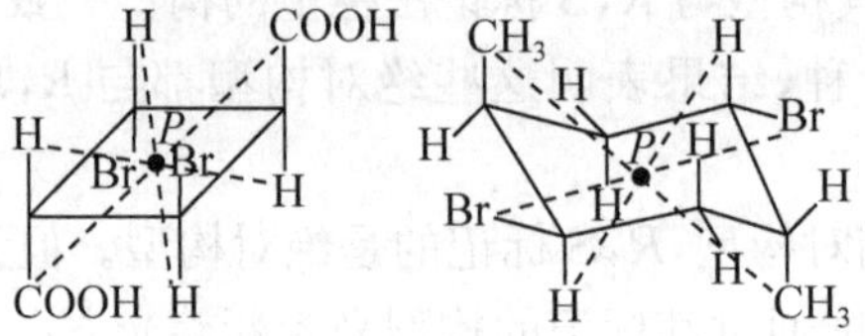

手性基团经过反演操作后,其构型反转。具有对称中心的分子无手性。

4. 更迭对称轴

更迭对称轴的符号为 S_n,对称操作是转动反映,即先将分子转动 $2\pi/n$,然后与垂直于该对称轴的镜面进行反映,使分子变成等价构型。

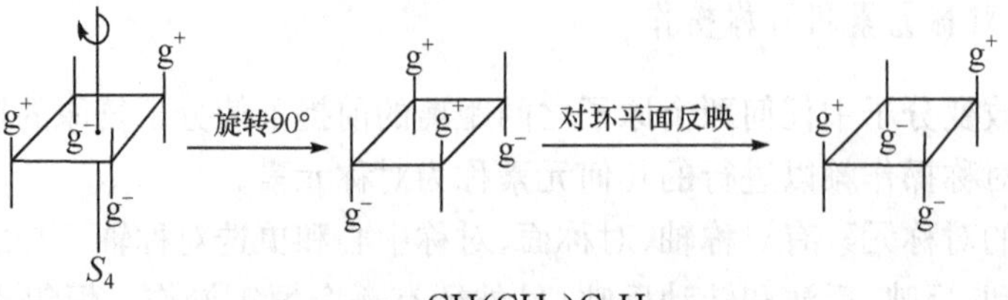

$g = -CH(CH_3)C_2H_5$

含有 S_2 轴的分子有对称中心,含有 S_4 轴的分子有对称面,它们是非手性的。

一般情况下,如果分子在结构上既无对称面又无对称中心,就具有手性,因此有旋光性。

4.3 手性化合物的各种类型

4.3.1 有手性中心的化合物

1. 手性中心为碳原子

含有一个不对称碳原子的分子一定是手性分子。现讨论含有多个不对称碳原子的分子。

1) 含两个连有相同基团的不对称碳原子的开链化合物

(1) 酒石酸可以写出四种对映异构体,但其中的(iii)和(iv)是相同的结构式。

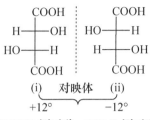 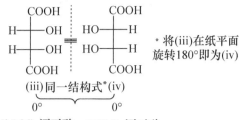

* 将(iii)在纸平面旋转180°即为(iv)

(i) 对映体 (ii)　　　(iii) 同一结构式* (iv)
　+12°　　−12°　　　　0°　　　0°
(2R,3R)-酒石酸　(2S,3S)-酒石酸　　(2R,3S)-酒石酸　(2S,3R)-酒石酸

（2）内消旋(meso)体。

在(2R,3S)-酒石酸分子中存在一个对称面,将分子分为互为镜像的两部分,因此分子没有旋光性,这样的分子称为内消旋体。

(iii)
0°
(2R,3S)-酒石酸
meso-酒石酸

内消旋体作为典型例子可以说明,含有多个手性碳原子的化合物不一定具有旋光性,还要考虑分子的整体对称性。

内消旋体与外消旋体的旋光度都为0。但内消旋体是一种纯物质,外消旋体则是两个对映体的等量混合物,可拆分开来。

（3）非对映异构体。

不呈实物与镜像关系的立体异构体称为非对映异构体。分子中有两个以上手性中心时,就有非对映异构现象。例如,酒石酸的两个对映异构体与内消旋体之间没有对映关系,它们互相称为非对映异构体。

非对映异构体的物理性质(熔点、沸点、溶解度等)不同;比旋光度不同;旋光方向可能相同也可能不同;化学性质相似,但反应速率存在差异(表4-1)。

表4-1　酒石酸的物理性质

化合物	熔点/℃	$[\alpha]_D^{25}/(°)$（20%水溶液）	溶解度/(g/100g 水)	pK_{a_1}	pK_{a_2}
(+)-酒石酸	170	+12	139	2.93	4.23
(−)-酒石酸	170	−12	139	2.93	4.23
(±)-酒石酸	206	—	20.6	2.96	4.24
meso-酒石酸	140	—	125	3.11	4.80

2) 含两个不同的不对称碳原子的开链化合物

（1）含有两个不同的不对称碳原子的化合物,对映体的数目有四个,外消旋体的数目有两个。设两个不对称碳原子分别用 A 和 B 表示,则它们可以按照下面的框图进行排列组合。

 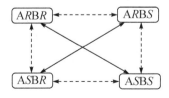

四种异构体间的关系也可用右上侧的框图表示,实线表示互为对映体,虚线

表示互为非对映体。例如,氯代苹果酸的情况,其 Fischer 投影式如下:

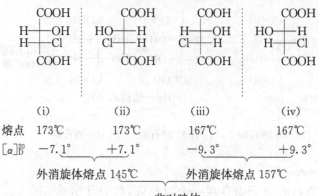

	(i)	(ii)	(iii)	(iv)
熔点	173℃	173℃	167℃	167℃
$[\alpha]_D^{20}$	−7.1°	+7.1°	−9.3°	+9.3°

外消旋体熔点 145℃   外消旋体熔点 157℃

非对映体

(2) 赤式和苏式。

含两个不对称碳的分子,若在 Fischer 投影式中,两个 H 在同一侧称为赤式,在不同侧称为苏式。

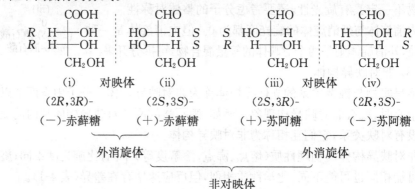

(i)	(ii)	(iii)	(iv)
$(2R,3R)$-	$(2S,3S)$-	$(2S,3S)$-	$(2R,3S)$-
(−)-赤藓糖	(+)-赤藓糖	(+)-苏阿糖	(−)-苏阿糖

外消旋体   外消旋体

非对映体

(3) 假不对称碳原子。

分子的手性除与含有不对称碳原子有关外,还与分子的整体对称性有关。例如,三羟基戊二酸有四种异构体。

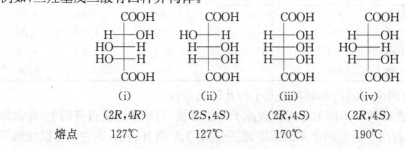

(i)	(ii)	(iii)	(iv)
$(2R,4R)$	$(2S,4S)$	$(2R,4S)$	$(2R,4S)$
熔点 127℃	127℃	170℃	190℃

(iii)式和(iv)式分子中 3 位碳原子连有 H、OH、(R)-CH(OH)COOH 和 (S)-CH(OH)COOH 四个不同的取代基,是一个不对称碳原子,但是该分子有一个通过它(过 H—C*—OH)的对称面,这样的碳原子称为假不对称碳原子。将(iii)式横着放倒得到(iii')式。

在(iii')式中所有的碳原子都在与纸面垂直的平面上,三个羟基位于该平面的下方,三个氢原子位于该平面的上方。通过3位碳原子以及与它相连的氧原子和氢原子的平面(与纸面及碳链所在平面相垂直)是分子的对称面,因此(iii)式是无旋光性的。类似地,(iv)式也是无旋光性的。

3) 含多个不相同的不对称碳原子的开链化合物

含 n 个不同的不对称碳原子的化合物,对映体的数目为 2^n 个,外消旋体的数目为 2^{n-1} 个,如果分子中所含的不对称碳原子有相同的,则对映体的数目少于 2^n 个。例如,化合物含有 A、B 和 C 三个不对称碳原子,则其应有 $2^3=8$ 个对映体和 $2^{3-1}=4$ 个外消旋体。

4) 含手性碳原子的单环化合物——判别单环化合物旋光性的方法

(1) 取代环己烷旋光性的情况分析。

例 4-1 顺-1,2-二甲基环己烷。

(i)和(ii)是对映体,也是构象转换体。由于环己烷的构象转换在室温下即可进行,所以在其构象平衡中(i)式和(ii)式所占的份额相同,它们对偏光的影响互相抵消,因此顺-1,2-二甲基环己烷没有旋光性。这与从其平面结构式(v)判断所得结果一致。

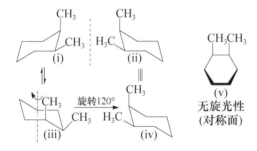

例 4-2 反-1,2-二甲基环己烷。

反-1,2-二甲基环己烷分子中,当两个甲基都在 e 键或都在 a 键的位置时,分子既没有对称面也没有对称中心,并且对映体间不能通过构象的转换变成对方,因此反-1,2-二甲基环己烷是有旋光性的。这也与从其平面结构式(v)判断所得结果一致。

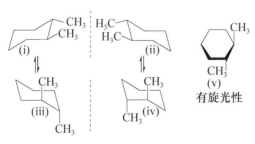

综合例 4-1 和例 4-2 的结果,考虑环已烷衍生物有无旋光性时,使用平面结构式更方便。

(2) 大量实验证明,单环化合物是否具有旋光性可以通过其平面式的对称性来判别,凡是有对称中心和对称面的单环化合物无旋光性,反之则有旋光性。

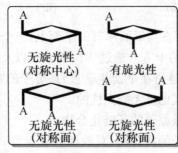
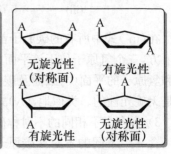

5) $C_{(aabb)}$ 和 $C_{(aaab)}$ 型手性化合物

(1) $C_{(aabb)}$ 型分子具有一个 C_2 轴和两个对称面,分子没有手性,如图 4-7(i) 所示。如果将 a 和 b 用桥连接起来,C_2 轴保持不变,但对称面不复存在,分子具有手性,如图 4-7(ii)所示,这样的化合物已经得到,如图 4-7(iii)所示。

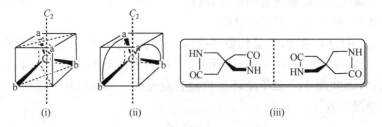

图 4-7 $C_{(aabb)}$ 型分子的对称性

(2) $C_{(aaab)}$ 型分子具有一个 C_3 轴和三个对称面,分子没有手性,如图 4-8(i) 所示。如果把三个 a 之间用不对称的桥(→)连接起来,C_3 轴保持不变,但对称面不复存在,分子具有手性,如图 4-8(ii)所示,这样的化合物也已经得到,如图 4-8(iii)所示。

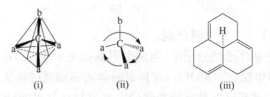

图 4-8 $C_{(aaab)}$ 型分子的对称性

2. 手性中心为其他原子

除 C 外,N,S,P,As 等在一定条件下也能作为手性中心。

1) 手性中心为氮原子

季铵盐和氧化三级胺分子中的氮原子也具有四面体构型,适当取代后可使分子具有手性。

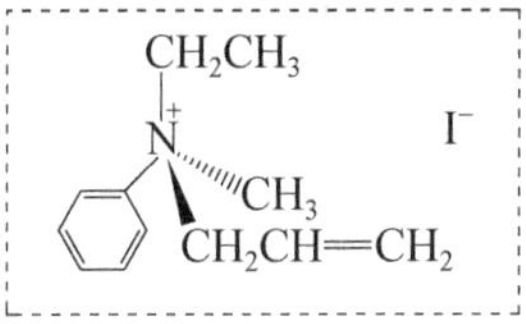

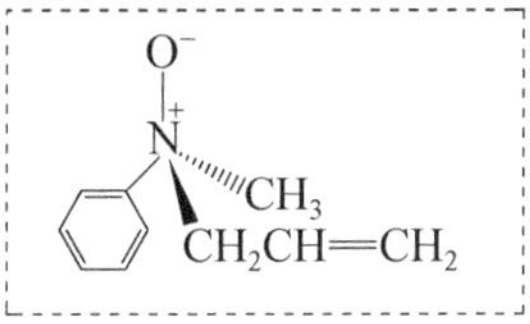

而在胺分子中孤对电子占据了一个 sp³ 轨道,所形成的低矮四面体角锥,其翻转的能垒较低(25kJ/mol),在室温下即可快速互相转变,当氮原子上的三个取代基互不相同时,尽管从结构上说是手性分子,但却不能拆分成对映异构体。

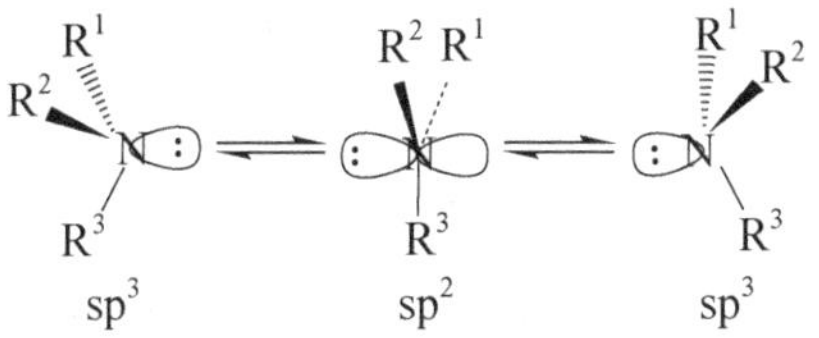

如果氮原子被固定在刚性的环中,其构型转化受到阻碍,则可能拆分成对映对映体。例如,Tröger 碱已被成功拆分。

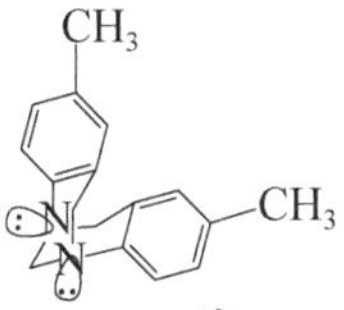

2) 手性中心为硫原子

锍盐中若三个烃基互不相同,分子有手性,可拆分成两个对映体。例如:

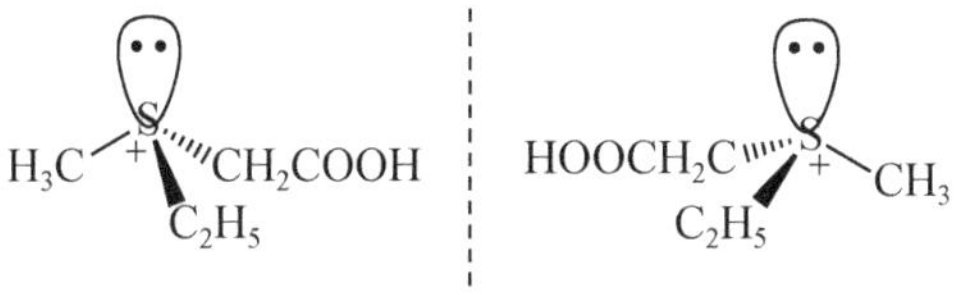

这是由于硫原子半径较大,形成的四面体角锥较高,两种不同构型角锥互相转变的能垒较大(111.2kJ/mol),室温下不能实现互变。

4.3.2 有手性轴的化合物

1. 丙二烯衍生物

丙二烯分子中三个碳原子排成一条直线,端碳上的原子团位于互相垂直的两个平面上。当两个端碳上分别连有不同基团时,分子具有手性。

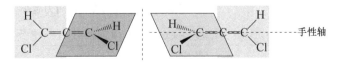

丙二烯型的对映异构体中,分子的手性是由于端碳所连的四个原子团围绕 C—C—C 键的不对称排列引起的,过 C—C—C 键的直线是分子的手性轴。累

积三烯烃分子中两端碳原子上的取代基在同一平面上,与乙烯相似;累积四烯烃的立体形象与丙二烯相似。

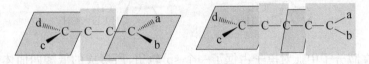

手性轴相当于把手性中心拉长成一条直线。

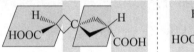 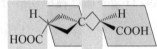

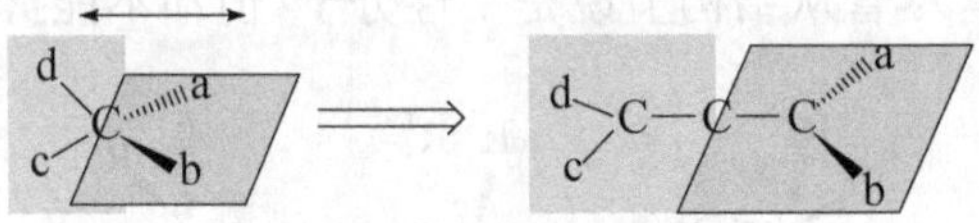

手性中心和手性轴

将丙二烯型手性化合物中的两个双键用环状结构代替也得到手性化合物。例如:

2. 联苯衍生物

如果联苯分子中邻位的氢被体积大的基团取代(如下面左图所示),并且 $X_1 \neq X_3$,$X_2 \neq X_4$,基团的位阻使两个苯环不能自由旋转,也不能共平面,则该化合物应当具有手性。这类化合物中首先被拆分的对映体是6,6'-二硝基-2,2'-联苯二甲酸。通过两个苯环之间单键的直线是分子的手性轴。

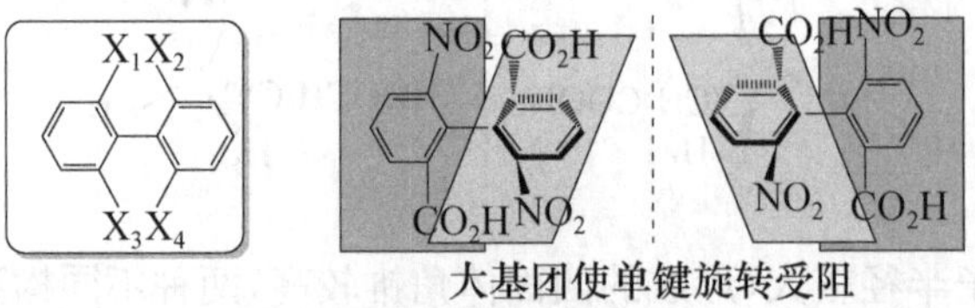

大基团使单键旋转受阻

这种由于位阻太大引起的对映异构体有时又称为位阻异构体。自由旋转受阻引起的对映异构体在适当的条件下会发生外消旋化。

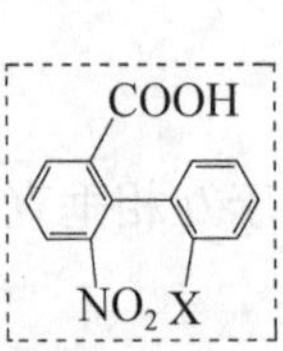

	反应温度:118℃			
X	CH$_3$	NO$_2$	COOH	OCH$_3$
外消旋化 $t_{1/2}$/min	179	125	91	9.4

半衰期越短,说明旋转的阻力越小

I > Br ≫ CH$_3$ > Cl > NO$_2$ > COOH > OCH$_3$ > OH > F > H

旋转的阻力减小 →

3. 乙烷衍生物

将乙烷分子中两个碳原子上的各两个氢原子分别用叔丁基(Bu-t)和金刚烷

基(Ad*)取代，得到 2,2,5,5-四甲基-3,4-二金刚烷基己烷，它的三种构象异构体都能分离出来。

(i)　(ii)　(iii)

金刚烷基(Ad)　金刚烷(adamantane)

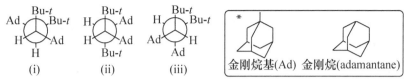

在这三种构象异构体中，过 $C_3—C_4$ 键的直线是分子的手性轴。

□4.3.3 有手性面的化合物

1. (*E*)-环烯烃

旋光的(*E*)-环辛烯已合成出来，它的形状像一个篮子，烯键碳原子以及与其直接相连的碳原子所在的平面为手性面，是篮子的底，碳桥则像提手。

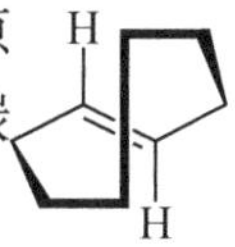

2. 环番

环番(cyclophanes)$n<8$，可拆分光学活性体，苯环平面为手性面。

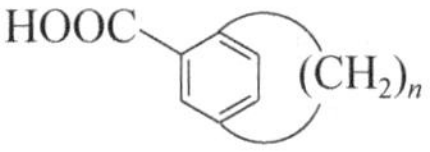

[2,2]-paracyclophane 型的化合物也已拆分得到对映异构体。

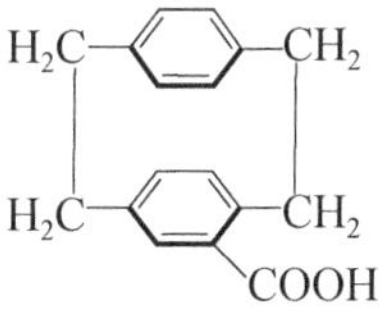

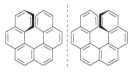

3. 螺烯

(1) [6]-螺烯(helicenes)分子中的六个苯环只能排列成螺旋形，即没有对称面，也没有对称中心，因此具有手性。其比旋光度非常高，要加热到 260℃才发生外消旋化。

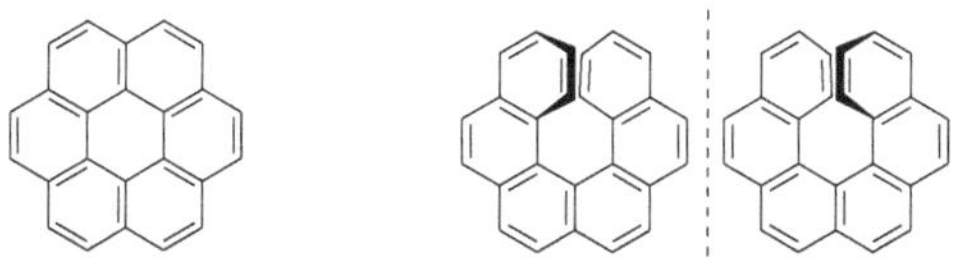

蔻(无手性)　[6]-螺烯(有手性)

(2) 下面两个化合物，由于菲环 4,5 位上的甲基体积较大，相距又近，不能同时容纳在菲环所在平面内，一个甲基在另一个的上面，使平面扭曲，呈螺旋形排布，分子整体没有对称性，因此具有手性。

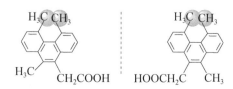

4.4 顺反异构

根据烯烃的 π 键模型,反-2-丁烯分子的碳-碳双键如果发生旋转,会破坏 p 轨道在侧面的重叠,须越过(259±5)kJ/mol 能垒才能转变为顺-2-丁烯,室温条件下不能实现。这种由于双键(或环)不能自由旋转而形成的原子在空间的不同排列称为顺反异构。

(1) 化合物双键碳原子上各带有不同取代基时,就可能有顺反异构体;两个双键碳原子中任一个带有相同取代基,都没有顺反异构体。通常情况下,顺反异构体有不同的化学、物理性质。

(2) C=N 和 N=N 的顺反异构。

肟类化合物顺反异构的转变能垒较大,容易得到稳定的顺反异构体。偶氮化合物顺反异构的转变能垒较小,难以分离得到纯的顺反异构体。

4.5 构象与旋光性

前面讨论已知,内消旋酒石酸分子具有一个对称面,没有手性。但是,这是根据重叠式构象判断的,而重叠式构象是不稳定的构象,因此还必须考虑其他构象。下面是内消旋酒石酸三种交叉式构象的 Newman 投影式。

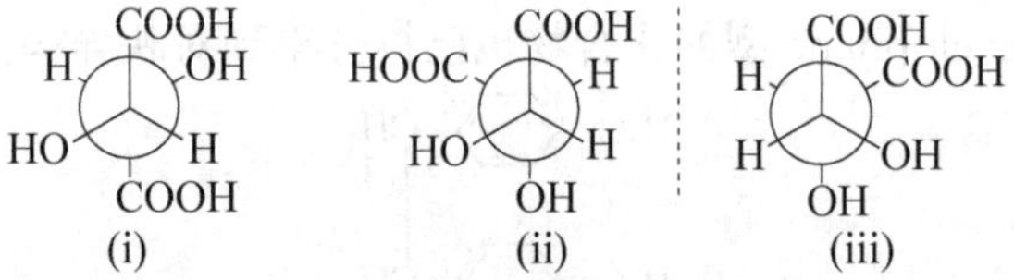

(i)式中有对称中心,位于 C_2—C_3 键的中点,是非手性的。(ii)式和(iii)式既没有对称面,也没有对称中心,具有手性。但(ii)式和(iii)式是对映体,它们在构象平衡中所占份额相同,旋光作用相互抵消。与(ii)式和(iii)式相似的其他手性构象的情况也类似。这一结论与根据重叠式构象得出的结论一致。

右旋酒石酸和左旋酒石酸的情况与内消旋酒石酸不同。下面是它们的几种构象,虚线表示通过 C_2—C_3 键的中心并与纸面平行的对称轴。两种对映体中每一种构象都没有对称面和对称中心,都具有手性。

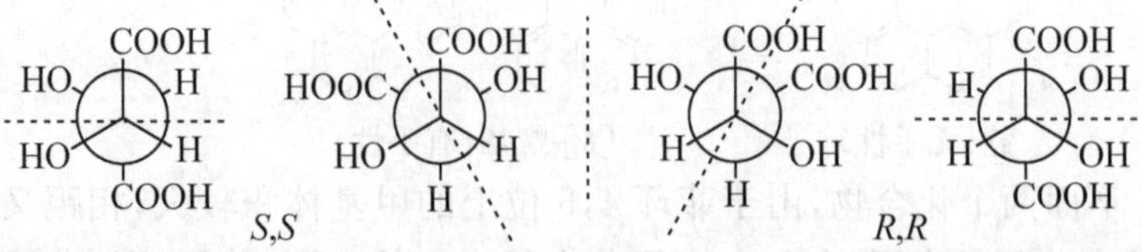

右旋或左旋酒石酸的旋光性是各自所有手性构象对偏光影响的总和,其数值相等而方向相反。

4.6 外消旋体的拆分

将外消旋体拆分成左旋体或右旋体的过程称为外消旋体的拆分。拆分方法包括机械分离法、化学拆分法、晶种结晶法、酶解法、色谱法等。

4.6.1 晶种结晶法

其方法是在外消旋体的饱和或过饱和溶液中加入纯对映体的晶种,使这种对映体优先结晶出来。

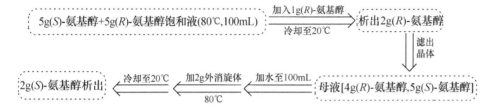

4.6.2 化学拆分法

化学拆分的原理是将外消旋体与一个旋光试剂反应,转变成两个非对映体。然后利用非对映体的物理性质(如溶解度)不同,用重结晶方法分开后,再转变成纯粹的对映体。例如,Pasteur 用(+)-quinotoxine(一种旋光的碱)与酒石酸生成盐,得到的非对映体溶解度不同,经分离提纯后再加酸分解,回收得到旋光纯的酒石酸。

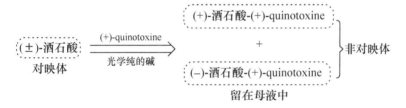

手性有机化合物中大多数外消旋体是用这种方法拆分的。使用化学拆分法一般需要被拆分的分子有一个易发生反应的基团,如羧基、碱性基团等。

拆分剂的条件:①拆分剂与被拆分的化合物之间易发生反应,又易被分解;②两个非对映体在溶解度上有可观的差别;③拆分剂应当尽可能地达到旋光纯度;④拆分剂应价廉易得,或易回收。

4.7 不对称合成方法简介

通过反应把分子中一个对称的结构单元转化为不对称的结构单元称为不对称合成。

不对称合成 { 对称的反应,选向率=0 → 用拆分法提纯
不对称的反应 { 立体选向性反应,0＜选向率＜100%
立体专一性反应 选向率≈100% } 几乎只有一种产物,可用重结晶法提纯

4.7.1 几个基本概念

1. 立体选向百分率

如果产物 A 和 B 是非对映异构体,当[A]>[B]时,立体选向百分率(简称选向率)为

$$de\% = \frac{[A]-[B]}{[A]+[B]} \times 100\%$$

2. 对映体过量百分率

当产物是一对对映体时,一个对映体超过另一个对映体的百分数称为对映体过量百分率,简称 ee 值。例如,当 R 构型的产物大于 S 构型的产物时

$$ee\% = \frac{[R]-[S]}{[R]+[S]} \times 100\%$$

3. 光学纯度百分率

对于反应:反应物^1+反应物^2 ⟶ 产物^1(R)+产物^2(S),光学纯度百分率为

$$op\% = \frac{[\alpha]_{实测}}{[\alpha]_{光学纯}} \times 100\%$$

式中,$[\alpha]_{实测}$ 和 $[\alpha]_{光学纯}$ 分别代表待测试样和光学纯品的比旋光度。

4.7.2 不对称合成常采用的方法

$$反应物 + 试剂 \xrightarrow[溶剂]{催化剂} 产物$$

不对称合成可采用以下方法:①使用手性反应物;②使用手性试剂;③使用手性溶剂;④使用手性催化剂;⑤在反应物中引入手性。例如:

$$CH_3CHO + HCN \longrightarrow CH_3\overset{*}{C}HCN \Rightarrow \begin{matrix} CN \\ H—OH \\ CH_3 \end{matrix} \quad \begin{matrix} CN \\ HO—H \\ CH_3 \end{matrix}$$

非手性分子　　产生一个手性中心　　　外消旋体

大量的实验事实证明,一个非手性分子在反应过程中产生一个手性中心时,产物为外消旋体;但一个手性分子在反应过程中产生第二个手性中心时,将会产生两个不等量的非对映体。

$$\begin{matrix} CHO \\ H_3C—\overset{*}{C}—H \\ CH_2CH_3 \end{matrix} + HCN \longrightarrow \begin{matrix} CN \\ HO—H \\ H_3C—H \\ C_2H_5 \end{matrix} + \begin{matrix} CN \\ H—OH \\ H_3C—H \\ C_2H_5 \end{matrix}$$

有一个手性中心　　　　少　　　　　　多

两个手性中心,非对映体

第5章 卤代烷

烷烃分子中一个或几个氢原子被卤原子取代生成的化合物称为卤代烷。卤代烷是合成产物,一般不存在于自然界中。

5.1 卤代烃的分类和命名

5.1.1 卤代烃的分类

1. 按烃基的结构分类

CH_3CH_2X　　$CH_2=CHCH_2X$　　C_6H_5-X　　$C_6H_5-CH_2X$

饱和卤代烃　　不饱和卤代烃　　　　　芳香卤代烃

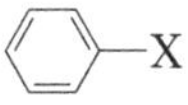

2. 按卤素的数目分类

CH_3CH_2Br　　　　$ClCH_2CH_2Cl$　　　　CH_3CHBr_2

　　　　　　　　　　邻二卤代烃　　　　　偕二卤代烃

一卤代烃　　　　　　二卤代烃

$CHCl_3$　　$CHBr_3$　　CHI_3　　　　CCl_4

　　　三卤代烃　　　　　　　　四卤代烃

3. 按卤素连接的碳原子分类

$(CH_3)_2CHCH_2Cl$　　$CH_3CH_2CHICH_3$　　$(CH_3)_3CBr$

一级(伯)卤代烷　　　二级(仲)卤代烷　　　三级(叔)卤代烷

5.1.2 卤代烷的命名

简单的卤代烷常用习惯命名或俗名,根据分子中的烃基称为某基卤。

$CH_3CH_2CH_2Cl$　　$(CH_3)_2CHCl$　　$(CH_3)_2CHCH_2Cl$

正丙基氯　　　　　异丙基氯　　　　　异丁基氯

$CH_3CH_2CHClCH_3$　　$(CH_3)_3CCl$　　$(CH_3)_3CCH_2Cl$　　$C_6H_{11}-Cl$

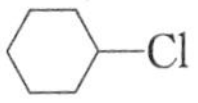

仲丁基氯　　　　　叔丁基氯　　　　　新戊基氯　　　　　环己基氯

复杂的卤代烃需用系统命名法命名,把卤素作为取代基,编号一般从离取代基近的一端开始,取代基按次序规则,小的基团优先列出。

命名实例:

CH₃CH₂CH₂CH₂Cl

1-氯丁烷
1-chlorobutane

中文编号 英文编号

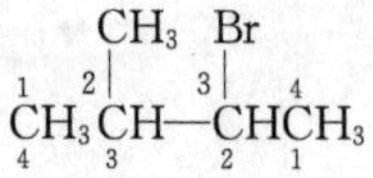

2-甲基-3-溴丁烷
2-bromo-3-methylbutane

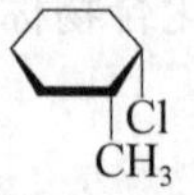

顺-1-甲基-2-氯环己烷
cis-1-chloro-2-methylcyclohexane

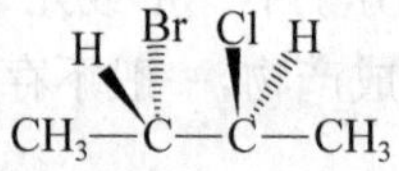

(2S,3S)-2-氯-3-溴丁烷
(2S,3S)-2-bromo-3-chlorobutane

5.2 卤代烷的结构特点

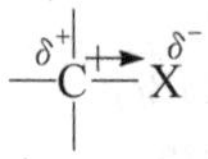

	H	C	N	O	F
	2.1	2.5	3.0	3.5	4.0
			P	S	Cl
			2.1	2.5	3.0
					Br
					2.8
					I
					2.5

有机化合物中常见组成元素的电负性

X 原子电负性较大,使 C—X 键的 σ 电子向 X 偏移,X 具有吸电子诱导效应

▫5.2.1 吸电子诱导效应

X 的吸电子诱导效应可以沿着 C—C 键传递,并具有累加作用:

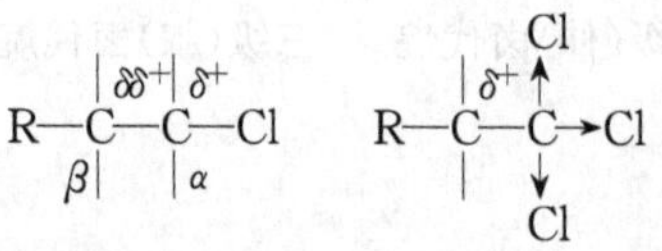

—CCl₃,—CF₃
强吸电子基团

极性化合物在外电场的影响下,分子中的电荷分布会产生相应的变化,这种变化能力称为可极化性。可极化性大的分子易发生化学反应。

卤代烷可极化性次序为: RI> RBr>RCl>RF。

▫5.2.2 碳-卤键的键长

化学键	C—H	C—F	C—C	C—Cl	C—Br	C—I
键长/pm	107	138	154	178	194	214

键长数据表明 C—X 易断裂,在一定条件下 X 可被取代。

5.2.3 碳-卤键的断裂

卤代烷的 C—X 键发生断裂时，X 原子总是以负离子形式离去。

$$\text{自身异裂} \quad -\overset{|}{\underset{|}{C}}{}^{\delta+}\!\!-\!X \longrightarrow -\overset{|}{\underset{|}{C}}{}^{+} + X^-$$
碳正离子

$$\text{在亲核试剂作用下异裂} \quad Nu^- \curvearrowright -\overset{|}{\underset{|}{C}}{}^{\delta+}\!\!-\!X \longrightarrow Nu\!-\!\overset{|}{\underset{|}{C}}\!- + X^-$$

Nu^- 进攻底物分子中电子云密度小的位置，称为亲核试剂（nucleophile，Nu）。在亲核试剂作用下 C—X 键发生异裂的结果是 Nu 取代了 X。

5.2.4 α-H 和 β-H 具有弱酸性

卤代烷分子中，由于 X 的吸电子作用沿着 C—C 键传递，因此其 α-H 和 β-H 具有弱酸性，结果在 X^- 离去时，易消除 β-H 而生成烯烃。

$$R\!-\!\overset{|}{\underset{\beta}{C}}\!-\!\overset{|}{\underset{\alpha}{C}}\!-\!X \xrightarrow{\text{消除反应}} \underset{R}{\overset{}{}}\!C\!=\!C\!\underset{H}{\overset{}{}} + X^- + HB$$

5.3 卤代烷的亲核取代反应和消除反应

5.3.1 卤代烷的亲核取代反应

反应通式：

$$Nu^- + R\!-\!X \longrightarrow Nu\!-\!R + X^-$$
亲核试剂　　底物　　　　　　离去基团

弯箭头表示电子移动的方向，箭头所指的位置是将要生成的新的共价键或孤对电子的位置。亲核试剂（Nu）多为负离子，如 HO^-、RO^-、CN^- 和 HS^- 等；也可以是中性分子，如 H_2O、ROH、RNH_2、NH_3 等。

这种由亲核试剂进攻引起的取代反应称为亲核取代反应（nucleophilic substitution，S_N）。利用亲核取代反应，可以由卤代烷制备多种类型的有机化合物。

1. 水解反应

$$RCH_2\!-\!X + H_2O \xrightarrow{NaOH} RCH_2\!-\!OH + NaX$$

加 NaOH 是为了加快反应的进行，使反应完全。此反应是实验室中制备特殊醇的一种方法。

2. 与醇钠反应——Williamson 反应

$$R'\!-\!X + RONa \longrightarrow R'\!-\!O\!-\!R + NaX$$
醚

Williamson 反应主要用于制备不对称的醚。反应一般使用伯卤代烷,仲卤代烷和叔卤代烷与醇钠反应时,主要发生消除反应生成烯烃。

在卤代烷与水、醇等化合物的反应中,用作溶剂的水、醇等同时又是亲核试剂,这类反应常称为溶剂解。

3. 生成腈的反应

$$RCH_2X + NaCN \xrightarrow{DMSO} RCH_2CN + NaX$$
$$\text{腈}$$

反应后分子中增加了一个碳原子,是有机合成中增长碳链的方法之一。同时—CN 可进一步转化为—COOH、—CONH$_2$ 等基团。反应使用伯卤代烷产率较高,叔卤代烷主要生成烯烃。

4. 生成胺的反应

$$RCH_2X + NH_3 \longrightarrow RCH_2NH_2 + NH_4X$$
$$\text{(过量)}$$

反应需使用过量的氨。伯卤代烷产率较高,叔卤代烷主要生成烯烃。

5. 生成硫醇

$$RCH_2X + NaSH \longrightarrow RCH_2SH + NaX$$

伯卤代烷产率较高,叔卤代烷主要生成烯烃。

6. 与 $AgNO_3$ 醇溶液反应

$$RCH_2X + AgNO_3 \xrightarrow{\text{醇}} RCH_2ONO_2 + AgX\downarrow$$
$$\text{硝酸酯}$$

此反应主要用于鉴别。苄基卤代烃、烯丙基卤代烃以及叔卤代烷和碘代烷立即生成 AgX 沉淀;仲卤代烷需要稍微加热;伯卤代烷则需要加热更长时间;乙烯型卤代烃加热也不反应。

7. 卤素交换反应

卤代烷与卤离子的作用为平衡反应。

$$R-X + X'^- \rightleftharpoons R-X' + X^-$$

改变反应条件,可使平衡向正反应方向进行。例如:

$$R-Br + NaI \xrightarrow{\text{丙酮}} R-I + NaBr\downarrow$$

碘化钠溶于丙酮,而氯化钠和溴化钠不溶于丙酮。一级氯(溴)代烷反应快于二级氯(溴)代烷,而三级氯(溴)代烷几乎不反应。该反应可与 $AgNO_3$ 醇溶液实验对照用于鉴别。

5.3.2 卤代烷的消除反应

从分子中脱去一个简单分子生成不饱和键的反应称为消除反应(elimination reaction, E)。卤代烃与 NaOH（KOH）的醇溶液作用时,脱去卤素与 β-H 而生成烯烃,称为 β-消除或 1,2-消除。

$$H-\underset{|}{\overset{\beta}{C}}-\underset{|}{\overset{\alpha}{C}}-X + NaOH \xrightarrow{CH_3CH_2OH} \underset{/}{\overset{\backslash}{C}}=\underset{\backslash}{\overset{/}{C}}$$

$$\text{C}_6\text{H}_{11}\text{Cl} + NaOH \xrightarrow{CH_3CH_2OH} \text{C}_6\text{H}_{10}$$

1. 消除反应的速率

叔卤代烷最容易脱去卤化氢,仲卤代烷次之,伯卤代烷最难。此反应可用于在碳链中引入 C=C 键。卤代烷的消除反应与亲核取代反应是相互竞争的反应,强碱、弱极性溶剂及加热有利于发生消除反应。

2. 消除反应的方向——Zaitsev 规则

(1) Zaitsev 规则:在 β-消除反应中主要产物为双键上取代基较多的烯烃（或最稳定的烯烃）。

$$CH_3CH_2\underset{\underset{Br}{|}}{CH}CH_3 \xrightarrow[CH_3CH_2OH]{KOH} \underset{81\%}{CH_3CH=CHCH_3} + \underset{19\%}{CH_3CH_2CH=CH_2}$$

(2) 增加碱的强度和体积,会使遵守 Zaitsev 规则的产物逐渐减少。例如:

$$CH_3CH_2\underset{\underset{Br}{|}}{\overset{\overset{CH_3}{|}}{C}}CH_3 \longrightarrow CH_3CH=\overset{\overset{CH_3}{|}}{C}CH_3 + CH_3CH_2\overset{\overset{CH_3}{|}}{C}=CH_2$$

	Zaitsev 烯烃	反 Zaitsev 烯烃
CH_3CH_2OK, CH_3CH_2OH	71%	29%
$(CH_3)_3COK, (CH_3)_3COH$	28%	72%
$(C_2H_5)_3COK, (C_2H_5)_3COH$	11%	89%

5.4 亲核取代反应机理

5.4.1 双分子亲核取代反应

有两种分子参与决定反应速率步骤的亲核取代反应称为双分子亲核取代（S_N2）反应。

1. 反应动力学

实验证明溴甲烷在碱性条件下的水解是二级反应:

$$CH_3Br + OH^- \longrightarrow CH_3OH + Br^-$$

$$v = K_2[CH_3Br][^-OH]$$

v:反应速率;K_2:二级反应速率常数

这种反应速率取决于两种化合物浓度的反应在动力学上称为二级反应。因为在决定反应速率的步骤中有 CH_3Br 和 HO^- 参加,所以该反应为双分子反应。

2. 反应机理

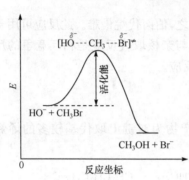

OH⁻从离去基Br⁻的背面向与其相连的碳原子进攻，O—C的形成与C—Br的断裂同步发生，经过一个不稳定的"过渡态"，反应一步完成。这个过程也可以用反应能线图表示(图5-1)。

3. S_N2反应立体化学

在S_N2反应中，产物和原料的构型相反。Ingold等用旋光的2-碘辛烷与放射性碘负离子进行卤素交换反应，结果发现反应进行到一半时得到外消旋体；反应结束时产物构型全部转化。

图 5-1 S_N2反应的能线图

在S_N2反应中，手性碳原子的构型转换犹如大风中刮翻的一把伞，称为Walden反转。

5.4.2 单分子亲核取代反应

只有一种分子参与决定反应速率步骤的亲核取代反应称为单分子亲核取代(S_N1)反应。

1. 反应动力学

实验证明，三级卤代烷、$CH_2=CHCH_2X$、苄基卤的水解为一级反应。

$$(CH_3)_3CBr + {}^-OH \longrightarrow (CH_3)_3COH + (CH_3)_2C=CH_2$$

$$v = K_1[(CH_3)_3CBr]$$

v：反应速率；K_1：一级反应速率常数

反应速率只取决于一种化合物浓度的反应,在动力学上称为一级反应,其反应速率仅与叔丁基溴的浓度有关。

2. 反应机理

$$(CH_3)_3C-Br \underset{慢}{\rightleftharpoons} (CH_3)_3C^+ \xrightarrow[-OH]{快} (CH_3)_3C-OH$$

由于在决定反应速率的步骤中发生键断裂的只有一种分子,因此称为单分子亲核取代(S_N1)反应。这个过程也可以用反应能线图表示(图5-2)。

若不加氢氧化钠,则作为活性中间体的叔丁基正离子与水分子结合,然后脱去一个质子,也生成叔丁醇。

$(CH_3)_3\overset{+}{C} + H_2O \xrightarrow{快} (CH_3)_3\overset{+}{C}OH_2$

$\xrightarrow[快]{-H^+} (CH_3)_3COH$

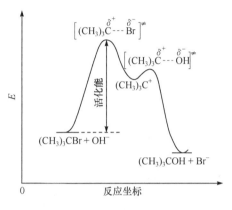

图 5-2 S_N1 反应的能线图

3. S_N1 反应的立体化学

(1) S_N1 反应的活性中间体为碳正离子,碳正离子为平面构型(图5-3)。

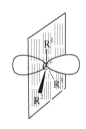

图 5-3 碳正离子的结构

(2) 典型的 S_N1 反应得到外消旋产物。亲核试剂从两边与碳正离子结合,且结合的机会相等。如果用旋光的卤代烷进行取代反应,两种结合方式分别生成构型保持和构型转化产物。

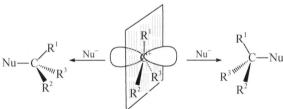

(3) 但 S_N1 反应在许多情况下,产物不能完全外消旋化,而是构型转化＞构型保持,因此其产物仍具有旋光性。例如:

$$\underset{(R)-(-)-2-溴辛烷}{\underset{CH_3(CH_2)_5}{\overset{H}{\underset{|}{\overset{|}{C}}}}-Br} + H_2O \xrightarrow[S_N1条件]{C_2H_5OH} \underset{\underset{83\%}{(S)-(+)-2-辛醇}}{HO-\underset{(CH_2)_5}{\overset{CH_3}{\overset{|}{\underset{|}{C}}}}-H} + \underset{\underset{17\%}{(R)-(-)-2-辛醇}}{\underset{CH_3(CH_2)_5}{\overset{H}{\overset{|}{\underset{|}{C}}}}-OH}$$

对这一实验结果的理论解释——Winstein离子对机理:S_N1反应在溶剂中进行时,底物分子在溶剂的作用下发生电离,经过紧密离子对,溶剂分隔离子对,最后形成溶剂化离子,过程及结果如图 5-4 所示。

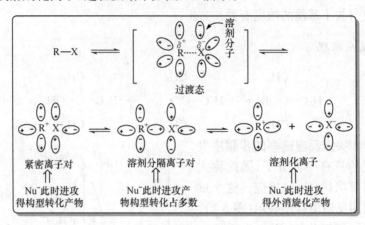

图 5-4　Winstein 离子对机理示意图

按照 Winstein 离子对机理的解释,如果碳正离子的寿命足够长,形成溶剂化离子后再接受 Nu⁻ 进攻,则应得到完全外消旋化的产物;如果碳正离子的寿命较短,在紧密离子对或溶剂分隔离子对时即转变成产物,则可能发生构型转化产物占多数的情况(产物仍有旋光性)。

实验验证:

$$\underset{\text{旋光体}}{\underset{Cl}{\overset{*}{C}}HCH_3\text{-Ph}} \longrightarrow \underset{\text{较稳定的碳正离子}}{Ph\overset{+}{C}(H)CH_3} \xrightarrow{40\%\text{水-丙酮}} \underset{95\%\text{外消旋化}}{Ph\overset{}{C}H(OH)CH_3}$$

由于甲基取代的苄基碳正离子稳定性较高,形成溶剂化离子的机会较多,因此产物外消旋化的比例较高。

(4) S_N1 反应中伴随重排和消除产物。

S_N1 反应的中间体为碳正离子。而碳正离子总是倾向于达到更稳定的情况,结果会导致生成分子骨架重排产物。

$$(CH_3)_3C-CH_2Br \xrightarrow[S_N1]{C_2H_5O^-} (CH_3)_3C-\overset{+}{C}H_2 \xrightarrow{C_2H_5O^-} (CH_3)_3C-CH_2OC_2H_5$$

$1°C^+$ ↓ 重排

$$CH_3-\overset{+}{C}(CH_3)-CH_2CH_3 \quad 3°C^+$$

$$\xrightarrow{C_2H_5O^-} CH_3-C(OC_2H_5)(CH_3)-CH_2CH_3$$

$$\xrightarrow{-H^+} CH_3-C(CH_3)=CHCH_3$$

化学键的断裂和形成发生在同一分子中时,引起分子的骨架改变,形成组成相同、结构不同的新结构,称为重排反应。

5.4.3 影响亲核取代反应的因素

S_N1 和 S_N2 是亲核取代反应的两种极限情况。许多亲核取代反应介于二者之间,按照哪种机理进行反应取决于具体的反应条件,受到底物的烃基结构、亲核试剂的性质、离去基团的离去能力和溶剂的极性等多种因素的影响。

1. 电子效应

有机化学中的电子效应主要包括诱导效应、共轭效应和超共轭效应。

1) 诱导效应

(1) 定义:因分子中原子或基团的极性(电负性)不同而引起成键电子云沿着原子链向某一方向移动,从而引起分子性质发生改变的一种电子效应。

(2) 特点:沿原子链传递;其作用随着距离的增长快速减弱,一般超过三个化学键后可以忽略不计。基团的诱导作用可以累加。

$$\overset{\delta^-}{Cl} \leftarrow \overset{\delta^+}{CH_2} \leftarrow \overset{\delta\delta^+}{CH_2} \leftarrow \overset{\delta\delta\delta^+}{CH_3}$$

(3) 比较标准:一般以 H 为标准,取代基吸电子能力比 H 强,则称其具有吸电子的诱导效应,用 $-I$ 表示;取代基给电子能力比 H 强,则称其具有给电子的诱导效应,用 $+I$ 表示。

常见的吸电子基团:

$NO_2 > CN > F > Cl > Br > I > C \equiv C > OCH_3 > OH > C_6H_5 > C=C > H$

常见的给电子基团:

$(CH_3)_3C > (CH_3)_2CH > CH_3CH_2 > CH_3 > H$

2) 共轭效应

(1) 共轭体系:有 π 电子(或 p 电子)离域的体系。

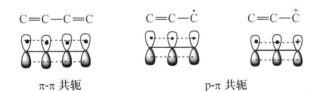

π-π 共轭   p-π 共轭

(2) 共轭效应:由于 π 电子(或 p 电子)的离域而引起分子性质发生改变的一种电子效应。

(3) 特点:共轭效应只能在共轭体系中传递,能够贯穿整个共轭体系;共轭体系电子云被极化时,正、负电荷交替分布。

(4) 通过共轭作用使体系电子云密度降低的基团具有吸电子共轭效应,用 $-C$ 表示,如 $-NO_2$、$-CN$、$-COOH$、$-CHO$ 等。通过共轭作用使体系电子云密度升高的基团具给电子共轭效应,用 $+C$ 表示,如 $-NH_2$、$-NHR$、$-NR_2$、$-OH$、$-OR$、$-NHCOR$、$-OCOR$ 等。

3) 超共轭效应

(1) 定义:当C—H σ键与π键(或p电子轨道)处于邻近位置时,也会产生C—H键σ电子的离域现象。

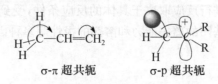

σ-π 超共轭　　σ-p 超共轭

(2) 特点:超共轭效应比共轭效应弱得多。在超共轭效应中,σ键一般是给电子的;超共轭效应的大小与和π轨道(或p轨道)相邻碳上的C—H键数目有关,C—H键越多,超共轭效应越大。

2. 碳正离子

(1) 在烷基正离子中,中心碳原子采取sp^2杂化,有一个垂直于sp^2杂化轨道平面的p轨道,该碳原子只有六个电子,带单位正电荷。碳正离子是反应过程中短暂存在的活性中间体,一般不能单独分离得到,但可用物理方法监测到它的存在。

(2) 影响碳正离子稳定性的因素。

(i) 电子效应。

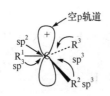

图 5-5　碳正离子中烷基的给电子诱导效应

碳正离子很不稳定,需要电子来达到八隅体的构型,因此凡是能提供电子,使正电荷分散的因素均有利于碳正离子的稳定。

烷基碳采用sp^3杂化,带正电荷的碳为sp^2杂化(其s成分多,电负性较大),当二者结合时,烷基实际起到了向带正电荷碳提供电子的作用,如图 5-5 所示,因此带正电荷的碳上连接较多烷基的碳正离子较稳定。

$$R_3\overset{+}{C} > R_2\overset{+}{C}H > R\overset{+}{C}H_2 > \overset{+}{C}H_3$$

(ii) 空间效应。

一般来说,当碳与三个大的基团相连时,有利于碳正离子的形成,但也应考虑碳原子几何形状的影响。例如,桥头碳由于处于刚性结构中,不易形成sp^2杂化轨道要求的平面,因此发生S_N1反应的速率极慢。

	$(CH_3)_3CBr$	Br (adamantyl)	Br (bicyclic)	Br (norbornyl)
S_N1反应相对速率	1	10^{-3}	10^{-6}	10^{-11}

(iii) 溶剂效应。

卤代烷在溶剂中容易电离,如叔丁基溴在水相中离解所需要的能量只是其在气相中离解时的十分之一。这是由于达到过渡态时所需要的大部分能量可由溶剂与极性过渡态之间的偶极-偶极相互作用供给(图 5-6)。溶剂极性越大,溶剂化的力量越强,电离也就越快。

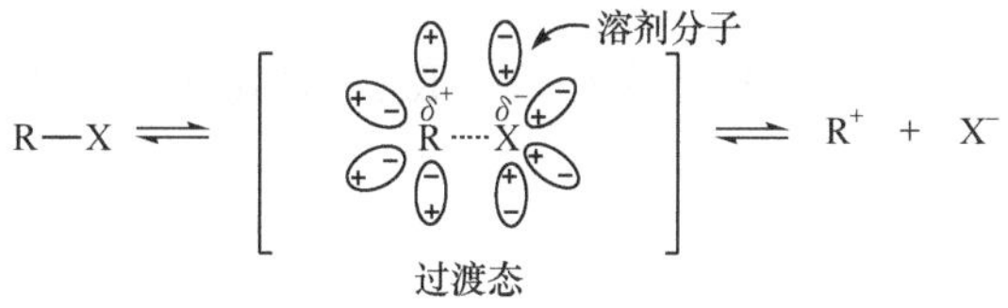

$$R—X \rightleftharpoons [\overset{\delta+}{R}\cdots\overset{\delta-}{X}]_{过渡态} \rightleftharpoons R^+ + X^-$$

（溶剂分子）

图 5-6　电离过程溶剂化示意图

3. 烃基结构的影响

烃基结构对亲核取代反应的影响与反应机理有关。

1) S_N2 反应

烃基结构对 S_N2 反应速率的影响主要是空间效应，中心碳原子的空间位阻越大，反应速率越慢。

$$RBr + {}^-OH \xrightarrow{S_N2} ROH + Br^-$$

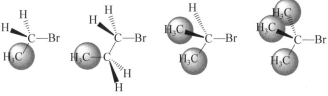

相对速率　　　100　　　　　7.9　　　　　0.22　　　　　～0

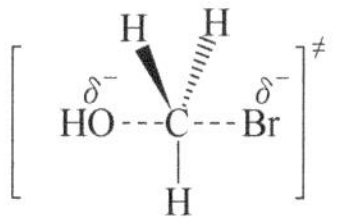

决定 S_N2 反应速率的关键是过渡态能量的大小。反应中亲核试剂是从离去基团的背后进攻中心碳原子，反应过程中需经历一个拥挤的过渡态(图 5-7)。当底物中心碳原子的 α-C 或 β-C 上连接的烃基较多或基团较大时，所产生的空间位阻不仅阻碍了亲核试剂从离去基团背面进攻，而且使过渡态拥挤程度增加，体系能量进一步升高，结果使反应难于进行。因此，S_N2 反应速率：1°卤代烷＞2°卤代烷＞3°卤代烷。

图 5-7　S_N2 反应拥挤的过渡态

2) S_N1 反应

决定 S_N1 反应速率的是碳正离子的形成，凡是有利于碳正离子的生成以及能增加碳正离子稳定性的因素都能加快 S_N1 反应的速率。

$$RBr + H_2O \xrightarrow[C_2H_5OH, 55℃]{S_N1} ROH + HBr$$

R	$(CH_3)_3C$	$(CH_3)_2CH$	CH_3CH_2	CH_3
相对速率	100	0.023	0.013	0.0034

上述实验结果表明，三级卤代烷最易发生 S_N1 反应，其次是二级卤代烷，再次是一级卤代烷，这与碳正离子的稳定性次序一致。事实上，一级卤代烷易按 S_N2 机理反应，三级卤代烷易按 S_N1 机理反应，而二级卤代烷介于二者之间，取决于具体的反应条件。

3) 几种特殊情况

(1) 苄基卤代烃和烯丙基卤代烃是 1°RX，但其 S_N1 和 S_N2 反应都能很容易地发生。

	CH_3CH_2Cl	$CH_2=CHCH_2Cl$	$C_6H_5CH_2Cl$
S_N2 相对速率	1	40	120

$$ROTs + CH_3CH_2OH \xrightarrow[S_N1]{25℃} ROC_2H_5 + TsOH$$

R	$(CH_3)_2CH$	$CH_2=CHCH_2$	$C_6H_5CH_2$	$(C_6H_5)_2CH$	$(C_6H_5)_3C$
S_N1 相对速率	0.69	8.6	100	$\sim 10^5$	$\sim 10^{10}$

^-OTs: 由于氧上的负电荷可以通过硫离域到整个酸根上，从而使负离子稳定，因此是一个好的离去基团，有利于反应按照 S_N1 机理进行。

当苄基卤代烃和烯丙基卤代烃发生 S_N1 反应时，生成的碳正离子中间体可以通过 p-π 共轭而稳定，因此大大提高了反应速率(图 5-8)。

当苄基卤代烃和烯丙基卤代烃发生 S_N2 反应时，反应的过渡态由于存在 p-π 共轭而稳定，能量降低，因此大大提高了反应速率(图 5-9)。

 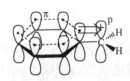 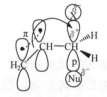

图 5-8　烯丙基和苄基碳正离子的 p-π 共轭　　　图 5-9　p-π 共轭对 S_N2 过渡态的稳定作用

(2) 苯型、乙烯型卤代烃较难发生亲核取代反应。

苯型、乙烯型卤代烃由于存在 p-π 共轭(图 5-10)，C—X 键具有部分双键性质，不易断裂，因此难于发生亲核取代反应。

图 5-10　$CH_2=CHX$ 的 p-π 共轭

(3) 卤素连于桥头碳的卤代烷比苯型、乙烯型卤代烃更难发生亲核取代反应。

桥头碳由于刚性结构的限制，难以形成平面形的碳正离子，因此难于发生 S_N1 反应。又由于桥环化合物具有较大的空间位阻，不利于 Nu^- 从桥碳背面的进攻，因此也难于发生 S_N2 反应。

4. 离去基团的影响

(1) 在 S_N1 反应的速率决定步骤中，离去基团带着一对电子离去，离去基团的离去倾向大，有利于反应按照 S_N1 机理进行。

通常离去基团的碱性越大，离去倾向越小，F^-、HO^-、RO^- 和 H_2N^- 都是强碱，因此 F、OH、OR 和 NH_2 在亲核取代反应中都很难被取代。

例如，叔丁基卤代烷 S_N1 反应的相对速率：$t\text{-BuI} > t\text{-BuBr} > t\text{-BuCl} \gg$

t-BuF，正好与卤素负离子的碱性大小次序相反。

在叔卤代烷的溶液中加入硝酸银，形成溶解度极小的卤化银沉淀，有利于碳正离子的生成，因此有利于反应按照 S_N1 机理进行。

$$(CH_3)_3CBr + Ag^+ \longrightarrow (CH_3)_3\overset{+}{C} + AgBr\downarrow$$

(2) 在 S_N2 反应中一卤代烷反应的相对速率：RI＞RBr＞RCl＞RF，也正好与卤素负离子的碱性大小次序相反。

(3) 在亲核取代反应中，好的离去基团总是倾向于被不好的离去基团取代。

5．溶剂的影响

常用的溶剂有两种类型：质子溶剂和非质子溶剂。

(1) 质子溶剂：含有能给予质子的官能团，如水、甲醇、乙醇、叔丁醇、乙酸、三氟乙酸等。它们能与负离子，特别是负电荷比较集中的 HO^-、RO^-、F^- 等生成氢键。

对于介于 S_N2 和 S_N1 之间的亲核取代反应，增加质子溶剂的极性有利于底物的离解，有利于反应按照 S_N1 机理进行。

增加质子溶剂的极性不利于反应按照 S_N2 机理进行。同时负离子作为亲核试剂是电子给予体，氢键的生成使其亲核性降低。

(2) 非质子溶剂：不含有能生成氢键的质子。又可分为两类：非极性溶剂和偶极溶剂（又称为非质子极性溶剂）。

非极性溶剂，如己烷、二氯甲烷、苯、乙醚、氯仿等。非极性溶剂对于 S_N2 和 S_N1 反应均不利。

偶极溶剂，如：

六甲基磷酰胺	N,N-二甲基甲酰胺	二甲亚砜
HMPA	DMF	DMSO

偶极溶剂的特征是偶极负端露于分子外部，正端藏于分子内部。作为反应溶剂可使负离子相对自由，使亲核试剂的亲核性增强。因此，S_N2 反应在偶极溶剂中进行时速率大为提高。

$$CH_3I + Cl^- \xrightarrow{25℃} [Cl\overset{\delta^-}{\cdots}CH_3\overset{\delta^-}{-}I]^{\neq} \longrightarrow Cl-CH_3 + I^-$$

溶剂	CH_3OH	$\underset{O}{HCNH_2}$	$\underset{O}{HCNHCH_3}$	$\underset{O}{HCN(CH_3)_2}$
相对反应速率	1	12.5	45.5	1.2×10^6

6．试剂亲核性的影响

亲核试剂的亲核性由两种因素决定：试剂的给电子能力和试剂的可极化性。给电子能力强、可极化性强的试剂亲核性强。试剂亲核性越强，对 S_N2 反应越有利。

1) 试剂的亲核性与碱性

一般来说,碱性是提供电子给质子的能力,亲核性是提供电子给碳原子的能力。

(1) 在质子溶剂中,亲核试剂的进攻原子相同时,其亲核性与碱性一致。

$$RO^- > HO^- > PhO^- > RCOO^- > ROH > H_2O$$
$$\xleftarrow{\text{碱性逐渐增强,亲核性逐渐增强}}$$

(2) 在质子溶剂中,亲核试剂进攻原子为同一周期的元素,其亲核性与碱性一致。

$$R_3C^- > R_2N^- > RO^- > F^-$$
$$\xleftarrow{\text{碱性逐渐增强,亲核性逐渐增强}}$$

(3) 在质子溶剂中,同族元素的亲核性与碱性相反。

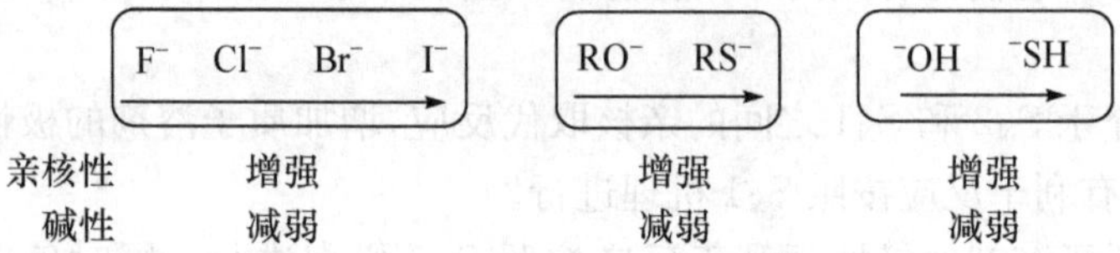

	F⁻ Cl⁻ Br⁻ I⁻ →	RO⁻ RS⁻ →	⁻OH ⁻SH →
亲核性	增强	增强	增强
碱性	减弱	减弱	减弱

在极性质子溶剂中,F⁻的溶剂化作用强,使其亲核性减弱(图 5-11)。而 I⁻的电负性小,电荷分散,溶剂化作用弱;且电子云易变形,可极化性强,因此亲核能力强(图 5-12)。

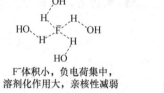

F⁻体积小,负电荷集中,
溶剂化作用大,亲核性减弱

原子半径大,对外层电子
束缚能力弱,电子云易变形,
可极化性强

图 5-11 F⁻的强溶剂化作用　　图 5-12 I⁻电子云的变形

(4) 在偶极溶剂中,同族元素的亲核性与碱性一致。

以 KCl 在 DMF 中的情况为例(图 5-13),正离子被溶剂化了,负离子完全游离出来。负电荷密度大的亲核性较强,与碱性顺序一致。

F⁻ Cl⁻ Br⁻ I⁻
$\xleftarrow{\text{碱性逐渐增强,亲核性逐渐增强}}$

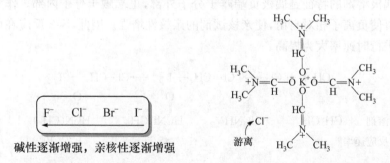

图 5-13 Cl⁻在 DMF 中的游离

(5) 试剂的体积增大,阻碍了其与底物中心碳原子的接近,所以亲核性减弱。

$$\xrightarrow{\text{碱性逐渐增强，亲核性逐渐减弱}} CH_3O^- \quad CH_3CH_2O^- \quad (CH_3)_2CHO^- \quad (CH_3)_3CO^-$$

质子溶剂中常用亲核试剂的亲核能力次序如下：

$$RS^- > I^- > CN^- > CH_3O^-, HO^- > Br^- > ArO^- > Cl^- \gg H_2O > F^-$$

2) 亲核取代反应的中转站——碘负离子

碘负离子是一个好的离去基团（C—I 键能低，I⁻ 碱性弱）；在质子溶剂中，碘负离子是一个好的亲核试剂（I⁻ 碱性弱，溶剂化作用弱，可极化性强）。因此，在卤代烷的亲核取代反应中加少量碘可促进反应进行。

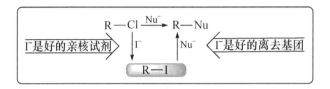

5.5 卤代烷的其他反应

5.5.1 卤代烷的还原

通式：

$$R{-}X \xrightarrow{\text{还原剂}} R{-}H \qquad \text{其中，RI（易）> RBr > RCl（难）}$$

1. 酸性还原剂

酸性还原剂：Zn + HCl。例如：

$$CH_3(CH_2)_{14}CH_2I \xrightarrow[HCl]{Zn} CH_3(CH_2)_{14}CH_3$$

2. 催化氢化（中性条件）

常用催化剂：Pd-C、Ni、Pt。

适用范围：芳香卤代烃，苄基型、烯丙型卤代烃，三级卤代烃，碘代烷。用催化氢化法使碳与杂原子（O、N、X）之间化学键发生断裂的反应又称为催化氢解。

3. 碱性还原剂

(1) 氢化锂铝（$LiAlH_4$），强还原剂。一卤代烷可以被 $LiAlH_4$ 还原为烷烃，是制备纯烷烃的重要方法。

$$CH_3(CH_2)_6CH_2X \xrightarrow[THF, 25\,^\circ C]{LiAlH_4} CH_3(CH_2)_6CH_3$$

X	F	Cl	Br	I
转化率	几乎不反应	73%/24h	99%/1h	100%/1h

特点：还原能力强，孤立 C=C 不被还原。

范围：可用于 1°RX、2°RX 的还原，3°RX 以消除为主。一卤代烷的反应活性：伯>仲>叔。此外醛、酮、酰卤、酸酐、羧酸等也可被还原。

注意：氢化锂铝与水剧烈反应，必须在无水介质中使用。

还原机理：氢化锂铝可以提供负氢离子(H^-)，其与一卤代烷的反应具有亲核取代反应的特点。

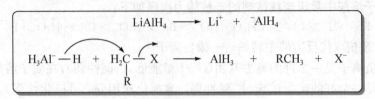

(2) 硼氢化钠($NaBH_4$)，温和还原剂。

$$(CH_3)_3CX \xrightarrow[\text{醇溶液}]{NaBH_4} (CH_3)_3CH$$

还原能力弱于 $LiAlH_4$，可用于 2°RX、3°RX 的还原，醛、酮、酰卤、酸酐也可被还原。

注意：必须在碱性水或醇溶液中进行。

(3) Na(Li)的液氨溶液也能用于卤代烷的还原。反应必须在低温无水条件下进行。C≡C、苯、萘、蒽等也能被还原。

5.5.2 与金属的反应

卤代烃能与某些金属发生反应，生成有机金属化合物——金属原子直接与碳原子连接的化合物。

1. 与金属镁的反应——Grignard 试剂及其反应

1) 关于 Grignard 试剂

$$R-X + Mg \xrightarrow[X=Cl, Br]{\text{无水乙醚}} RMgX$$

$$CH_3CH_2Cl + Mg \xrightarrow{\text{无水乙醚}} CH_3CH_2MgCl$$

1900 年 Grignard（时年 29 岁）发现了该试剂，称为 Grignard 试剂，中文简称格氏试剂。

诺贝尔化学奖
(1912)

Grignard
(1871—1935)

(1) 格氏试剂一般用 RMgX 表示，一般认为其结构是 R_2Mg 与 MgX_2 的平衡混合物。

(2) 醚在格氏试剂的制备中至关重要，醚可溶解生成卤化烃基镁，并通过络合作用使其稳定。通常使用无水乙醚，制备困难时也可使用四氢呋喃(THF)。

(3) 制备格氏试剂常用溴（或氯）代烷，卤代烷生成格氏试剂的活性：RI>RBr>RCl>RF。

(4) 烯丙基（或苄基）卤代烃易与格氏试剂发生偶联。这是由于烯丙基（或苄基）卤代烃的反应活性很高，新生成的格氏试剂会立即与尚未反应的烯丙基（或苄基）卤代烃结合，得到偶联产物。

$$CH_2=CHCH_2Cl + Mg \xrightarrow[25℃, 5h]{\text{无水乙醚}} CH_2=CHCH_2CH_2CH=CH_2$$

55%~65%

也可利用这一特点制备双键在链端的烯烃。

$$\text{C}_5\text{H}_9\text{MgBr} + \text{CH}_2=\text{CHCH}_2\text{Br} \xrightarrow{\text{无水乙醚}} \text{CH}_2=\text{CHCH}_2\text{-C}_5\text{H}_9$$
$$70\%$$

若要制备烯丙基(或苄基)格氏试剂,需使用过量的镁和乙醚,在剧烈搅拌下将烯丙基(或苄基)卤代烃在乙醚中的稀溶液慢慢滴入,并严格控制反应温度,则可得到相应的格氏试剂。

(5) 乙烯型卤代烃反应性差,乙烯基氯需要在四氢呋喃中反应,才能生成格氏试剂。

$$\text{CH}_2=\text{CHCl} \xrightarrow{\text{Mg, THF}} \text{CH}_2=\text{CHMgCl}$$

$$\text{C}_6\text{H}_5\text{Cl} \xrightarrow{\text{Mg, THF}} \text{C}_6\text{H}_5\text{MgCl}$$

在合成中可利用氯和溴的反应活性差别,选择性制备格氏试剂。

$$\text{3-Cl-C}_6\text{H}_4\text{-Br} \xrightarrow{\text{Mg, 无水乙醚}} \text{3-Cl-C}_6\text{H}_4\text{-MgBr}$$

(6) 格氏试剂遇到 H_2O、HX、ROH、$RCOOH$ 和 $RC \equiv CH$ 等含活泼氢的化合物会分解。因此,制备和使用格氏试剂都必须在无水、干燥条件下进行操作。

$$\text{CH}_3\text{MgI} + \text{H}_2\text{O} \longrightarrow \text{CH}_4 + \text{Mg(OH)I}$$

通过测量 CH_4 的体积,利用这一反应可定量测定水含量。

$$\text{CH}_3\text{MgI} + \text{R}-\text{C} \equiv \text{CH} \longrightarrow \text{CH}_4 + \text{R}-\text{C} \equiv \text{CMgI}$$

利用这一反应可制备含有叁键的格氏试剂。

2) 格氏试剂的应用

(1) RMgX 的亲核性。

目前认为格氏试剂中碳与镁形成的是极性共价键。格氏试剂中的 R 是亲核性基团。

$$\boxed{\text{R}-\text{MgX} \Rightarrow \overset{\delta^-}{\text{C}}-\overset{\delta^+}{\text{Mg}}}$$

(2) RMgX 与环氧乙烷的亲核取代反应。

RMgX 与环氧乙烷的反应在合成上用于制备比卤代烃多两个碳的醇类化合物。

$$\text{R}-\text{MgX} + \underset{\delta^+\ \ \ \delta^+}{\overset{\overset{\delta^-}{O}}{\text{H}_2\text{C}-\text{CH}_2}} \xrightarrow{\text{无水乙醚}} \text{R}-\text{CH}_2-\overset{\text{OMgX}}{\underset{}{\text{CH}_2}} \xrightarrow{\text{H}_2\text{O}} \text{R}-\text{CH}_2-\overset{\text{OH}}{\underset{}{\text{CH}_2}}$$

$$\text{R}-\text{MgX} + \underset{\text{位阻较小}}{\overset{\overset{\text{位阻较大}}{O}}{\text{H}_2\text{C}-\text{CH}-\text{R}'}} \xrightarrow{\text{无水乙醚}} \xrightarrow{\text{H}_2\text{O}} \text{R}-\text{CH}_2-\overset{\text{OH}}{\underset{}{\text{CH}-\text{R}'}}$$

(3) RMgX 与醛、酮及酯类化合物的反应。

RMgX 与醛、酮及酯类化合物的反应在合成上用于制备醇类化合物（其反应机理将在醛、酮等相关章节讨论）。

$$R-MgX \begin{cases} \xrightarrow[\text{无水乙醚}]{H_2C=O} \xrightarrow{H_2O} R-CH_2-OH \quad \text{伯醇} \quad \text{比格氏试剂多一个碳原子} \\ \xrightarrow[\text{石油醚}]{R'CH=O} \xrightarrow{H_2O} R-\underset{R'}{\overset{}{C}}H-OH \quad \text{仲醇} \\ \xrightarrow[\text{无水乙醚}]{R'-\overset{O}{\underset{}{C}}-R''} \xrightarrow{H_2O} R-\underset{R''}{\overset{R'}{C}}-OH \quad \text{叔醇} \end{cases}$$

$$R'-\overset{O}{\underset{}{C}}-OC_2H_5 \xrightarrow[\text{无水乙醚}]{2R-MgX} \xrightarrow{H_2O} R'-\underset{R}{\overset{OH}{C}}-R \quad \text{叔醇}$$

(4) RMgX 与 CO_2 的亲核加成。

RMgX 与 CO_2 的亲核加成在合成上用于制备比格氏试剂多一个碳的羧酸。

$$O\overset{\delta^+}{=}\overset{\delta^-}{C}\overset{\delta^-}{=}O \xrightarrow[\text{无水乙醚}]{\overset{\delta^-}{R}-\overset{\delta^+}{MgX}} R-\overset{O}{\underset{}{C}}-OMgX \xrightarrow{H_2O} R-\overset{O}{\underset{}{C}}-OH$$

这一反应说明在制备和使用格氏试剂时还应避免其与空气接触。

(5) 卤代烷与金属卤化物反应。

格氏试剂中的 R 可以取代还原电位低于镁的金属卤化物中的卤素。这一反应是合成有机金属化合物的一个重要方法。例如，烷基铝是烯烃加氢聚合的重要催化剂之一。

$$\underline{\text{Li}^+ \quad \text{Mg}^{2+} \quad \text{Al}^{3+} \quad \text{Si}^{4+} \quad \text{Zn}^{2+} \quad \text{Cd}^{2+} \quad \text{Sn}^{4+} \quad \text{Cu}^{2+} \quad \text{Hg}^{2+}}$$
$$\text{还原电位降低}$$

$$AlCl_3 \xrightarrow{RMgCl} RAlCl_2 \xrightarrow{RMgCl} \xrightarrow{RMgCl} R_3Al$$

2. 与金属锂的反应

(1) 卤代烷与金属锂在非极性溶剂（无水乙醚、石油醚）中反应生成有机锂化合物。

$$C_4H_9Br + 2Li \xrightarrow{\text{石油醚}} C_4H_9Li + LiBr$$

有机锂化合物也是一类重要的有机金属试剂，其制备和用途类似于 RMgX，溶解性比格氏试剂好，但价格较高。

(2) 二烷基铜锂。

$$2RLi + CuI \xrightarrow{\text{无水乙醚}} R_2CuLi + LiI$$
$$\text{二烷基铜锂}$$
$$R_2CuLi + R'X \longrightarrow R-R' + RCu + LiX$$

把两个分子结合在一起的反应称为偶联反应。偶联反应是增长碳链的重要

方法,可制备复杂结构的烷烃。例如:

$$(n\text{-}C_4H_9)_2CuLi + n\text{-}C_7H_{15}Cl \longrightarrow CH_3(CH_2)_9CH_3$$

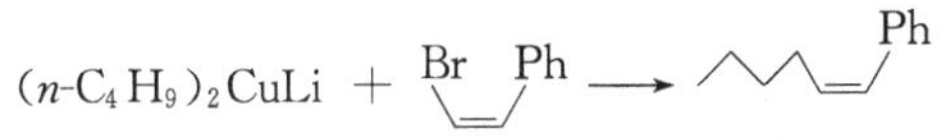

$$(n\text{-}C_4H_9)_2CuLi + \underset{\text{Br}}{\diagup}\hspace{-2mm}\diagdown\text{Ph} \longrightarrow \diagup\hspace{-2mm}\diagdown\text{Ph}$$

双键构型不变

$$(\underset{\underset{CH_3}{|}}{H_2C=C})_2CuLi + Br\text{-}\langle\bigcirc\rangle\text{-}CH_3 \longrightarrow H_2C=\underset{\underset{CH_3}{|}}{C}\text{-}\langle\bigcirc\rangle\text{-}CH_3$$

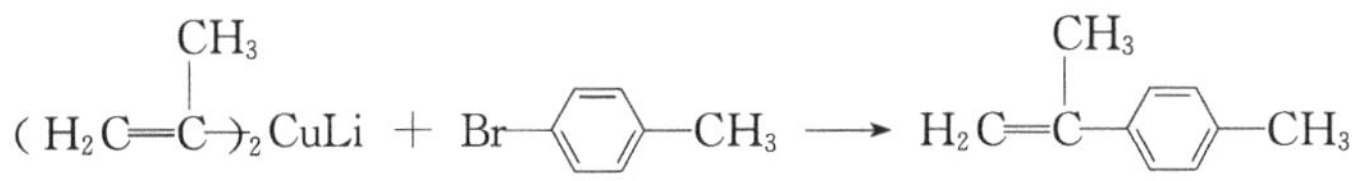

3. 与金属钠的反应

卤代烷在金属钠作用下发生的偶联反应称为 Wurtz 反应。

$$2RX + 2Na \longrightarrow R\text{—}R + 2NaX$$

Wurtz 反应主要用于从卤代烷制备含偶数碳原子、结构对称的烷烃。通常只适合使用同一种伯卤代烷。

5.6 一卤代烷的制法

(1) 烷烃的卤化。一般生成复杂的混合物,实验室中只在少数情况下用于制备一卤代烷。

(2) 烯烃与卤化氢加成。

$$CH_3CH_2CH_2CH=CH_2 + HBr \xrightarrow{CH_3COOH} CH_3CH_2CH_2\underset{\underset{Br}{|}}{C}HCH_3$$

84%

(3) 由醇制备。

$$CH_3CH_2CH_2CH_2OH + HBr \xrightarrow{H_2SO_4} CH_3CH_2CH_2CH_2Br + H_2O$$

95%

常用的试剂有氢卤酸、磷的卤化物和亚硫酰氯($SOCl_2$)等。

第6章 烯 烃

6.1 烯烃的结构和命名

6.1.1 烯烃的结构

烯烃分子中双键碳原子为 sp^2 杂化，有一个垂直于 sp^2 杂化轨道平面的 p 轨道。π 键是由两个 p 轨道侧面重叠而形成的(图 6-1)。

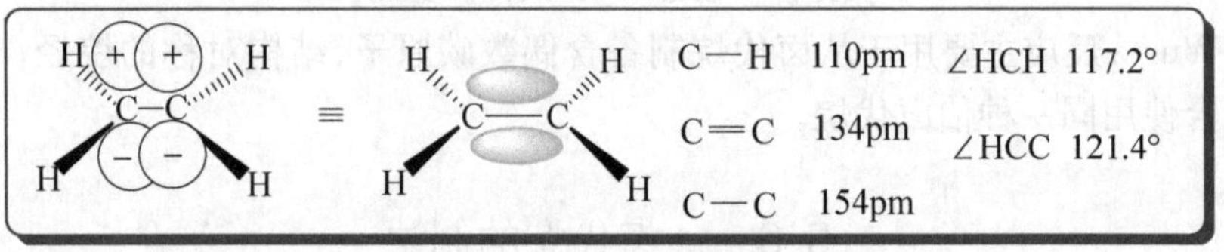

图 6-1 乙烯中的 π 键及结构参数

π 电子云突出于分子平面之外，具有较大的流动性，容易极化，容易给出电子发生反应。C═C的旋转会破坏 p 轨道的侧面重叠，在室温下不能实现，因此烯烃有顺反异构体。

6.1.2 烯烃的异构

烯烃具有双键，其异构现象比烷烃复杂。例如，丁烯有三种构造异构体，其中 2-丁烯有两种顺反异构体。

$CH_3CH_2CH=CH_2$ 1-丁烯　　$CH_3CH=CHCH_3$ 2-丁烯　　$CH_3C(CH_3)=CH_2$ 2-甲基丙烯

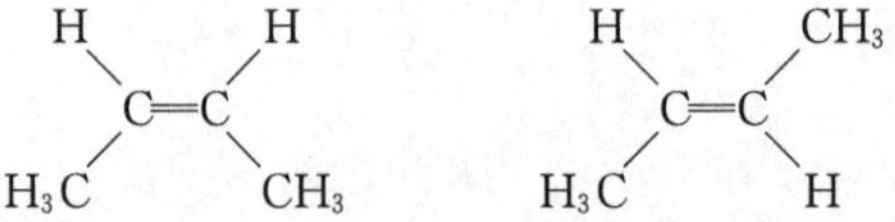

顺-2-丁烯　　反-2-丁烯

两个双键碳原子各带有不同的取代基时，就有顺反异构体；双键碳原子中任何一个带有两个相同的取代基，就没有顺反异构体。

6.1.3 烯烃的命名

1. 烯烃的系统命名法

(1) 选择含有 C═C 的最长碳链作为主链，根据主链上碳原子的数目称为某烯，碳原子数大于十的烯烃称为某碳烯。

(2) 从离双键最近的一端给主链编号，用双键上第一个碳原子的号码表示双键的位置。

(3) 取代基的名称和位置的表示方法与烷烃相同。例如：

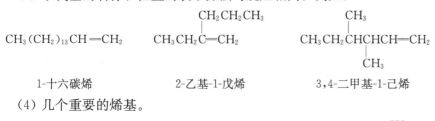

  1-十六碳烯   2-乙基-1-戊烯   3,4-二甲基-1-己烯

(4) 几个重要的烯基。

$H_2C=CH-$ $CH_3CH=CH-$ $H_2C=CHCH_2-$ $H_2C=\overset{CH_3}{\underset{|}{C}}-$

 乙烯基   丙烯基   烯丙基   异丙烯基

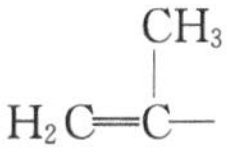

(5) 双键在环上，以环为母体；双键在链上，以链为母体。

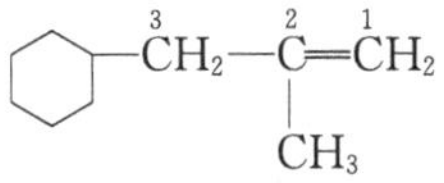

2-甲基-3-环己基-1-丙烯

当以环为母体时，是从一个双键碳开始经过另一个双键碳给环编号，并使取代基有尽可能低的编号。

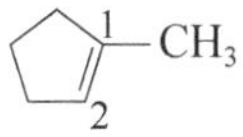

 1-甲基环戊烯 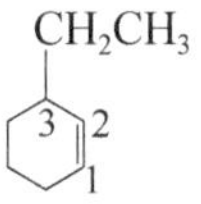   3-乙基环己烯 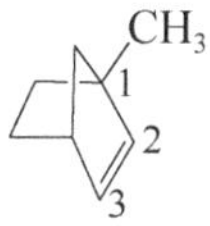   1-甲基二环[2.2.1]-2-庚烯

桥环烯烃的编号是从桥头碳开始，使双键碳有尽可能小的编号，同时照顾取代基的位置。

2. 顺反异构体的系统命名

根据 IUPAC 的规定，顺反异构体的构型用 Z（zusammen，德文：同）和 E（entgegen，德文：对）表示。先将双键碳原子上的取代基按次序规则分别排列，两个碳原子上较优的取代基位于双键同侧为 Z 构型，位于双键异侧为 E 构型。

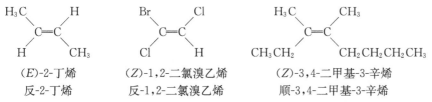

 (E)-2-丁烯   (Z)-1,2-二氯溴乙烯   (Z)-3,4-二甲基-3-辛烯
 反-2-丁烯   反-1,2-二氯溴乙烯   顺-3,4-二甲基-3-辛烯

需要注意的是，顺反异构体的习惯命名与系统命名并不总是一致。习惯命名中，相同原子或基团在双键同侧时为顺，在异侧时为反；而系统命名中是按照次序规则比较，较优的取代基位于双键同侧为 Z 构型，位于双键异侧为 E 构型。

6.2 烯烃的相对稳定性

根据烯烃的燃烧热或氢化热可以推测其相对稳定性，燃烧热、氢化热越小，烯烃越稳定。

烯烃	氢化热/(kJ/mol)
$CH_2=CH_2$	136.5
$CH_3CH=CH_2$	125.2
$(CH_3)_2C=CH_2$	117.6
$(CH_3)_2C=C(CH_3)_2$	110.5
(E)-$CH_3CH=CHCH_3$	114.7
(Z)-$CH_3CH=CHCH_3$	118.9

双键上取代基较多的烯烃比较稳定

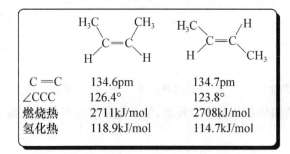

C=C	134.6pm	134.7pm
∠CCC	126.4°	123.8°
燃烧热	2711kJ/mol	2708kJ/mol
氢化热	118.9kJ/mol	114.7kJ/mol

稳定次序：(E)-2-丁烯>(Z)-2-丁烯

(Z)-2-丁烯　　　(E)-2-丁烯

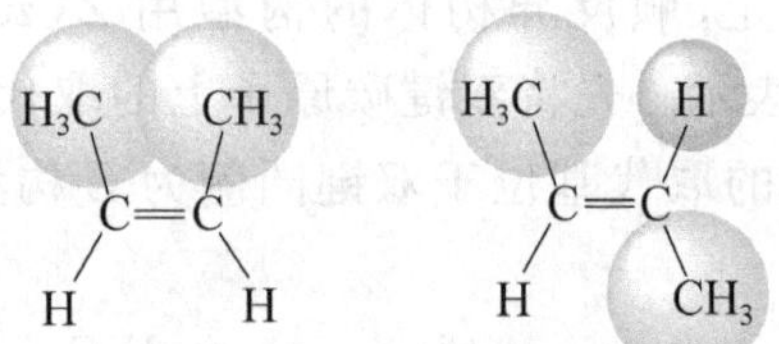

在(Z)-2-丁烯中，两个甲基位于双键的同侧，相距较近，互相排斥，分子热力学能较高，稳定性较差。

6.3 烯烃的制备——消除反应

烯烃的制备常以卤代烷或醇为原料，通过消除反应在分子中导入C=C。

6.3.1 消除反应的定义、分类和反应机理

(1) 定义:从分子中脱去一个简单分子生成不饱和键的反应称为消除反应(elimination reaction,简写为 E)

(2) 分类:消除反应可分为 1,1-消除(α-消除)、1,2-消除(β-消除)、1,3-消除、1,4-消除。大多数消除反应为 1,2-消除。

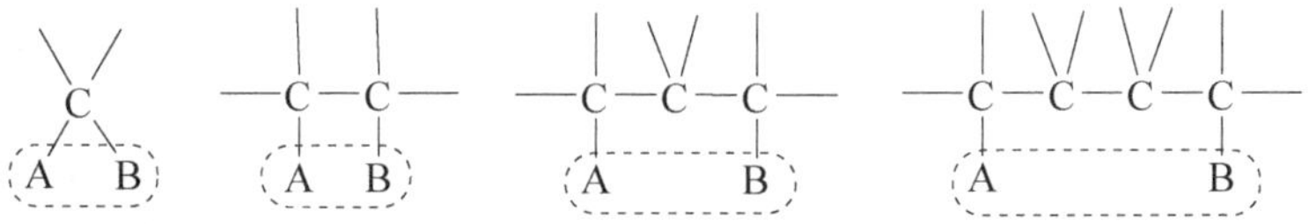

1,1-消除	1,2-消除	1,3-消除	1,4-消除

(3) 1,2-消除反应有三种反应机理。

分类	反应机理	实例
E1 (单分子消除)	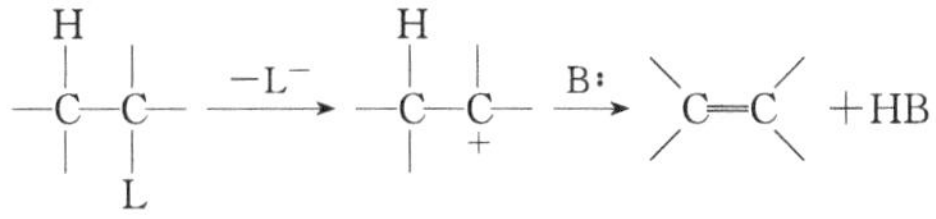	醇失水,三级卤代烷在极性溶剂中失卤化氢
E2 (双分子消除)	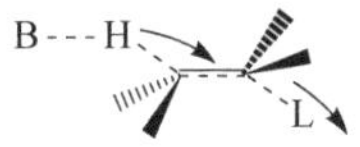 完全协同,L 与 H 同时离去	
E1cb (单分子共轭碱消除)	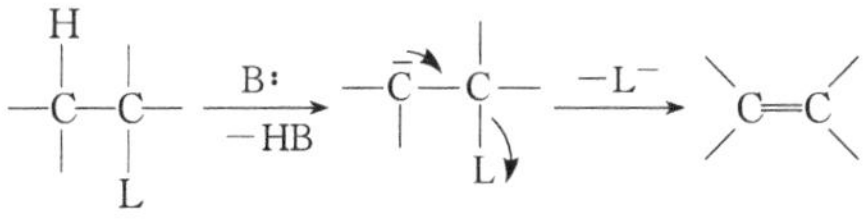	碳负离子很不稳定。按这种机理进行的反应较少

6.3.2 卤代烷脱除卤化氢

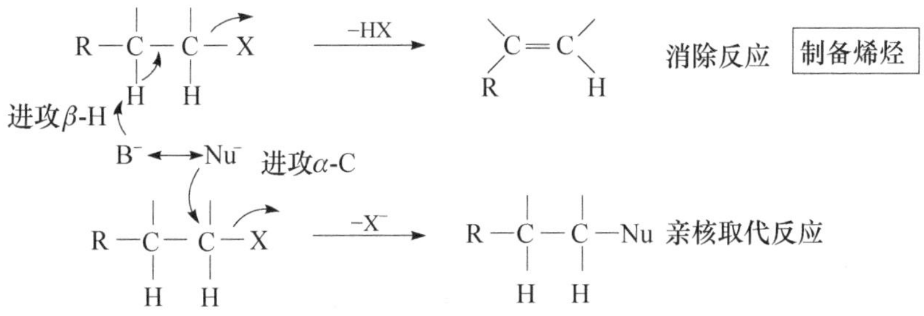

消除与亲核取代反应的互相竞争

卤代烷在强碱、弱极性溶剂和较高温度条件下易发生消除反应生成烯烃。

(1) 常用的试剂是热 KOH(NaOH)的乙醇溶液;更强的碱则可用醇钠或醇钾,如叔丁醇钾[(CH$_3$)$_3$COK]。

$$CH_3(CH_2)_{15}CH_2CH_2Cl \xrightarrow[DMSO]{(CH_3)_3COK} CH_3(CH_2)_{15}CH=CH_2$$

86%

(2) 如果卤代烷分子中有两个以上 β-H 可供消除（可能生成不同的烯烃异构体），则总是倾向于生成双键上取代基较多的烯烃——Zaitsev 规则。例如：

$$CH_3CH_2C(CH_3)_2Br \xrightarrow[CH_3CH_2OH, \triangle]{CH_3CH_2OK} CH_3CH=C(CH_3)_2 + CH_3CH_2C(CH_3)=CH_2$$

$$\qquad\qquad\qquad\qquad\qquad\qquad 70\% \qquad\qquad\quad 30\%$$

$$CH_3CH_2CHClCH_3 \xrightarrow[EtOH]{KOH} CH_3CH=CHCH_3 + CH_3CH_2CH=CH_2$$

$$\qquad\qquad\qquad\qquad\qquad\qquad 主要 \qquad\qquad\qquad 次要$$

6.3.3 醇失水

(1) 醇的失水反应总是在酸性条件下进行，常用的酸性催化剂有 H_2SO_4、$KHSO_4$、H_3PO_4、P_2O_5，消除反应的速率：3°醇＞2°醇＞1°醇。

$$CH_3CH_2OH \xrightarrow{H_2SO_4, 170℃} CH_2=CH_2$$

$$\text{环己醇} \xrightarrow[140℃]{H_2SO_4} \text{环己烯}$$

$$\qquad\qquad\qquad 79\%\sim 87\%$$

(2) 醇失水的区域选择性符合 Zaitsev 规则。

$$CH_3CH_2\overset{\beta}{C}(CH_3)(OH)\overset{\beta}{CH_3} \xrightarrow[90℃]{H_2SO_4(46\%)} CH_3CH=C(CH_3)_2 + CH_3CH_2C(CH_3)=CH_2$$

$$\qquad\qquad\qquad\qquad\qquad\qquad 84\% \qquad\qquad\quad 16\%$$

(3) 醇失水生成的烯烃有顺反异构体时，主要生成 E 型产物。

(4) 醇失水反应中常伴有重排产物。

$$(CH_3)_3CCH(OH)CH_3 \xrightarrow{H^+} (CH_3)_3CCH=CH_2 + (CH_3)_2C=C(CH_3)_2$$

$$\qquad\qquad\qquad\qquad\qquad\qquad 30\% \qquad\qquad\quad 70\%$$

$$\qquad\qquad\qquad\qquad\qquad\qquad\qquad\qquad\qquad\quad 重排产物$$

这种当醇羟基所在的碳原子与 3°或 2°碳原子相连时，在酸催化下发生的重排反应称为 Wagner-Meerwein 重排。

重排的动力是生成一个更稳定的碳正离子。重排过程中迁移基团与离去基团处于反式共平面的位置。现在许多经过碳正离子中间体发生的重排也都归为 Wagner-Meerwein 重排。

6.4 消除反应机理

6.4.1 单分子消除反应

$$(CH_3)_3CBr \xrightarrow[25℃]{CH_3CH_2OH} (CH_3)_3COCH_2CH_3 + (CH_3)_2C=CH_2$$
$$81\% \qquad 19\%$$

(1) 反应机理。

消除反应分两步进行。首先叔丁基溴慢慢离解为碳正离子；然后碳正离子中间体在溶剂作用下脱去质子，生成烯烃。

$$H_3C-\underset{\underset{CH_3}{|}}{\overset{\overset{CH_3}{|}}{C}}-Br \xrightleftharpoons{慢} H_3C-\underset{\underset{CH_3}{|}}{\overset{\overset{CH_3}{|}}{C^+}}$$

$$C_2H_5\ddot{O}H + H-CH_2-\underset{\underset{CH_3}{|}}{\overset{\overset{CH_3}{|}}{C^+}} \xrightarrow{快} (CH_3)_2C=CH_2$$

由于决定反应速率的步骤只是叔丁基溴的离解，所以称为单分子消除(E1)反应。

(2) E1 消除反应的速率：3°卤代烷＞2°卤代烷＞1°卤代烷。消除反应的主要产物为 Zaitsev 烯烃。

(3) 醇在酸性条件下的失水反应为 E1 消除。

$$\underset{\underset{H}{|}}{\overset{\overset{|}{|}}{-C}}-\underset{\underset{OH}{|}}{\overset{\overset{|}{|}}{C}}- \xrightleftharpoons[-H^+]{H^+} \underset{\underset{H}{|}}{\overset{\overset{|}{|}}{-C}}-\underset{\underset{\overset{+}{O}H_2}{|}}{\overset{\overset{|}{|}}{C}}- \xrightleftharpoons[H_2O]{-H_2O} \underset{\underset{H}{|}}{\overset{\overset{|}{|}}{-C}}\curvearrowright\underset{\underset{+}{|}}{\overset{\overset{|}{|}}{C}} \xrightarrow{-H^+} \diagup\!\!\!=\!\!\!\diagdown$$

(4) E1 反应和 S_N1 反应的能线图相似，二者是同一活性中间体继续反应时两种不同途径的竞争(图 6-2)。

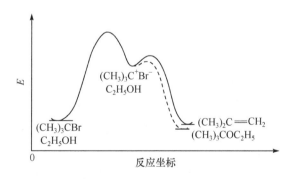

图 6-2　E1 反应能线图及 E1 与 S_N1 的竞争

第一步是决定整个反应速率的步骤。第二步反应为产物决定步骤。第二步反应过渡状态能量的高低决定生成取代或消除产物的速率，也就是它们在最后产物中所占的份额。

（5）卤代烷的结构对单分子反应中取代产物和消除产物所占的份额有重要影响。

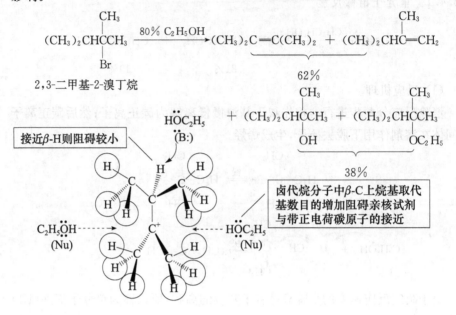

2,3-二甲基-2-溴丁烷

6.4.2 双分子消除反应

溴乙烷在 C_2H_5ONa/C_2H_5OH 中反应，除生成取代产物外，还生成消除产物乙烯。

$$CH_3CH_2O^- + H-CH_2-CH_2-Br \longrightarrow CH_2=CH_2 + CH_3CH_2OH + Br^-$$

（1）反应机理。

反应速率与溴乙烷和乙氧负离子的浓度成正比，所以称为双分子消除（E2）反应，其反应能线图与 S_N2 反应类似。卤代烷的 E2 反应必须在碱性条件下进行，并且没有重排产物。其反应速率的次序：$RI > RBr > RCl > RF$。

（2）卤代烷 E2 反应与 S_N2 反应的竞争。

在卤代烷 E2 和 S_N2 反应的竞争中，影响最大的是底物的烃基结构。

1° RX 在 E2 和 S_N2 的竞争中，多数以 S_N2 占优势；但在特强碱的作用下，以 E2 占优势。强或体积大的碱、弱极性溶剂以及较高的温度有利于卤代烷的 E2 反应。

$$CH_3CH_2CH_2Br + C_2H_5ONa \xrightarrow[25℃]{C_2H_5OH} CH_3CH_2CH_2OC_2H_5 + CH_3CH=CH_2$$
$$\phantom{CH_3CH_2CH_2Br + C_2H_5ONa \xrightarrow[25℃]{C_2H_5OH}} 91\% 9\%$$

$$CH_3(CH_2)_6CH_2Br + (CH_3)_3CONa \xrightarrow[180℃]{DMSO} CH_3(CH_2)_5CH=CH_2$$
$$\phantom{CH_3(CH_2)_6CH_2Br + (CH_3)_3CONa \xrightarrow[180℃]{DMSO}} 99\%$$

2°RX 在碱存在时，多以 E2 占优势。

$$CH_3\underset{\underset{Br}{|}}{C}HCH_3 + C_2H_5ONa \xrightarrow[25℃]{C_2H_5OH} CH_3CH=CH_2 + CH_3CH_2OCH(CH_3)_2$$
$$ 80\% 20\%$$

(3) E2 反应主要产物为 Zaitsev 烯烃(双键上取代基较多的烯烃)。

$$CH_3CH_2\underset{\underset{Br}{|}}{C}HCH_3 \xrightarrow{KOH/C_2H_5OH} CH_3CH=CHCH_3 + CH_3CH_2CH=CH_2$$
$$ 81\% 19\%$$

关于 Zaitsev 规则的理论解释如下：

E2 反应

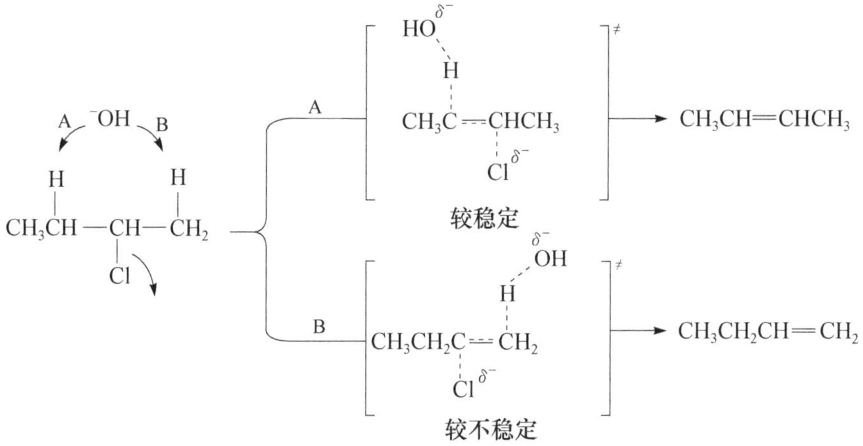

反应过渡态已具有部分双键性质，由于存在 σ-π 超共轭作用，多取代基型过渡态较稳定。

E1 反应

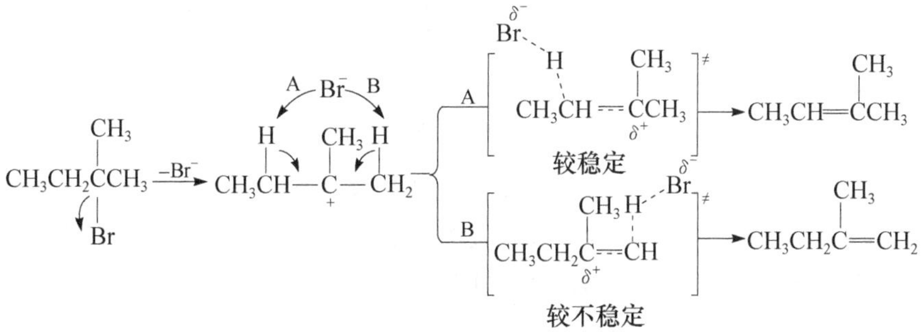

过渡态已有部分双键性质，多取代基型过渡态较稳定

当用空间位阻特别大的强碱时,反应的区域选择性会发生改变,主要生成双键上取代基少的烯烃(称为 Hofmann 烯烃)。

$$CH_3(CH_2)_3\underset{Cl}{CHCH_3} \xrightarrow{RO^-} CH_3(CH_2)_3CH=CH_2 + CH_3(CH_2)_2CH=CHCH_3$$

		Hofmann 取向	Zaitsev 内向
大体积碱优先进攻位	CH_3O^-	33%	67%
阻小的位置上的 H	$(CH_3)_3CO^-$	91%	9%

(4) 当卤代烷按 Zaitsev 规则进行消除可以得到不止一个立体异构体时,通常以(E)-烯烃为主要产物。

$$CH_3CH_2CH_2CHBrCH_3 \xrightarrow{KOH-C_2H_5OH} (E)\text{-}CH_3CH_2CH=CHCH_3 + (Z)\text{-}CH_3CH_2CH=CHCH_3$$
$$41\% \qquad\qquad 14\%$$
$$+ CH_3CH_2CH_2CH=CH_2 + CH_3CH_2CH_2\underset{OCH_2CH_3}{CHCH_3}$$
$$25\% \qquad\qquad 20\%$$

(5) E2 消除是立体专一性反应。

立体专一性反应(stereospecific reaction):具有一定立体结构的底物通过反应只生成一种类型的立体异构体。

立体选择性反应(stereoselective reaction):底物通过反应可以生成两个以上立体异构体,其中有一个占优势。

(i) E2 消除为反式共平面消除(反式消除):

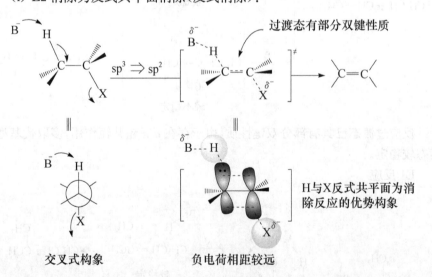

在 E2 反应中,H—C 键和 C—X 键的断裂及 π 键的生成同时发生,消去的 H 和 X 必须在同一平面上,才能满足逐渐生成的 p 轨道最大限度地交叠。

(ii) 顺式共平面消除(顺式消除)比反式消除难发生:

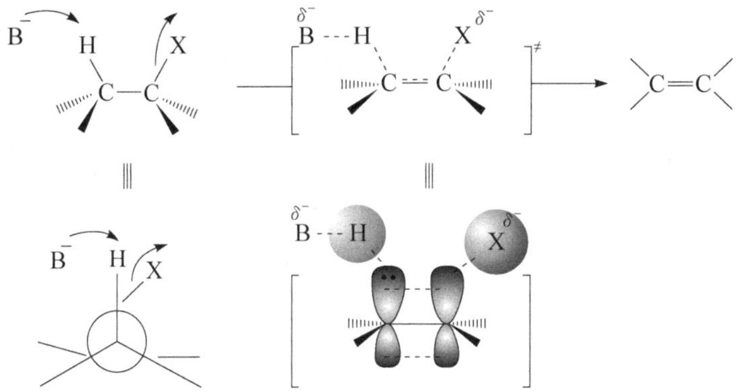

重叠式构象，较不稳定　　负电荷相距较近，有排斥作用

例 6-1　解释苏式和赤式 1,2-二苯基-1-氯丙烷在它们的 E2 反应中，分别只生成(E)-1,2-二苯基丙烯和(Z)-1,2-二苯基丙烯，并且苏式反应速率较快。

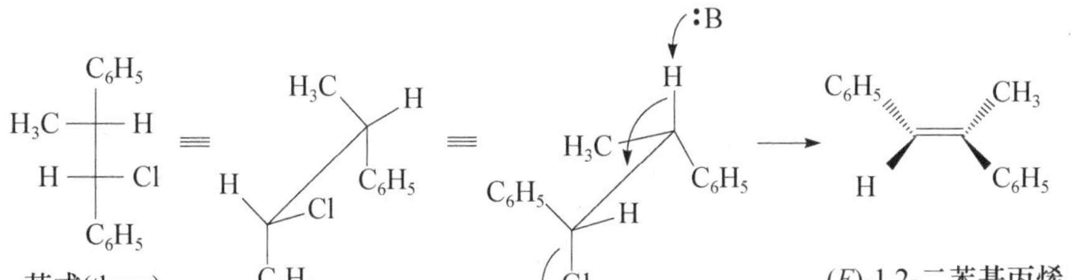

苏式(threo) → (E)-1,2-二苯基丙烯

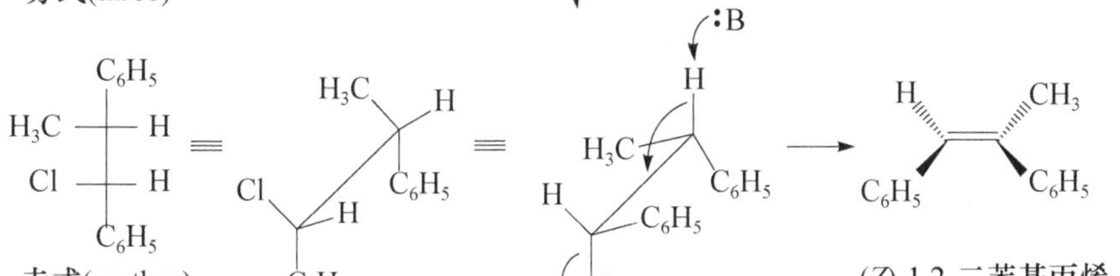

赤式(erythro) → (Z)-1,2-二苯基丙烯

在赤式的反应构象中，两个大的苯基相邻，过渡态能量高，反应速率比苏式慢。

需要注意的是，反应构象不一定是化合物的优势构象。卤代烷发生 E2 消除时，如果消除构象是其优势构象，则反应速率快；反之反应速率慢。这一点在卤代环烷烃的反应中表现更明显。

例 6-2　解释下列两个异构体在相同反应条件下的不同反应结果（环状化合物的 E2 消除）。

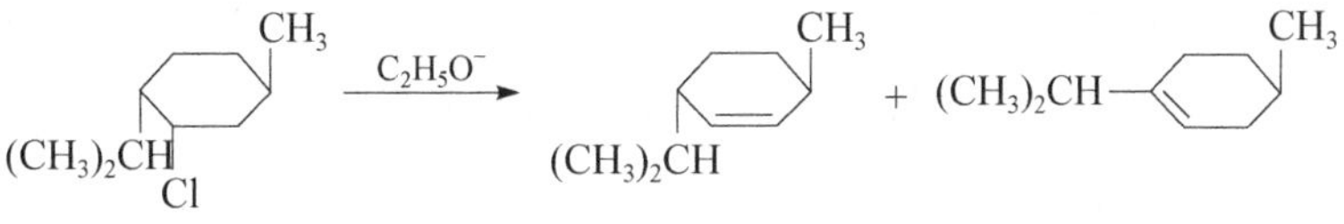

I　　　　　　25%　　　75%

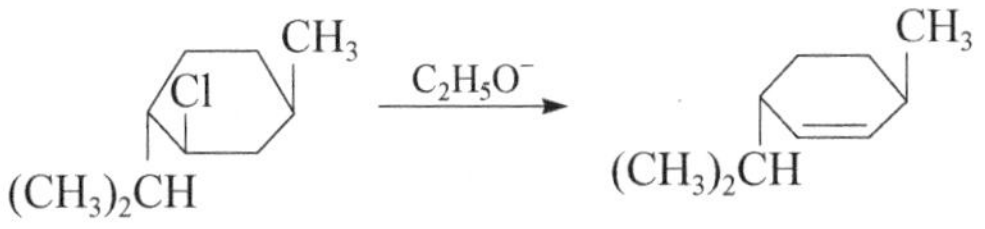

II　　　　　唯一产物　　消除反应速率 I∶II＝200∶1

(1) 化合物Ⅰ的反应情况。

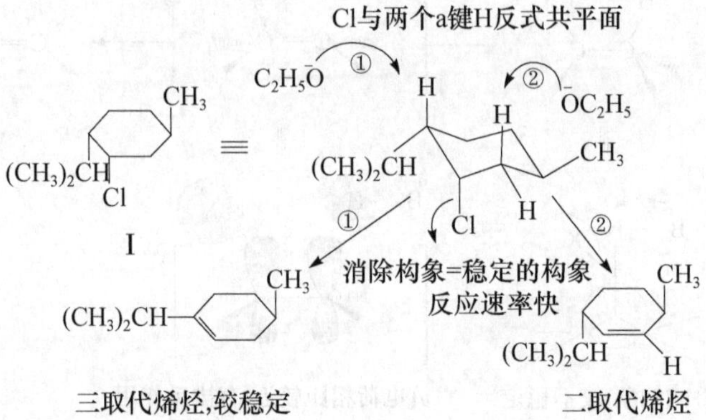
Cl与两个a键H反式共平面
$C_2H_5O^-$
$^-OC_2H_5$
CH_3
$(CH_3)_2CH$
Cl
Ⅰ
消除构象=稳定的构象
反应速率快
三取代烯烃,较稳定
二取代烯烃

(2) 化合物Ⅱ的反应情况。

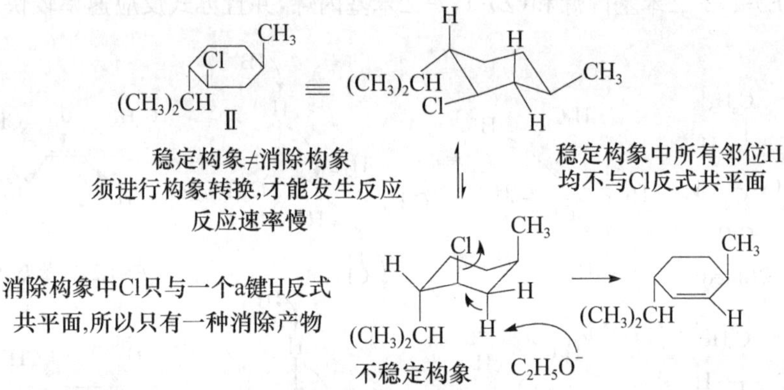
CH_3
Cl
$(CH_3)_2CH$
Ⅱ
稳定构象≠消除构象
须进行构象转换,才能发生反应
反应速率慢
稳定构象中所有邻位H
均不与Cl反式共平面
消除构象中Cl只与一个a键H反式
共平面,所以只有一种消除产物
不稳定构象
$C_2H_5O^-$

6.4.3 单分子共轭碱消除

单分子共轭碱消除(E1cb)为两步过程,第一步是 β-H 在碱的作用下离去,形成碳负离子,第二步是离去基团带着一对电子离去,形成烯键。

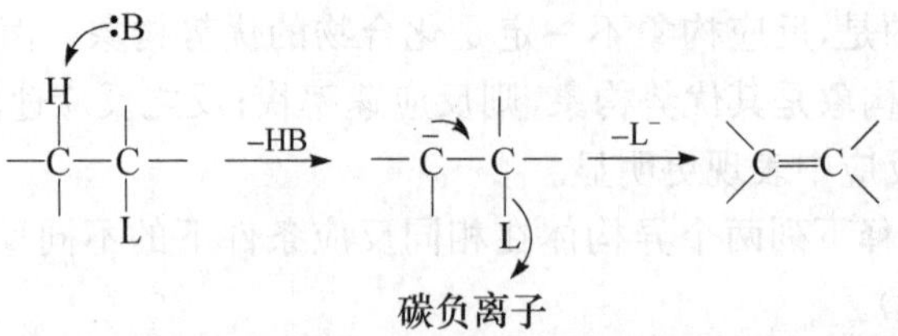
:B
–HB
–L⁻
碳负离子

促进 E1cb 机理的结构因素包括:①β-C 上有吸电子取代基,使 β-H 的酸性增强,形成的碳负离子稳定性提高;②离去基团的离去倾向小。例如:

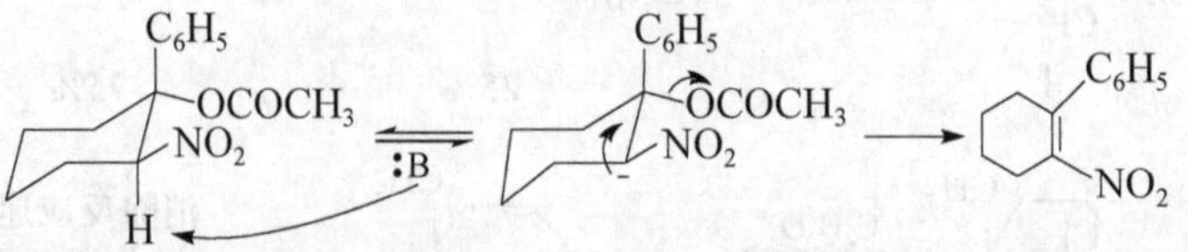
C_6H_5
$OCOCH_3$
NO_2
:B

邻二卤代烷在 Zn 或 Mg 的作用下脱去卤素生成烯烃的反应为 E1cb 机理。在反应中,Zn 先给出一对电子,使 C—X 键断开,形成碳负离子中间体,再失去 X^- 生成烯烃。

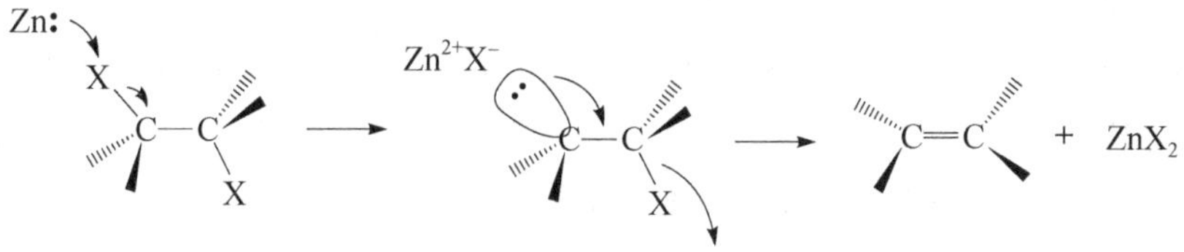

邻二卤代烷在 I^- 作用下生成烯烃的反应也是 E1cb 机理。

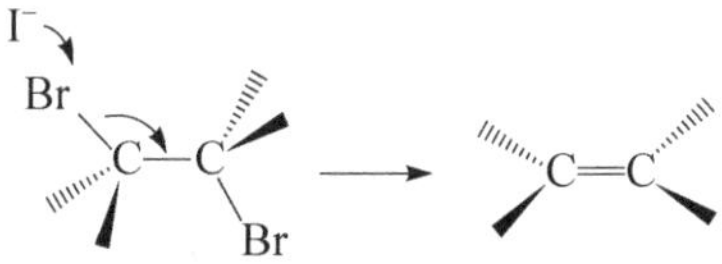

6.5 烯烃的化学性质

烯烃分子中决定反应性能的结构单元是 C=C 键,其典型反应是双键的加成反应。

两个或多个分子相互作用,生成一个加成产物的反应称为加成反应。烯烃易发生亲电加成反应。

$$加成反应\begin{cases}自由基加成(均裂)\\离子型加成(异裂)\begin{cases}亲电加成\\亲核加成\end{cases}\\环加成(协同)\end{cases}$$

❑ 6.5.1 烯烃的亲电加成反应及机理

1. 烯烃与卤素(Cl_2 或 Br_2)的加成

$$H_2C=CH_2 \xrightarrow[\text{红棕色}]{Br_2/CCl_4} H_2\underset{Br}{C}-\underset{Br}{C}H_2 \text{(无色)}$$

1) 特点和用途

(1) 该反应可用于定性鉴别烯烃和炔烃。

(2) 卤素加成反应速率:$F_2 > Cl_2 > Br_2 > I_2$,F_2 的反应过于剧烈,易使 C—C 键发生断裂;I_2 与烯烃的反应是平衡反应,且平衡偏向烯烃。

(3) 烯烃的反应速率:$R_2C=CR_2 > R_2C=CHR > RCH=CHR > RCH=CH_2 > CH_2=CH_2$。

2) 立体化学

烯烃与溴或氯的加成反应为立体选择反应。例如:

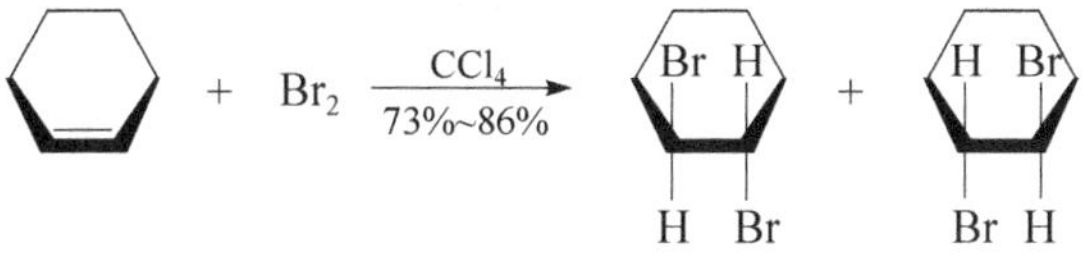

外消旋体

3) 反应机理——环状卤鎓离子机理

(1) 在没有光照和自由基引发的条件下,烯烃与溴的反应为离子型反应。实验发现,如果在乙烯与溴水的反应体系中加入氯化钠、碘化钠、硝酸钠等盐类,除得到1,2-二溴乙烷外,还得到含有氯、碘和氮的副产物;但氯化钠、碘化钠、硝酸钠单独与烯烃不发生反应。

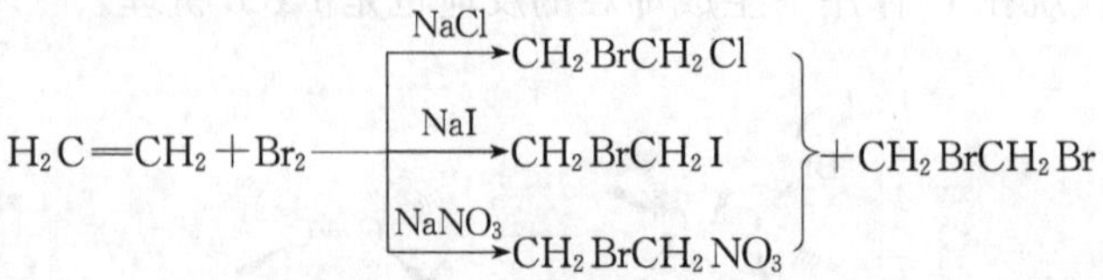

$$H_2C=CH_2 + Br_2 \xrightarrow{\begin{array}{c}NaCl\\NaI\\NaNO_3\end{array}} \begin{array}{c}CH_2BrCH_2Cl\\CH_2BrCH_2I\\CH_2BrCH_2NO_3\end{array} + CH_2BrCH_2Br$$

这些实验事实表明,两个溴原子是分步加在双键上的;并且反应的活性中间体能够与Cl^-、I^-等负离子结合,应是带正电荷的碳正离子。

(2) 反应机理。溴与烯烃的反应分两步进行,第一步是缺少电子的$Br^{\delta+}$接近电子云密度高的π键,形成碳正离子,这是决定整个反应速率的步骤,是一种亲电加成。

为了说明加成反应的立体化学,假定失去π电子的碳原子立即从α-Br接受一对电子生成环状溴鎓离子(cyclic bromononiumion)。

第二步Br^-从溴鎓离子的背面进攻碳原子生成共价键。

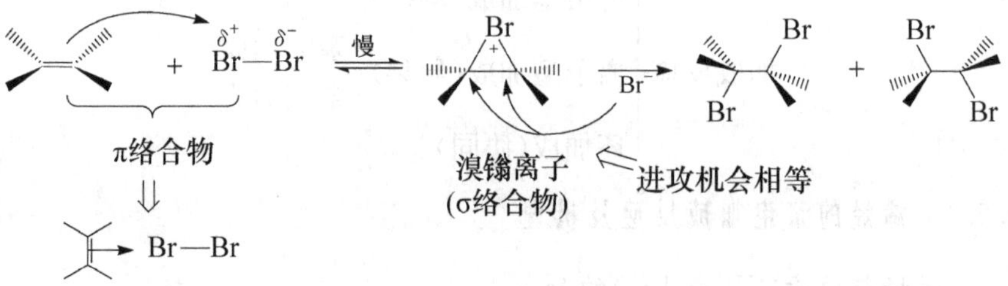

(3) 环状溴鎓离子的存在已有很多实验证明。

例 6-3 环己烯加溴的反应,只有通过环状溴鎓离子中间体,才能得到外消旋体。

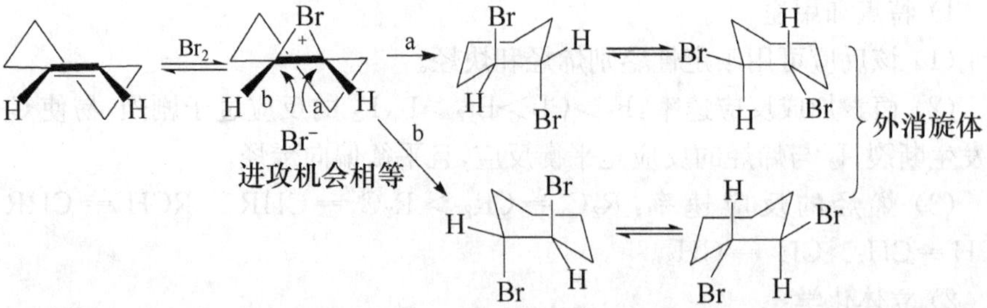

例 6-4 反-2-丁烯加溴只得到(2R,3S)-2,3-二溴丁烷(内消旋体);而顺-2-丁烯加溴则可得到(2R,3R)-2,3-二溴丁烷和(2S,3S)-2,3-二溴丁烷的等量混合物(外消旋体)。

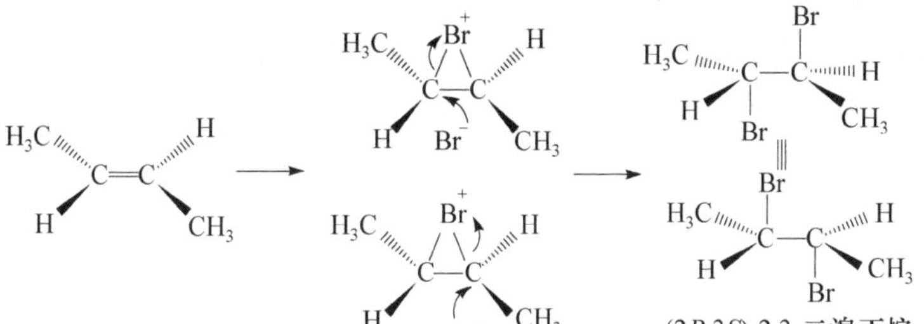

（图示：顺-2-丁烯和反-2-丁烯与 Br$_2$ 加成的立体化学，产物分别为 (2R,3S)-2,3-二溴丁烷、(2R,3R)-2,3-二溴丁烷和 (2S,3S)-2,3-二溴丁烷）

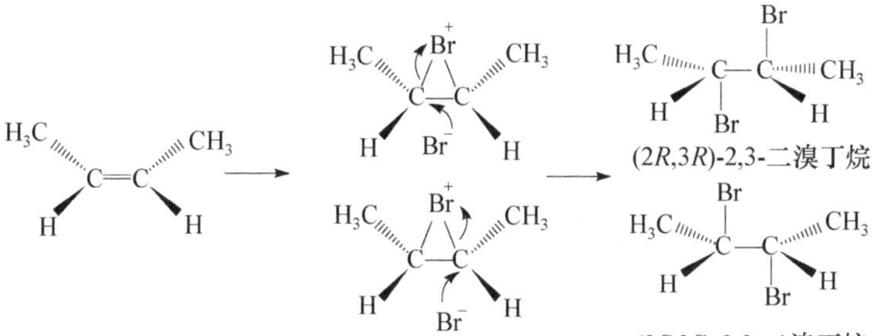

2. 烯烃与氢卤酸的加成

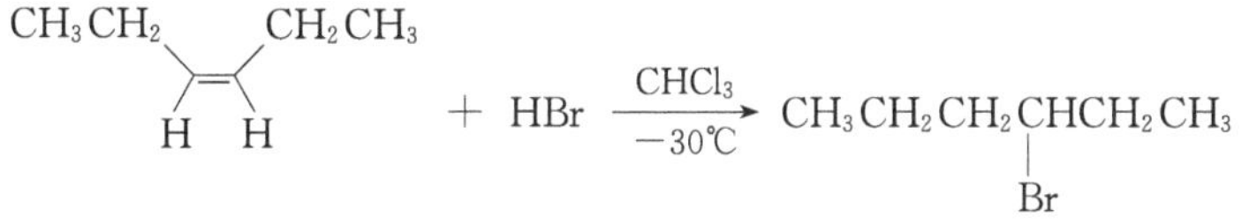

$$\text{(Z)-3-己烯} + \text{HBr} \xrightarrow[-30\text{℃}]{\text{CHCl}_3} \text{CH}_3\text{CH}_2\text{CH}_2\text{CHBrCH}_2\text{CH}_3 \quad 76\%$$

1) 反应机理——碳正离子机理

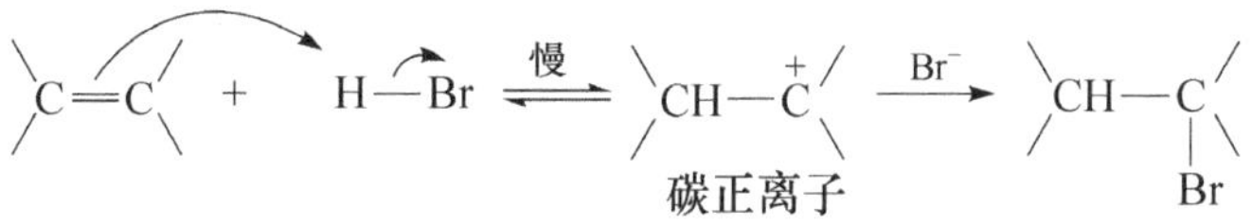

$$\text{C=C} + \text{H—Br} \rightleftharpoons \text{CH—C}^+ \text{ 碳正离子} \xrightarrow{\text{Br}^-} \text{CH—C—Br} \quad (\text{慢})$$

氢原子半径小，（三元环正离子结构）张力大，不稳定，不易生成

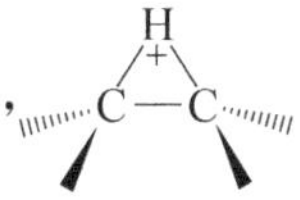

2) 反应速率

（1）卤化氢的反应活性：HI（研究较少）＞HBr＞HCl（需要 AlCl$_3$、ZnCl$_2$ 等催化）。

（2）烯烃双键上的电子云密度越高，反应速率越快。

$$\text{CH}_3\text{CH}=\text{CHCH}_3 > \text{CH}_3\text{CH}=\text{CH}_2 > \text{CH}_2=\text{CH}_2$$

3) 亲电加成反应的区域选择性

（1）Markovnikov 规则（中文简称马氏规则）。

不对称烯烃与不对称试剂（如 HX）发生亲电加成时，负性基团（X$^-$）通常加到含氢较少的双键碳原子上。

$$\text{CH}_3\text{CH}_2\text{CH}=\text{CH}_2 + \text{HBr} \xrightarrow{\text{CH}_3\text{COOH}} \text{CH}_3\text{CH}_2\text{CHBrCH}_3 + \text{CH}_3\text{CH}_2\text{CH}_2\text{CH}_2\text{Br}$$

$$\qquad\qquad\qquad\qquad\qquad\qquad\qquad 80\% \qquad\qquad\qquad 20\%$$

(2) 马氏规则的理论解释。

中间体碳正离子的稳定性决定亲电加成反应的速率和取向。

$$CH_3CH_2-CH=CH_2 \xrightarrow{H-Br} \underset{\text{2°碳正离子较稳定}}{CH_3CH_2-\overset{+}{C}H-CH_3} + \underset{\text{1°碳正离子较不稳定}}{CH_3CH_2-CH-\overset{+}{C}H_2}$$

$$\xrightarrow{Br^-} \underset{\text{主要产物}}{CH_3CH_2-CH-CH_3} \quad CH_3CH_2-CH-CH_2$$
$$\quad\quad\quad\quad Br\ H \quad\quad\quad\quad H\ Br$$

4) 碳正离子重排

(1) 甲基迁移。

$$\underset{\text{3,3-二甲基-1-丁烯}}{(CH_3)_3C-CH=CH_2} + HCl \longrightarrow CH_3-\overset{CH_3}{\underset{CH_3}{\overset{|}{C}}}-\overset{+}{C}H-CH_3 \xrightarrow{甲基迁移}$$

$$\xrightarrow{Cl^-} \underset{\text{2,2-二甲基-3-氯丁烷}\ 17\%}{(CH_3)_3CCHCH_3}$$
$$\quad\quad\quad\quad\quad Cl$$

$$\downarrow$$

$$CH_3-\overset{+}{\underset{CH_3}{\overset{CH_3}{C}}}-CH-CH_3 \xrightarrow{Cl^-} \underset{\text{2,3-二甲基-2-氯丁烷}\ 83\%}{(CH_3)_2CCH(CH_3)_2}$$
$$\quad\quad\quad\quad\quad\quad Cl$$

碳正离子重排通常是 1,2-迁移,结果生成更稳定的碳正离子。

(2) 负氢迁移。

$$\underset{\text{3-甲基-1-丁烯}}{CH_3CHCH=CH_2} + HCl \longrightarrow CH_3\overset{H}{\underset{CH_3}{\overset{|}{C}}}\overset{+}{C}H-CH_3 \xrightarrow{负氢迁移}$$
$$\quad CH_3$$

$$\xrightarrow{Cl^-} \underset{\text{2-甲基-3-氯丁烷}\ 40\%}{(CH_3)_2CHCHCH_3}$$
$$\quad\quad\quad\quad\quad Cl$$

$$\downarrow$$

$$CH_3-\overset{+}{\underset{CH_3}{\overset{H}{C}}}-CH_2-CH_3 \xrightarrow{Cl^-} \underset{\text{2-甲基-2-氯丁烷}\ 60\%}{(CH_3)_2CCH_2CH_3}$$
$$\quad\quad\quad\quad\quad Cl$$

仲碳正离子可通过负氢迁移生成更稳定的叔碳正离子。

3. 烯烃的水合

反应机理与烯烃加 HX 一致,为碳正离子机理。区域选择性遵守马氏规则,反应需用中等浓度的强酸为催化剂。

1) 直接水合

$(CH_3)_2C=CH_2 \underset{慢}{\overset{H_3O^+}{\rightleftharpoons}} (CH_3)_2C^+-CH_3 \overset{H_2O}{\underset{快}{\longrightarrow}} (CH_3)_2\underset{\overset{|}{+OH_2}}{C}-CH_3 \overset{-H^+}{\underset{快}{\longrightarrow}} (CH_3)_2\underset{\overset{|}{OH}}{C}-CH_3$

2) 间接水合——乙醇和异丙醇的工业制法

$H_2C=CH_2 + H_2SO_4(98\%) \longrightarrow CH_3CH_2OSO_3H \overset{H_2O}{\longrightarrow} CH_3CH_2OH$

硫酸氢乙酯

$CH_3CH=CH_2 + H_2SO_4(80\%) \longrightarrow CH_3\underset{\overset{|}{CH_3}}{CH}OSO_3H \overset{H_2O}{\longrightarrow} CH_3\underset{\overset{|}{CH_3}}{CH}OH$

硫酸氢异丙酯

此外,在酸催化下烯烃还可与有机酸加成生成酯,与醇或酚加成生成醚。

4. 烯烃与次卤酸的加成

$$\underset{}{>\!\!=\!\!<} + \underbrace{H_2O + X_2}_{\overset{-}{HO}\ \overset{+}{X}} \longrightarrow \underset{\beta\text{-卤代醇}}{\overset{HO}{\underset{X}{>\!\!-\!\!<}}}$$

加成反应为反式加成,中间体大多是环状卤鎓离子,区域选择性遵守马氏规则。

$(H_3C)_2C=CH_2 + H_2O + Br_2 \longrightarrow \underset{77\%}{\overset{HO\ \ \ H}{\underset{H_3C\ \ \ \ Br}{>\!\!-\!\!<}}}$

[环戊烯与HOCl加成生成反式氯代醇的机理图]

6.5.2 烯烃的自由基加成

烯烃受自由基进攻而发生的加成反应称为自由基加成反应。

$CH_3CH=CH_2 + HBr \overset{过氧化物}{\underset{或光照}{\longrightarrow}} CH_3CH_2CH_2Br$

HBr在光照或过氧化物作用下与烯烃发生的反马氏规则加成反应称为Kharasch效应或过氧化效应。

(1) 反应机理。

在生成自由基的反应中,通常是最弱的化学键优先断裂,并总是倾向于生成最稳定的自由基。

$$\text{链引发}\begin{cases} C_6H_5COOOCC_6H_5 \longrightarrow 2C_6H_5CO\cdot \\ C_6H_5CO\cdot + HBr \xrightarrow{\text{放热}} C_6H_5COH + Br\cdot \end{cases}$$

$$(\text{或 } HBr \xrightarrow{\text{光照}} H\cdot + Br\cdot)$$

$$\text{链增长}\begin{cases} CH_3CH=CH_2 + Br\cdot \longrightarrow CH_3\overset{\cdot}{C}HCH_2Br \\ CH_3\overset{\cdot}{C}HCH_2Br + HBr \longrightarrow CH_3CH_2CH_2Br + Br\cdot \end{cases}$$

(2) HCl、HI 不能发生类似的反应,多卤代烃 $BrCCl_3$、CCl_4 等能发生自由基加成反应。

6.5.3 烯烃的 α-卤化

烯烃与卤素在光照或强的加热条件下发生自由基取代,卤原子取代双键 α-碳原子上的氢,生成烯丙式卤代烃。

$$Br_2 \xrightarrow{\text{光照}} 2Br\cdot$$

环己烯 + Br· ⟶ 环己烯基· + HBr

环己烯基· + Br₂ ⟶ 3-溴环己烯 + Br·

工业上由丙烯高温氯化生产烯丙基氯。

$$CH_3CH=CH_2 + Cl_2 \xrightarrow{500℃} CH_2=CHCH_2Cl + HCl$$
$$80\%\sim83\%$$

而相同反应物在室温下发生双键的亲电加成。

$$CH_3CH=CH_2 + Cl_2 \xrightarrow[\text{室温}]{CCl_4} CH_3\underset{Cl}{\overset{Cl}{C}}HCH_2Cl$$

在实验室中烯烃的 α-溴化常使用 N-溴代丁二酰亚胺(NBS)。

环己烯 + NBS $\xrightarrow[CCl_4,\triangle]{\text{过氧化物}}$ 3-溴环己烯 + 丁二酰亚胺

NBS 在体系中微量酸性杂质或湿气存在下分解,产生低浓度的溴,发生烯烃的 α-溴化。

NBS + HBr ⟶ 丁二酰亚胺 + Br₂

6.5.4 硼氢化-氧化和硼氢化-还原反应

(1) 硼氢化反应:烯烃与甲硼烷作用生成烷基硼的反应。

$$3CH_3CH=CH_2 + BH_3 \xrightarrow{THF} (CH_3CH_2CH_2)_3B$$
三烷基硼

硼氢化反应中得到的烷基硼一般不经分离,直接使用。

BH_3 尚未分离鉴定,其实际存在形式是 B_2H_6,B_2H_6 在空气中自燃,为无色有毒气体。其与醚类可生成稳定的络合物,市售试剂为甲硼烷与四氢呋喃的络合物($H_3B·THF$)。

(2) 烷基硼的氧化反应:烷基硼在碱性条件下与过氧化氢作用,生成醇的反应。

$$(CH_3CH_2CH_2)_3B \xrightarrow{H_2O_2, HO^-, H_2O} CH_3CH_2CH_2OH$$

烯烃通过硼氢化-氧化反应,可得到反马氏规则的醇。

(3) 烷基硼的还原反应:烷基硼与羧酸作用生成烷烃的反应。

$$(CH_3CH_2CH_2)_3B \xrightarrow{RCOOH} CH_3CH_2CH_3$$

(4) 硼氢化反应的机理。

$$CH_3CH=CH_2 + H-BH_2 \xrightarrow{B_2H_6} \left[\begin{array}{c} CH_3CH\cdots CH_2 \\ \vdots \quad \vdots \\ H\cdots BH_2 \end{array} \right]^{\neq} \longrightarrow CH_3CH_2CH_2BH_2$$

硼接近空间位阻小、π电子云密度高的双键碳,并接纳π电子

负氢与正碳互相吸引关环形成四元环状过渡态

$$\xrightarrow{CH_3CH=CH_2} \xrightarrow{CH_3CH=CH_2} (CH_3CH_2CH_2)_3B$$

硼氢化反应为一步反应,经过一个四元环状过渡态,所以为顺式加成,没有重排产物。

硼原子主要加在取代基较少、位阻较小的双键碳原子上。

如果使用位阻大的烯烃,硼氢化反应可停留在一烷基硼或二烷基硼阶段。

(5) 应用举例。

例 6-5 硼氢化-氧化反应。

$$CH_3CH=CH_2 \xrightarrow{B_2H_6} \xrightarrow[H_2O]{H_2O_2, HO^-} CH_3CH_2CH_2OH \quad \text{反马氏规则的醇}$$

环戊烯(含甲基) $\xrightarrow{B_2H_6} \xrightarrow[H_2O]{H_2O_2, HO^-}$ 产物   顺式加成,反马氏规则

顺-2-丁烯型烯烃 $\xrightarrow{B_2H_6} \xrightarrow[H_2O]{H_2O_2, HO^-}$ 产物   顺式加成,反马氏规则

例 6-6 硼氢化-还原反应。

环戊烯(含乙基) $\xrightarrow{B_2H_6} \xrightarrow{RCOOH}$ 乙基环戊烷

6.5.5 烯烃的催化氢化

在催化剂的作用下,烯烃加氢生成烷烃的反应称为烯烃的催化氢化。催化氢化包括异相催化氢化(吸附加氢)和均相催化氢化(络合加氢)。

1. 异相催化氢化

1) 特点

反应通常在加温加压下进行,产率几乎定量。常用催化剂的活性:Pt>Pd>Ni。

2) 反应的立体化学

催化加氢通常以顺式为主,空阻小的双键优先加氢,并且空阻小的一侧优先加氢。

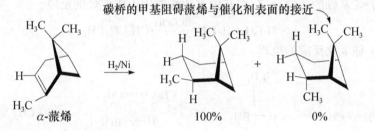

3) 异相催化氢化机理

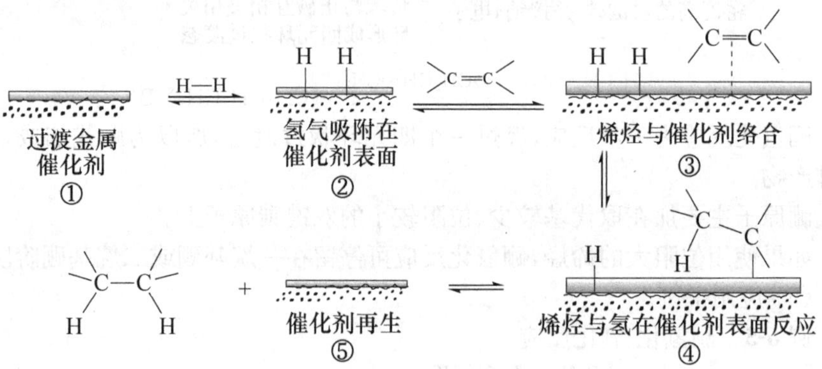

2. 均相催化氢化

目前已发展了一些能溶于有机溶剂的催化剂,称为均相催化剂,如 Wilkinson 催化剂(一类氯化铑与三苯基膦的络合物)。反应特点是常温常压,顺式加氢。

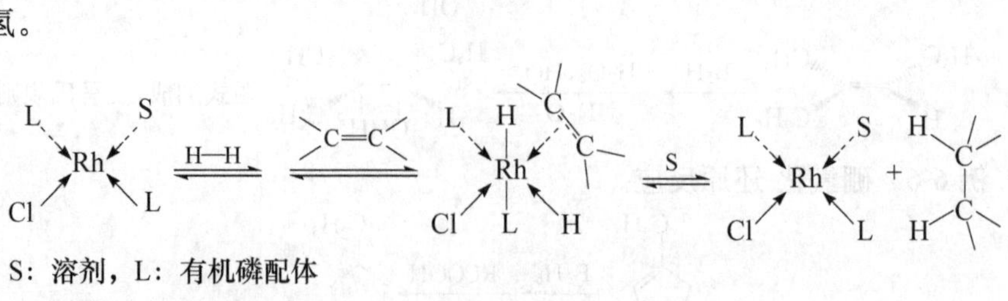

S: 溶剂,L: 有机磷配体

❑6.5.6 烯烃的氧化

1. 烯烃的环氧化反应

1) 过酸的定义和制备

C═C 的环氧化通常使用过酸。具有 —CO—OOH 基团的化合物称为过酸。实验室常用过氧化物制备过酸。

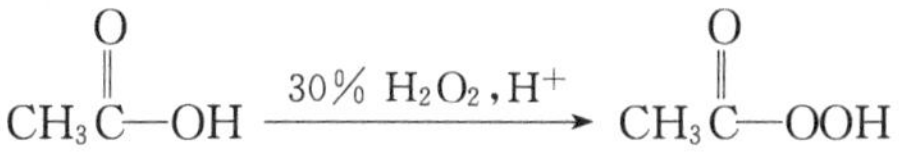

$$CH_3\overset{O}{\underset{\|}{C}}-OH \xrightarrow{30\% \ H_2O_2, H^+} CH_3\overset{O}{\underset{\|}{C}}-OOH$$

* 过氧化物易分解爆炸，使用时要注意控制温度和浓度

2) 环氧化合物

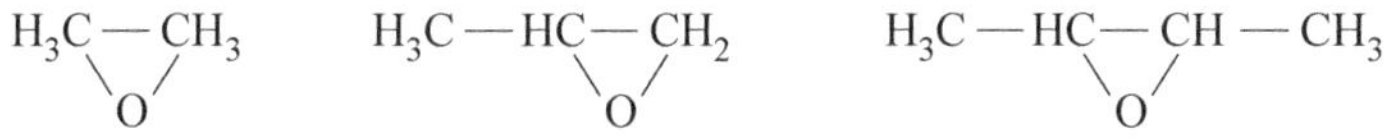

环氧乙烷　　1,2-环氧丙烷　　2,3-环氧丁烷

$n, n+1$ 型环氧化合物是不稳定的，在酸或碱的催化作用下会发生开环反应。

3) 环氧化反应

烯烃在试剂的作用下，生成环氧化合物的反应。

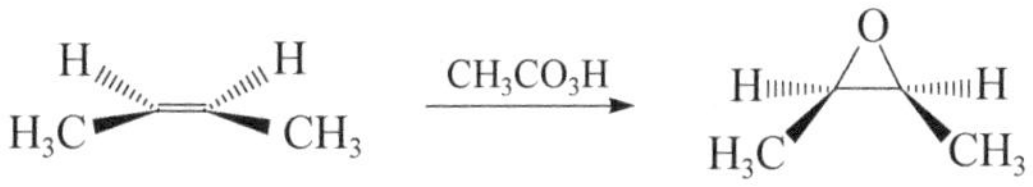

反应机理：

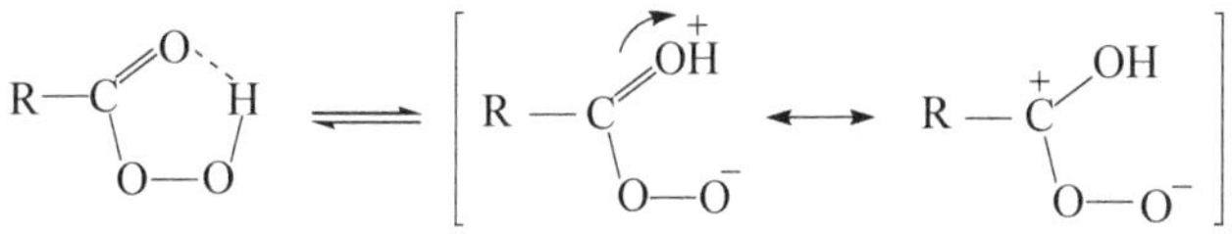

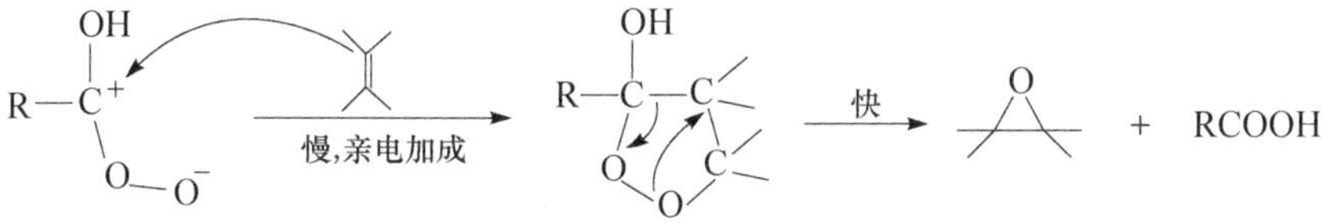

双键上的电子云密度越高、过酸羰碳上的正电性越强，反应越易发生。

4) 反应中的立体化学问题

（1）环氧化反应是顺式加成，环氧化合物仍保持原烯碳的构型。

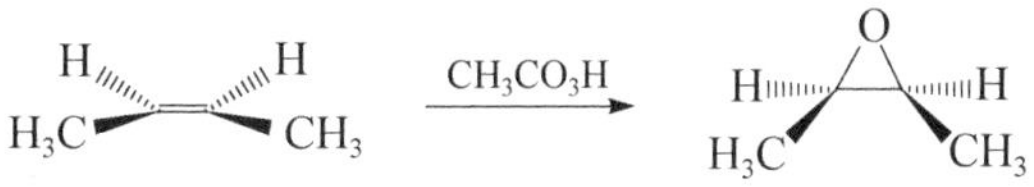

（2）产物对称时，只有一种产物。产物不对称时，则是一对对映异构体。

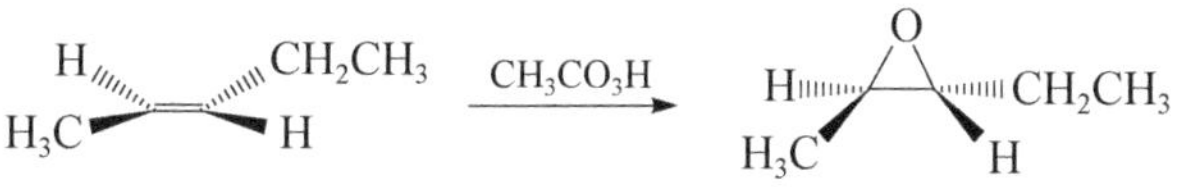

(±)

（3）当双键两侧空阻不同时，环氧化反应易在空阻小的一侧发生。

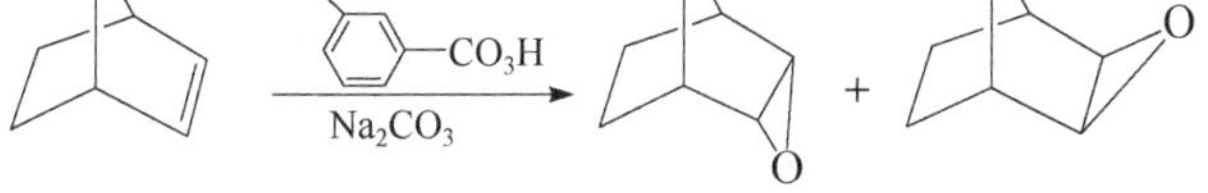

1%　　　99%

2. 烯烃被 KMnO₄ 和 OsO₄ 氧化

1) 烯烃被 KMnO₄ 氧化

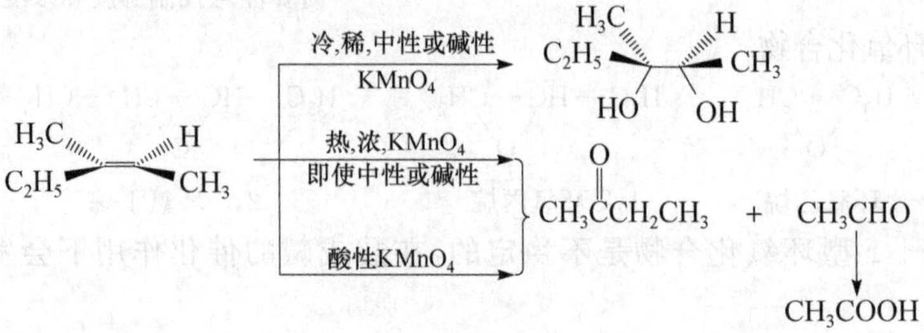

(1) 反应机理。

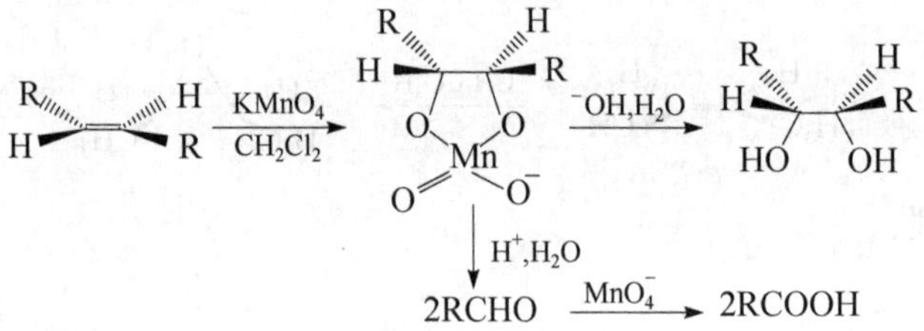

(2) 特征：顺式加成。

(3) 应用：①制备邻二醇；②鉴别不饱和烃；③测定双键的位置。

2) 烯烃被 OsO₄ 氧化

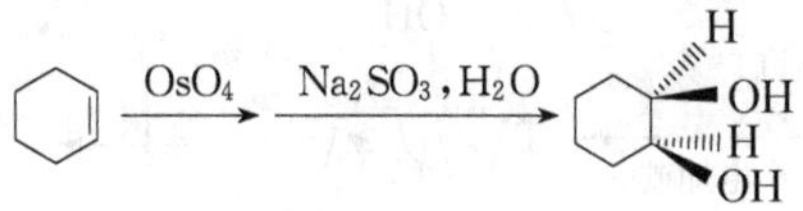

反应机理：

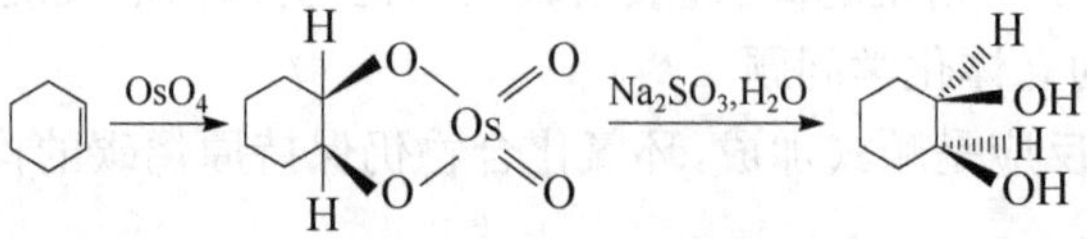

3. 烯烃的臭氧化反应

含 6%～8% 臭氧的氧气与烯烃作用，生成臭氧化合物的反应称为臭氧化反应。

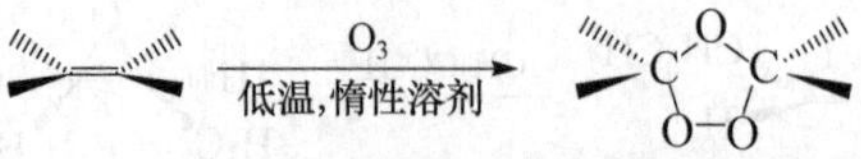

(1) 反应机理。

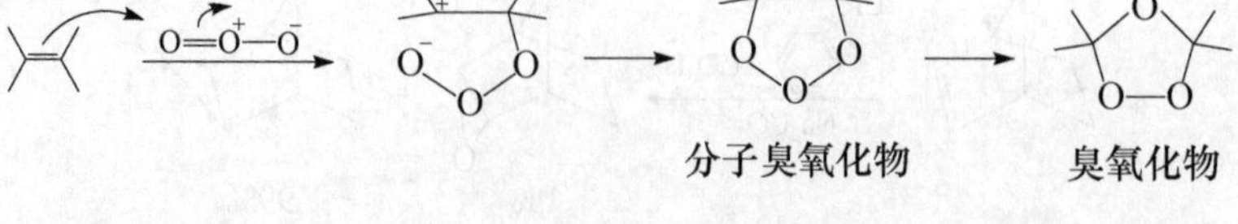

（2）臭氧化合物被水分解成醛和酮的反应称为臭氧化合物的分解反应。

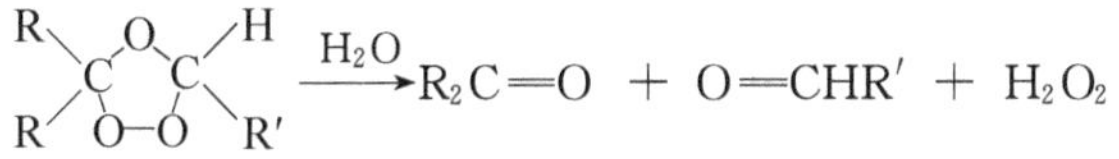

$$\begin{matrix} R & O & H \\ \diagdown|\diagup \\ C-C \\ \diagup|\diagdown \\ R & O-O & R' \end{matrix} \xrightarrow{H_2O} R_2C=O + O=CHR' + H_2O_2$$

为避免生成的醛再被 H_2O_2 氧化，分解反应可以在还原剂（如锌粉）存在的条件下进行。

该反应可用于 C═C 键位置和结构的测定，也可用于醛、酮的制备。

$$CH_3CH=CHCH_3 \xrightarrow[2.\ Zn+H_2O]{1.\ O_3} CH_3CH=O + O=CHCH_3$$

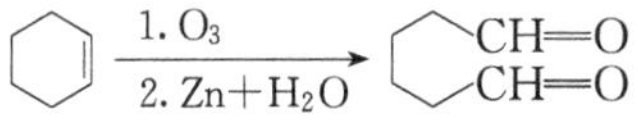

$$\bigcirc \xrightarrow[2.\ Zn+H_2O]{1.\ O_3} \begin{matrix}CH=O\\CH=O\end{matrix}$$

6.5.7 烯烃的聚合反应

含有双键或叁键的化合物在适当的条件下（催化剂、引发剂、一定的温度等）打开不饱和键，使两个分子、三个分子或多个分子结合成一个大分子的反应称为聚合反应。

$$n\,CH_2=CH\!-\!A \xrightarrow{催化剂} \pm CH_2-CH(A)\pm_n$$

A＝C_6H_5：聚苯乙烯

A＝Cl：氯纶

A＝CH_3：丙纶

A＝CN：腈纶

A＝H $\begin{cases} 高压聚乙烯：食品袋薄膜、奶瓶等软制品 \\ 低压聚乙烯：工程塑料部件、水桶等 \end{cases}$

第7章 炔烃和共轭烯烃

7.1 炔 烃

7.1.1 炔烃的异构和命名

（1）炔烃的异构是由碳架不同或叁键的位置不同引起的。

（2）炔烃的普通命名法是把乙炔作为母体，其他炔烃作为乙炔的衍生物。

（3）炔烃的系统命名法是选择分子中含有叁键的最长碳链为主链，根据主链碳原子的数目称为某炔；将主链从靠近叁键的一端进行编号，用叁键碳原子的最小号码表示叁键的位置；再在母体名称的前面加上取代基的位置和名称。

$$CH_3CH_2C\equiv CCH_3 \qquad CH_3CH_2CH_2C\equiv CH \qquad (CH_3)_3CC\equiv CCH_3$$
$$\text{2-戊炔} \qquad\qquad \text{1-戊炔} \qquad\qquad \text{4,4-二甲基-2-戊炔}$$

（4）常见炔基。

$$CH\equiv C- \qquad CH_3C\equiv C- \qquad CH\equiv CCH_2-$$
$$\text{乙炔基} \qquad \text{1-丙炔基} \qquad \text{2-丙炔基}$$

（5）若分子中同时含有双键和叁键，给双键和叁键以尽可能小的编号，当编号有选择时，使双键编号比叁键小。

$$CH_3CH=CHC\equiv CH \qquad CH\equiv CCH_2CH=CH_2$$
$$\text{3-戊烯-1-炔} \qquad\qquad \text{1-戊烯-4-炔}$$

7.1.2 炔烃的结构

	烷烃（乙烷）	烯烃（乙烯）	炔烃（乙炔）
杂化方式	sp^3	sp^2	sp
键角	109.5°	120°	180°
C—C	154pm $C_{sp^3}-C_{sp^3}$	134pm $C_{sp^2}-C_{sp^2}$	120pm $C_{sp}-C_{sp}$
C—H	110.2pm $C_{sp^3}-H_s$	108.6pm $C_{sp^2}-H_s$	105.9pm $C_{sp}-H_s$
轨道形状	狭长逐渐变成宽圆 →		
碳的电负性	随s成分的增大，逐渐增大 →		
pK_a	~50	~40	~25

乙炔分子的π键

❑7.1.3 炔烃的化学性质

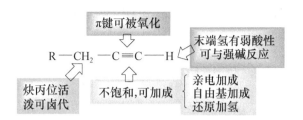

1. 末端炔烃的酸性及金属炔化物

1) 酸性
末端炔碳上的氢具有酸性,强度介于氨与醇(水)之间。
$$R-C \equiv CH \rightleftharpoons R-C \equiv C^- + H^+$$

烷烃(乙烷)＜烯烃(乙烯)≈氨＜末端炔烃(乙炔)＜乙醇＜水
pK_a 50   40   35   25   16   15.7

带负电荷的碳原子其轨道的 s 成分越大,吸引电子的能力越强,碱性越弱,其共轭酸的酸性越强。

2) 炔化物的生成

$$R-C \equiv CH \begin{cases} \xrightarrow{NaNH_2} R-C \equiv CNa \\ \xrightarrow{[Ag(NH_3)_2]^+NO_3^-} R-C \equiv CAg \downarrow \text{白色} \\ \xrightarrow{[Cu(NH_3)_2]^+NO_3^-} R-C \equiv CCu \downarrow \text{砖红色} \end{cases}$$

(1) 生成的炔化物在稀硝酸中可被分解。
$$R-C \equiv CAg \xrightarrow{\text{稀 } HNO_3} R-C \equiv CH$$
$$R-C \equiv CCu \xrightarrow{\text{稀 } HNO_3} R-C \equiv CH$$

(2) 应用:鉴别末端炔烃;可作为纯化炔烃的方法。
(3) 烷基锂和格氏试剂也可置换末端炔烃上的氢。
$$R-C \equiv CH + n\text{-}C_4H_9Li \longrightarrow R-C \equiv CLi + n\text{-}C_4H_{10}$$
$$R-C \equiv CH + C_2H_5MgBr \longrightarrow R-C \equiv CMgBr + C_2H_6$$

2. 炔烃的亲电加成

1) 加卤素

$$HC \equiv CH \xrightarrow{Cl_2} \underset{Cl}{\overset{H}{>}}C=C\underset{H}{\overset{Cl}{<}} \xrightarrow{Cl_2} CHCl_2CHCl_2$$

反应可控制在生成卤代烯烃这一步

$$HC \equiv CH \xrightarrow[1mol]{Br_2(CCl_4)} \underset{Br}{\overset{H}{>}}C=C\underset{H}{\overset{Br}{<}} \quad \text{溴的颜色消失,可用于鉴别}$$

$$CH_2=CH-CH_2-C \equiv CH + Br_2(1mol) \longrightarrow CH_2BrCHBr-CH_2-C \equiv CH$$

sp 杂化轨道的电负性大于 sp^2 杂化轨道,所以炔键的 π 电子被控制得较牢。

2) 加 HI 和 HCl

(1) 炔烃与氢卤酸加成时的区域选择性符合马氏规则。反应分步进行,反式加成,且能控制在一元加成阶段。当与 HCl 加成时,常需用汞盐或铜盐作催化剂。

$$CH_3CH_2C{\equiv}CCH_2CH_3 + HCl \xrightarrow{催化剂} \underset{97\%}{\overset{CH_3CH_2}{\underset{H}{>}}C=C\overset{Cl}{\underset{CH_2CH_3}{<}}}$$

(2) 反应机理为亲电加成。

$$R-C{\equiv}CH + H-Cl \longrightarrow R-C^+=CH_2 + Cl^- \longrightarrow R-\underset{Cl}{C}=CH_2$$

(3) 不同炔烃的反应活性:$RC{\equiv}CR' > RC{\equiv}CH > HC{\equiv}CH$。

3) 水合——Kucherov 反应

$$CH_3(CH_2)_5C{\equiv}CH \xrightarrow[91\%]{稀 H_2SO_4, HgSO_4} CH_3(CH_2)_5\underset{O}{\overset{\parallel}{C}}CH_3$$

$$CH_3(CH_2)_2C{\equiv}CCH_2CH_3 \xrightarrow[89\%]{稀 H_2SO_4, HgSO_4} CH_3(CH_2)_2\underset{O}{\overset{\parallel}{C}}CH_2CH_2CH_3$$

(1) 加成反应的区域选择性符合马氏规则。由乙炔水合可以制备乙醛(曾经用于工业生产),其他炔烃水合则都生成酮。

(2) 反应机理。

$$CH{\equiv}CH \xrightarrow{H_2O, HgSO_4-H_2SO_4} [H_2C=CH-OH] \xrightarrow{互变异构} CH_3\underset{O}{\overset{\parallel}{C}}H$$

(3) 分子中因某一原子的位置转移而产生的官能团异构称为互变异构。而分子式相同,分子中官能团不同的异构体称为官能团异构体。

$$CH_2=\overset{H-O}{CH} \rightleftharpoons CH_3-CH=O$$

酮式-烯醇式互变异构

3. 炔烃的还原

1) 加氢还原

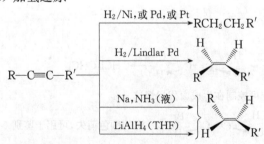

* Lindlar Pd 催化剂是将 Pd 的细粉沉淀在 $CaCO_3$ 上,再用乙酸铅溶液处理制得

2) 硼氢化反应

炔烃的硼氢化可停留在含双键产物的一步。

$$CH_3CH_2C\equiv CCH_2CH_3 \xrightarrow{BH_3\text{-}THF} \left(\begin{matrix}H_5C_2\\H\end{matrix}C=C\begin{matrix}C_2H_5\\\end{matrix}\right)_3B$$

$$\xrightarrow{CH_3COOH} \begin{matrix}H_5C_2\\H\end{matrix}C=C\begin{matrix}C_2H_5\\H\end{matrix} \quad \xrightarrow{H_2O_2,HO^-} \begin{matrix}H_5C_2\\H\end{matrix}C=C\begin{matrix}C_2H_5\\OH\end{matrix} \rightleftharpoons C_2H_5CH_2COC_2H_5 \quad 62\%$$

通过末端炔烃的硼氢化-氧化反应可合成醛。

$$CH_3CH_2C\equiv CH \xrightarrow[2.\ H_2O_2,HO^-]{1.\ BH_3\text{-}THF} \left[\begin{matrix}C_2H_5\\H\end{matrix}C=C\begin{matrix}H\\OH\end{matrix}\right] \rightleftharpoons C_2H_5CH_2CHO$$

4. 炔烃的氧化

$$R-C\equiv C-R' \xrightarrow[1.\ O_3;\ 2.\ H_2O,Zn]{KMnO_4/H_2O} RCOOH + HOOCR'$$

$KMnO_4$ 溶液褪色,可用于鉴别炔烃。这两个反应都可用于推测叁键在碳链中的位置。

5. 炔烃的亲核加成

乙炔及其一元取代物可以和含有—OH、—SH、—CN、—NH_2 和—COOH 的有机化合物发生反应。

$$CH\equiv CH + C_2H_5OH \xrightarrow{\text{碱},150\sim 180℃} CH_2=CHOC_2H_5$$
乙基乙烯基醚

$$CH\equiv CH + CH_3COOH \xrightarrow{Zn(OAc)_2,150\sim 180℃} CH_2=CHO-\overset{O}{\overset{\|}{C}}CH_3$$
乙酸乙烯酯

$$CH\equiv CH + HCN \xrightarrow{CuCl_2/H_2O,70℃} CH_2=CHCN$$
丙烯腈

加成反应是由负离子(亲核试剂)进攻炔烃的不饱和键发生的,称为炔烃的亲核加成。

$$CH\equiv CH + {}^-OC_2H_5 \xrightarrow{\text{碱},150\sim 180℃} [H\bar{C}=CHOC_2H_5] \xrightarrow{C_2H_5OH} H_2C=CHOC_2H_5$$

6. 聚合反应

乙炔在催化剂的作用下,可以发生选择性聚合。

$$CH\equiv CH + CH\equiv CH \xrightarrow[NH_4Cl]{CuCl_2} CH\equiv C-CH=CH_2$$
乙烯基乙炔

$$3CH\equiv CH \xrightarrow{500℃} \bigcirc$$

由乙炔合成苯的反应只有理论意义,没有工业生产和实验室制备意义。

7.1.4 炔烃的制备

1. 二卤代烷脱卤化氢

二卤代烷：邻二卤代烷和偕二卤代烷。

$$CH_3CHBr\text{—}CHBrCH_3 \text{ 或 } CH_3CBr_2\text{—}CH_2CH_3 \xrightarrow[\text{低于 }100℃]{KOH\text{-}C_2H_5OH} H_3CC\underset{Br}{=}CHCH_3 \xrightarrow[NaNH_2 \text{ 的矿物油}]{150\sim160℃} CH_3C\equiv CCH_3 \xrightarrow{NaNH_2} CH\equiv CCH_2CH_3$$

由于叁键在 $NaNH_2$ 作用下会发生位移，所以该反应主要用于末端炔烃的制备

2. 用有机金属化合物制备

$$CH\equiv CH \xrightarrow{NaNH_2} CH\equiv \overset{+}{C}Na \xrightarrow{CH_2\text{—}Br \atop CH_2CH_3} CH\equiv C\text{—}CH_2CH_2CH_3$$

利用该反应可增长炔烃的碳链，并且反应中叁键无移位。但由于易发生消除反应，所以应选用位阻小的伯卤代烷。另外，一取代乙炔也可发生类似反应。

$$(CH_3)_2CHCH_2C\equiv CH \xrightarrow{NaNH_2} (CH_3)_2CHCH_2C\equiv \overset{+}{C}Na \xrightarrow{CH_3Br} (CH_3)_2CHCH_2C\equiv CCH_3$$

$$HC\equiv CCH_2CH_3 \begin{Bmatrix} \xrightarrow{RMgX} CH_3CH_2C\equiv CMgX \\ \xrightarrow{RLi} CH_3CH_2C\equiv CLi \end{Bmatrix} \xrightarrow[\text{活泼卤代烷}]{RX} CH_3CH_2C\equiv CR$$

3. 乙炔的制备

（1）由电石合成乙炔。

焦炭和石灰在电炉中作用生成碳化钙（俗称电石），碳化钙遇水立即放出乙炔。

$$3C + CaO \xrightarrow[\text{电炉}]{2000℃} CaC_2 + CO$$

$$CaC_2 + H_2O \longrightarrow HC\equiv CH + Ca(OH)_2$$

这个方法耗电量很大，但可以直接得到纯度 99% 的乙炔。

（2）甲烷在高温下吸收大量的热，裂化而生成乙炔。

$$2CH_4 \xrightarrow{\triangle} HC\equiv CH + 3H_2$$

（3）由乙烯脱氢得到乙炔。

$$H_2C=CH_2 \xrightleftharpoons{\triangle} HC\equiv CH + H_2$$

7.2 共轭二烯烃

含有两个双键的碳氢化合物称为双烯烃或二烯烃。

7.2.1 双烯体的分类、命名和异构现象

$CH_2=C=CH_2$　　　$CH_2=CH(CH_2)_nCH=CH_2$　　　$CH_2=CH-CH=CH_2$

丙二烯　　　　　　　$n=2;1,5$-己二烯　　　　　　　1,3-丁二烯

（累积二烯烃）　　　（$n \geqslant 1$，孤立二烯烃）　　　（共轭二烯烃）

分子中单、双键交替出现的体系称为共轭体系，含共轭体系的多烯烃称为共轭烯烃。最简单的共轭烯烃是 1,3-丁二烯。

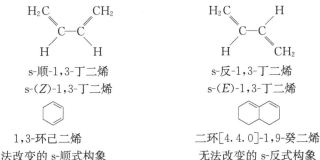

s-顺-1,3-丁二烯　　　　　　　　s-反-1,3-丁二烯

s-(Z)-1,3-丁二烯　　　　　　　s-(E)-1,3-丁二烯

1,3-环己二烯　　　　　　　二环[4.4.0]-1,9-癸二烯

无法改变的 s-顺式构象　　　无法改变的 s-反式构象

加字头 s-表示两个双键的空间相对位置，以示与顺反异构体的区别。

7.2.2 共轭体系的结构和特点

1. 共轭二烯烃的结构

共轭二烯烃的氢化热低于同碳数的孤立二烯烃，显示共轭二烯烃比孤立二烯烃更稳定。例如，1,3-戊二烯的氢化热为 226.4kJ/mol，明显低于同碳数的 1,4-戊二烯的氢化热 254.4kJ/mol。

共轭二烯烃的稳定性高与其特殊的结构有关。以 1,3-丁二烯为例，根据分子轨道模型，分子中四个碳原子以 sp^2 杂化轨道互相重叠组成分子的碳骨架。每个碳原子各有一个垂直于 sp^2 杂化轨道平面的 p 轨道，这些 p 轨道的对称轴互相平行，可以组合成四个分子轨道，如图 7-1 所示。

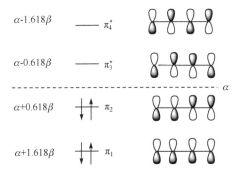

图 7-1　1,3-丁二烯 π 分子轨道

图 7-1 中 π_1、π_2 的能级低于原子轨道，为成键轨道；π_3^*、π_4^* 的能级高于原子轨道，为反键轨道。1,3-丁二烯在基态时，4 个电子填充在成键轨道 π_1 和 π_2 中。

这种处理方法表明，4 个 π 电子是在四个碳原子之间运动，不存在经典结构

式所表示的 $C_1—C_2$ 和 $C_3—C_4$ 是固定的双键，而 $C_2—C_3$ 是单键的情况。

电子在四个原子之间运动，即发生了电子的离域，形成了一个大 π 键。

图 7-2　1,3-丁二烯的大 π 键示意图

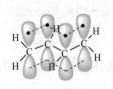

在有机化学中，由于电子离域而形成大 π 键的体系称为共轭体系，这种分子称为共轭分子，由于形成大 π 键而引起分子性质发生改变的作用称为共轭作用（图 7-2）。

共轭二烯烃分子中的共轭作用可以看作是 π 键与 π 键共轭，所以又称为 π-π 共轭。

2. 共轭体系的特点及分子轨道理论的解释

1）结构特点

形成大 π 键时参与共轭的原子要在同一平面上。共轭作用可沿着共轭链一直传递下去，基本不变(共轭体系是一个整体)。共轭体系极化时电子云密度高低相间(正、负交替)。

$$—\overset{\delta^+}{C}H{=}\overset{\delta^-}{C}H—\overset{\delta^+}{C}H{=}\overset{\delta^-}{C}H—$$

2）性质和表现

(1) 键长平均化：乙烷的 C—C 键长为 154pm；乙烯的 C ═C 键长为 134pm；1,3-丁二烯的键长如图 7-3 所示。

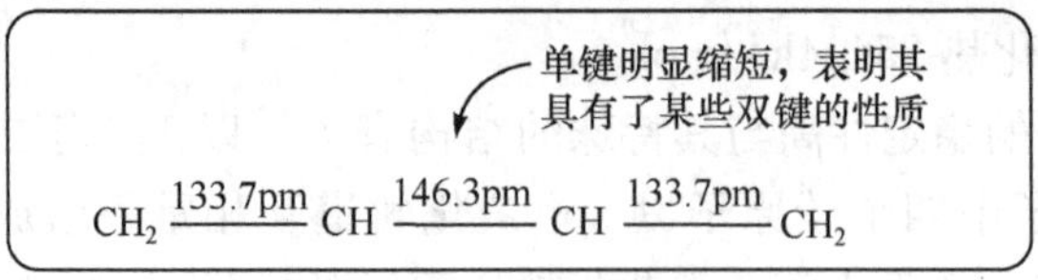

单键明显缩短，表明其
具有了某些双键的性质
CH2 133.7pm CH 146.3pm CH 133.7pm CH2

图 7-3　1,3-丁二烯的键长

(2) 吸收光谱向长波方向移动。

就最高已占轨道与最低空轨道间的能差来说，1,3-丁二烯明显小于乙烯(图 7-4)。

因为 $\Delta E=h\nu=h/\lambda$，所以发生能级跃迁时吸收光谱向长波方向移动。

(3) 易极化。

电子离域，π 电子运动范围增大，电子云易变形。

(4) 稳定(氢化热降低)，共轭分子能量低于相应的非共轭分子。

(5) 共轭体系可以发生共轭加成。

α-β
α+β
α-1.618β
α-0.618β
α
α+0.618β
α+1.618β
乙烯
1,3-丁二烯

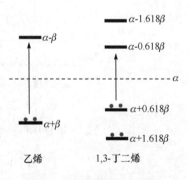

图 7-4　乙烯和 1,3-丁二烯 π 分子轨道能级

$$CH_2=CH-CH=CH_2 \xrightarrow[CH_3COOH]{Br_2} \begin{matrix} \text{1,2-加成} \\ \\ \text{1,4-加成} \end{matrix} \begin{matrix} CH_2-CH-CH=CH_2 \\ |\quad\quad | \\ Br\quad Br \\ \\ CH_2-CH=CH-CH_2 \\ |\quad\quad\quad\quad | \\ Br\quad\quad\quad\quad Br \end{matrix}$$

在1,4-加成反应中,共轭体系作为一个整体参与反应,因此又称为共轭加成。

关于共轭加成的解释A:因为烯丙基碳正离子比较稳定,所以亲电试剂总是加在链端。并且按照共轭体系电子云密度高低相间的特点,正电荷主要分布在共轭体系两端(2位或4位)的碳原子上,其与溴离子结合生成相应的加成产物。

$$CH_2=CH-CH=CH_2 \xrightarrow{\overset{\delta^+}{Br}-\overset{\delta^-}{Br}} CH_2=CH-\overset{+}{C}HCH_2Br$$

亲电加成优先生成稳定的碳正离子

$$\begin{matrix} CH_2=CH-CH-CH_2Br \\ |\\ Br \end{matrix} + \left\{ \begin{matrix} \overset{\oplus}{CH_2 = CH-CH-CH_2Br} \\ \parallel \\ \overset{\delta^+}{CH_2} = CH = \overset{\delta^+}{CH} -CH_2Br \\ \overset{\curvearrowleft}{Br^-} \end{matrix} \right.$$

$$\begin{matrix} H_2C-CH=CH-CH_2Br \\ |\\ Br \end{matrix}$$

关于共轭加成的解释B:

$$CH_2=CH-CH=CH_2 + HBr \longrightarrow [CH_2=CH-\overset{+}{C}HCH_3 \longleftrightarrow \overset{+}{C}H_2-CH=CHCH_3]$$

$$\downarrow \qquad\qquad\qquad \downarrow$$

$$\begin{matrix} CH_2=CH-CHCH_3 \\ |\\ Br \end{matrix} \qquad \begin{matrix} H_2C-CH=CHCH_3 \\ |\\ Br \end{matrix}$$

1,2-加成产物   1,4-加成产物

3. 大π键的种类

$$\Pi_n^m \begin{matrix} \text{——电子数} \\ \text{——轨道数} \end{matrix}$$

1) 正常大π键($m=n$)

苯 Π_6^6;1,3-丁二烯 Π_4^4

2) 缺电子大π键($m<n$)

在烯丙基碳正离子中两个π电子分布在三个碳原子周围,是一个缺电子体系,其所带的一个正电荷分散在三个碳原子上,如图7-5所示。图中所示的共轭体系可以看作是π键与p轨道的共轭,称为p-π共轭。

例如,3-甲基-3-氯-1-丁烯的水解反应和3-甲基-1-氯-2-丁烯的水解反应得到相同的结果。

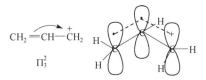

图7-5 烯丙基碳正离子的p-π共轭

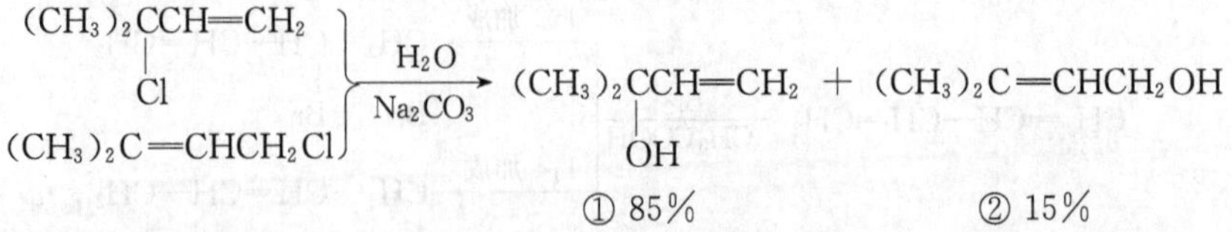

$$(CH_3)_2\underset{Cl}{C}H-CH=CH_2 \atop (CH_3)_2C=CHCH_2Cl \Bigg\} \xrightarrow[Na_2CO_3]{H_2O} \underset{\underset{OH}{|}}{(CH_3)_2CCH=CH_2} + (CH_3)_2C=CHCH_2OH$$

① 85%　　　　　② 15%

这一实验结果表明,这两种氯代烃在反应中经过的反应活性中间体相同。

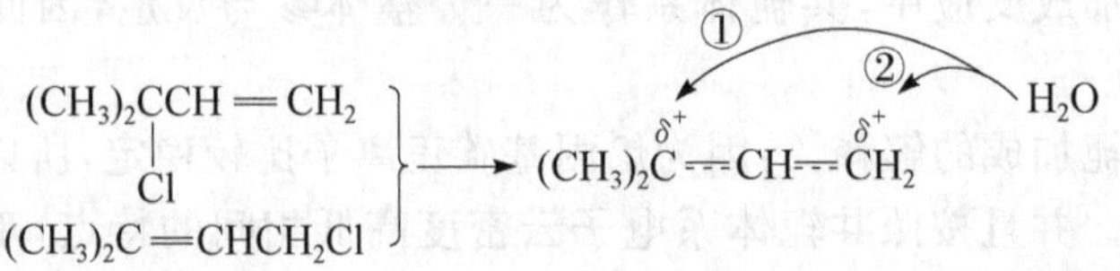

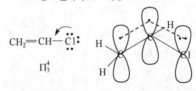

3) 多电子大 π 键 ($m > n$)

(1) $CH_2=CHCl$ 存在 p-π 共轭,氯原子上的电子可以部分分散到碳-碳双键上,如图 7-6 所示。结果使 C—Cl 键具有部分双键性质,不易断裂,$CH_2=CH^+$ 难于生成。同时由于双键的阻碍,不利于亲核试剂从卤原子背面进攻,所以乙烯式卤代烃不容易发生亲核取代反应。

图 7-6　氯乙烯分子的 p-π 共轭

(2) 共振论对氯乙烯不容易发生亲核取代反应的解释。

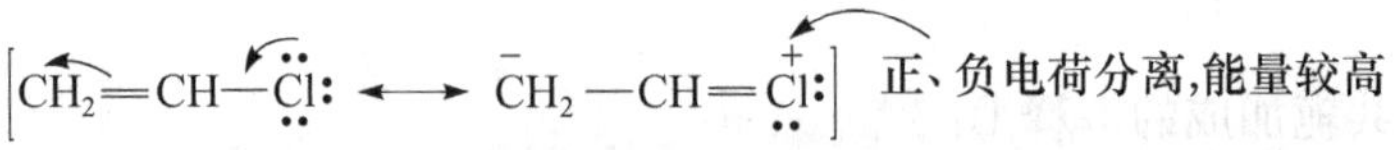

$$[CH_2=CH-\ddot{\underset{\cdot\cdot}{Cl}}: \longleftrightarrow \bar{C}H_2-CH=\overset{+}{\underset{\cdot\cdot}{Cl}}:]\quad 正、负电荷分离,能量较高$$

第一个共振式对氯乙烯真实结构的贡献较大,但第二个共振式也有一定的贡献,即氯乙烯分子中的 C—Cl 键具有部分双键性质,不容易被取代。

4) 其他含三个碳原子的共轭体系

含三个碳原子的共轭体系除烯丙基碳正离子外,还包括烯丙基自由基和烯丙基负离子。按照分子轨道理论,由三个 p 轨道可以组成三个分子轨道。

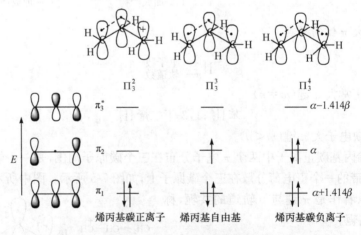

图 7-7　含三个碳原子的共轭体系的 π 分子轨道

烯丙基自由基和烯丙基碳正离子的结构也可用共振式表示。

$$[\overset{\frown}{CH_2=CH-CH_2} \cdot \longleftrightarrow \overset{\cdot}{H_2C}-CH=CH_2]$$

$$[\overset{\frown}{CH_2=CH-\overset{+}{CH_2}} \longleftrightarrow \overset{+}{H_2C}-CH=CH_2]$$

烯丙基自由基和烯丙基碳正离子各自的两个共振式是等同的，因此都比较稳定。所以丙烯容易在甲基上发生自由基氯化反应；烯丙基氯容易发生 S_N1 反应。

5) 特种大 π 键（超共轭）

乙基碳正离子中带正电的碳原子上空的 p 轨道与甲基 C—H 键的 σ 电子云可以部分重叠，正电荷被分散，正离子的稳定性增加，这种作用称为超共轭（σ-p 共轭），如图 7-8 所示。

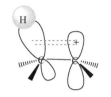

图 7-8 乙基碳正离子的 σ-p 共轭

σ 电子的离域也可发生在 RCH=CHR 体系，称为 σ-π 共轭。双键所连接的甲基（烷基）越多，超共轭作用越大。

σ-p 共轭：$(CH_3)_3\overset{+}{C} > (CH_3)_2\overset{+}{CH} > CH_3\overset{+}{CH_2} > \overset{+}{CH_3}$

σ-π 共轭：$R_2C=CR_2 > R_2C=CHR > RCH=CHR > RCH=CH_2 > CH_2=CH_2$

7.2.3 共轭二烯烃的反应

1. 加卤素和卤化氢

与孤立烯烃相比，共轭二烯烃更易与卤素、卤化氢等发生加成反应，并且能发生 1,4-加成反应。1,2-加成与 1,4-加成产物的比例与反应条件有关。

1) 温度的影响

低温时，1,2-加成速率较快；温度升高时，稳定的 1,4-加成产物比例较大。

$$CH_2=CH-CH=CH_2 \xrightarrow[CHCl_3]{Br_2} \underset{\underset{Br\ \ Br}{|\ \ \ |}}{CH_2-CH-CH=CH_2} + \underset{H\ \ \ \ \ \ CH_2Br}{\overset{BrH_2C\ \ \ \ \ \ H}{C=C}}$$

$$\begin{array}{ccc} -15℃ & 55\% & 45\% \\ 60℃ & 10\% & 90\% \end{array}$$

$$CH_2=CH-CH=CH_2 \xrightarrow{HBr} \underset{\underset{Br}{|}}{CH_3-CH-CH=CH_2} + CH_2-CH=CH-CH_2Br$$

符合马氏规则

$$\begin{array}{ccc} -80℃ & 81\% & 19\% \\ 45℃ & 15\% & 85\% \end{array}$$

图 7-9 清楚地说明，生成 1,2-加成产物所需的活化能较低，反应速率较快，因此在低温下以 1,2-加成产物为主。

1,2-加成和 1,4-加成产物在较高温度下，电离成碳正离子和溴负离子，它们重新结合生成平衡混合物，1,4-加成产物能量低，使其电离所需的活化能高，速率慢，因此 1,4-加成产物生成后只有较少部分重新变成 1,2-加成产物，最后在平衡混合物中占有较大份额。

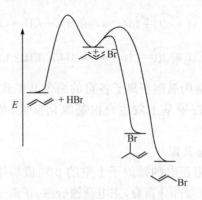

图 7-9　1,3-丁二烯与 HBr 反应能线图

$$\text{CH}_3\text{CHCH}=\text{CH}_2 \rightleftharpoons (\text{CH}_3\overset{\delta^+}{\text{CH}}\!=\!=\!\text{CH}\!=\!=\!\overset{\delta^+}{\text{CH}_2})\text{Br}^- \rightleftharpoons \text{CH}_3\text{CH}=\text{CHCH}_2\text{Br}$$
$$\quad\ \ |$$
$$\quad\text{Br}$$

2) 共轭二烯烃结构的影响

共轭双键上连有支链时,则主要生成 1,4-加成产物。

$$\underset{\underset{\text{H}_2\text{C}}{\text{H}_3\text{C}}}{\text{C}}=\underset{\underset{\text{CH}_3}{\text{CH}_2}}{\text{C}} \xrightarrow[\text{CHCl}_3]{\text{Br}_2} \underset{\underset{\text{BrCH}_2}{\text{H}_3\text{C}}}{\text{C}}=\underset{\underset{\text{CH}_3}{\text{CH}_2\text{Br}}}{\text{C}}$$
$$85\%\sim 95\%$$

3) 溶剂的影响

通常非极性溶剂有利于 1,2-加成,极性溶剂有利于 1,4-加成。

2. 聚合反应

1,3-丁二烯在自由基引发剂作用下发生的聚合反应也是一种共轭加成。

$$\text{CH}_2=\text{CH}-\text{CH}=\text{CH}_2 + n(\text{CH}_2=\text{CH}-\text{CH}=\text{CH}_2) + \text{H}_2\text{C}=\text{CH}-\text{CH}=\text{CH}_2 \xrightarrow[\text{1,4-聚合}]{\text{引发剂}}$$
$$-\text{CH}_2-\text{CH}=\text{CH}-\text{CH}_2\!-\!\!\left[\text{CH}_2-\text{CH}=\text{CH}-\text{CH}_2\right]_n\!\!-\text{CH}_2-\text{CH}=\text{CH}-\text{CH}_2-$$

3. Diels-Alder 反应

1) 定义

共轭二烯烃与含有双键或叁键的化合物相互作用,生成六元环状化合物的反应称为 Diels-Alder 反应,简称 D-A 反应。这是一种环加成反应,又称为双烯合成。

1928 年,Diels 和 Alder 发现:

1,3-丁二烯　　马来酐　　4-环己烯-1,2-二甲酸酐
　　　　　(顺丁烯二酸酐)

2) 反应机理

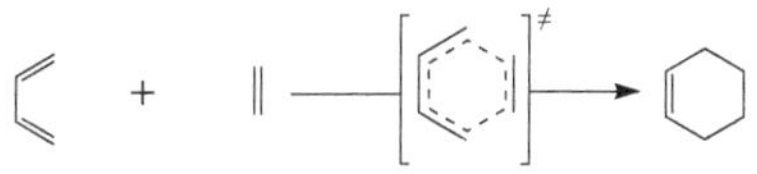

双烯体　亲双烯体　环状过渡态　产物

（1）双烯体的两个双键必须取 s-顺式构象；双烯体 1,4-取代基位阻较大时，不能发生 D-A 反应。

（2）1,3-丁二烯和乙烯的环加成反应较难进行。

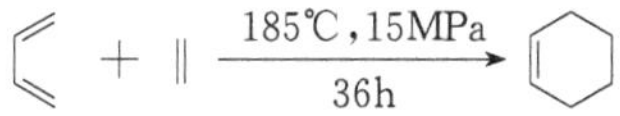

（3）当双烯体具有给电子取代基或亲双烯体具有吸电子取代基时，D-A 反应容易发生。

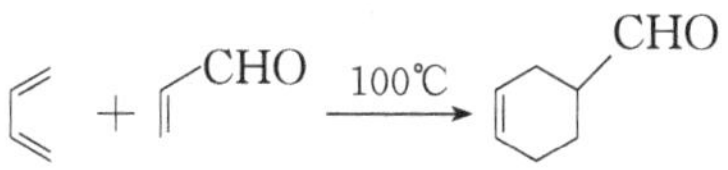

其他吸电子取代基：—COR，—COR，—CN，—NO$_2$ 等
　　　　　　　　　　　　　　 ‖
　　　　　　　　　　　　　　 O

3) D-A 反应的特点

（1）D-A 反应具有很强的区域选择性，当双烯体和亲双烯体上均有取代基时，主要生成取代基位于邻或对位的产物。

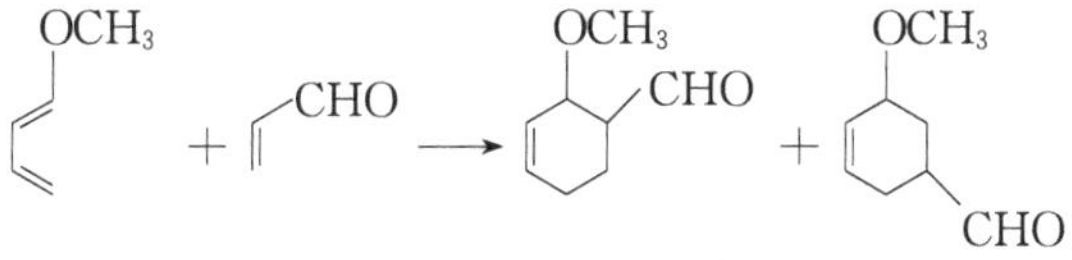

（2）D-A 反应是立体专一的顺式加成反应，参与反应的亲双烯体在反应中顺反关系不变。

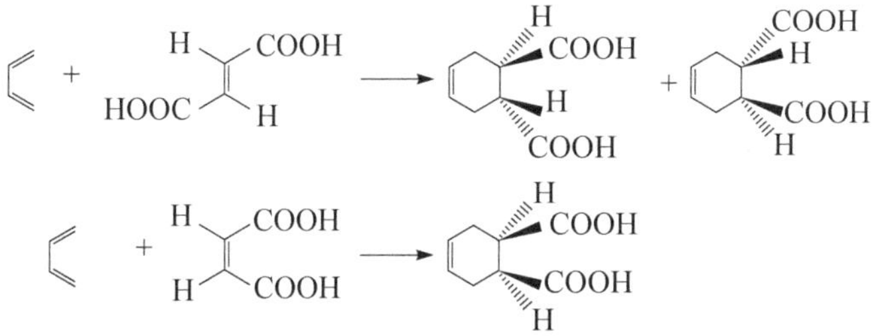

（3）当双烯体上有给电子取代基，而亲双烯体上有不饱和基团与烯键或炔键共轭时，优先生成内型加成产物。

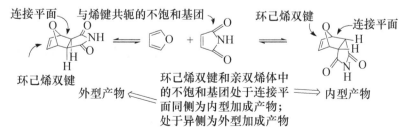

连接平面　与烯键共轭的不饱和基团　环己烯双键
　　　　　　　　　　　　　　　　　　　连接平面
环己烯双键　环己烯双键和亲双烯体中　内型产物
外型产物　的不饱和基团处于连接平
　　　　　面同侧为内型加成产物；
　　　　　处于异侧为外型加成产物

(4) D-A 反应为可逆反应,升高温度有利于逆向分解反应的进行。

4) D-A 反应的应用

(1) 合成环状化合物。

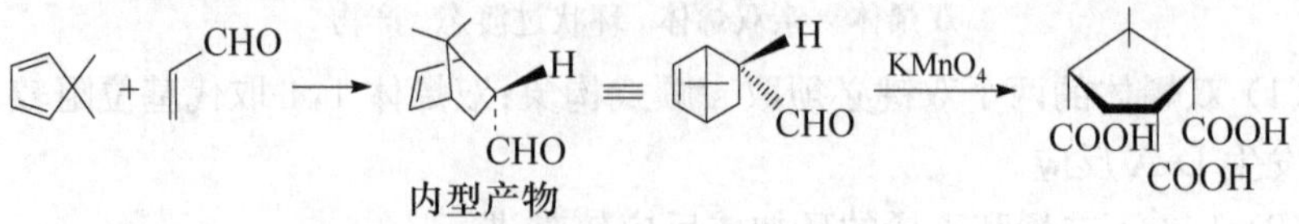

$$\text{环戊二烯} + \text{CHO} \longrightarrow \underset{\text{内型产物}}{\text{CHO}} \equiv \overset{H}{\underset{CHO}{\bigcirc}} \xrightarrow{KMnO_4} \underset{COOH}{\overset{COOH}{\bigcirc}}\!\!{COOH}$$

(2) 利用逆反应制备不易保存的双烯体。

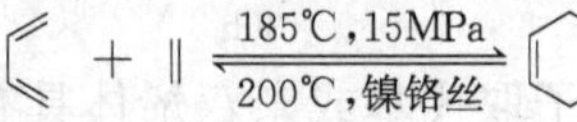

$$\diagup\!\!\!\!\diagdown + \| \xrightleftharpoons[200℃,镍铬丝]{185℃,15MPa} \bigcirc$$

7.2.4 共轭二烯烃的用途

目前在工业上有重要用途的共轭二烯烃是 1,3-丁二烯和 2-甲基-1,3-丁二烯(异戊二烯),它们是合成橡胶的原料。

1. 天然橡胶(聚异戊二烯)

橡胶树的树浆含橡胶烃 40%(橡胶烃的结构:顺-1,4-聚异戊二烯),经乙酸处理后凝固得到生胶(线状结构,加热变软,溶剂溶胀),再经加硫处理得到天然橡胶(网状结构,性能良好),成型加工成橡胶制品。

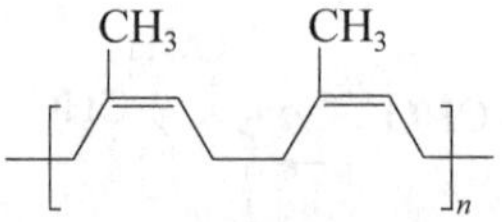

橡胶烃

每个橡胶烃链中含 19 000~44 000 个异戊二烯单元。

另外一种天然异戊二烯聚合物是杜仲胶(异戊二烯的全反式聚合物),其硬度大,弹性小。

2. 合成橡胶

合成橡胶主要包括顺丁橡胶、丁苯橡胶、氯丁橡胶、丁腈橡胶等。

例如,顺丁橡胶(聚 1,3-丁二烯)由 1,3-丁二烯在 Ziegler-Natta 催化剂作用下定向聚合得到。

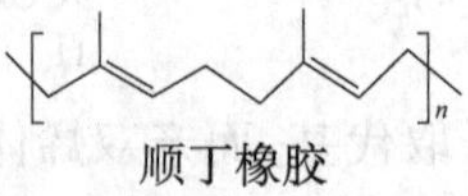

顺丁橡胶

Ziegler-Natta 催化剂:$R_3Al + TiCl_4$。

3. 环戊二烯

环戊二烯通常以二聚体的形式存在,实验室中由二聚环戊二烯热解得到环戊二烯后应立即使用。

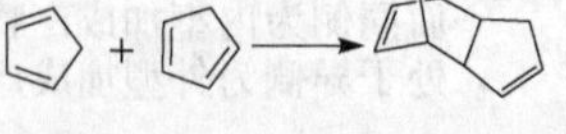

环戊二烯分子中亚甲基上的氢容易被金属取代。

二茂铁具有夹心结构,亚铁离子夹在两个环之间,依靠环中的 π 电子成键。环中的 10 个碳原子等同地与中间的亚铁离子键合,分子具有对称中心。

第8章 苯和芳香烃

8.1 芳香烃、芳香性和苯的结构

芳香烃也称芳烃,一般是指分子中含苯环结构的碳氢化合物。"芳香"二字最初是指从天然树脂(香精油)中提取得到的具有芳香气味的物质。现代芳烃的概念是指具有芳香性的一类环状化合物,它们不一定具有香味,也不一定含有苯环结构单元。

芳香性是指芳香烃所具有的特征性质,包括该类化合物在化学组成上具有高 C/H 比例、在结构上具有平面或接近平面的环状结构、键长接近平均化、化学性质"稳定"——易发生取代反应而不易发生加成反应等。

8.1.1 芳烃的分类

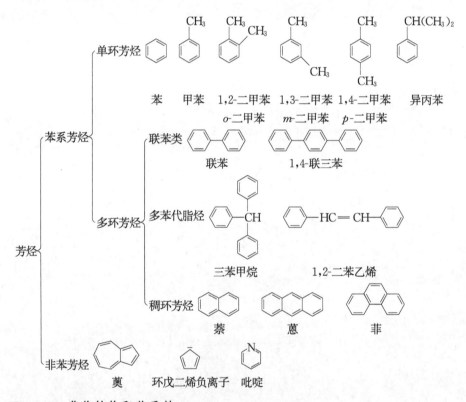

8.1.2 苯的结构和芳香性

1. 苯的 Kekulé 结构式

化合物苯(C_6H_6)于 1825 年分离得到。与烷烃相比,尽管苯的不饱和度很高,但却不易发生加成反应,而易发生取代反应,具有与烯、炔不同的"特殊的稳定性"。1865 年 Kekulé 从苯的分子式出发,结合苯的一元取代物只有一种的实验事实,提出了苯的环状构造式。

（1） Kekulé 结构式成功说明了苯的一元取代物只有一种的实验事实。

（2） Kekulé 结构式的缺陷。

(i) 不能解释相同取代基的苯的邻二取代物只有一种的实验结果。

(ii) Kekulé 结构式对"苯的特殊的稳定性"也不能给予说明。

a. 苯环是一个稳定体系,反应中通常保持不变(不开环)。这种稳定性可从氢化热反映出来。苯的氢化热很小,远小于理论推测数值,说明苯的热力学能很低。理论上环己三烯的氢化热应为 $119.5 \times 3 \approx 360 (kJ/mol)$,与苯的氢化热相差约 150kJ/mol,这一差别称为共振能(离域能)。

b. 若按 Kekulé 结构式,苯应当具有烯烃性质,易发生加成反应。但事实证明,苯环很难发生加成反应,却容易发生取代反应。

c. 若按 Kekulé 结构式,苯的结构中应有 C=C、C—C 之分,键长会有差别,但实际测得苯环为正六边形,碳-碳键长均为 139pm。

这些缺陷说明,Kekulé 结构式未能表示苯的真实结构。

近代物理方法证明,苯的所有组成原子都位于同一平面内,是平面形分子。6 个碳原子围成一个正六边形,6 个碳-碳键完全相等,如图 8-1 所示。

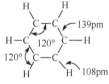

图 8-1 苯的结构

2. 苯的价键理论模型

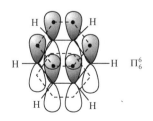

图 8-2 苯分子的大 π 键

杂化轨道理论认为苯分子中的碳原子都以 sp^2 杂化轨道成键,故键角均为 120°,所有原子均在同一平面上。未参与杂化的 p 轨道垂直于碳环平面,彼此侧面重叠,形成 π 键,π 电子云分布在环平面上下两侧,形成一个封闭的共轭体系。π 电子高度离域,电子云完全平均化,故无单、双键之分,如图 8-2 所示。

3. 苯的分子轨道模型

分子轨道理论认为,苯分子中的碳原子均为 sp^2 杂化。用 sp^2 杂化轨道形成 6 个 C—C σ 键和 6 个 C—H σ 键。每个碳原子还有一个垂直于 sp^2 杂化轨道平面的 p 轨道。这个 6 个 p 轨道组成 6 个分子轨道,基态时 6 个 p 电子都填充在成键轨道中(图 8-3)。任何两个碳原子之间的 p 轨道重叠程度完全相同,电子云密度完全平均化,因此不存在单、双键的区别,故苯的结构为

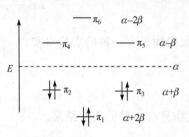

图 8-3 苯的分子轨道

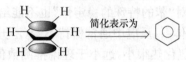

4. 苯的共振式

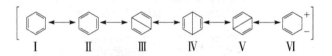

由于Ⅰ和Ⅱ相似,能量相等,与其他式子相比能量低,故常把苯看作是Ⅰ和Ⅱ的共振杂化体。意义是苯分子中的 6 个碳-碳键键长相等,电子云平均分布在 6 个碳原子的周围。

5. 苯的常用表达方式

Kukulé 结构式　　　分子轨道　　　　　共振式
（价键式）　　　　 离域式

6. 历史上著名的其他苯结构表达式

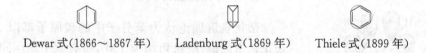

Dewar 式(1866~1867 年)　　Ladenburg 式(1869 年)　　Thiele 式(1899 年)

8.2 苯及其衍生物的异构和命名

8.2.1 异构现象

(1) 烃基苯有烃基的异构。例如：

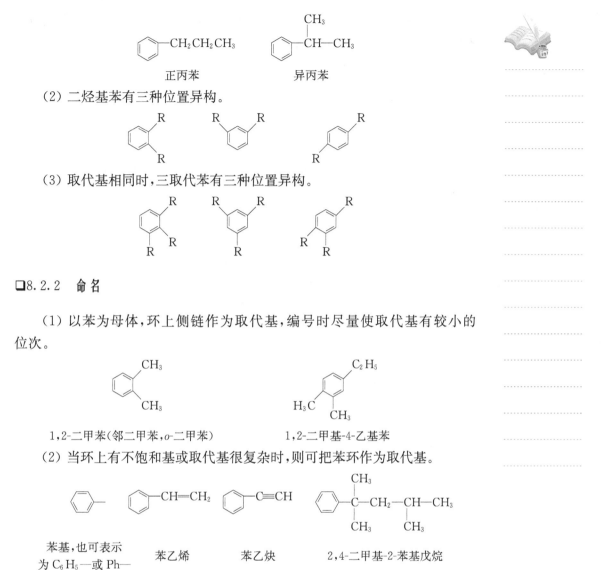

(2) 二烃基苯有三种位置异构。

(3) 取代基相同时,三取代苯有三种位置异构。

▪8.2.2 命名

(1) 以苯为母体,环上侧链作为取代基,编号时尽量使取代基有较小的位次。

1,2-二甲苯(邻二甲苯,o-二甲苯)   1,2-二甲基-4-乙基苯

(2) 当环上有不饱和基或取代基很复杂时,则可把苯环作为取代基。

苯基,也可表示为 C_6H_5— 或 Ph—   苯乙烯   苯乙炔   2,4-二甲基-2-苯基戊烷

8.3 苯环上的亲电取代反应

苯环的 π 电子云密度高,因此很容易接受缺电子试剂(亲电试剂)的进攻发生取代反应,称为亲电取代。

▪8.3.1 苯环上亲电取代反应机理

σ络合物又称为 Wheland 络合物或芳基正离子。有的 σ络合物已得到分离鉴定。因此,该机理又可表述为

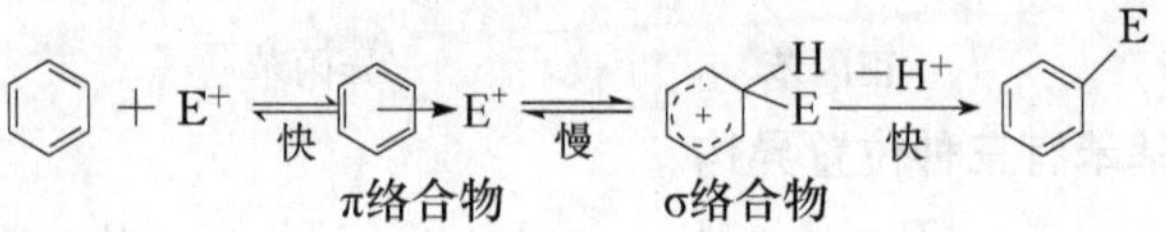

$$\text{C}_6\text{H}_6 + E^+ \underset{快}{\rightleftharpoons} [\pi\text{络合物}] \underset{慢}{\rightleftharpoons} [\sigma\text{络合物}] \xrightarrow[快]{-H^+} \text{C}_6\text{H}_5E$$

8.3.2 卤代反应

在 Fe 或 FeX_3 存在下,苯可以与卤素作用,生成卤代苯。催化剂的作用是使 X_2 极化。

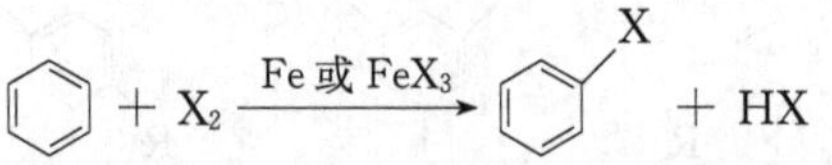

$$\text{C}_6\text{H}_6 + X_2 \xrightarrow{\text{Fe 或 } FeX_3} \text{C}_6\text{H}_5X + HX$$

(1) 卤原子活性:$F_2 > Cl_2 > Br_2 > I_2$。氟代反应剧烈,难以控制;碘代反应需要有氧化剂的存在,因此氯代、溴代经常使用。

(2) 苯的二氯代主要生成邻对位产物。

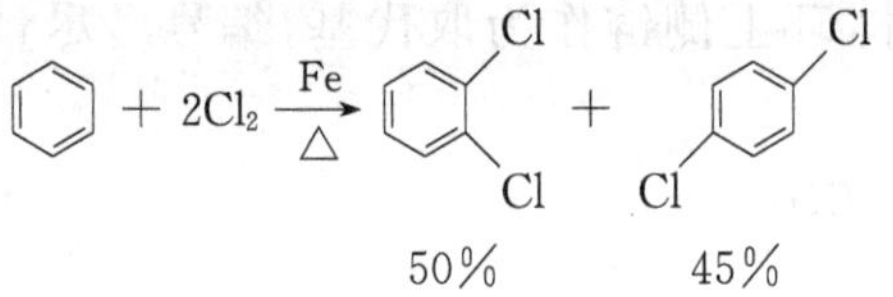

$$\text{C}_6\text{H}_6 + 2Cl_2 \xrightarrow[\triangle]{Fe} \text{邻-二氯苯(50\%)} + \text{对-二氯苯(45\%)}$$

(3) 甲苯的卤代。

甲苯 + Cl_2 →
- $FeCl_3$,比苯快:邻氯甲苯 + 对氯甲苯 （亲电取代）
- 光或 △:氯化苄（苯氯甲烷）$\xrightarrow[光或\triangle]{Cl_2}$ 苯二氯甲烷 $\xrightarrow[光或\triangle]{Cl_2}$ 苯三氯甲烷 （自由基取代）

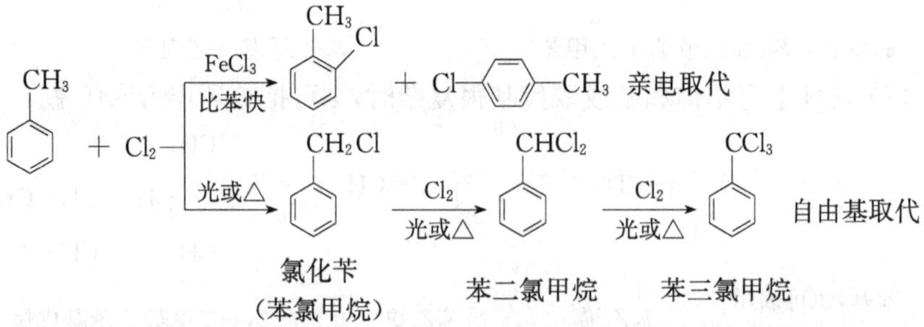

(4) 连有给电子取代基的苯环易发生亲电取代反应,甚至在溴(氯)化时可以不用催化剂。

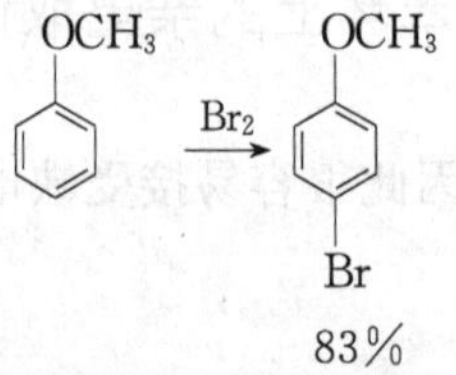

$$\text{C}_6H_5OCH_3 \xrightarrow{Br_2} p\text{-}BrC_6H_4OCH_3 \quad (83\%)$$

酚和芳胺的溴(氯)化容易得到多取代产物,用 NBS 可得到单取代产物。

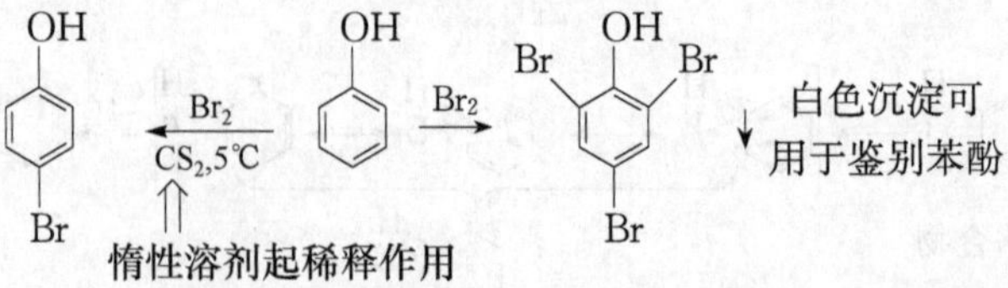

$$p\text{-}BrC_6H_4OH \xleftarrow[CS_2,5℃]{Br_2} C_6H_5OH \xrightarrow{Br_2} 2,4,6\text{-三溴苯酚}↓ \text{(白色沉淀可用于鉴别苯酚)}$$

惰性溶剂起稀释作用

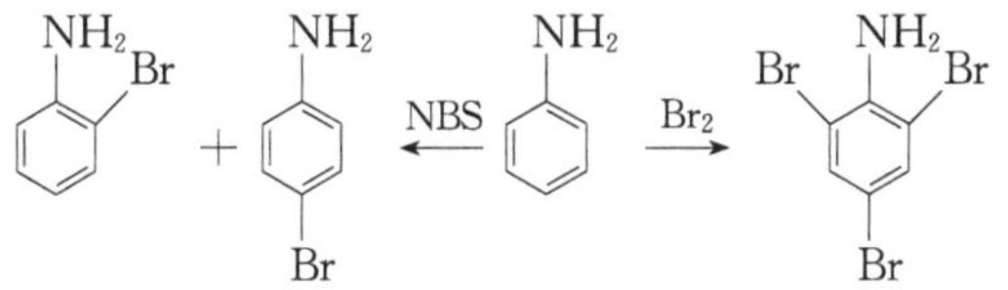

制备对溴苯胺一般先将苯胺乙酰化。

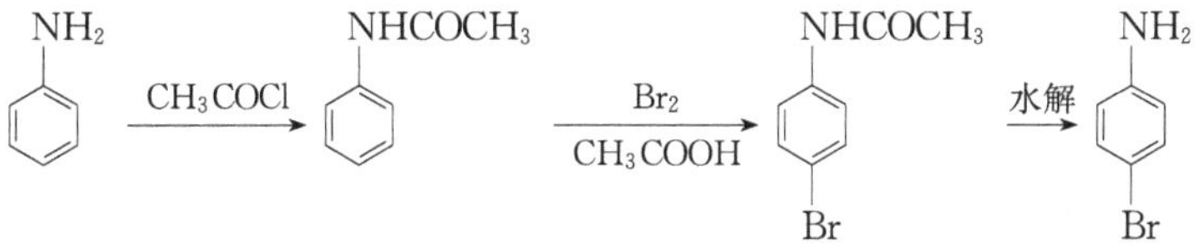

降低氨基的活性，
增加邻位的空间位阻

(5) 硝基苯反应比苯慢，并且主要得到间位产物。

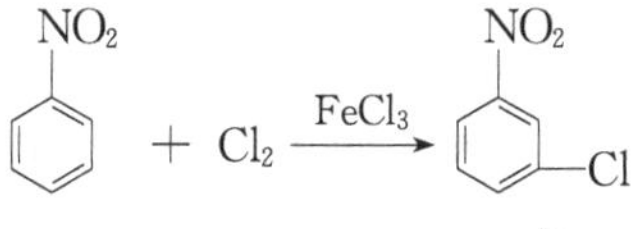

苯环上连有吸电子取代基时，溴（氯）化必须在 Lewis 酸（FeX_3 或 $AlCl_3$）催化下进行。

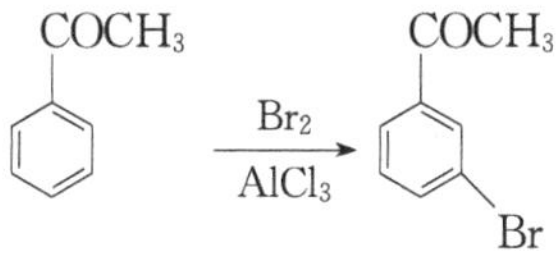

□ 8.3.3 硝化反应

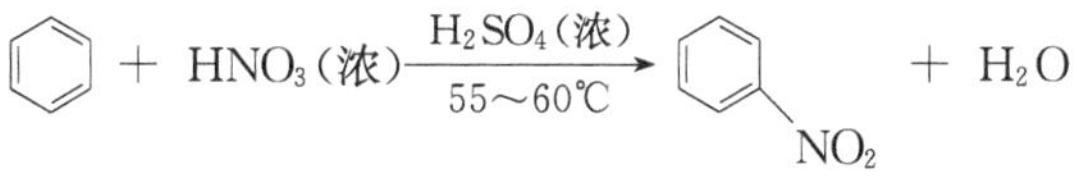

(1) 浓 H_2SO_4 的作用是促使硝锑离子 $^+NO_2$ 生成，它是硝化反应的有效进攻试剂。

$$HNO_3 + 2H_2SO_4 \rightleftharpoons \overset{+}{N}O_2 + \overset{+}{H_3O} + 2\overset{-}{HSO_4}$$

硝锑离子线形结构，亲电性很强：$O=\overset{+}{N}=O$

(2) 硝基苯继续硝化比苯困难，且主要得到间位产物。烷基苯硝化比苯容易，且主要得到邻或对位产物。

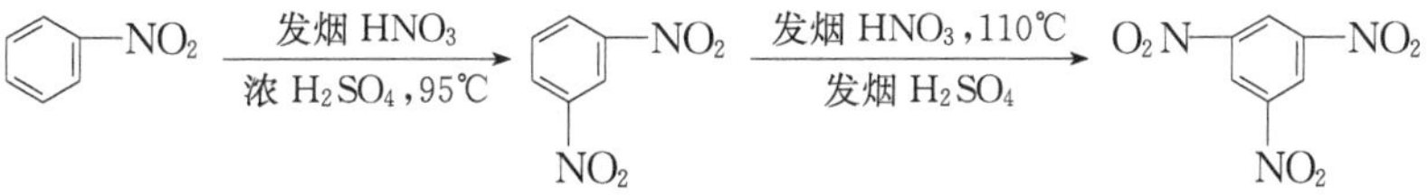

间二硝基苯 88%   极少量

$$\text{PhCH}_3 \xrightarrow[30℃]{\text{混酸}} \begin{array}{c}\text{邻-硝基甲苯}\\+\\\text{对-硝基甲苯}\end{array} \xrightarrow[60℃]{\text{混酸}} \text{2,4-二硝基甲苯} \xrightarrow[110℃]{\text{混酸}} \text{2,4,6-三硝基甲苯(TNT)}$$

(3) 关于硝化试剂。

稀硝酸是一种硝化能力很弱的硝化剂,只能使高度活化的苯环硝化;浓硝酸是硝化能力中等的硝化剂;浓硝酸+浓硫酸(混酸)是强硝化剂,而发烟硝酸+发烟硫酸是更强硝化剂。

硝酸溶于乙酸酐生成的混酐是缓和的硝化剂,可在硝化过程中避免 α,β-不饱和醛、酚类或胺类的氧化。例如:

$$\text{HNO}_3 + (\text{CH}_3\text{CO})_2\text{O} \longrightarrow \underset{\text{缓和的硝化剂}}{\text{CH}_3\text{CONO}_2} + \text{CH}_3\text{COOH}$$

$$\text{PhCH=CHCHO} \xrightarrow{\text{HNO}_3,(\text{CH}_3\text{CO})_2\text{O}} \text{邻-硝基肉桂醛}$$

共轭双键及醛基可以保留

凡是在反应条件下能给出 $^+\text{NO}_2$ 的化合物都可以作为硝化试剂。硝酰盐 $\text{NO}_2^+\text{BF}_4^-$、$\text{NO}_2^+\text{CF}_3\text{COO}^-$ 等是强硝化剂,可在低温下实现硝化。

$$\text{1,2,4-三甲氧基苯} \xrightarrow[-50℃]{\text{NO}_2^+\text{BF}_4^-} \text{产物}\quad 81\%$$

$$\text{1,3-二硝基苯} + \text{NO}_2^+\text{BF}_4^- \xrightarrow[150℃]{\text{FSO}_3\text{H}} \text{1,3,5-三硝基苯}$$

8.3.4 磺化反应

磺化反应是可逆的,使用发烟硫酸可以减少逆反应的发生。

$$\text{C}_6\text{H}_6 + \text{H}_2\text{SO}_4(\text{浓}) \xrightleftharpoons{80℃} \text{C}_6\text{H}_5\text{SO}_3\text{H} + \text{H}_2\text{O}$$

$$\text{C}_6\text{H}_6 \xrightarrow[30\sim50℃]{\text{H}_2\text{SO}_4,\text{SO}_3} \text{C}_6\text{H}_5\text{SO}_3\text{H}$$

(1) 磺化的有效试剂是 SO_3,其与 H_2O、HCl 等结合生成的 H_2SO_4、ClSO_3H 等是能力不同的磺化剂。与硝基甲烷、吡啶等生成的加合物则是缓和的磺化剂。

(2) 烷基苯比苯易磺化。

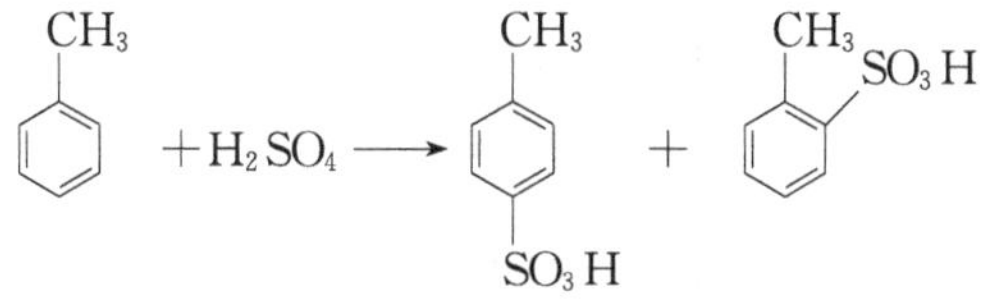

$$\text{甲苯} + H_2SO_4 \longrightarrow \text{对甲基苯磺酸} + \text{邻甲基苯磺酸}$$

	对甲基苯磺酸	邻甲基苯磺酸
0℃	35%	43%
25℃	62%	32%
100℃	79%	13%

反应温度不同，产物比例不同

(3) 磺化反应是可逆的，苯磺酸与稀硫酸共热时可脱掉磺酸基。

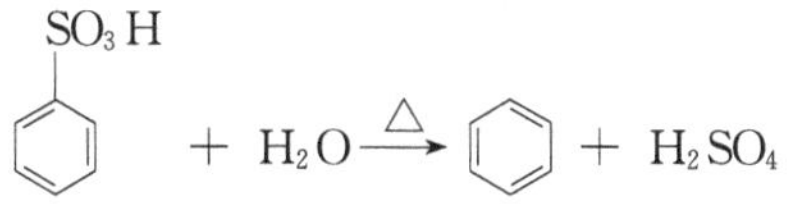

$$C_6H_5SO_3H + H_2O \xrightarrow{\triangle} C_6H_6 + H_2SO_4$$

有机合成中常利用此反应控制环上某一位置不被其他基团取代——位置保护。例如：

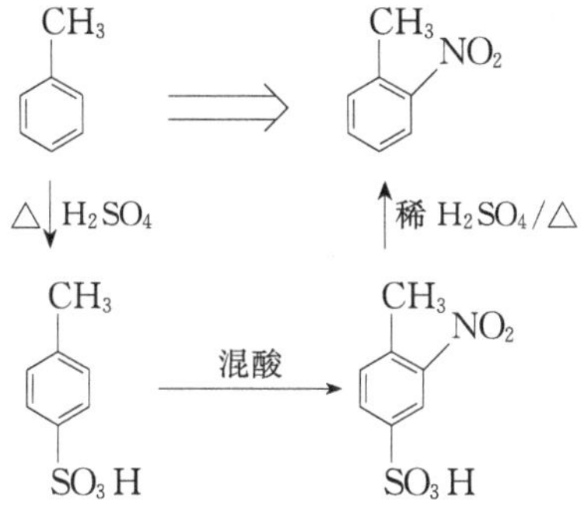

甲苯 $\xrightarrow{\triangle, H_2SO_4}$ 对甲苯磺酸 $\xrightarrow{\text{混酸}}$ 2-硝基-4-甲苯磺酸 $\xrightarrow{\text{稀}H_2SO_4/\triangle}$ 邻硝基甲苯

8.3.5 Friedel-Crafts 反应

1877年，Friedel 和 Crafts 发现了制备烷基苯和芳酮的反应，称为 Friedel-Crafts 反应，简称傅氏反应或 F-C 反应。

1. 傅氏烷基化反应

苯与烷基化试剂在 Lewis 酸(无水 $AlCl_3$、$FeCl_3$ 等)催化下生成烷基苯的反应称为傅氏烷基化反应。

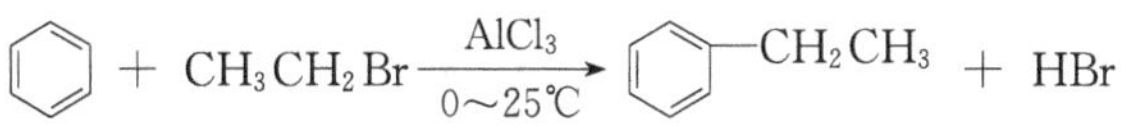

$$C_6H_6 + CH_3CH_2Br \xrightarrow[0\sim25℃]{AlCl_3} C_6H_5CH_2CH_3 + HBr$$
$$76\%$$

(1) 烷基化反应的有效进攻试剂是碳正离子，除卤代烷外，其他能产生碳正离子的化合物也可用作烷基化试剂。

烷基化反应常用的催化剂是无水 $AlCl_3$，此外 $FeCl_3$、BF_3、$ZnCl_2$、H_3PO_4、H_2SO_4 等都有催化作用。例如：

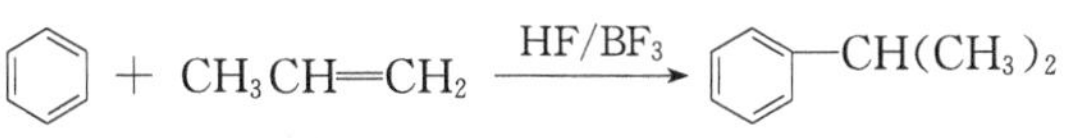

$$C_6H_6 + CH_3CH=CH_2 \xrightarrow{HF/BF_3} C_6H_5CH(CH_3)_2$$

$$(CH_3CH=CH_2 + H^+ \longrightarrow CH_3\overset{+}{C}HCH_3)$$

$$\text{C}_6\text{H}_6 + \text{CH}_3\text{CH(OH)CH}_3 \xrightarrow{\text{H}_2\text{SO}_4} \text{C}_6\text{H}_5\text{CH(CH}_3)_2$$

$$\left[\text{CH}_3\text{CH(OH)CH}_3 + \text{H}^+ \longrightarrow \text{CH}_3\text{CH(}^+\text{OH}_2\text{)CH}_3 \xrightarrow{-\text{H}_2\text{O}} \text{CH}_3\overset{+}{\text{C}}\text{HCH}_3 \right]$$

（2）用含 3 个碳以上的伯卤代烷作烷基化试剂时，引入的烷基会发生碳架重排。

$$\text{C}_6\text{H}_6 \xrightarrow[\text{AlCl}_3]{\text{CH}_3\text{CH}_2\text{CH}_2\text{Cl}} \text{C}_6\text{H}_5\text{CH(CH}_3)_2 + \text{C}_6\text{H}_5\text{CH}_2\text{CH}_2\text{CH}_3$$

$$65\% \sim 69\% \qquad\qquad 35\% \sim 31\%$$

反应的活性中间体碳正离子发生重排，产生更稳定的碳正离子后，再进攻苯环形成产物。

（3）烷基化反应不易停留在一元阶段，通常在反应中有多烷基苯生成。避免发生多烷基化的一种方法是使用过量芳烃。

（4）分子内烃化可得到单一的成环产物。例如：

[反应式图：3-甲氧基苯基取代的叔醇 $\xrightarrow{\text{H}_2\text{SO}_4}$ 6-甲氧基-1,1-二甲基四氢萘]

[反应式图：苯基取代的叔醇 $\xrightarrow{\text{H}_2\text{SO}_4}$ 二甲基八氢菲类化合物]

（5）多卤代烷用作烷基化试剂可生成多环芳烃。

[反应式图：溴苯 $\xrightarrow[\text{AlCl}_3]{\text{CH}_2\text{Cl}_2}$ 4,4'-二溴二苯甲烷]

$$\text{C}_6\text{H}_6 + \text{Cl(CH}_2)_4\text{Cl} \xrightarrow[5\text{℃},2\text{h}]{\text{AlCl}_3} \text{四氢萘}$$

（6）傅氏烷基化反应是可逆的，不但可以引入烷基，也可以使芳环上的烷基脱去。

$$\text{C}_6\text{H}_5\text{CH}_3 \xrightarrow[\text{HCl},\Delta]{\text{AlCl}_3} \text{C}_6\text{H}_6 + \text{CH}_3\text{Cl}$$

（7）苯环上已有—NO_2、—SO_3H、—COOH、—COR 等强吸电子取代基时，不能再发生傅氏反应。因此，硝基苯可用作傅氏反应的溶剂。

2. 傅氏酰基化反应

傅氏酰基化反应是合成芳基酮最重要的方法，常用的催化剂是 AlCl_3。

$$\text{C}_6\text{H}_6 + \text{CH}_3\text{COCl} \xrightarrow{\text{AlCl}_3} \text{C}_6\text{H}_5\text{COCH}_3$$

乙酰氯　　　甲基苯基酮（苯乙酮）

97%

$$\text{甲苯} + \text{(CH}_3\text{CO)}_2\text{O} \xrightarrow[80\%]{\text{AlCl}_3} \text{对甲基苯乙酮}$$

乙酸酐　　　　　　对甲基苯乙酮

甲苯的酰化主要生成对位产物。

试剂	邻位	对位
CH₃COCl/AlCl₃	1	83.3
CH₃CO⁺SbF₆⁻	1	71.4

(1) 用 AlCl₃ 等催化的酰化反应中常使用酰氯为酰化剂，反应中有效的进攻试剂可能是酰基正离子。当使用酸酐或羧酸为酰化剂时，需要增加 AlCl₃ 的用量(使用酸酐时需 2mol 以上；使用羧酸时需 3mol 以上)。此外，也常用 HF、硫酸、甲磺酸、多聚磷酸(PPA)等作催化剂。

(2) 酰基化反应的特点：产物纯、产量高(因酰基化反应不发生异构化，也不发生多元取代)。

(3) 分子内的酰化可用于环的合成。

$$\text{苯} + \text{丁二酸酐} \xrightarrow{\text{AlCl}_3} \text{Ar-CO(CH}_2)_2\text{COOH} \xrightarrow[\text{Hg-Zn}]{\text{HCl}} \text{Ar-(CH}_2)_3\text{COOH} \xrightarrow{\text{PPA}} \text{α-萘满酮}$$

Clemmensen 还原

用浓 HCl/Hg-Zn 将羰基还原为亚甲基的反应称为 Clemmensen 还原。第一步生成的酮必须还原，才能再一次发生傅氏反应。但当环上有强活化基团时，可不经过还原。

$$\text{对苯二酚} + \text{邻苯二甲酸酐} \xrightarrow[\Delta]{\text{H}_2\text{SO}_4} \text{中间体} \xrightarrow{\text{PPA}} \text{醌类产物}$$

❑8.3.6　甲酰化反应

1. Gattermann-Koch 反应

$$\text{H}_3\text{C-C}_6\text{H}_5 + \text{CO} + \text{HCl} \xrightarrow[\Delta]{\text{AlCl}_3,\text{CuCl}} \text{H}_3\text{C-C}_6\text{H}_4\text{-CHO}$$

与 Friedel-Crafts 酰基化反应类似

(1) CO 和 HCl 可由甲酸与氯磺酸反应产生。

$$\text{HCOOH} + \text{ClSO}_3\text{H} \longrightarrow \text{CO} + \text{HCl} + \text{H}_2\text{SO}_4$$

(2) 苯也能发生该反应，其他苯的衍生物不易发生此反应。

(3) 反应机理。

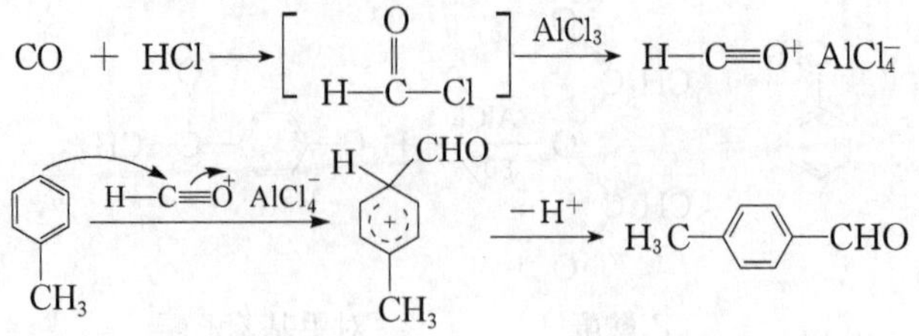

$$CO + HCl \longrightarrow \left[\underset{H}{\overset{O}{\parallel}}{C}-Cl \right] \xrightarrow{AlCl_3} H-C\equiv O^+ \; AlCl_4^-$$

[反应机理图：甲苯与 $H-C\equiv O^+ \; AlCl_4^-$ 反应，经中间体，$-H^+$ 得到 $H_3C-C_6H_4-CHO$]

2. Vilsmeier 反应

Vilsmeier 反应则使用 N,N-二甲基甲酰胺为试剂，$POCl_3$ 为催化剂进行甲酰化，亲电试剂是二者生成的盐。

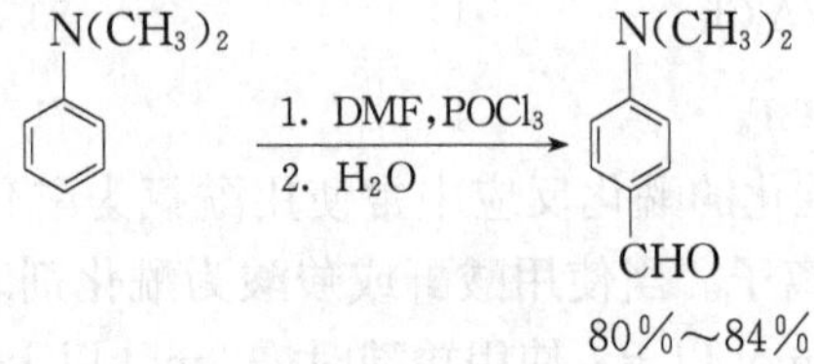

[反应式：$C_6H_5-N(CH_3)_2$ 经 1. DMF, $POCl_3$ 2. H_2O 得到对位 CHO 产物，$N(CH_3)_2$ 保留，产率 80%～84%]

8.3.7 氯甲基化反应

在 HCHO、浓 HCl 和 $ZnCl_2$（或 H_2SO_4、CH_3COOH、$AlCl_3$、$SnCl_4$）作用下，在芳环上导入—CH_2Cl 基团的反应称为氯甲基化反应。

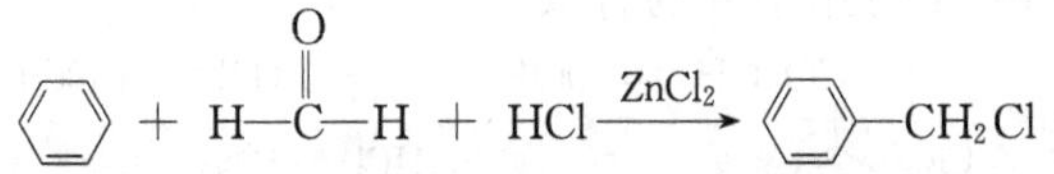

$$\text{苯} + H-\underset{\parallel}{\overset{O}{C}}-H + HCl \xrightarrow{ZnCl_2} C_6H_5-CH_2Cl$$

取代苯也能发生氯甲基化反应，但酚和芳胺不能发生此反应。其反应机理如下：

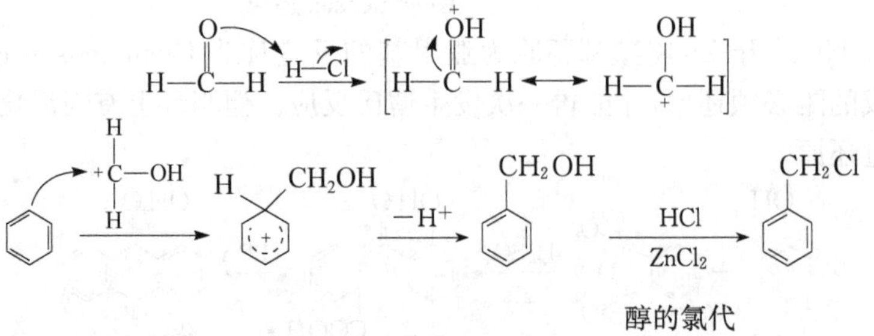

[机理图：甲醛质子化得羟基碳正离子，与苯亲电加成，失 H^+ 得苄醇，再经 HCl/$ZnCl_2$ 醇的氯代得苄氯]

醇的氯代

8.4 苯环上亲电取代反应的定位规律

8.4.1 定位规律

（1）在一取代苯的亲电取代反应中，苯环上原有的取代基对新导入的取代基有定位作用。

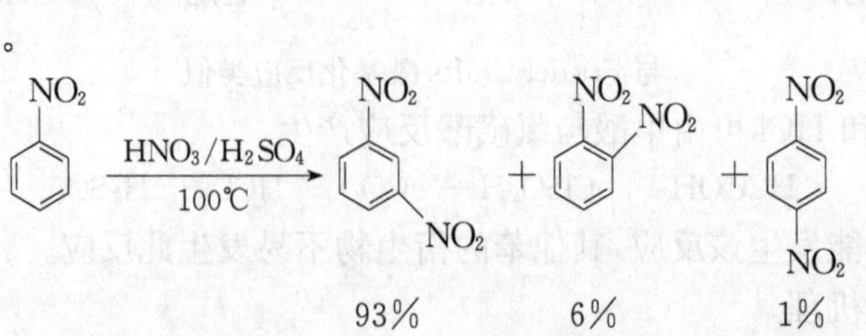

[反应式：硝基苯经 HNO_3/H_2SO_4，100℃，得到间二硝基苯 93%、邻二硝基苯 6%、对二硝基苯 1%]

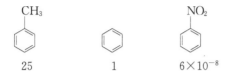

3%   63%   34%

因此,硝基是间位定位基(间位>40%),甲基是邻、对位定位基(邻位+对位>60%)。

(2) 苯环上原有取代基还对苯环再一次发生亲电取代反应的活性有很大影响。

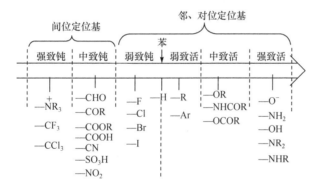

一个取代基能使苯环的电子云密度升高,使其发生亲电取代反应的活性增大,则这个取代基具有活化作用;反之,取代基使苯环的电子云密度下降,使其发生亲电取代反应的活性降低,则这个取代基具有钝化作用。可见,甲基使苯环活化,硝基使苯环钝化。

(3) 常见取代基的定位作用。

常见的取代基可分为两类:邻、对位定位基(一类定位基)和间位定位基(二类定位基)。常见取代基的定位作用如图 8-4 所示。

图 8-4 常见取代基的定位作用

从取代基的结构看,邻、对位定位基与苯环直接连接的原子上一般都只有单键(—Ar 例外);而间位定位基与苯环直接连接的原子上一般有双键或正电荷(—CX_3 例外)。一类定位基是给电子基(X 除外);二类定位基都是吸电子基。

8.4.2 定位规律的理论根据

苯环上取代基的定位效应可用电子效应或反应中生成的 σ 络合物的稳定性解释。

1. 电子效应的解释

由于π电子的高度离域,苯环上的电子云密度是完全平均化的。当苯环上连接一个取代基后,取代基的电子效应会使苯环的电子云分布发生变化,对第二个取代基进入的难易程度及位置产生影响。

1) 邻、对位定位基的定位效应

(1) 甲基(烷基)。

甲基(烷基)的诱导效应+I和共轭效应+C都使苯环上电子云密度增加,所以是给电子基。量子化学计算的甲苯电荷相对密度如右上图所示。因此,甲基使苯环活化,亲电取代反应比苯容易进行,且主要发生在邻、对位上。

(2) 具有孤对电子的取代基(—OH、—OR、—OCOR、—NH$_2$、—NHR、—NR$_2$等),以苯甲醚为例。

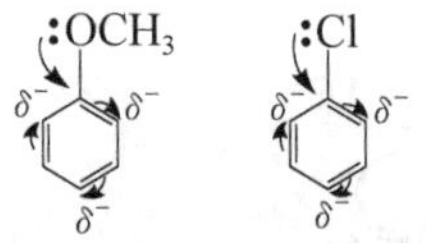

氧原子电负性大于碳原子,具有−I效应;氧原子上的孤对电子与苯环形成 p-π 共轭,具有+C效应。

由于其+C>−I,使苯环上的电荷密度增大,且邻、对位增加得更多,因此为邻、对位定位基。

(3) 卤素定位效应的解释。

氯原子电负性大于碳原子,具有−I效应;氯原子上的孤对电子与苯环形成 p-π 共轭,具有+C效应。由于其−I稍大于+C,使苯环上的电荷密度降低,但+C补充了邻、对位的电荷密度(间位没有),因此为邻、对位定位基。

2) 间位定位基的定位效应

间位定位基有—NO$_2$、—CN、—CHO、—COCH$_3$、—COOH、—SO$_3$H 等,以硝基苯为例。

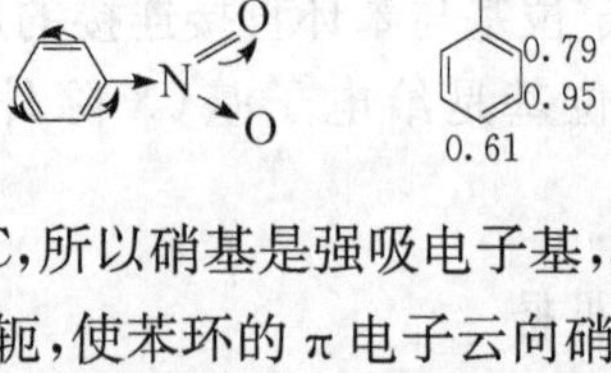

由于电负性 O>N>C,所以硝基是强吸电子基,具有−I效应。硝基的π键与苯环的π键形成 π-π 共轭,使苯环的π电子云向硝基转移,具有−C效应。其−I和−C方向都指向硝基,使苯环上的电子云密度降低。从硝基苯苯环上的电荷密度可知,间位电荷密度较高,故新导入基团容易进入间位,所以硝基为间位定位基。

2. σ络合物的稳定性

1）硝基苯

因为亲电试剂进攻硝基苯间位时生成的σ络合物相对稳定，所以硝基苯的亲电取代反应主要发生在间位。

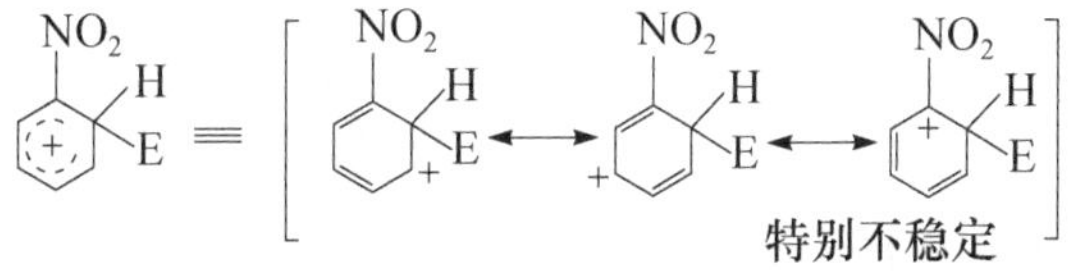

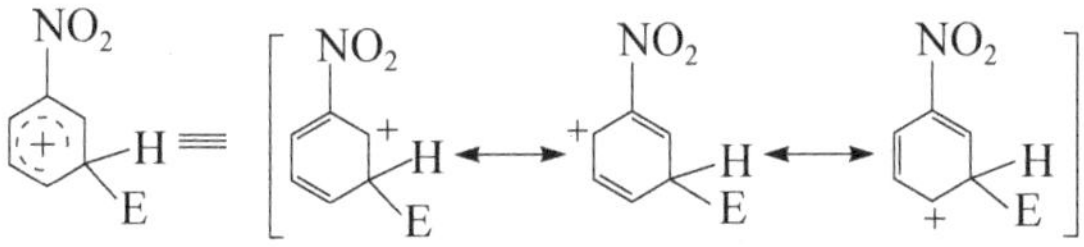

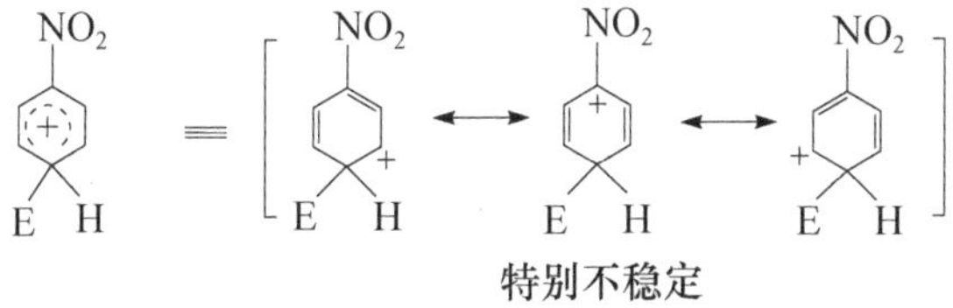

2）苯甲醚

因为亲电试剂进攻苯甲醚邻位和对位时生成的σ络合物相对稳定，所以苯甲醚的亲电取代反应主要发生在邻、对位。

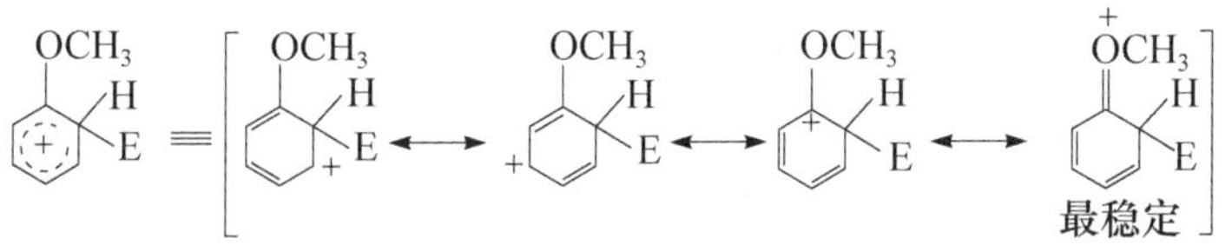

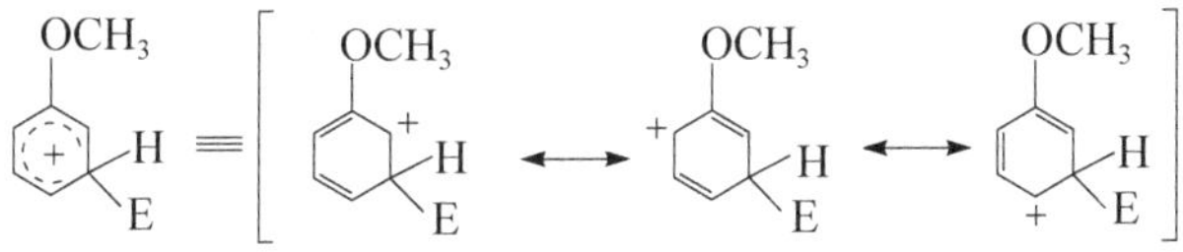

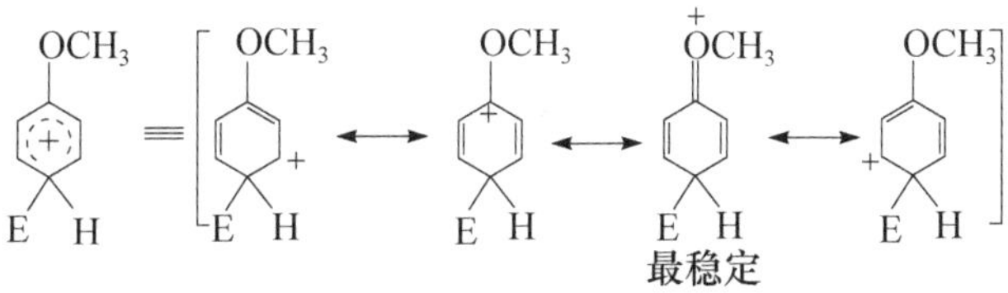

3）氯苯的情况分析

尽管—Cl使苯环的电子云密度有所降低，但亲电试剂进攻氯苯的邻位和对位时生成的σ络合物稳定，所以氯苯的亲电取代反应主要发生在邻、对位。

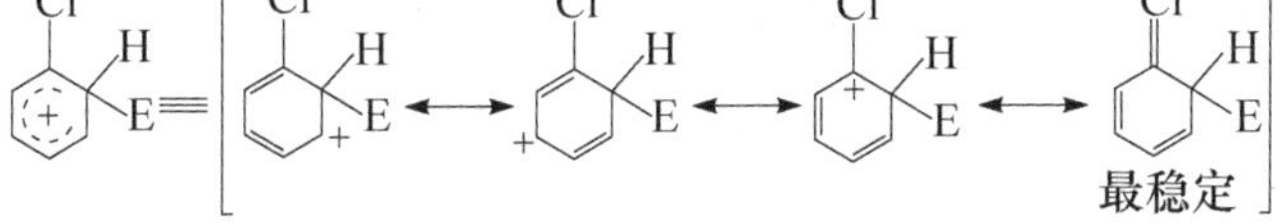

8.4.3 定位规律的应用

1. 预测反应的主要产物

苯环上已有两个取代基,在引入第三个取代基时,有下列三种情况。

(1) 原有两个基团的定位效应一致。例如:

(2) 原有两个取代基同类,而定位效应不一致,则主要由强的定位基指定新导入基团的位置。例如:

定位基强弱　—OH > —Cl　—OCH$_3$ > —CH$_3$　—NH$_2$ > —Cl　—NO$_2$ > —COOH

(3) 原有两个取代基不同类,且定位效应不一致时,新导入基团进入苯环的位置由邻、对位定位基指定。例如:

2. 应用定位规律需注意的问题

在应用定位规律时还要注意以下两方面的问题：

(1) 位阻对反应取向的影响。

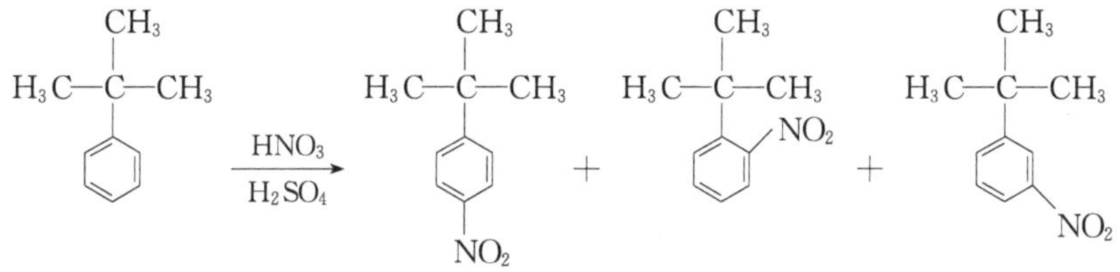

$$\text{PhC(CH}_3)_3 \xrightarrow{\text{HNO}_3/\text{H}_2\text{SO}_4} \text{对位-NO}_2(80\%) + \text{邻位-NO}_2(12\%) + \text{间位-NO}_2(8\%)$$

$$\text{间-甲基乙酰苯胺} \xrightarrow{\text{HNO}_3/\text{H}_2\text{SO}_4} (78\%) + (14\%)$$

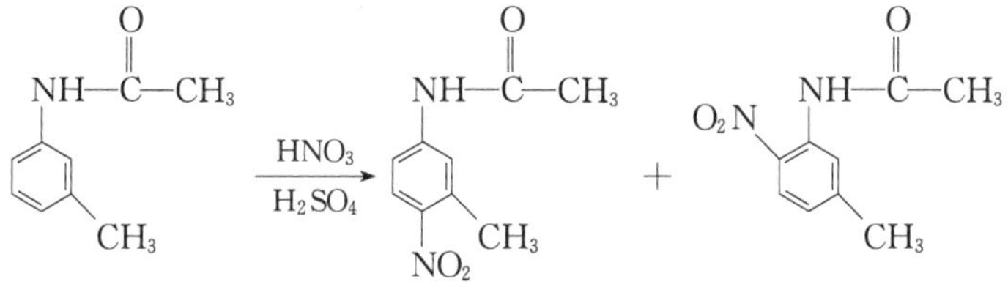

磺酸基体积较大，磺化反应主要在位阻较小处发生。

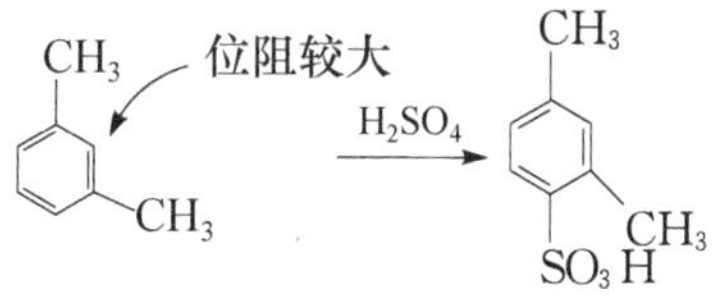

间二甲苯 $\xrightarrow{\text{H}_2\text{SO}_4}$ 2,4-二甲基苯磺酸（位阻较大位置受阻）

(2) 定位规律只适合速率控制的取代反应。

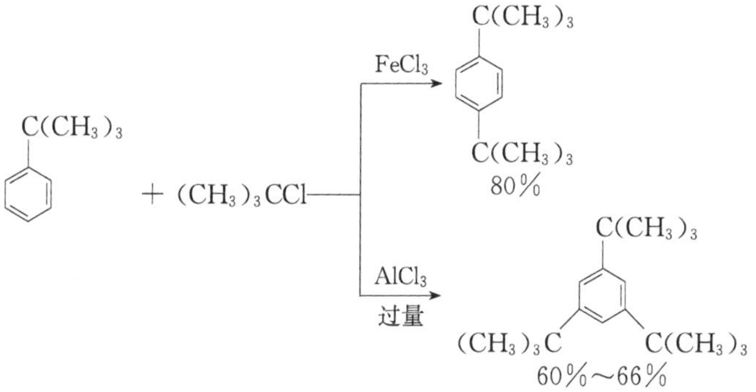

$$\text{PhC(CH}_3)_3 + (\text{CH}_3)_3\text{CCl} \xrightarrow{\text{FeCl}_3} \text{1,4-二叔丁基苯} \;(80\%)$$

$$\xrightarrow[\text{过量}]{\text{AlCl}_3} \text{1,3,5-三叔丁基苯} \;(60\%\sim66\%)$$

因为在过量强催化剂作用下，烃基化和去烃基化反应达成平衡，邻、对位烃基化快，去烃基化也快；而间位烃基化慢，去烃基化也慢，最后以间位产物占多数。

3. 取代基的定位作用在合成上的应用

例 8-1

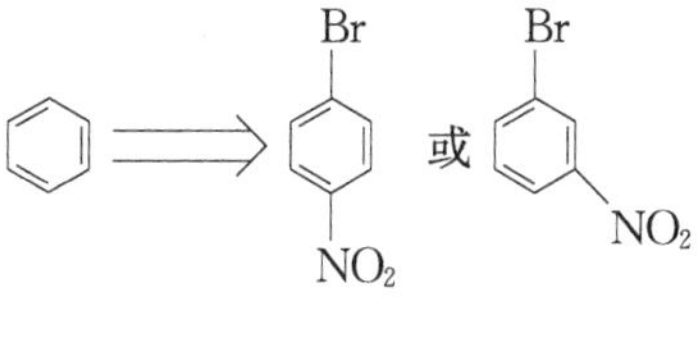

苯 ⟹ 对溴硝基苯 或 间溴硝基苯

合成路线：

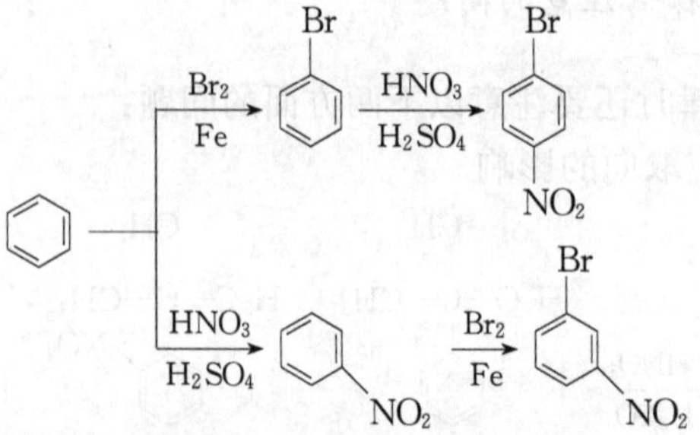

[苯 经 Br₂/Fe 生成溴苯，再经 HNO₃/H₂SO₄ 生成对溴硝基苯；或苯先经 HNO₃/H₂SO₄ 生成硝基苯，再经 Br₂/Fe 生成间溴硝基苯]

例 8-2 由 4-硝基甲苯合成 2,4-二硝基苯甲酸。

先硝化，后氧化。

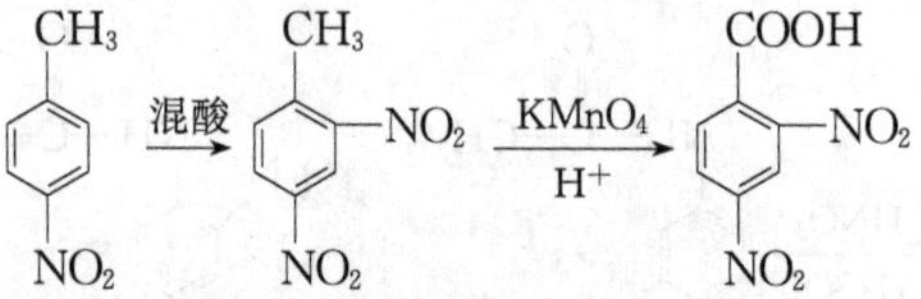

[4-硝基甲苯 —混酸→ 2,4-二硝基甲苯 —KMnO₄/H⁺→ 2,4-二硝基苯甲酸]

如果先氧化，后硝化，反应条件苛刻并有副产物。

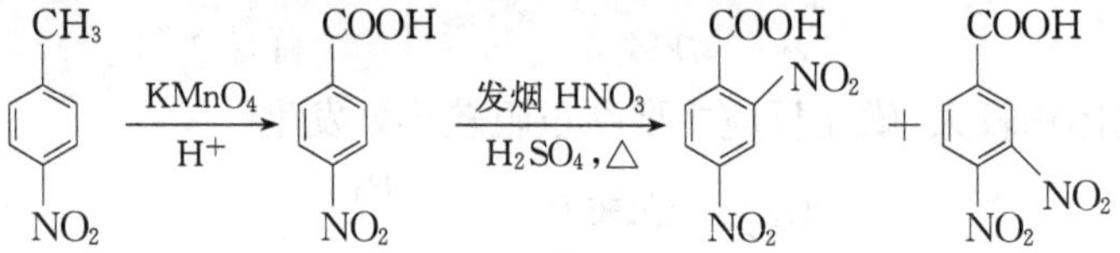

[4-硝基甲苯 —KMnO₄/H⁺→ 对硝基苯甲酸 —发烟 HNO₃/H₂SO₄, △→ 2,4-二硝基苯甲酸 + 3,4-二硝基苯甲酸]

例 8-3

[苯胺 ⇒ 对硝基苯胺]

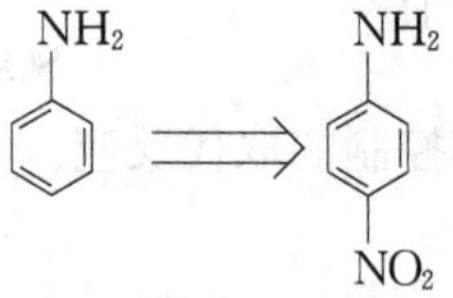

(1) 直接硝化存在的问题：①苯胺与酸成盐后为间位定位基，生成间位产物，同时使苯环钝化，反应难；②苯胺易被硝酸氧化。

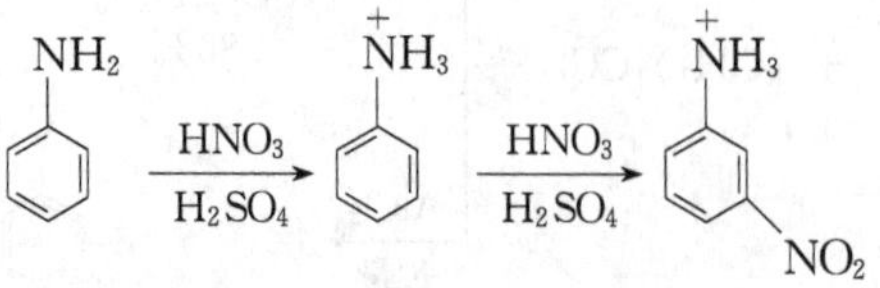

[苯胺 —HNO₃/H₂SO₄→ 苯铵盐 —HNO₃/H₂SO₄→ 间硝基苯铵盐]

(2) 保护氨基后再硝化。

[苯胺 —ClCOCH₃/Et₃N(碱)→ 乙酰苯胺 —HNO₃/H₂SO₄→ 对硝基乙酰苯胺（主要产物）—H₂O, H⁺或OH⁻→ 对硝基苯胺；以及邻硝基乙酰苯胺（少量，分离除去）]

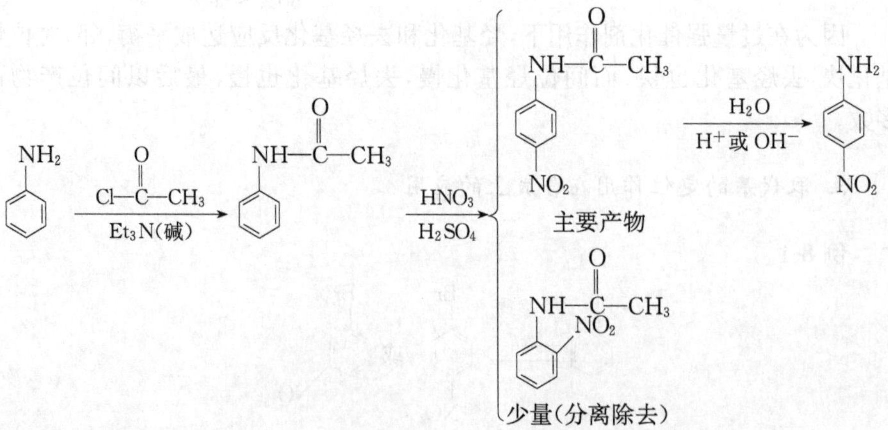

优点：①氨基被保护后不易被氧化；②保护后 N 的碱性减弱，不与 H^+ 成盐；③氨基被保护后为弱致活基。

例 8-4

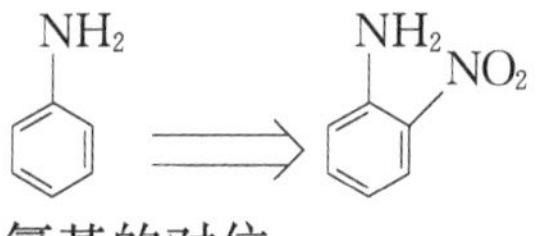

（单一产物）

合成时须先保护氨基及氨基的对位。

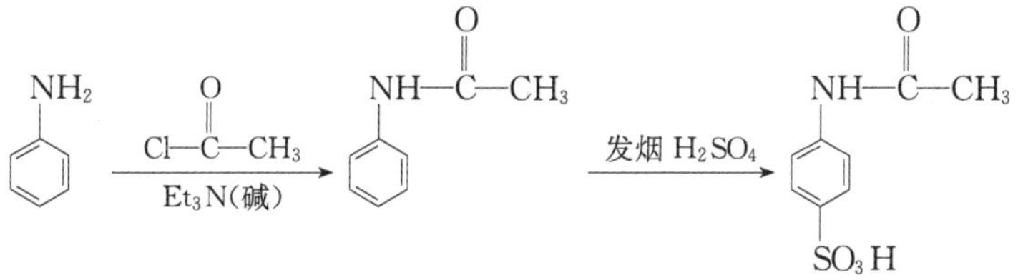
发烟 H2SO4
Et3N(碱)

保护氨基　　　　　　　　保护对位

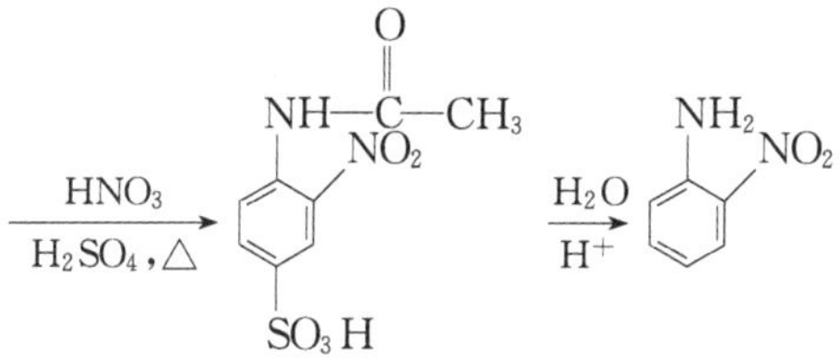

去保护基

例 8-5

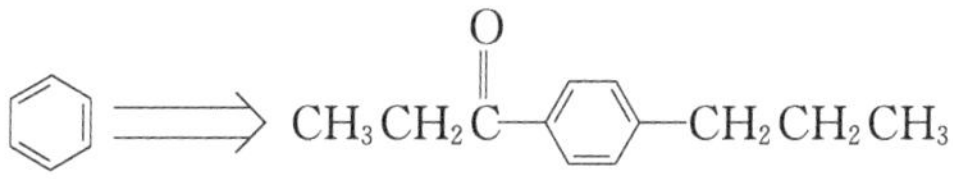

合成路线 1

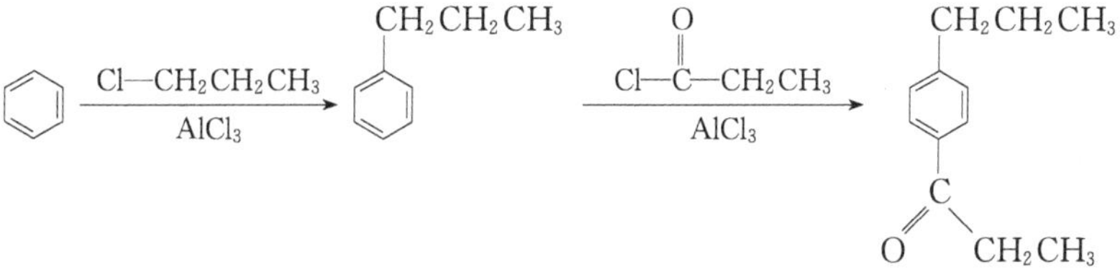

存在的问题：第一步有重排产物，且易发生多取代。

合成路线 2

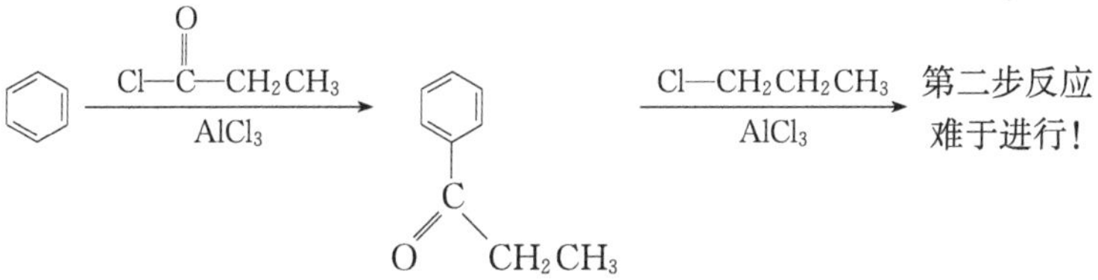
第二步反应
难于进行！

合成路线 3（较好路线）

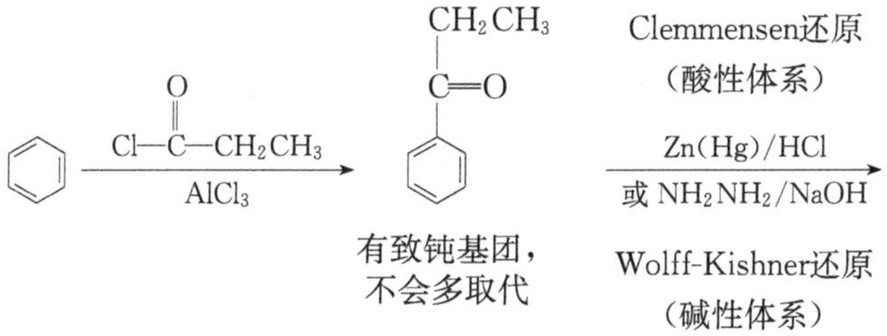
有致钝基团，
不会多取代
Clemmensen还原
（酸性体系）
Zn(Hg)/HCl
或 NH2NH2/NaOH
Wolff-Kishner还原
（碱性体系）

$$\text{PhCH}_2\text{CH}_3 + \text{Cl-CO-CH}_2\text{CH}_3 \xrightarrow{\text{AlCl}_3} \text{4-CH}_3\text{CH}_2\text{-C}_6\text{H}_4\text{-CO-CH}_2\text{CH}_3$$

8.5 苯的其他反应

8.5.1 加成反应

在特定条件下,苯环也能发生某些加成反应。

1. 加氢

$$\text{C}_6\text{H}_5\text{-C}_2\text{H}_5 + 3\text{H}_2 \xrightarrow[18\text{MPa}]{\text{Ni},175℃} \text{C}_6\text{H}_{11}\text{-C}_2\text{H}_5$$

$$\text{C}_6\text{H}_5\text{-CH}_3 + 3\text{H}_2 \xrightarrow[\text{CH}_3\text{COOH},0.2\sim0.3\text{MPa}]{\text{P}_2\text{O}_5,25\sim30℃} \text{C}_6\text{H}_{11}\text{-CH}_3$$

2. Birch 还原

在醇的存在下,金属钠的液氨溶液可将芳环还原为 1,4-环己二烯化合物,该反应称为 Birch 还原。

$$\text{C}_6\text{H}_6 \xrightarrow{\text{Na},\text{NH}_3(\text{液}),\text{C}_2\text{H}_5\text{OH}} \text{1,4-环己二烯}$$

(1) K、Li 能代替 Na,乙胺能代替氨。卤素、硝基、醛基、酮羰基等对反应有干扰。

(2) 反应机理。

Birch 反应使用的还原剂是金属钠溶解在液氨中得到的蓝色溶液。该蓝色是由钠与液氨作用生成的溶剂化电子引起的,溶剂化电子具有很强的还原性。

$$\text{Na} + \text{NH}_3 \longrightarrow \text{Na}^+ + (\text{e}^-)\text{NH}_3$$
蓝色溶液

$$\text{C}_6\text{H}_6 \xrightarrow{\text{e}^-(\text{NH}_3)} \underset{\text{自由基负离子}}{[\cdot\text{C}_6\text{H}_6^-]} \xrightarrow{\text{C}_2\text{H}_5\text{OH}} \cdot\text{C}_6\text{H}_7 \xrightarrow{\text{e}^-(\text{NH}_3)} \text{C}_6\text{H}_7^- \xrightarrow{\text{C}_2\text{H}_5\text{OH}} \text{1,4-环己二烯}$$

因为反应经自由基负离子中间体,所以环上有给电子取代基时,反应速率减慢。环上有吸电子取代基时,反应速率加快。

(3) Birch 还原的实例和说明。

(i) 取代苯还原时,可以有两种产物:

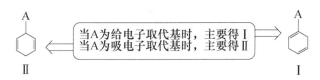

这一特点可用于制备 α,β-不饱和酮。

$$\underset{}{\text{PhOCH}_3} \xrightarrow{\text{Li, NH}_3(\text{液})}_{\text{C}_2\text{H}_5\text{OH}} \xrightarrow{\text{HCl, H}_2\text{O}} [\text{烯醇}] \rightleftharpoons \xrightarrow{\text{H}^+} \text{环己烯酮}$$

(ii) 与苯环不存在共轭关系的 C＝C 在该条件下可以保留；与苯环共轭的 C＝C 在该条件下首先被还原。

$$\text{PhC(CH}_3)=\text{CH}_2 \xrightarrow{\text{Na, NH}_3(\text{液})}_{\text{C}_2\text{H}_5\text{OH}} \text{PhCH(CH}_3)_2 \text{(环己二烯)} \xrightarrow{\text{Na, NH}_3(\text{液})}_{\text{C}_2\text{H}_5\text{OH}} \text{PhCH(CH}_3)_2$$

与苯环共轭的 C＝C 首先被还原

$$\text{PhCH}_2\text{CH}=\text{CH}_2 \xrightarrow{\text{Na, NH}_3(\text{液})}_{\text{C}_2\text{H}_5\text{OH}} \text{(环己二烯)CH}_2\text{CH}=\text{CH}_2$$

不与苯环共轭的 C＝C 被保留

3. 加氯

$$\text{C}_6\text{H}_6 + 3\text{Cl}_2 \xrightarrow[50\,^\circ\text{C}]{\text{光照}} \text{C}_6\text{H}_6\text{Cl}_6$$
六六六　对人畜有害，世界范围禁用

8.5.2 氧化反应

苯环较稳定，有侧链时，侧链可被氧化，最终形成苯甲酸。

$$\text{PhCH}_3 \xrightarrow[\triangle]{\text{KMnO}_4} \text{PhCOOH}$$

$$\text{Ph-R} \xrightarrow{[\text{O}]} \text{PhCOOH}$$

苯环虽然稳定，但在强烈件下也可以被氧化破坏。

$$\text{C}_6\text{H}_6 + \text{O}_2 \xrightarrow[400\sim500\,^\circ\text{C}]{\text{V}_2\text{O}_5} \text{顺丁烯二酸酐}$$

顺丁烯二酸酐
（马来酸酐）

8.6　卤代芳烃的亲核取代反应及机理

卤代芳烃指卤原子与芳环直接相连的化合物。例如，氯苯的结构可用下列共振式表示。共振式显示分子中的碳-卤键具有部分双键的性质：

$$\left[\begin{array}{c}\ddot{\ddot{Cl}}\\ \end{array} \longleftrightarrow \begin{array}{c}\ddot{\ddot{Cl}}^+\\ \end{array}^- \longleftrightarrow \begin{array}{c}\ddot{\ddot{Cl}}^+\\ \end{array}^- \longleftrightarrow \begin{array}{c}\ddot{\ddot{Cl}}^+\\ \end{array}^-\right]$$

8.6.1 卤代芳烃的亲核取代反应

卤代芳烃在较剧烈的实验条件下能发生亲核取代反应。

（1）卤代芳烃的水解。

$$\text{C}_6\text{H}_5\text{Cl} \xrightarrow[2.\ H_3O^+]{1.\ NaOH, H_2O, 370℃} \text{C}_6\text{H}_5\text{OH}$$

当卤原子的邻、对位有吸电子基时，水解容易进行。2,4,6-三硝基氯苯和酰氯一样容易水解。

$$\text{o-ClC}_6\text{H}_4\text{NO}_2 \xrightarrow[2.\ H_3O^+]{1.\ NaOH, H_2O, 130℃} \text{o-HOC}_6\text{H}_4\text{NO}_2$$

$$2,4\text{-(NO}_2)_2\text{C}_6\text{H}_3\text{Cl} \xrightarrow[2.\ H_3O^+]{1.\ Na_2CO_3, H_2O, 100℃} 2,4\text{-(NO}_2)_2\text{C}_6\text{H}_3\text{OH}$$

（2）氯苯在液氨中与氨基钾反应生成苯胺，当氯的邻位或对位连有吸电子取代基时，反应也容易进行。

$$\text{C}_6\text{H}_5\text{Cl} \xrightarrow[-33℃]{KNH_2,\ NH_3} \text{C}_6\text{H}_5\text{NH}_2 \quad 55\%$$

$$p\text{-ClC}_6\text{H}_4\text{NO}_2 \xrightarrow{NH_3} p\text{-H}_2\text{NC}_6\text{H}_4\text{NO}_2 \quad 95\%$$

（3）与其他亲核试剂的反应。

$$o\text{-ClC}_6\text{H}_4\text{NO}_2 \xrightarrow{CH_3ONa} o\text{-CH}_3\text{OC}_6\text{H}_4\text{NO}_2 \quad 88\%$$

$$2,4\text{-(NO}_2)_2\text{C}_6\text{H}_3\text{Cl} \xrightarrow{CH_3CH_2CH_2OH} 2,4\text{-(NO}_2)_2\text{C}_6\text{H}_3\text{OCH}_2\text{CH}_2\text{CH}_3 \quad 66\%$$

（4）进一步的研究表明离去基团也不局限于卤原子。

$$2,6\text{-(CH}_3)_2\text{-}3,5\text{-(NO}_2)_2\text{-}4\text{-NO}_2\text{-C}_6\text{H} \xrightarrow[\triangle]{NH_3, H_2O} \text{产物}$$

8.6.2 卤代芳烃亲核取代反应机理

1. 加成-消除机理

1902年，Meisenheimer 在下列反应中分离得到一种深蓝色的盐（σ络合物）：

$$\begin{array}{c}\text{OC}_2\text{H}_5\\\text{O}_2\text{N}\underset{\text{NO}_2}{\overset{\text{NO}_2}{\bigcirc}}\end{array}\xrightarrow{\text{CH}_3\text{OK}}\begin{array}{c}\text{H}_3\text{CO}\ \text{OC}_2\text{H}_5\\\text{O}_2\text{N}\underset{\text{N}^+}{\overset{\text{NO}_2}{\bigcirc}}\\\text{O}^-\ \text{K}^+\end{array}\xleftarrow{\text{C}_2\text{H}_5\text{OK}}\begin{array}{c}\text{OCH}_3\\\text{O}_2\text{N}\underset{\text{NO}_2}{\overset{\text{NO}_2}{\bigcirc}}\end{array}$$

⇐ 深蓝色的盐

因此推测该类反应是通过加成-消除机理进行的,并将反应中形成的深蓝色σ络合物称为Meisenheimer络合物。

（以下为Meisenheimer络合物反应机理示意图）

Meisenheimer络合物的稳定性取决于硝基与苯环之间的共轭效应,硝基通过共轭作用使苯环的负电荷分散。

（1）如果硝基在离去基团的间位,则没有活化作用。五氟硝基苯与氨反应,只有处于硝基邻位和对位的氟原子能被氨基取代。

（2）如果硝基两侧存在的取代基位阻作用使硝基偏离苯环平面,不能与苯环有效地共轭,则下列化合物的反应活性与氯苯相近。

在2,5-二硝基-1,3-二甲苯与氨的反应中,5位硝基是亲核取代反应的活化基团,而偏离苯环平面的2位硝基则被氨基取代。

（3）在多数情况下,加成是决定反应速率的步骤,因此离去基团的性质对反应速率的影响较小。例如,在下面的反应中,Y＝Cl、Br、I、$SO_2C_6H_5$ 等不同基团时,反应速率的差别不大。

2. 消除-加成机理

（1）1953年,Roberts使用1位 ^{14}C 标记的氯苯在液氨中与氨基钾反应,得到了 1 位和 2 位 ^{14}C 标记的苯胺的混合物。

$$\text{Cl-C}_6H_4^* \xrightarrow[-33℃]{KNH_2, NH_3} \text{*-C}_6H_4\text{-}NH_2 (48\%) + \text{C}_6H_4\text{*-}NH_2 (52\%)$$

使用 1 位 ^{14}C 标记的氯苯与氢氧化钠水溶液在高温下反应,也得到了 1 位和 2 位 ^{14}C 标记的苯酚的混合物。

$$\text{Cl-C}_6H_4^* \xrightarrow[395℃]{NaOH, H_2O} \text{*-C}_6H_4\text{-}OH (54\%) + \text{C}_6H_4\text{*-}OH (43\%)$$

能合理说明以上实验事实的反应机理只能是先消除,后加成。

(2) 反应机理。

$$\text{Cl-C}_6H_4\text{-}H \xrightarrow{NH_2^-} 苯炔(benzyne) + NH_3 + Cl^-$$

苯炔 + NH_2^- → $C_6H_4^-\text{-}NH_2$

$C_6H_4^-\text{-}NH_2$ + $H\text{-}NH_2$ → $C_6H_5\text{-}NH_2$ + NH_2^-

1 位 ^{14}C 标记的氯苯生成苯炔后,两个炔碳原子的化学环境等同,因此最后生成两种加成产物,其产率接近相等。

$$\text{Cl-C}_6H_4^*\text{-}H \xrightarrow{-HCl} 苯炔^* \xrightarrow{NH_2^-} \text{进攻概率相等}$$

(3) 苯炔的验证。

(i) 苯炔作为反应的活性中间体可以用适当的试剂截获。

$$\text{F-C}_6H_4\text{-}Br \xrightarrow{Li} \text{F-C}_6H_4\text{-}Li \rightarrow 苯炔 \rightarrow \text{加成产物}$$

(ii) 当 Cl(Br) 的邻位均被取代基占据时,反应不能发生。

(4) 苯炔的结构可以用下面几种结构表示:

$$\begin{array}{ccc} & & sp^2 \\ & & \text{或} \\ & & sp^2 \end{array}$$

后面两个式子形象地表明,苯炔的叁键由于重叠程度很小,不同于一般炔烃,反应活性非常高。

(5) 产生苯炔最方便的方法是利用邻氨基苯甲酸的重氮化反应。

$$\text{COOH-C}_6H_4\text{-}NH_2 \xrightarrow{HNO_2} \text{COO}^-\text{-C}_6H_4\text{-}N_2^+ \xrightarrow{-CO_2, -N_2} 苯炔$$

(6) 在消除-加成机理中卤代苯的苯环上其他取代基的影响。

(i) 邻或间氯三氟甲苯与氨基钠反应只得到间位产物。

首先邻或间氯三氟甲苯在氨基钠作用下得到相同的苯炔中间体：

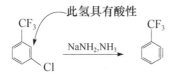

所得 3-三氟甲基苯炔与氨基负离子继续反应时只得到间位产物。

(ii) 对氯三氟甲苯与氨基钠反应则得到间位和对位混合物。

由于与—CF_3 距离较远，对加成步骤影响很小，因此生成两种加成产物的混合物，且数量接近相等。

(iii) 在消除-加成机理中，甲氧基的影响表现在氧原子吸电子的能力上，因此氯代苯甲醚和氨基钠的反应与氯代三氟甲苯的情况相似。

(iv) 在消除-加成机理中，甲基影响很小，因此溴代甲苯的三种异构体反应都得到混合物。

8.7 多环芳烃

8.7.1 多苯代脂烃

链烃分子中的氢被两个或多个苯基取代的化合物称为多苯代脂烃。

1. 命名

多苯代脂烃命名时，一般把苯基作为取代基。

2. 制备

多苯代脂烃可利用傅氏烷基化反应制备。

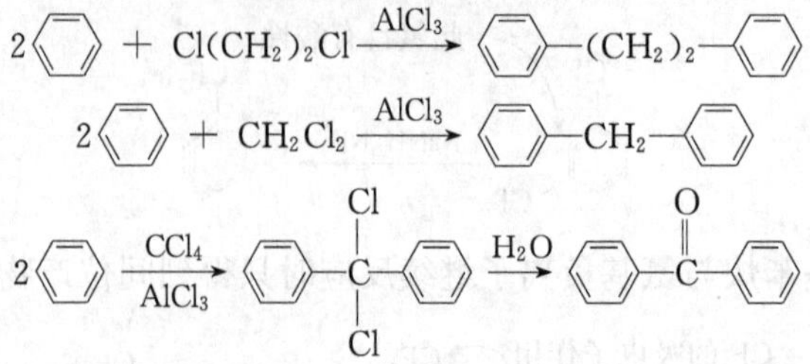

$$2\,C_6H_6 + Cl(CH_2)_2Cl \xrightarrow{AlCl_3} Ph(CH_2)_2Ph$$

$$2\,C_6H_6 + CH_2Cl_2 \xrightarrow{AlCl_3} Ph-CH_2-Ph$$

$$2\,C_6H_6 \xrightarrow[AlCl_3]{CCl_4} Ph_2CCl_2 \xrightarrow{H_2O} Ph-CO-Ph$$

3. 化学性质

（1）多苯代脂烃的苯环比苯更易发生亲电取代反应。

（2）与苯环相连的亚甲基和次甲基受苯环的影响，也具有良好的反应性能。

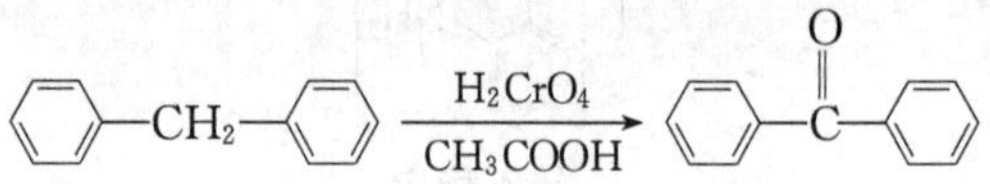

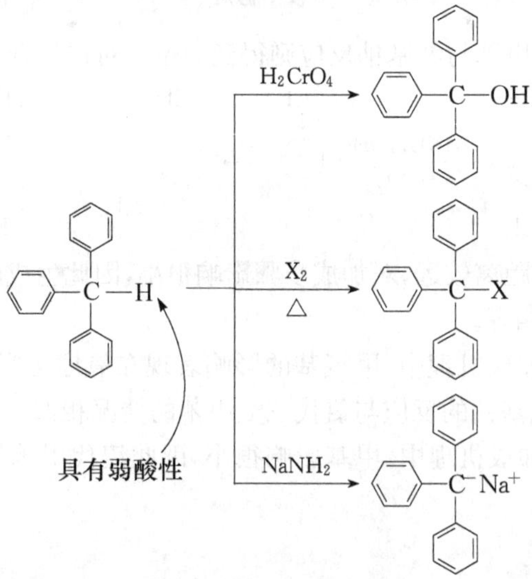

$$Ph-CH_2-Ph \xrightarrow[CH_3COOH]{H_2CrO_4} Ph-CO-Ph$$

$$Ph_3C-H \begin{cases} \xrightarrow{H_2CrO_4} Ph_3C-OH \\ \xrightarrow[\triangle]{X_2} Ph_3C-X \\ \xrightarrow{NaNH_2} Ph_3C^-Na^+ \end{cases}$$

具有弱酸性

（3）三苯甲基自由基。

三苯甲基自由基是 1900 年 Gomberg 在试图用氯代三苯甲烷制备六苯乙烷的过程中发现的，这是人类最先得到的自由基。

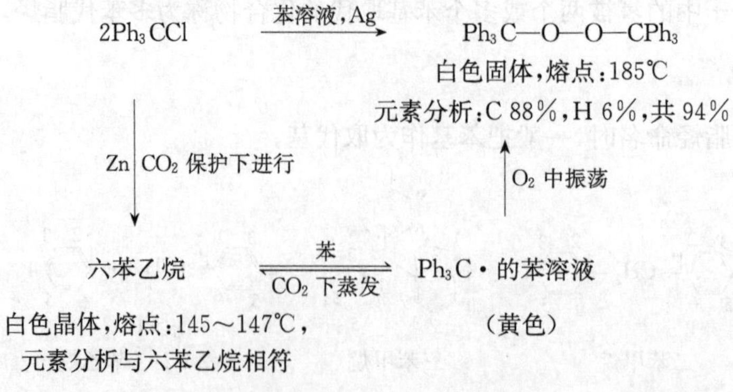

$$2Ph_3CCl \xrightarrow{\text{苯溶液},Ag} Ph_3C-O-O-CPh_3$$

白色固体，熔点：185℃
元素分析：C 88%，H 6%，共 94%

Zn | CO_2 保护下进行 ↓　　　　　　　↑ O_2 中振荡

六苯乙烷 $\xrightleftharpoons[CO_2 \text{下蒸发}]{\text{苯}}$ $Ph_3C\cdot$ 的苯溶液

白色晶体，熔点：145～147℃，　　　（黄色）
元素分析与六苯乙烷相符

有机化学课堂精要

1968年测定发现三苯甲基自由基实际以二聚体形式存在：

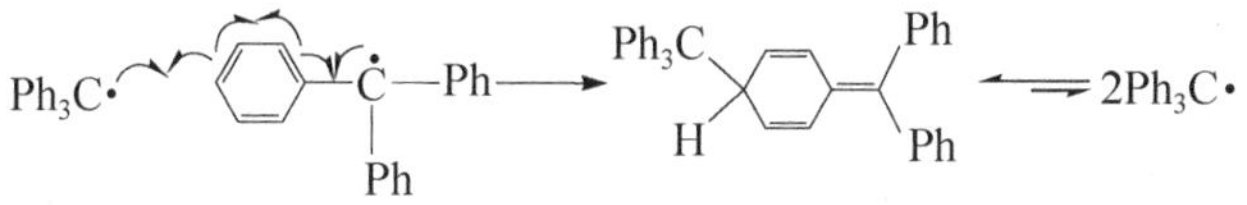

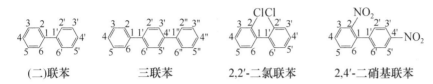

8.7.2 联苯

两个或多个苯环以单键直接相连的化合物称为联苯类化合物。

1. **命名**

(二)联苯　　三联苯　　2,2′-二氯联苯　　2,4′-二硝基联苯

2. **化学性质**

联苯可以看作是苯环上的一个氢原子被另一个苯环所取代，因此每一个苯环与单独苯环的行为是类似的，苯基是邻、对位定位基。

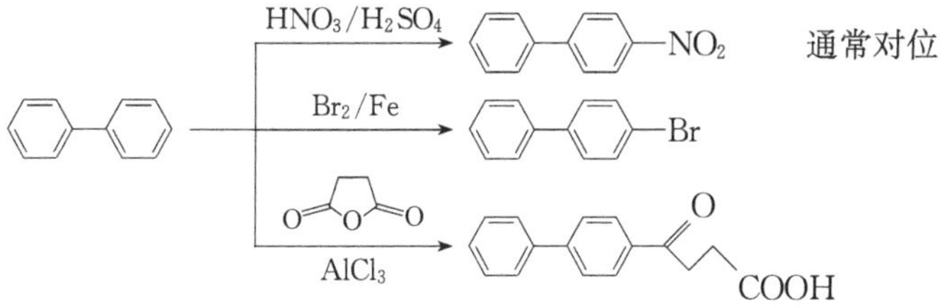

思考下列两个化合物的一溴代产物结构。

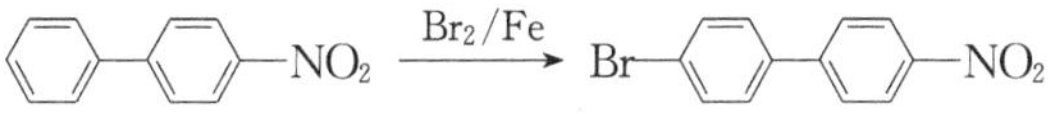

二类定位基，进入异环

一类定位基，进入同环

8.7.3 稠环化合物

两个或多个苯环共用两个邻位碳原子的化合物称为稠环芳烃。

1. **重要的稠环化合物**

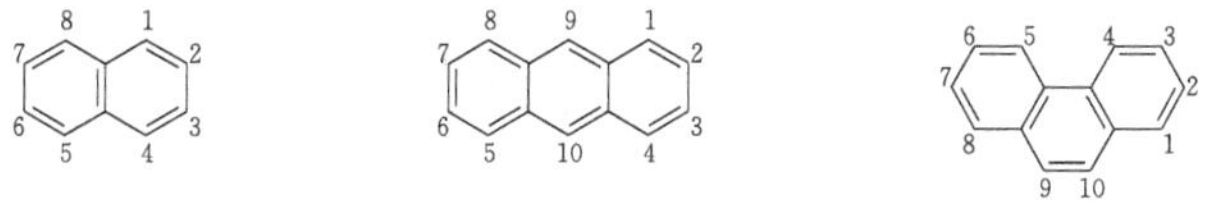

萘　　　　　　　　　　蒽　　　　　　　　　　菲

1,4,5,8 位称为 α 位；　　1,4,5,8 位称为 α 位；　　有五种不同的位置；
2,3,6,7 位称为 β 位　　　2,3,6,7 位称为 β 位；　　1-8,2-7,3-6,4-5,9-10
　　　　　　　　　　　　9,10 位称为中位

亲电取代反应易在萘的 α 位、蒽的中位、菲的 9,10 位发生。

2. 萘的结构和化学性质

1) 萘的结构

萘为无色晶体,熔点 80.55℃,易升华。萘为平面结构,碳原子均为 sp^2 杂化,有四种不等性碳-碳键。

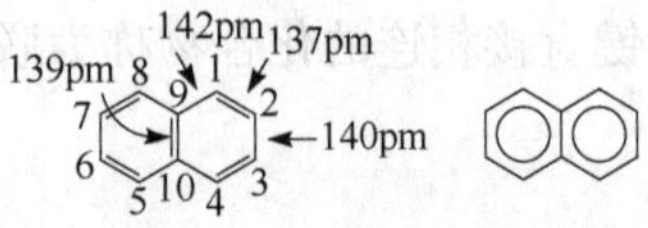

萘的两种常用表示方法

萘的共振式只有一个环始终保持苯环的结构。

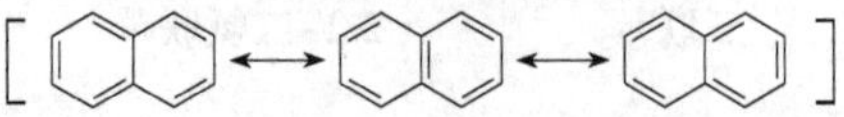

2) 萘的化学性质

(1) 萘的氧化。

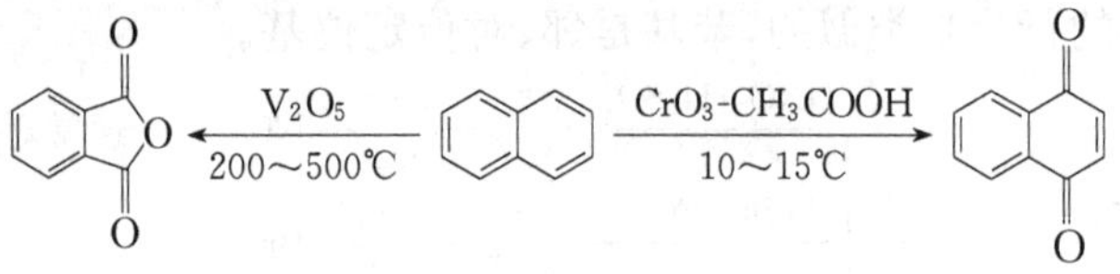

强氧化剂得酸酐　　温和氧化剂得醌

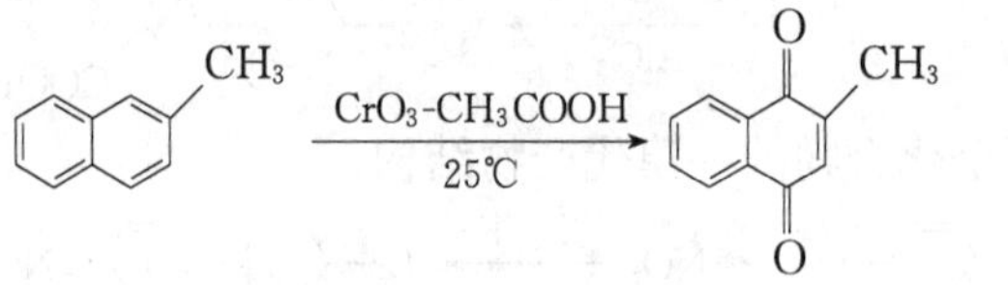

萘环比侧链更易氧化,不能用侧链氧化法制备萘甲酸

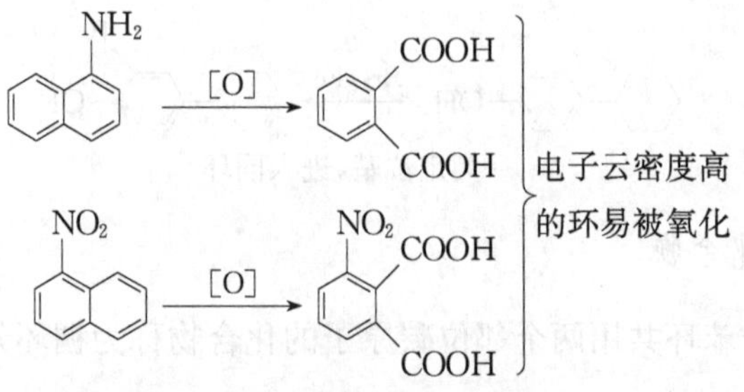

电子云密度高的环易被氧化

(2) 萘的还原。

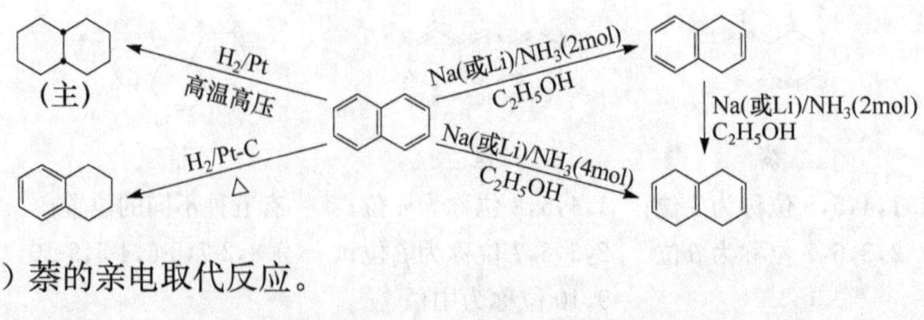

(3) 萘的亲电取代反应。

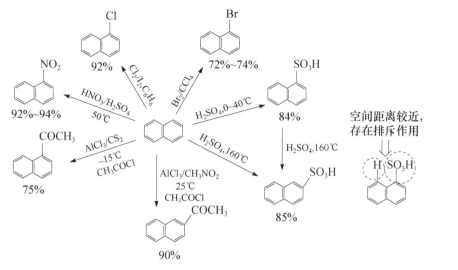

萘的 α 位比 β 位更容易发生亲电取代反应,生成 α-萘磺酸的速度较快;但 α-萘磺酸不如 β-萘磺酸稳定,升高温度,产物由平衡控制,以较稳定的 β-萘磺酸为主。

(i) 萘发生亲电取代反应的取向可用试剂进攻 α 位或 β 位后生成的活性中间体的稳定性来讨论。

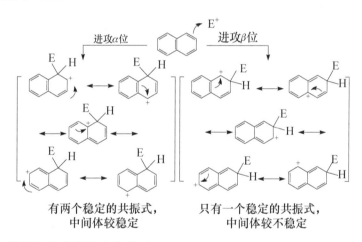

(ii) 萘环上取代基的定位效应。

从动力学角度考虑,活化基团使反应在同环发生;钝化基团使反应在异环发生,并且 α 位优于 β 位。从热力学角度考虑,6,7 位空阻小,在 6,7 位取代是热力学控制的产物(磺化,酰基化)。

(iii) 萘环二取代反应实例。

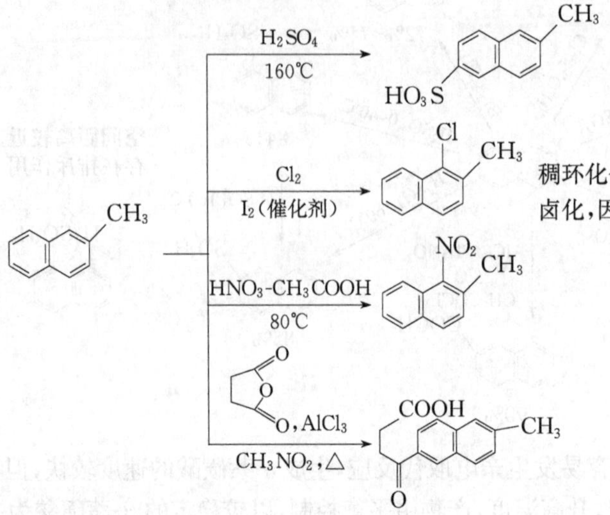

稠环化合物一般不发生侧链卤化,因为环比侧链更易反应

3. 制备稠环化合物的 Haworth 合成法

1) 萘的合成

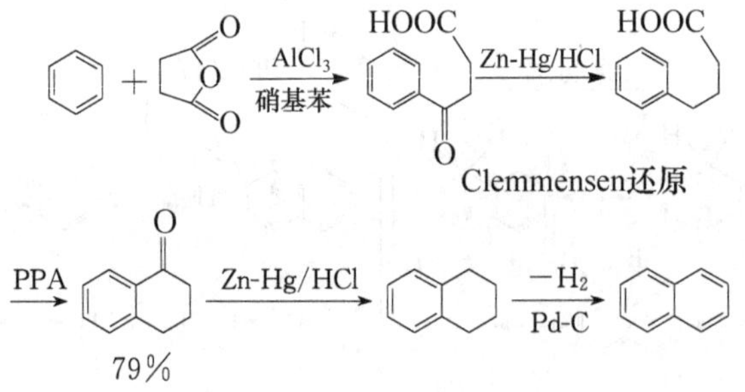

2) 取代萘的合成

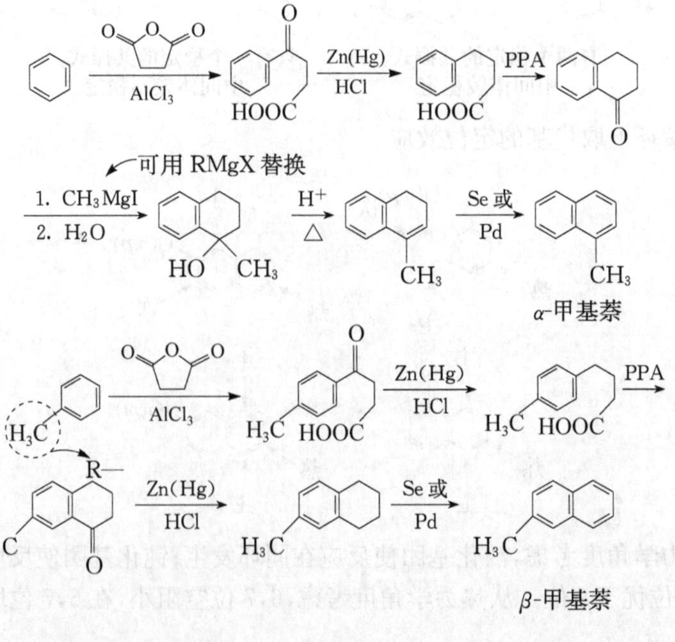

α-甲基萘

β-甲基萘

3) 蒽的合成

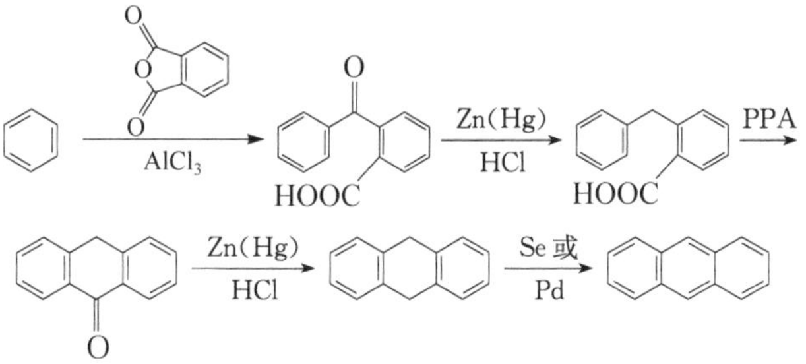

[反应式: 苯 + 邻苯二甲酸酐 →(AlCl₃) 邻苯甲酰苯甲酸 →(Zn(Hg)/HCl) 邻苄基苯甲酸 →(PPA) 蒽酮 →(Zn(Hg)/HCl) 9,10-二氢蒽 →(Se 或 Pd) 蒽]

4) 菲的合成

[反应式: 萘 + 丁二酸酐 →(AlCl₃) → (Zn(Hg)/HCl) → (PPA) → (Zn(Hg)/HCl) → (Se 或 Pd) 菲]

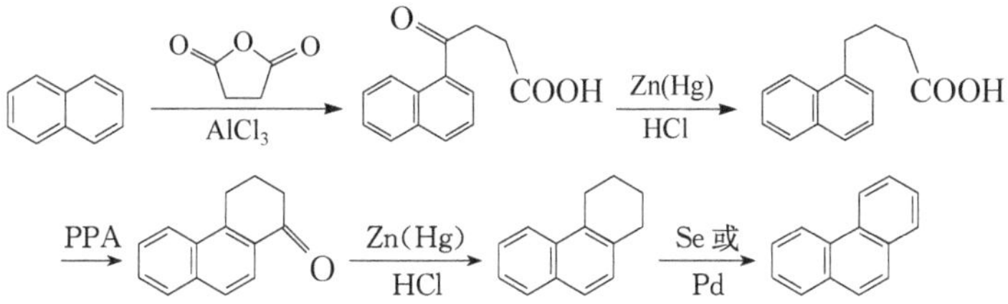

4. 蒽和菲的化学性质

1) 还原

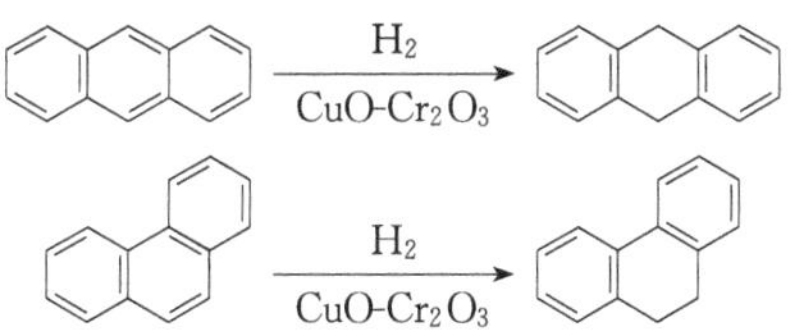

[蒽 →(H₂/CuO-Cr₂O₃) 9,10-二氢蒽]

[菲 →(H₂/CuO-Cr₂O₃) 9,10-二氢菲]

2) 卤化

[菲 →(Br₂/CCl₄) 9-溴菲]

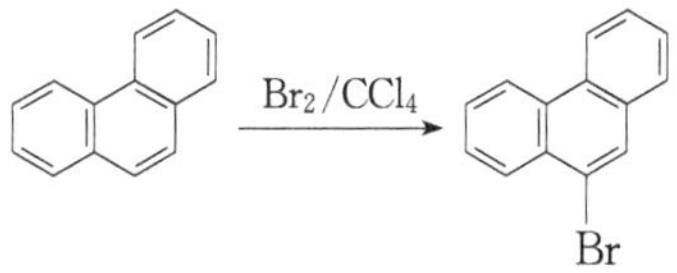

蒽与氯（溴）在低温时生成加成产物，加热时脱除氯（溴）化氢生成 9-氯（溴）蒽。

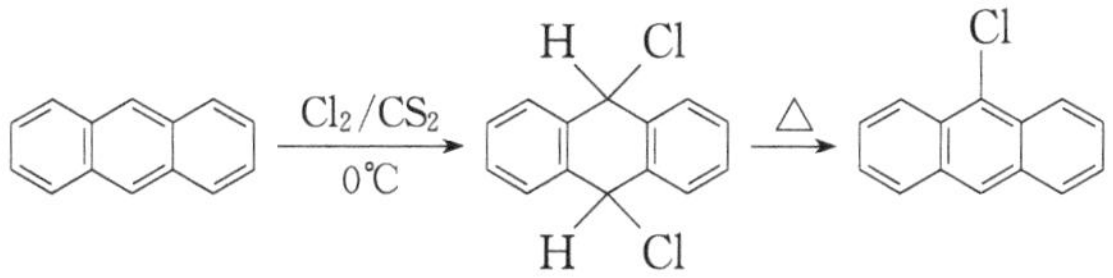

[蒽 →(Cl₂/CS₂, 0℃) 9,10-二氢-9,10-二氯蒽 →(Δ) 9-氯蒽]

3) 氧化

蒽和菲都容易氧化成醌。

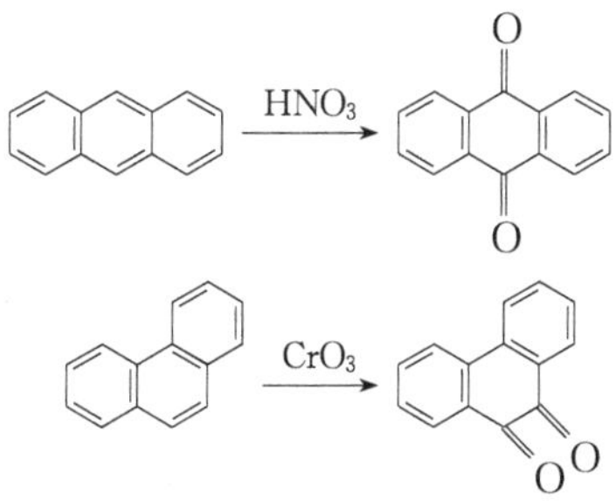

[蒽 →(HNO₃) 蒽醌]

[菲 →(CrO₃) 菲醌]

4) Diels-Alder 反应

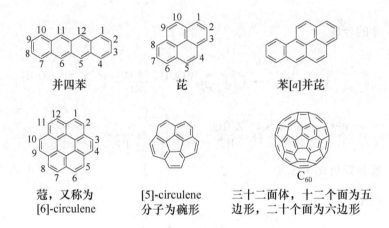

5. 其他稠环芳烃

并四苯　　　芘　　　苯[a]并芘

蔻，又称为　　[5]-circulene　　三十二面体，十二个面为五
[6]-circulene　　分子为碗形　　边形，二十个面为六边形

8.8　Hückel 规则和非苯芳香体系

8.8.1　Hückel 规则

1931 年 Hückel 使用简化的量子化学计算——Hückel 分子轨道法 (HMO)，将 π 电子与 σ 电子分开考虑，近似地把单环共轭多烯的化学性质看作主要与 π 电子有关，通过只计算 π 轨道的能级，阐述了单环平面共轭多烯基态电子构型与芳香性的关系（图 8-5）。

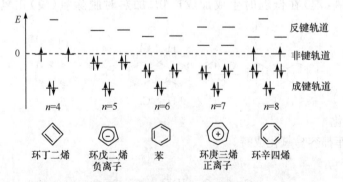

图 8-5　单环烯烃 (C_nH_n) 的 π 分子轨道能级和电子构型

(1) Hückel 规则的基本表述。

含有 $4n+2(n=0,1,2\cdots)$ 个 π 电子的单环、平面、封闭共轭多烯具有芳香性。

(2) 单环烯烃 (C_nH_n) 基态电子构型与 Hückel 规则的联系。

由图 8-5 可见,凡具有 $4n+2$ 个 π 电子的单环平面共轭多烯分子均具有闭壳的电子构型。而环丁二烯和环辛四烯由于具有不满层轨道(具有游离基特征),分子具有特殊的不稳定性。

(3) 目前 ^{1}H-NMR 的化学位移是表征芳香性的常用实验手段。

当通过 ^{1}H-NMR 测定时,单环平面共轭多烯分子环内氢的共振信号在高场(化学位移值小),环外氢则在低场(化学位移值大)时有芳香性。

当一个芳环(如苯)受外界磁场作用时会形成 π 电子环流,这个环电流产生的感生磁场 H' 与外加磁场 H_0 方向相反,并与芳环平面垂直,如图 8-6 所示。

在环的中心,H' 与 H_0 方向相反(屏蔽作用)。当环中心存在质子时,其共振信号移向高场(化学位移值减小);而环外的质子处在 H' 与 H_0 方向相同的位置(去屏蔽作用),其共振信号移向低场(化学位移值增大),这就是环电流效应。

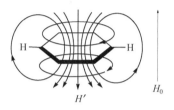

图 8-6 封闭 π 体系在外加磁场中产生的感生磁场

具有 $4n+2$ 个 π 电子的封闭的单环平面共轭多烯分子均具有环电流效应。

8.8.2 非苯芳香体系

苯系以外的芳香体系统称为非苯芳香体系。

1. 单环化合物芳香性的判别

1) 三元环

2) 四元环

3) 五元环

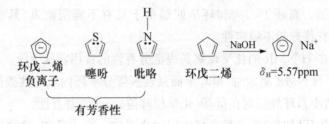

4) 七元环

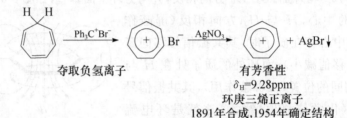

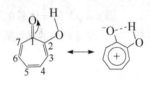

卓酚酮,1954年制备,有芳香性。与苯酚性质相似,易发生溴化、羟甲基化等亲电取代反应,取代基主要进入3,5,7位

5) 八元环

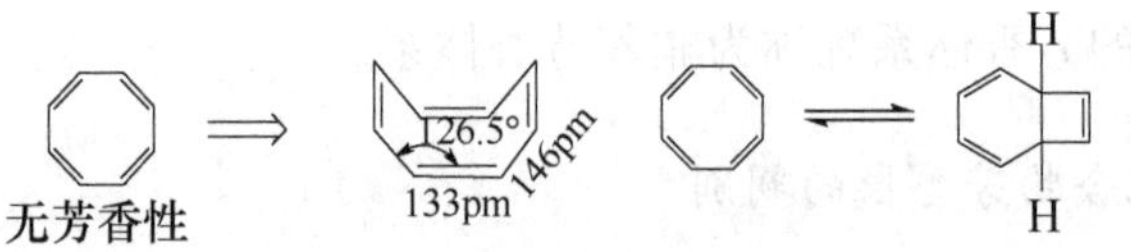

环辛四烯:澡盆形,离域能为零。具有单、双键结构,能发生典型的烯烃反应。

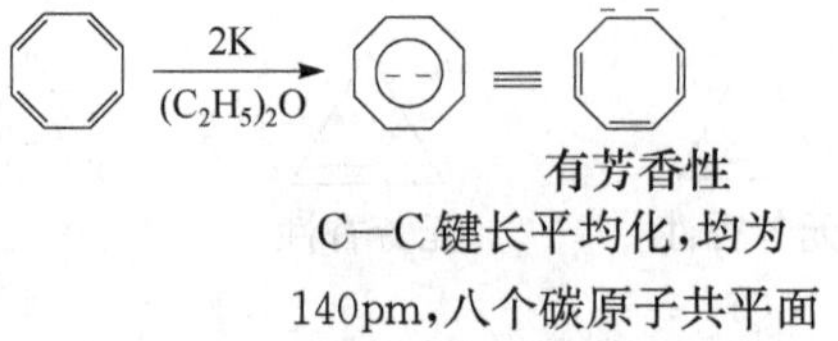

有芳香性
C—C 键长平均化,均为140pm,八个碳原子共平面

2. 轮烯芳香性的判别

1) 定义

分子式符合$(CH)_n$的环多次甲基化合物称为轮烯(通常$n \geq 10$)。

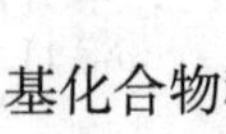

10-轮烯或[10]轮烯

2) 命名

轮烯根据碳氢的数目来命名。

3) 判别轮烯芳香性的原则

(1) 非扩张环。有环内氢与环外氢时,环内氢在高场,环外氢在低场时有芳

香性。

(2) 环碳必须处在同一平面内，π电子数符合 $4n+2$ 规则。

4) 常见轮烯

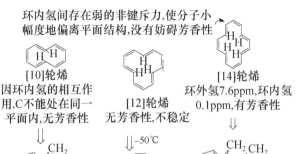

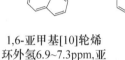

3. 交叉共轭体系——茚和薁

交叉共轭体系是指两个环共用一边，也共用这边上两个碳的π电子，电子可以在两个环之间流动。

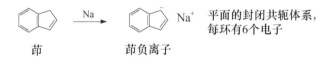

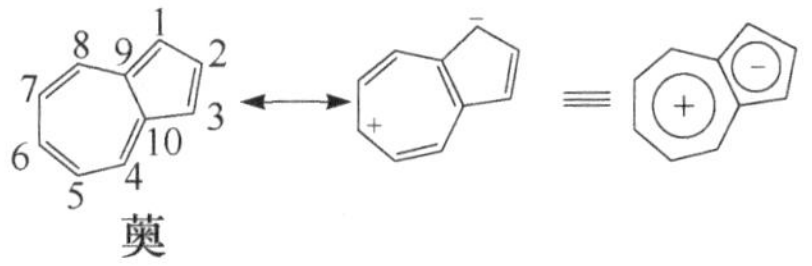

五元环和七元环均有芳香性，亲电取代反应主要在五元环的1,3位上发生。

4. 多环体系

1) 周边共轭体系化合物

在环状共轭多烯的环内引入一个或若干个原子，使环内原子与若干个成环的碳原子以单键相连，这样的化合物称为周边共轭体系化合物，可用 $4n+2$ 规则判别其芳香性。

无芳香性　　有芳香性　　有芳香性

2) 其他多环体系

其他多环体系须先通过共振式将其转成周边共轭体系,再用 $4n+2$ 规则判别其芳香性。

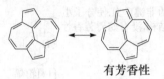

有芳香性

8.8.3 关于芳香性研究的新进展

(1) 在 Hückel 规则之后又发展了许多更精确的计算方法,补充和修正了 Hückel 规则。

(i) 对于三线态的轮烯,$4n$ 个 π 电子体系显芳香性,$4n+2$ 个 π 电子体系则没有芳香性(反芳香性)。

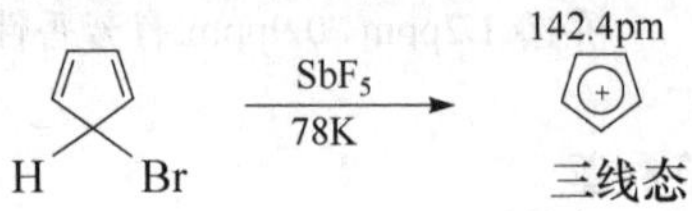

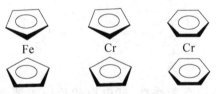

三线态
环外氢 $\delta_H=8.0$ ppm
有芳香性

(ii) Hückel 规则是根据具有 π 电子的平面单环化合物基态下的性质推导出来的,但现在已出现了许多新型芳香性化合物。例如,二茂铁(ferrocene)、二苯合铬(dibenzen chromium)等夹心型有机金属化合物也具有芳香性,它们都不是平面结构的化合物,都远超出了 Hückel 规则的范围。

特点:能发生亲电取代反应(有芳香性)。

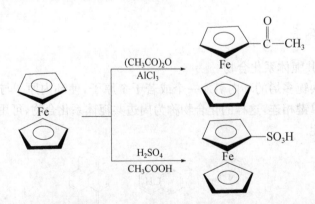

(2) 综上所述,芳香性的含义随着有机化学的发展一直在改变,它同时又是有机化学中经常提到的重要概念。

芳香性与含有π电子的环状化合物在基态下的性质有关,应综合考虑以下几个标准:

(i) 比相应的开链化合物更稳定。在化学反应性上倾向于保持原有的π电子结构,易发生取代反应。

(ii) 碳-碳键的键长在典型的单键和双键之间。

(iii) ^{1}H-NMR 显示具有环电流效应。

$4n+2$ 规则在芳香性概念的发展中起了重要的作用,但目前的知识已超出了这一规则的范围。

第 9 章 醇、酚、醚

9.1 醇

9.1.1 醇的定义和分类

1. 定义

脂肪烃以及芳香族化合物烃基侧链上的氢被羟基取代后的化合物称为醇。

CH_3CH_2OH	环-OH	苯-CH_2OH	苯-OH
乙醇	环己醇	苯甲醇（苄醇）	苯酚
脂肪醇	脂环醇	芳香醇	酚

2. 分类

醇可按照分子中所含羟基的数目分为一元醇、二元醇、三元醇等。二元醇以上的醇统称为多元醇。醇也可按照羟基所连接的碳原子不同分为一级（伯）醇、二级（仲）醇和三级（叔）醇。羟基直接与双键碳原子相连的称为烯醇。这种醇不稳定，一般互变异构为醛或酮。

一元醇	$CH_3CH_2CH_2CH_2OH$ 一级醇（伯醇） CH_3CH_2CHOH 二级醇（仲醇） $\quad\quad\quad CH_3$ $\quad\quad CH_3$ CH_3-C-OH 三级醇（叔醇） $\quad\quad CH_3$	$\underset{\text{烯醇式（不稳定）}}{\overset{OH}{C=C}} \xrightleftharpoons{\text{互变异构}} \underset{\text{酮式}}{-C-C-\overset{O}{\underset{H}{\parallel}}}$ $\underset{\text{烯醇式（不稳定）}}{RCH=C-OH \atop R'} \xrightleftharpoons{\text{互变异构}} \underset{\text{酮式}}{RCH_2-C-R' \atop \overset{O}{\parallel}}$	
二元醇	$HOCH_2CH_2OH$ 乙二醇	$\underset{}{\overset{R\ OH}{\underset{R'\ OH}{C}}} \xrightleftharpoons{-H_2O} \overset{R}{\underset{R'}{C=O}}$ $\underset{\text{胞二醇（不稳定）}}{RCH\overset{OH}{\underset{OH}{}}} \xrightleftharpoons{-H_2O} RCHO$	
三元醇	$HOCH_2CHCH_2OH$ $\quad\quad\quad OH$ 丙三醇（甘油）		

9.1.2 醇的结构和命名

1. 醇的结构特点

醇羟基中的氧为 sp³ 杂化。醇是极性化合物,甲醇的偶极矩为 5.71×10^{-30} C·m,与水相近。通常相邻两个碳上最大的两个基团处于对位交叉的构象最稳定。但当这两个基团可能以氢键缔合时,则这两个基团处于邻交叉成为优势构象。例如:

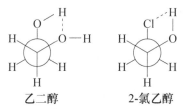

乙二醇　　　　2-氯乙醇

2. 醇的命名

1) 普通命名法

普通命名法为烷基的习惯名称+醇。

(CH₃)₂CHOH　　CH₃CH₂CHOH(CH₃)　　环己基—OH　　C₆H₅—CH₂OH

异丙醇　　　　仲丁醇　　　　环己醇 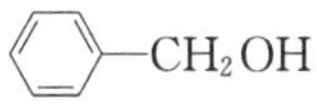　　　　苯甲醇(苄醇)

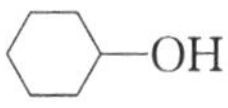

2) 系统命名法

(1) 饱和醇的命名:选择含有羟基的最长碳链作为主链,从离羟基最近的一端给主链编号,根据主链上碳原子的数目称为某醇,在醇字前面用阿拉伯数字表明羟基的位置,再在母体名称的前面加上取代基的名称和位置。

系统命名　　　　1-丁醇　　　　2-丁醇
普通命名　　　　正丁醇　　　　仲丁醇

6-甲基-3-庚醇　　反-2-甲基环戊醇　　2-苯基-2-丙醇

(2) 不饱和醇的命名:选择含羟基及重键的最长碳链作为主链,从离羟基最近的一端给主链编号,根据主链碳原子的数目称为某烯醇或某炔醇,羟基的位置用阿拉伯数字表示,放在醇字前面;表示重键位置的数字放在烯或炔的前面,这样得到母体的名称,再于母体名称前面加上取代基的名称和位置。

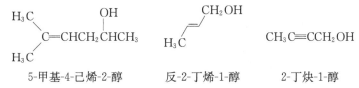

5-甲基-4-己烯-2-醇　　反-2-丁烯-1-醇　　2-丁炔-1-醇

(3) 多元醇称为二醇、三醇等。

$CH_2CH_2CH_2$ (with OH, OH on 1,3 positions)　　顺-1,2-环戊二醇　　3-羟甲基-1,7-庚二醇

1,3-丙二醇

3. 醇的物理性质

(1) 醇分子之间能形成氢键,在液态和固态时以缔合形式存在;在气态或非极性溶剂的稀溶液中以游离形式存在,沸点较高。低级醇(三个碳的醇及叔丁醇)能与水混溶。脂肪醇的密度小于水,芳香醇的密度大于水。

(2) 低级醇与一些无机盐形成的结晶状分子化合物称为结晶醇,也称为醇化物,如 $MgCl_2 \cdot 6CH_3OH$ 和 $CaCl_2 \cdot 4C_2H_5OH$。结晶醇不溶于有机溶剂而溶于水,利用这一性质,可以使醇和其他有机溶剂分开,或从反应产物中除去醇。工业乙醚中常含有少量乙醇,加入 $CaCl_2$ 可使醇从乙醚中沉淀下来。

□9.1.3　醇的化学性质

羟基氢有弱酸性,可与强碱反应　　β-H 可消除

可被氧化　　羟基氧有亲核性和碱性,可形成氢键、鎓盐　　好的离去基

1. 醇羟基的酸性、碱性及亲核性

1) 醇的酸性

(1) 液相:$H_2O, CH_3OH, C_2H_5OH > R_2CHOH > R_3COH > HC{\equiv}CH > NH_3 > RH$。

$ROH \rightleftharpoons RO^- + H^+$

在液相中,溶剂化作用使负电荷分散,而使 RO^- 稳定,相应醇的酸性强

1°ROH 形成的负离子空阻小,溶剂化作用大　　3°ROH 形成的负离子空阻大,溶剂化作用小

(2) 与羟基相连的碳原子上连有吸电子的原子或原子团时,醇的酸性增强。

$Cl_3CCH_2OH > CH_3CH_2OH$

Cl 的吸电子诱导效应使 O^- 的负电荷分散

(3) 醇的酸性很弱,只能与强碱作用。

$R-O-H \begin{array}{c} \xrightarrow{NaH} R-ONa + H_2 \\ \xrightarrow{NaNH_2} R-ONa + NH_3 \end{array}$

RO⁻ 既是亲核试剂,也是碱性试剂,其碱性大小:$R_3CO^- > R_2CHO^- > RCH_2O^-$。

(4) 与金属的反应。

醇羟基的氢能被钠、钾、镁、铝等活泼金属置换,生成醇金属。

$$2CH_3CH_2OH + 2Na \longrightarrow 2CH_3CH_2ONa + H_2$$

生成醇金属的速率:伯醇＞仲醇＞叔醇。醇金属遇水会恢复原来的醇。

$$2C_2H_5OH + Mg \longrightarrow \underset{\text{乙醇镁}}{(C_2H_5O)_2Mg} + H_2\uparrow \left.\begin{array}{l}\\ \\\end{array}\right\} \text{可用于除去乙醇中的少}$$
$$(C_2H_5O)_2Mg + H_2O \longrightarrow 2C_2H_5OH + MgO \quad\quad \text{量水,制备无水乙醇}$$

$$2(CH_3)_3COH + 2K \longrightarrow 2(CH_3)_3COK + H_2\uparrow$$
强碱性试剂,亲核性相对较弱

$$6(CH_3)_2CHOH + 2Al \xrightarrow[\text{或 }AlCl_3]{HgCl_2} 2[(CH_3)_2CHO]_3Al + 3H_2\uparrow$$
用于氧化还原

2) 醇的碱性

醇分子中羟基氧原子上的孤对电子能同强酸或 Lewis 酸生成锌盐。

$$C_2H_5\ddot{O}H + HI \rightleftharpoons C_2H_5\overset{+}{\underset{H}{O}}H I^-$$

$$C_2H_5\ddot{O}H + BF_3 \rightleftharpoons C_2H_5\underset{BF_3}{\ddot{O}H}$$

3) 醇作为亲核试剂

(1) 饱和碳上的亲核取代。

(i) 醇与卤代烃的亲核取代反应见第 5 章的相关内容。

(ii) 与醇反应。

$$R-OH + R-OH \xrightarrow{H^+} \underset{\text{醚}}{R-O-R} + H_2O$$

一般使用伯醇,制备对称醚。

机理:

$$R-OH \xrightarrow[2.\ R-OH]{1.\ H^+} R-\overset{+}{O}H_2 \xrightarrow{-H_2O} R-\overset{+}{\underset{H}{O}}-R \xrightarrow{-H^+} R-O-R$$

(2) 与烯烃的加成(与碳正离子结合)。

$$R-OH + H_2C=\underset{CH_3}{\overset{CH_3}{C}} \xrightarrow{H^+} R-O-\underset{CH_3}{\overset{CH_3}{\underset{|}{C}}}-CH_3$$

机理:

$$\underset{H_3C}{\overset{H_3C}{C}}=CH_2 \xrightarrow{H^+} H_3C-\underset{CH_3}{\overset{CH_3}{\underset{|}{C^+}}} \xrightarrow{R-\ddot{O}H} R-\underset{CH_3}{\overset{H}{\underset{+}{\overset{|}{O}}}}-\underset{CH_3}{\overset{CH_3}{\underset{|}{C}}}-CH_3 \xrightarrow{-H^+} R-O-\underset{CH_3}{\overset{CH_3}{\underset{|}{C}}}-CH_3$$

(3) 与羰基加成(亲核加成)。

(i) 与羧酸的酯化反应(反应机理见第 11 章和第 12 章的相关内容)。

$$R-OH + R'-\overset{O}{\underset{\|}{C}}-OH \xrightarrow{H^+} R'-\overset{O}{\underset{\|}{C}}-O-R + H_2O$$

(ii) 与醛或酮生成缩醛或缩酮(反应机理见第 10 章的相关内容)。

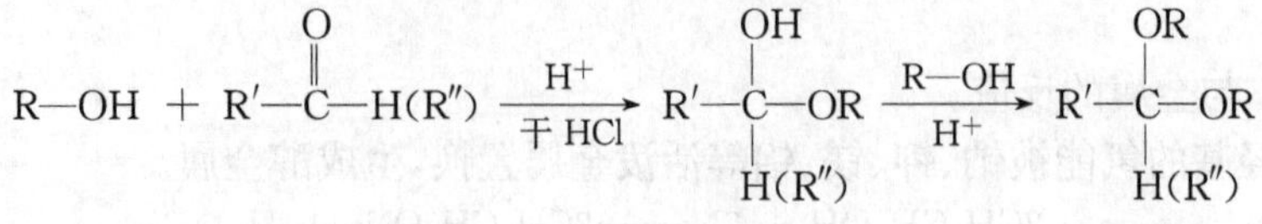

$$R-OH + R'-\overset{O}{\underset{H(R'')}{C}}-H(R'') \xrightleftharpoons[\mp HCl]{H^+} R'-\underset{H(R'')}{\overset{OH}{C}}-OR \xrightarrow[H^+]{R-OH} R'-\underset{H(R'')}{\overset{OR}{C}}-OR$$

半缩醛(酮)   缩醛(酮)

2. 碳-氧键的断裂——羟基被卤原子取代

1) 醇和氢卤酸的反应

$$ROH + HX \longrightarrow RX + H_2O$$

$$(CH_3)_3COH + HCl \xrightarrow{S_N1} (CH_3)_3CCl + H_2O$$

醇的反应活性比较:苯甲型、烯丙型、3°ROH>2°ROH>1°ROH。伯醇与氢卤酸的反应必须加热或在催化剂存在下才能进行。

$$CH_3CH_2OH + NaBr \xrightarrow[S_N2]{H_2SO_4, \triangle} CH_3CH_2Br$$

溴乙烷的实验室制备方法

HX 的活性比较:HI > HBr > HCl 。

(1) 醇的 S_N1 反应常伴随着重排发生,除可以得到前面已讨论过的烃基重排和负氢重排产物外,还可得到扩环产物和双键位移产物。

(i) 亚甲基重排——扩环产物。

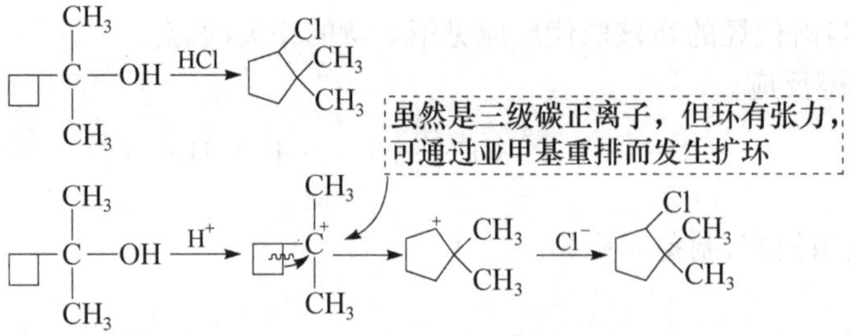

[结构式：环丁基二甲基甲醇 + HCl → 1-氯-1-甲基环戊烷]

虽然是三级碳正离子,但环有张力,可通过亚甲基重排而发生扩环

[反应机理示意图]

(ii) 双键位移产物。

$$H_2C=CH-\overset{*}{C}H_2OH \xrightarrow{HBr} H_2C=CH-\overset{*}{C}H_2Br + H_2\overset{*}{C}=CH-CH_2Br$$

(a) 46%   (b) 54%

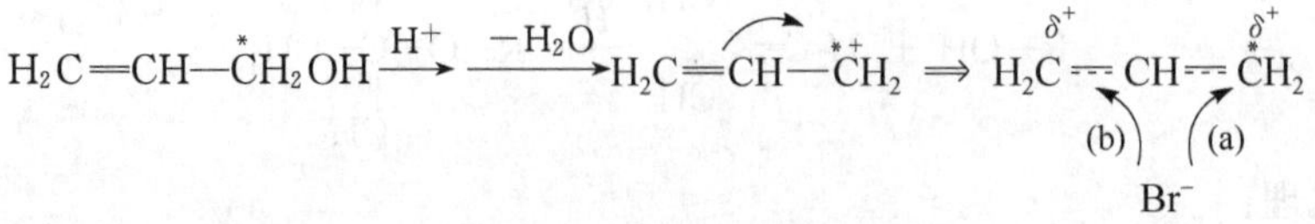

$$H_2C=CH-\overset{*}{C}H_2OH \xrightarrow[-H_2O]{H^+} H_2C=CH-\overset{*+}{C}H_2 \Rightarrow H_2\overset{\delta+}{C}\text{═}CH\text{═}\overset{*}{C}H_2$$

(b) ↕ (a)
Br⁻

(2) 醇的亲核取代反应与消除反应的竞争。

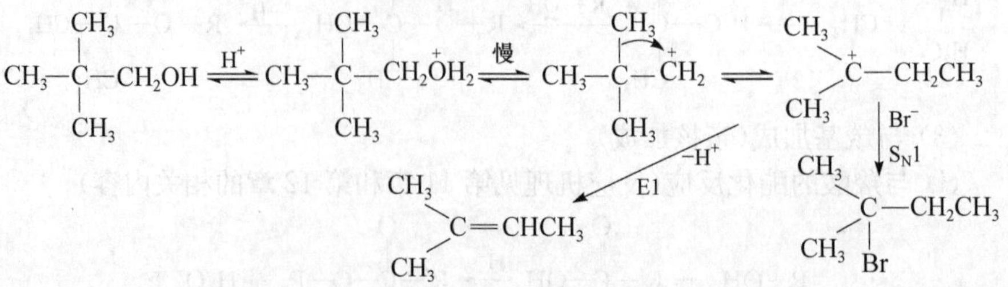

[反应机理图示：新戊醇经 H⁺ 质子化,慢步骤生成碳正离子,重排后经 S_N1 与 Br⁻ 反应或经 E1 消除]

(3) 亲核取代反应可发生邻基参与。

在亲核取代反应中,离去基团离去时,相邻基团所提供的帮助称为邻基参与。如果发生邻基参与,亲核取代反应的反应速率和立体化学常有显著的变化。

例如,苏式的 3-溴-2-丁醇与 HBr 反应会生成一对对映体;而赤式的 3-溴-2-丁醇与 HBr 反应只能得到构型保持产物。

(i) 邻基参与的基团通常是含有杂原子并具有孤对电子的官能团。除卤素外,还可以是—COO⁻、—OCOR、—OH、—O⁻、—NH₂、—NHR、—NHCOR、—SH、—SR等。

例如,α-溴代丙酸在碱性条件下水解时得到 100% 构型保持的产物。

由于内酯环的形成,亲核试剂只能从原来离去基团离去的方向进攻,结果得到 100% 构型保持的产物。

(ii) 除具有孤对电子的官能团外,π 电子体系也可以发生邻基参与。

例如,苯基参与:

又如,C=C参与:在下列反应中,化合物 A 的反应速率比 B 快 10^{11} 倍。

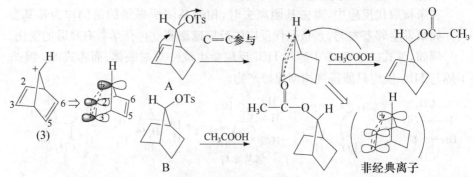

另外,离子(3)非常稳定,且其 ^{1}H-NMR 谱中 2,3 质子的化学位移也与 5,6 位不同。

(iii) 此外,σ 电子也有弱的邻基参与作用,称为 σ 参与。

2) Lucas 反应

$$(CH_3)_3C-OH + HCl \xrightarrow{无水\ ZnCl_2} (CH_3)_3C-Cl \qquad 室温下立即浑浊$$

$$CH_3CH(CH_2CH_3)-OH + HCl \xrightarrow{无水\ ZnCl_2} CH_3CH(CH_2CH_3)-Cl \qquad 温热几分钟浑浊$$

$$CH_3CH_2CH_2CH_2OH + HCl \xrightarrow{无水\ ZnCl_2} CH_3CH_2CH_2CH_2Cl \qquad 长时间加热才反应$$

(1) Lucas 试剂(浓 HCl + 无水 ZnCl₂)可用于区别小于 6 个碳的伯、仲、叔醇。

(2) 醇与 Lucas 试剂的反应为 S_N1 机理,所以反应速率:3°ROH > 2°ROH > 1°ROH。

3) 醇与卤化磷的反应

$$ROH + PBr_3 \longrightarrow RBr$$
$$ROH + PX_5 \longrightarrow RX$$

(1) 常用的卤化试剂:PCl_5、PCl_3、PBr_3、PI_3(P+I₂)。

(2) 适用范围:主要应用于将 1°ROH、2°ROH 转化为卤代烷,3°ROH 很少使用。反应的优点是没有重排产物。

(3) 反应机理。

$$CH_3CH_2\ddot{O}H + PBr_3 \longrightarrow [\text{intermediate}] \xrightarrow{S_N2} BrCH_2CH_3 + HO-PBr_2$$

4) 醇与氯化亚砜的反应

$$R-CH(R')-OH + SOCl_2 \xrightarrow[醚为溶剂]{吡啶} \begin{cases} R-CHCl-R' \quad 构型翻转 \\ R-CHCl-R' \quad 构型保持 \end{cases}$$

反应条件温和,反应速率快,产率高,没有副产物。反应的两种立体选择性与溶剂有关。

机理 1

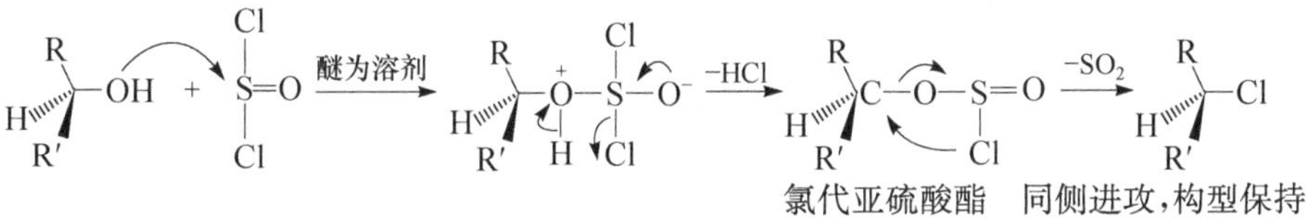

产物构型不发生变化,称为分子内亲核取代(substitution nucleophlic internal, S_Ni)

机理 2

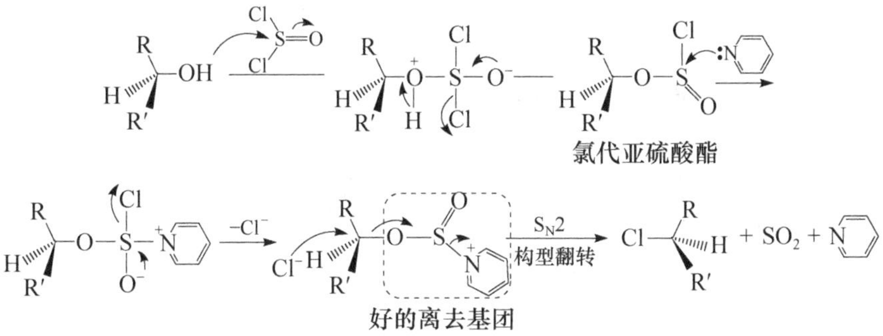

3. 酯化反应

醇与有机酸或含氧无机酸的失水产物称为酯。醇与有机酸的酯化反应见本节相关内容。

$$2CH_3OH + \begin{cases} 2\ HOSO_2OH \\ 2\ ClSO_2OH \\ 2\ SO_3 \end{cases} \longrightarrow 2\ CH_3OSO_2OH \xrightarrow{CH_3OH}$$

硫酸氢甲酯

$$CH_3OSO_2OCH_3 \xrightarrow[NaOH]{C_2H_5OH} C_2H_5OCH_3$$

硫酸二甲酯　　　　　　甲基乙基醚
有效的甲基化试剂　甲基化反应

硫酸二甲酯主要应用于 1°ROH、2°ROH 的甲基化,3°ROH 在此条件下易发生消除。

4. 脱水反应

1) 分子间脱水——生成醚

$$2CH_3CH_2OH \xrightarrow[\text{浓 } H_2SO_4]{140℃} CH_3CH_2OCH_2CH_3 + H_2O$$

2) 分子内脱水——生成烯烃

$$CH_3CH_2OH \xrightarrow[\text{浓 } H_2SO_4]{170℃} H_2C=CH_2 + H_2O$$

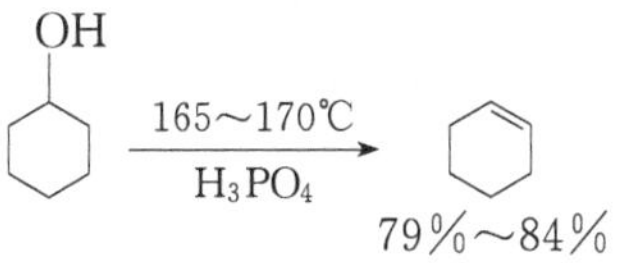

环己醇 $\xrightarrow[H_3PO_4]{165\sim170℃}$ 环己烯　79%～84%

反应机理为 E1 消除,反应活性:3°ROH > 2°ROH > 1°ROH,主要产物为

Zaitsev 烯烃,脱水过程中可能有重排产物。此外,醇也可以在金属氧化物催化下气相加热脱水。

5. 氧化反应

在有机化学中,常将加氧或脱氢反应称为氧化反应,而将加氢或去氧反应称为还原反应。

1) 伯醇和仲醇的氧化

(1) $K_2Cr_2O_7$(或 $KMnO_4$)。

$$CH_3CH_2CH_2CH_2OH \xrightarrow[H_2SO_4,\Delta]{K_2Cr_2O_7} (CH_3CH_2CH_2CHO) \xrightarrow{\Delta} CH_3CH_2CH_2COOH$$

$$CH_3\underset{OH}{CH}CH_2CH_3 \xrightarrow[H_2SO_4]{K_2Cr_2O_7} CH_3\underset{O}{\overset{\|}{C}}CH_2CH_3$$

对于相对分子质量较低的醇,可利用生成的醛沸点比醇低,通过及时蒸馏得到醛,但通常是混合物。

(2) 伯醇和仲醇与羟基相连的碳原子上有 H,易被氧化,而叔醇难于氧化,利用这一点可将叔醇与伯醇和仲醇区别开。实验室中常用铬酐的硫酸水溶液(Jones 试剂)将伯醇、仲醇与叔醇区别开,伯醇和仲醇可使 Jones 试剂由橙色变为蓝绿色,而叔醇无此颜色变化。

(3) 其他弱氧化剂。

$CrO_3 \cdot (C_5H_5N)_2$,称为 Sarrett 试剂,不破坏 C=C 和 C≡C,并可使伯醇氧化为醛,仲醇氧化为酮。新生 MnO_2 也是弱氧化剂,分子中的 C=C 不被破坏。

$$H_2C=CHCH_2OH \xrightarrow[25℃]{MnO_2} H_2C=CHCHO$$
丙烯醛

$$CH_3(CH_2)_4C\equiv CCH_2OH \xrightarrow[CH_2Cl_2,25℃]{(C_5H_5N)_2 \cdot CrO_3} CH_3(CH_2)_4C\equiv CCHO$$
84%

(4) Oppenauer 氧化法。

在异丙醇铝存在下,二级醇被丙酮(或甲乙酮、环己酮)氧化成酮的反应称为 Oppenauer 氧化法;其逆反应称为 Meerwein-Ponndorf 还原。

$$R_2CHOH + CH_3\overset{O}{\overset{\|}{C}}CH_3 \underset{}{\overset{Al[OCH(CH_3)_2]_3}{\rightleftharpoons}} R_2CH=O + CH_3\underset{OH}{CH}CH_3$$

(i) 反应方向的控制:Oppenauer 氧化法须使丙酮大大过量;Meerwein-Ponndorf 还原则须异丙醇大大过量,并且一边反应,一边将丙酮蒸出。

(ii) 特点:反应只在醇和酮之间发生 H 原子的转移,不涉及分子其他部分。

(iii) 注意事项:对碱不稳定的化合物不能应用此法。

(5) Pfitzner-Moffatt 试剂。

Pfitzner-Moffatt 试剂:由二甲亚砜和二环己基碳二亚胺(dicyclohexyl carbodiimide,DCC)组成,可用于伯醇和仲醇的氧化。

$$O_2N-C_6H_4-CH_2OH + CH_3-S(O)-CH_3 + C_6H_{11}-N=C=N-C_6H_{11} \xrightarrow{H_3PO_4}$$

$$O_2N-C_6H_4-CHO + CH_3-S-CH_3 + C_6H_{11}-NH-C(O)-NH-C_6H_{11}$$

(6) H_2O_2 或 Ag＋空气也能氧化 1°ROH 和 2°ROH。

$$\begin{array}{c}CH_2OH\\CH_2OH\end{array} \xrightarrow[300\,℃]{Ag,空气} \begin{array}{c}CHO\\CHO\end{array}$$

$$\begin{array}{c}CH_2OH\\CHOH\\CH_2OH\end{array} \xrightarrow[Fe^{3+}]{H_2O_2} \begin{array}{c}CHO\\CHOH\\CH_2OH\end{array} \rightleftharpoons \left[\begin{array}{c}CHOH\\COH\\CH_2OH\end{array}\right] \rightleftharpoons \begin{array}{c}CH_2OH\\C=O\\CH_2OH\end{array}$$

二羟基丙酮

2) 脱氢反应

1°ROH 脱氢得醛,2°ROH 脱氢得酮,3°ROH 不发生脱氢反应。常用脱氢试剂为 $CuCrO_4$、Pd、Cu（或 Ag）。反应温度一般高于 300℃,使醇蒸气通过催化剂,主要用于工业生产。

$$CH_3CH_2CH_2CH_2OH \xrightarrow[300\sim345\,℃]{CuCrO_4} CH_3CH_2CH_2CHO$$

$$\text{环己醇} \xrightarrow[200\sim345\,℃]{CuCrO_4} \text{环己酮}$$

❐ 9.1.4 醇的制备

1. 由烯烃制备（碳原子数不变）

羟汞化-去汞还原反应如下：

$$(CH_3)_3C-CH=CHD \xrightarrow[THF]{Hg(OAc)_2, H_2O} (CH_3)_3C-CH(OH)-CHD(HgOAc) \xrightarrow{NaBH_4/NaOH} (CH_3)_3C-CH(OH)-CHDH$$

（反式加成,±）

机理：

$$(CH_3)_3C-CH=CHD \xrightarrow{Hg(OAc)_2} \underset{\underset{OAc}{Hg}}{[(CH_3)_3C-CH\cdots CHD]^+} \xrightarrow{H_2O} (CH_3)_3C-CH(OH_2^+)-CHD(HgOAc) \xrightarrow{-H^+} (CH_3)_3C-CH(OH)-CHD(HgOAc)$$

$Ac=CH_3CO-$

该反应的特点：①反应条件温和,反应过程中无重排；②反式加成,区域选择性符合马氏规则；③如果用 ROH 代替 H_2O,产物是醚,称为烷氧汞化-去汞还原反应。

2. 由卤代烃制备（碳原子数不变）

（1）不易发生重排和消除反应的卤代烃可以用 NaOH 水解。

$$CH_2=CHCH_2Cl \xrightarrow[\Delta]{NaOH/H_2O} CH_2=CHCH_2OH$$

$$C_6H_5CH_2Cl \xrightarrow[\Delta]{NaOH/H_2O} C_6H_5CH_2OH$$

(2) S_N2 和 E2 竞争力相当的卤代烷可用 AgOH（碱性弱）水解或用间接的方法进行水解，以减少 E2 的发生。

$$CH_3CH_2CHCH_2Br \xrightarrow{AgOH, H_2O} CH_3CH_2CHCH_2OH + AgBr\downarrow$$
（含 CH_3 支链）

$$\xrightarrow{CH_3COO^-, DMF, 100℃} CH_3CH_2CHCH_2OCCH_3 \xrightarrow[\Delta]{稀 HO^-} CH_3CH_2CHCH_2OH$$

3. 羰基化合物的还原

(1) 醛、酮可以用硼氢化钠、氢化锂铝还原成醇。

$NaBH_4$（甲醇或乙醇为溶剂）还原时，硝基和孤立双键不受影响；$LiAlH_4$（须使用无水溶剂，如无水乙醚），孤立双键不受影响。

$$O_2N-C_6H_4-CH=O \xrightarrow{NaBH_4, CH_3OH} O_2N-C_6H_4-CH_2-OH$$
96%

$$(CH_3)_2C=CHCH_2CH_2CCH_3 \xrightarrow[2.\ H_2O]{1.\ LiAlH_4, Et_2O} (CH_3)_2C=CHCH_2CH_2CHCH_3$$
（含 OH）
90%

Et = $-CH_2CH_3$

(2) 羧酸和羧酸酯也可用氢化锂铝还原成醇。

$$\triangle-COOH \xrightarrow[2.\ H_2O]{1.\ LiAlH_4, Et_2O} \triangle-CH_2OH$$
78%

$$C_6H_5-COOC_2H_5 \xrightarrow[2.\ H_2O]{1.\ LiAlH_4, Et_2O} C_6H_5-CH_2-OH$$
90%

(3) 催化加氢。

$$CH_3O-C_6H_4-CH=O \xrightarrow{H_2/Pt/EtOH} CH_3O-C_6H_4-CH(OH)$$
92%

$$\text{环戊酮} \xrightarrow{H_2/Pt/EtOH} \text{环戊醇}$$
93%~95%

4. 用格氏试剂制备

格氏试剂与甲醛反应可制备增加一个碳的伯醇，与环氧乙烷反应可制备增加两个碳的伯醇；与甲醛以外的其他醛反应可制备 2°醇，与甲酸酯反应可制备对称结构的 2°醇；与酮和羧酸酯反应可制备 3°醇（详见 5.5.2 的相关内容）。

5. 合成实例分析（1）——逆合成分析简介

逆合成分析是一种逻辑推理的过程，它从目标分子出发，按照一定的规律通过切断或转换推导出起始原料和各步所用试剂。所以简单地说，逆合成就是合成路线的逆过程。

有机合成中的起始原料通常是一些商品化的、易得的化工产品或自然界中大量存在的化合物。合成路线的设计通常需遵守"多、快、好、省"的基本理念，"多"指产率高，"快"指步骤少，"好"指对环境友好，"省"指花费少。

例 9-1

$$(CH_3)_2CH\text{—}CH_2\text{—}CH_2\text{—}OH \begin{cases} \overset{①}{\Rightarrow} (CH_3)_2CH\text{—}CH_2\text{—}MgX + HCHO \\ \overset{②}{\Rightarrow} (CH_3)_2CH\text{—}MgX + H_2C\text{—}CH_2 \text{(环氧乙烷)} \end{cases}$$

合成路线①

$$(CH_3)_2CHCH_2Cl \xrightarrow{Mg, Et_2O} (CH_3)_2CHCH_2MgCl \xrightarrow{HCHO, Et_2O} \xrightarrow{H_3O^+} (CH_3)_2CHCH_2CH_2OH$$

增加一个碳原子

合成路线②

$$(CH_3)_2CHCl \xrightarrow{Mg, Et_2O} (CH_3)_2CHMgCl \xrightarrow{H_2C\text{—}CH_2, Et_2O} \xrightarrow{H_3O^+} (CH_3)_2CHCH_2CH_2OH$$

增加两个碳原子

例 9-2

$$(CH_3)_2CH\overset{\gamma}{\text{—}}CH_2\overset{\beta}{\text{—}}\underset{OH}{CH}\overset{\alpha}{\text{—}}CH_3 \begin{cases} \overset{①}{\Rightarrow} (CH_3)_2CH\text{—}CH_2\text{—}CHO + CH_3MgI \\ \overset{②}{\Rightarrow} (CH_3)_2CH\text{—}CH_2MgX + CH_3CHO \\ \overset{③}{\Rightarrow} (CH_3)_2CHMgX + \text{环氧丙烷} \end{cases}$$

路线③最好，起始反应物为常见化工原料

合成：

$$(CH_3)_2CHMgX + \text{环氧丙烷(CH_3)} \xrightarrow{Et_2O} (CH_3)_2CHCH_2CHCH_3$$
$$\underset{OMgX}{|}$$
$$\xrightarrow{H_3O^+} (CH_3)_2CHCH_2\underset{OH}{\boxed{CHCH_3}}$$

使用环氧丙烷可以在分子链的末端引入羟乙基

例 9-3

$$CH_3CH_2\text{—}\underset{H}{\overset{OH}{\underset{|}{C}}}\text{—}CH_2CH_3 \Rightarrow 用甲酸酯可以制备对称的 2°ROH$$

合成：

$$CH_3CH_2MgCl + HCOOC_2H_5 \xrightarrow{Et_2O} \underset{\boxed{C_2H_5CHOC_2H_5}}{\overset{OMgCl}{|}} \longrightarrow CH_3CH_2CH=O$$

$$\xrightarrow[\text{Et}_2\text{O}]{\text{CH}_3\text{CH}_2\text{MgCl}} \text{C}_2\text{H}_5\overset{\text{OMgCl}}{\underset{}{\text{CH}}}\text{C}_2\text{H}_5 \xrightarrow{\text{H}_3\text{O}^+} \text{CH}_3\text{CH}_2\overset{\text{OH}}{\underset{}{\text{CH}}}\text{CH}_2\text{CH}_3$$

例 9-4

路线③最好，基本有机反应，基本化工原料

合成：

$$\text{C}_6\text{H}_5\text{H} \xrightarrow[\text{AlCl}_3]{\text{CH}_3\text{CCl}\,\text{O}} \text{C}_6\text{H}_5\text{COCH}_3 \xrightarrow[\text{Et}_2\text{O}]{\text{CH}_3\text{CH}_2\text{MgX}} \xrightarrow{\text{H}_3\text{O}^+} \text{C}_6\text{H}_5\overset{\text{OH}}{\underset{\text{C}_2\text{H}_5}{\overset{|}{\text{C}}}}\text{CH}_3$$

❏ 9.1.5 邻二醇的特殊反应

1. 邻二醇（1,2-二醇或 α-二醇）被 H_5IO_6 氧化

$$R\text{-}\overset{\text{OH}}{\underset{}{\text{CH}}}\text{-}\overset{\text{OH}}{\underset{}{\text{CH}}}\text{-}R' \xrightarrow{H_5IO_6} R\text{-}\overset{O}{\underset{}{\text{CH}}} + \overset{O}{\underset{}{\text{CH}}}\text{-}R'$$

$$R\text{-}\overset{\text{HO}}{\underset{R'}{\overset{|}{\text{C}}}}\text{-}\overset{\text{OH}}{\underset{}{\text{CH}}}\text{-}R'' \xrightarrow{H_5IO_6} R\text{-}\overset{O}{\underset{R'}{\overset{||}{\text{C}}}} + \overset{O}{\underset{}{\text{CH}}}\text{-}R''$$

（1）1,3-二醇、1,4-二醇等不能被 H_5IO_6 氧化断键，因此该反应可用于鉴别邻二醇类化合物。

（2）α-羟基酸、α-羟基酮、α-二酮、1-氨基-2-羟基化合物、α-氨基酮也能被 H_5IO_6 氧化断键。

（3）反应被认为是通过环状内酯进行的。

$$\begin{array}{c} R_2C\text{---}CR_2 \\ OO \\ \diagdown\diagup \\ O\text{==}I\text{---}O^- \\ \diagup\diagdown \\ HOOH \end{array} \longrightarrow 2R_2CO$$

反应中间体为环状内酯的实验证据：①顺式邻二醇比反式邻二醇的反应速率快；②下面一些两个羟基不能处于顺式位置的邻二醇不能被高碘酸氧化。

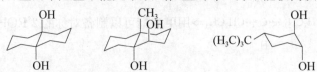

2. 邻二醇被乙酸铅氧化

除 H_5IO_6 外，$(CH_3COO)_4Pb$ 也能氧化邻二醇。

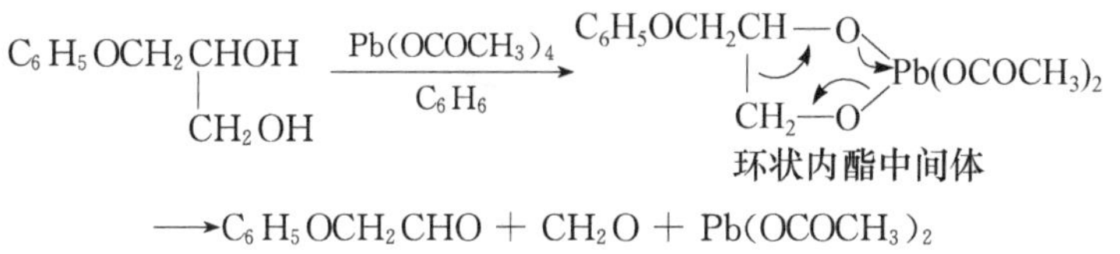

$$C_6H_5OCH_2CHOH\text{-}CH_2OH \xrightarrow[C_6H_6]{Pb(OCOCH_3)_4} \underset{\text{环状内酯中间体}}{C_6H_5OCH_2CH\text{-}O\text{-}Pb(OCOCH_3)_2\text{-}O\text{-}CH_2}$$

$$\longrightarrow C_6H_5OCH_2CHO + CH_2O + Pb(OCOCH_3)_2$$

当有少量水时,α-羟基醛、α-羟基酮、α-羟基酸、α-二酮也能发生类似的反应。

3. 频哪醇重排

邻二醇在酸的作用下发生重排生成酮的反应称为频哪醇(pinacol)重排。

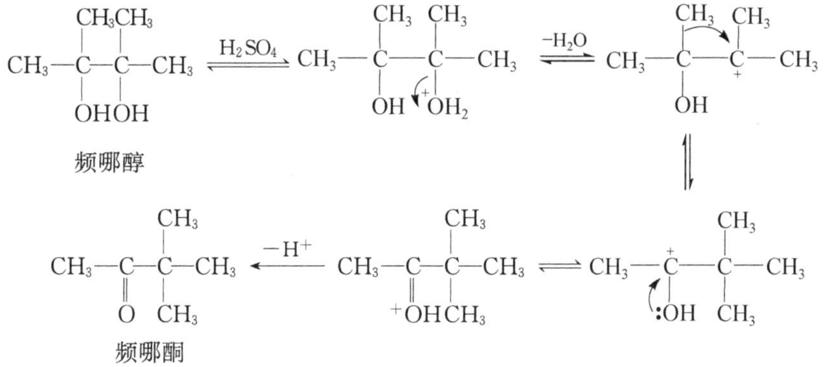

（频哪醇 → 频哪酮 反应机理图）

（1）在频哪醇重排过程中优先生成稳定的碳正离子,并且能提供电子的基团优先迁移。苯基优先于烷基,如果迁移基团是烷基,则 3°>2°>1°。

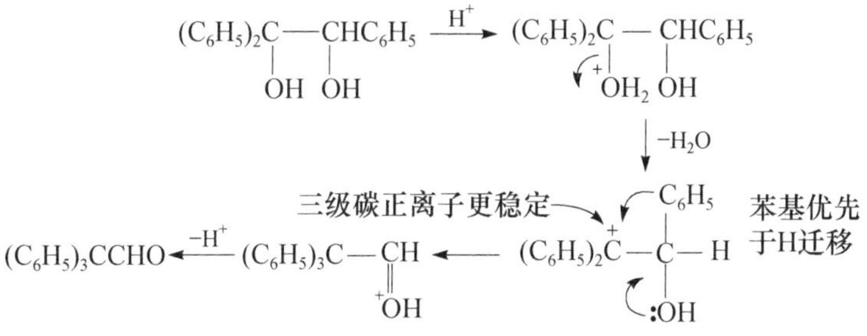

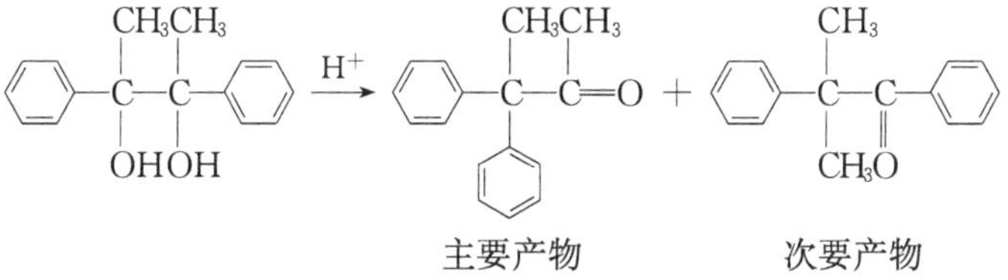

（反应机理图及产物：主要产物、次要产物）

（2）与离去基团位于反式共平面的基团优先迁移。

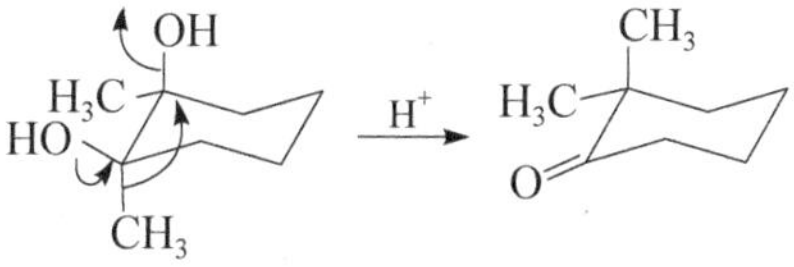

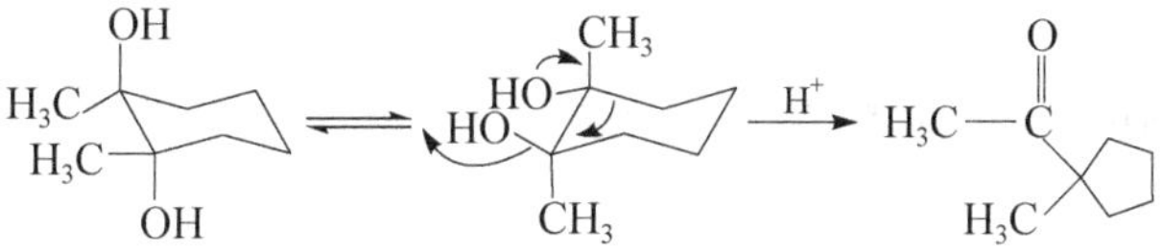

（环己烷二醇重排反应图）

161

9.2 酚

羟基直接与芳环相连的化合物称为酚。

9.2.1 酚的结构和命名

1. 分类

一元酚

苯酚　　萘酚

多元酚

2. 结构

图 9-1 苯酚的分子模型
增强了苯环上的电子云密度
增加了羟基上氢的离解能力

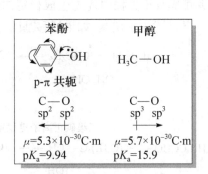

苯酚的共振结构式：

$$\left[\begin{array}{c}\text{C}_6\text{H}_5\text{OH} \leftrightarrow \text{C}_6\text{H}_5\text{OH}^+ \leftrightarrow \text{C}_6\text{H}_5\text{OH}^+ \leftrightarrow \text{C}_6\text{H}_5\text{OH}^+\end{array}\right]$$

3. 酚的命名

将酚字加在芳环名称之后，作为母体，再在母体名称的前面加上取代基的名称和位置。

苯酚　　对甲苯酚　　邻硝基苯酚　　α-萘酚或1-萘酚　　邻苯二酚　　1,2,3-苯三酚

9.2.2 苯酚及其衍生物的化学性质

1. 酸性

(1) 苯酚的酸性比醇大，苯酚能溶于 Na_2CO_3，不溶于 $NaHCO_3$。

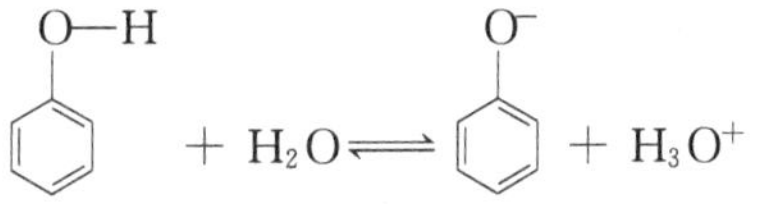

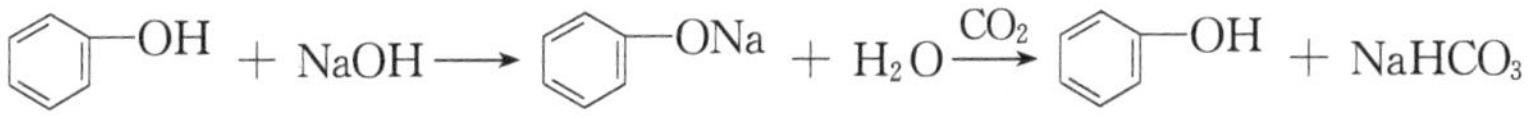

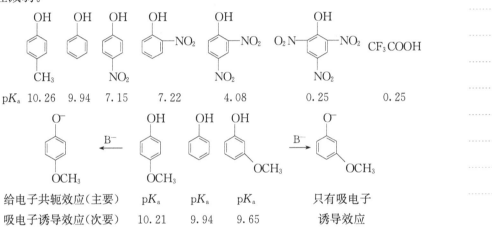

(2) 取代酚的酸性：邻、对位上有吸电子基使其酸性增强，有给电子基使其酸性减弱。

化合物	p-CH₃-C₆H₄-OH	C₆H₅OH	p-NO₂-C₆H₄-OH	o-NO₂-C₆H₄-OH	2,4-二硝基苯酚	2,4,6-三硝基苯酚	CF₃COOH
pK_a	10.26	9.94	7.15	7.22	4.08	0.25	0.25

对位 OCH₃ 取代：给电子共轭效应（主要），吸电子诱导效应（次要），pK_a = 10.21

对位 OCH₃ (另): pK_a = 9.94

间位 OCH₃: pK_a = 9.65

间位 OCH₃：只有吸电子诱导效应

2. 芳醚的生成及重排反应

(1) 酚在碱性条件下与卤代烃发生 Williamson 反应（相关内容见 5.3 节）生成芳香醚。

(2) 苯甲醚的两种特殊制法。

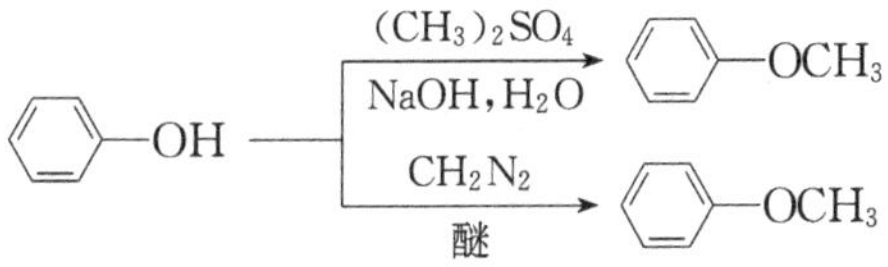

$$C_6H_5OH \xrightarrow[\text{NaOH, }H_2O]{(CH_3)_2SO_4} C_6H_5OCH_3$$

$$C_6H_5OH \xrightarrow[\text{醚}]{CH_2N_2} C_6H_5OCH_3$$

(3) 芳基烃基醚的两个重要性质。

(i) C—O 的氢解。

a. 被碘氢酸分解。

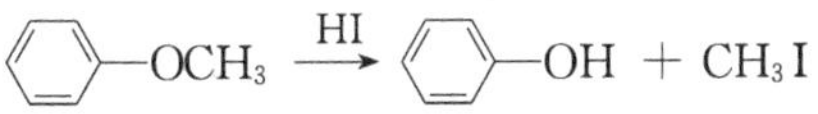

$$C_6H_5-OCH_3 \xrightarrow{HI} C_6H_5-OH + CH_3I$$

b. 催化氢解。

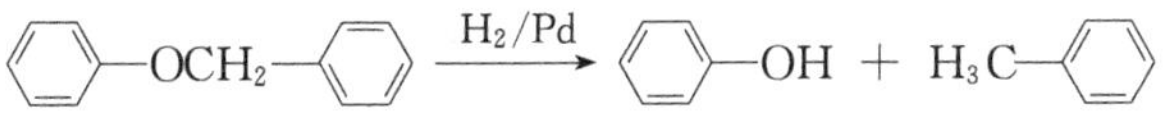

$$C_6H_5-OCH_2-C_6H_5 \xrightarrow{H_2/Pd} C_6H_5-OH + H_3C-C_6H_5$$

(ii) Claisen 重排(机理见 14.4.2)。

$$\text{PhOCH}_2\text{CH=CH}_2 \xrightarrow{200℃} o\text{-HOC}_6\text{H}_4\text{CH}_2\text{CH=CH}_2 \xrightarrow{200℃} p\text{-HOC}_6\text{H}_4\text{CH}_2\text{CH=CH}_2$$

(PhONa + CH₂=CH—CH₂Br ⟶ PhOCH₂CH=CH₂)

3. 酚酯的生成及重排反应

(1) 苯酚转变成羧酸酚酯的反应。

$$\text{PhOH} + \text{RCOCl} \xrightarrow{\text{碱}} \text{PhOCOR}$$

$$\text{PhOH} + (\text{CH}_3\text{CO})_2\text{O} \xrightarrow{\text{碱}} \text{PhOCOCH}_3$$

碱：NaOH, Na₂CO₃, K₂CO₃

(2) Fries 重排。

m-甲苯基乙酸酯 $\xrightarrow{\text{AlCl}_3}$
- 25℃: 4-羟基-3-甲基苯乙酮 (80%~85%)
- 165℃: 2-羟基-4-甲基苯乙酮 (95%)

低温时主要生成对位酚酮；高温时主要生成邻位酚酮

4. 酚的亲电取代反应

1) 卤化

(1) 酚在 CS₂、CCl₄ 等非极性溶液中，较低温度下进行氯(溴)化，一般只得到一卤代产物。

$$\text{PhOH} \xrightarrow[\text{CS}_2]{\text{Br}_2, 0℃} p\text{-BrC}_6\text{H}_4\text{OH}$$

(2) 酚在中性或碱性溶液中卤化，则得到 2,4,6-三卤苯酚。

$$\text{PhOH} + \text{Br}_2 \xrightarrow{\text{H}_2\text{O}} 2,4,6\text{-三溴苯酚}↓(\text{白色}) + \text{HBr}$$

可用于酚的鉴别

2) 磺化

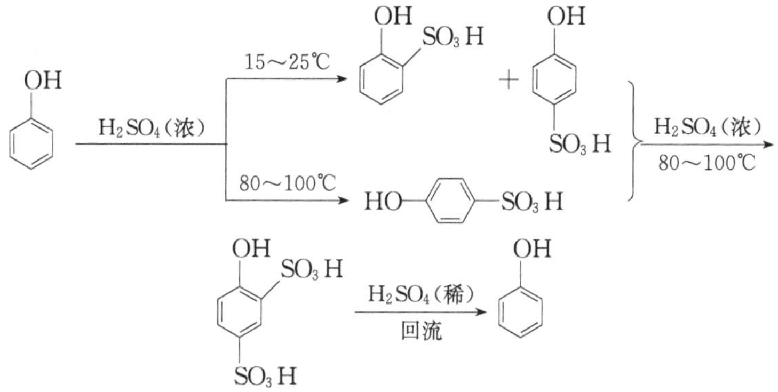

应用：①合成；②定位和芳核位置保护。

3) 硝化

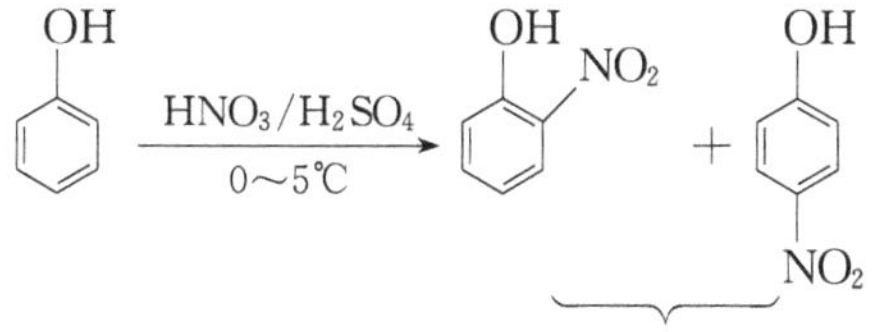

2,4,6-三硝基苯酚（苦味酸）的合成：

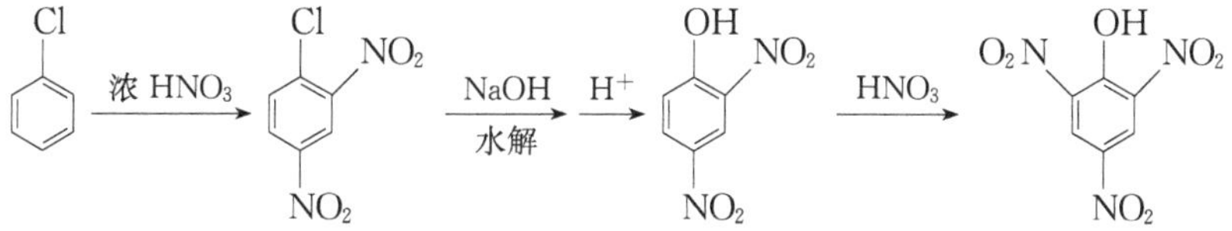

4) Friedel-Crafts 反应

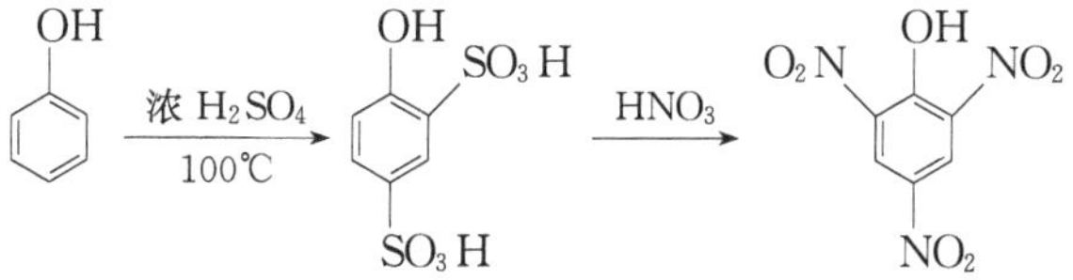

(1) 在酚的 Friedel-Crafts 反应中使用 Lewis 酸有利于酰基正离子的形成，有利于苯环的酰基化。

$$ArOH + AlCl_3 \longrightarrow ArOAlCl_2 + HCl$$

$$RCOCl + AlCl_3 \longrightarrow RC^+=O + AlCl_4^-$$

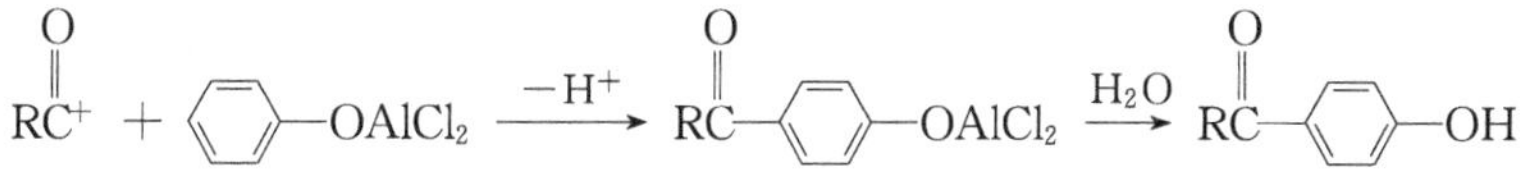

例如：

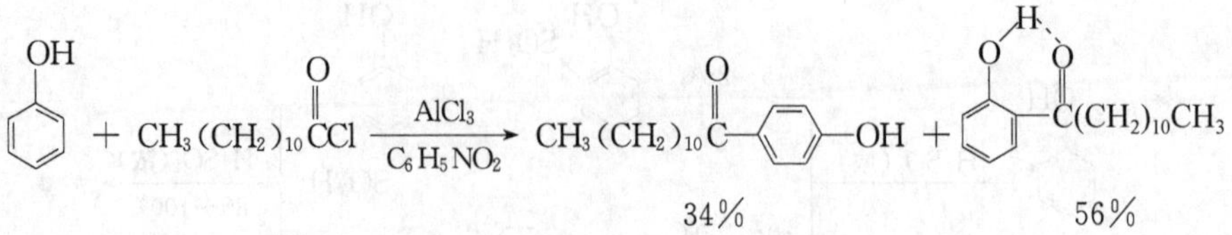

$$\text{C}_6\text{H}_5\text{OH} + \text{CH}_3(\text{CH}_2)_{10}\text{COCl} \xrightarrow[\text{C}_6\text{H}_5\text{NO}_2]{\text{AlCl}_3} \text{CH}_3(\text{CH}_2)_{10}\text{CO-C}_6\text{H}_4\text{-OH} + \text{邻位产物}$$
34%　　　　　　　56%

(2) 碱催化有利于酚氧负离子的形成，酰基化优先发生在氧原子上。

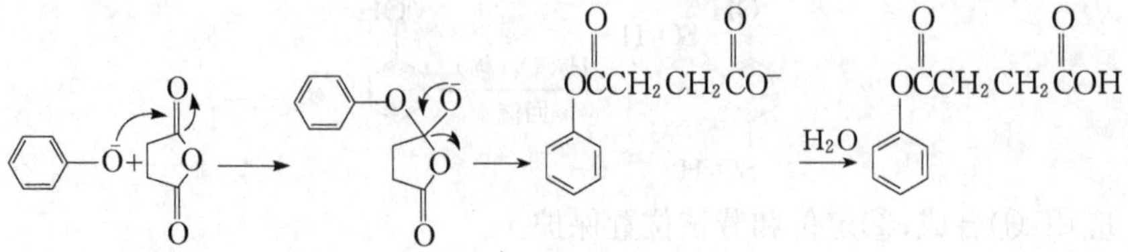

[反应机理图：苯酚氧负离子与琥珀酸酐反应生成酯]

5) 缩合反应

(1) 酚醛缩合。

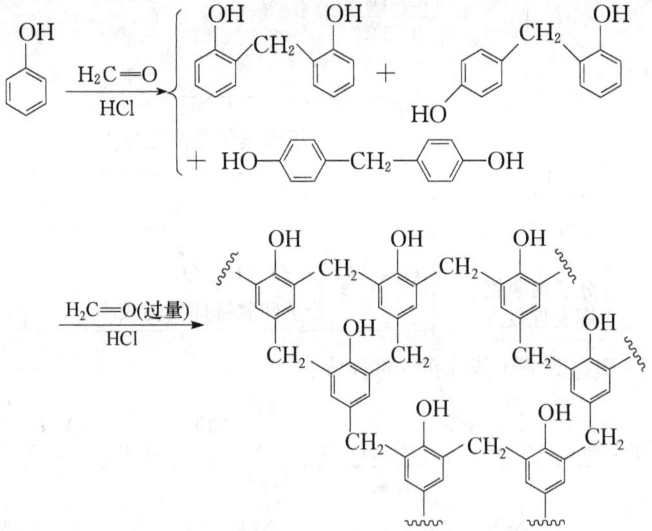

[苯酚与甲醛在HCl催化下反应生成邻、对位羟甲基联苯酚产物]

[过量甲醛与苯酚在HCl作用下生成酚醛树脂交联结构]

(2) 苯酚与丙酮的缩合。

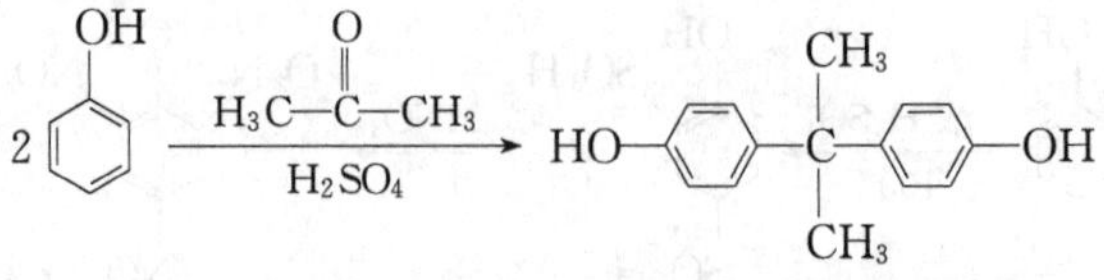

$$2\text{C}_6\text{H}_5\text{OH} + \text{CH}_3\text{COCH}_3 \xrightarrow{\text{H}_2\text{SO}_4} \text{HO-C}_6\text{H}_4\text{-C}(\text{CH}_3)_2\text{-C}_6\text{H}_4\text{-OH}$$

双酚 A

双酚 A 的聚合：

[双酚A与光气反应生成聚碳酸酯的反应式]

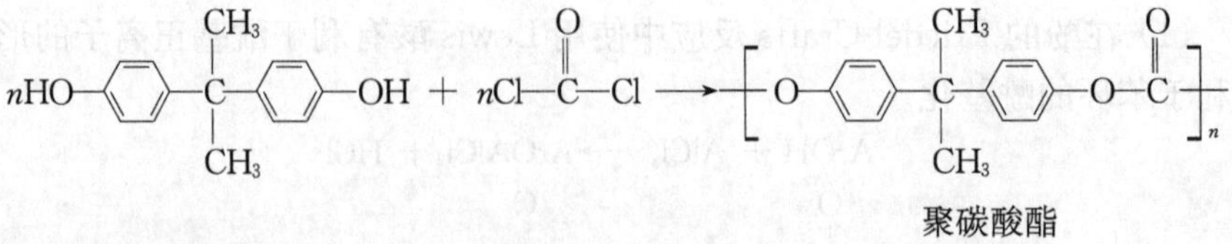

聚碳酸酯

(3) 酚酞的生成。

苯酚与邻苯二甲酸酐在浓硫酸或无水氯化锌的作用下发生缩合反应生成酚酞是一个特殊的反应。

$$\text{苯酚} + \text{邻苯二甲酸酐} \xrightarrow{H_2SO_4} \underset{\underset{\text{无色}}{\text{酚酞}}}{} \underset{\underset{pH>9,\text{显红色}}{}}{\overset{-OH}{\underset{H^+}{\rightleftharpoons}}}$$

5. Reimer-Tiemann 反应

酚与氯仿在碱性溶液中加热生成邻羟基苯甲醛和对羟基苯甲醛的反应称为 Reimer-Tiemann 反应。

$$\text{苯酚} + CHCl_3 \xrightarrow[\triangle]{10\% \ NaOH/H_2O} \underset{20\%\sim35\%}{\text{邻羟基苯甲醛}} + \underset{8\%\sim12\%}{\text{对羟基苯甲醛}}$$

1) 反应机理

$$CHCl_3 + NaOH \longrightarrow :CCl_2 + NaCl + H_2O$$
$$\text{二氯卡宾}$$

反应历程示意图（相当于二氯卡宾插入 C—H 中）

2) 关于卡宾

（1）卡宾是一类寿命很短（1s 以下）的反应活性中间体，最常见的卡宾是亚甲基卡宾（:CH_2）和二氯卡宾（:CCl_2）。卡宾的存在已为实验证实：

（结构式，R = 金刚烷基，熔点：240~241℃）

（2）卡宾的制备。

$$CHCl_3 + NaOH \longrightarrow :CCl_2 + NaCl + H_2O$$
$$\text{二氯卡宾}$$

$$CH_2N_2 \xrightarrow{\text{光照}} :CH_2 + N_2$$

$$CH_2=C=O \xrightarrow{\text{光照}} :CH_2 + CO$$

（3）卡宾最重要的反应是与碳-碳双键加成。

$$:CH_2 + \overset{|}{\underset{|}{C}}=\overset{|}{\underset{|}{C}} \longrightarrow \overset{CH_2}{\underset{|}{\overset{/\backslash}{C-C}}}$$

(4) 卡宾的另一种反应是插入反应。

$$CH_3CH_2CH_3 \xrightarrow{:CH_2} CH_3CH_2CH_2CH_3 + CH_3CHCH_3$$
$$\phantom{CH_3CH_2CH_3 \xrightarrow{:CH_2} CH_3CH_2CH_2CH_3 + CH_3CH}|$$
$$\phantom{CH_3CH_2CH_3 \xrightarrow{:CH_2} CH_3CH_2CH_2CH_3 + CH_3CH}CH_3$$

6. 三氯化铁实验

$$6C_6H_5OH + FeCl_3 \longrightarrow [Fe(C_6H_5O)_6]^{3-} + 6H^+ + 3Cl^-$$
紫色

不同的酚与 $FeCl_3$ 呈现不同的颜色,因此这一反应主要用于鉴别酚。

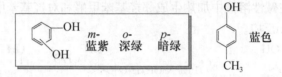

7. 酚的氧化还原反应

1) 氧化——生成苯醌

[苯酚] $\xrightarrow[H_2O]{CrO_3/CH_3COOH}$ [对苯醌]

[邻苯二酚] $\xrightarrow{Ag_2O/醚}$ [邻苯醌]

[2,4-二甲基苯酚] $\xrightarrow{Na_2Cr_2O_7/H_2SO_4}$ [2-甲基对苯醌]   羟基对位的取代基在氧化反应中有可能脱去

(1) 对苯醌的还原。

[对苯醌] $\xrightleftharpoons[\text{氧化剂(如 } FeCl_3, HNO_3)]{\text{还原剂(如 } Na_2S_2O_3)}$ HO—〈 〉—OH

(2) 醌氢醌。

[苯醌] + [对苯二酚] ⇌ [醌氢醌络合物]   醌氢醌（暗绿色晶体）传荷络合物

2) 还原

[苯酚] + H_2 $\xrightarrow[\text{高温,高压}]{Ni}$ [环己醇]   [间苯二酚] + H_2 $\xrightarrow{催化剂}$ [1,3-环己二酮]

3) 醌类化合物简介

(1) 含有共轭环己二烯二酮结构的一类化合物称为醌。除前述的苯醌外,还有萘醌、蒽醌和菲醌。醌都是有色化合物。

1,4-苯醌(对苯醌)　　1,2-苯醌(邻苯醌)　　1,4-萘醌(α-萘醌)　　1,2-萘醌(β-萘醌)
　　黄色结晶　　　　　　红色结晶　　　　　　黄色结晶　　　　　　橙色结晶

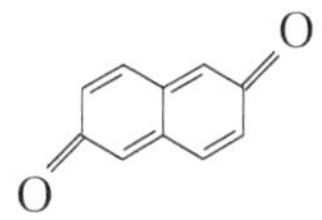

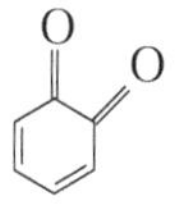

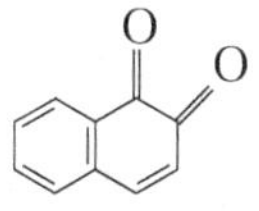

2,6-萘醌　　　9,10-菲醌　　　9,10-蒽醌　　　1,2-二羟基-9,10-蒽醌(茜素)
橙色结晶　　橙红色结晶　　浅黄色结晶　　　　红色染料

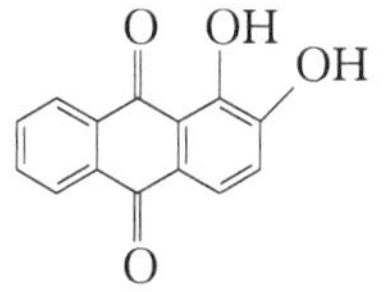

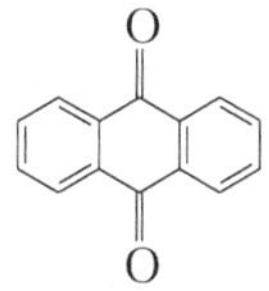

(2) 醌类化合物的反应。

(i) 醌类化合物具有羰基,可与一些亲核试剂发生加成。

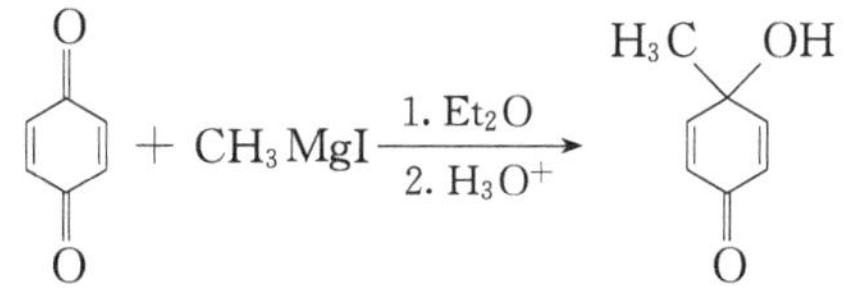

![反应式1]

(ii) 醌类化合物具有双键,可与卤素等亲电试剂加成,与双烯体发生环加成。

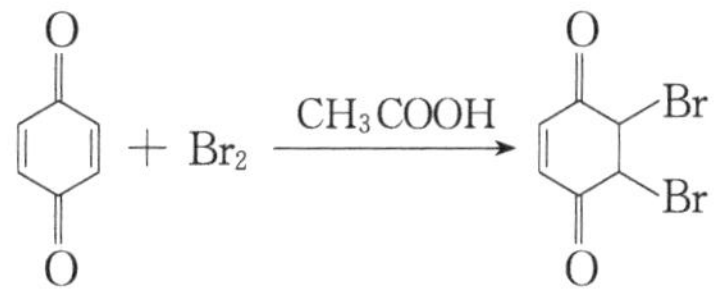

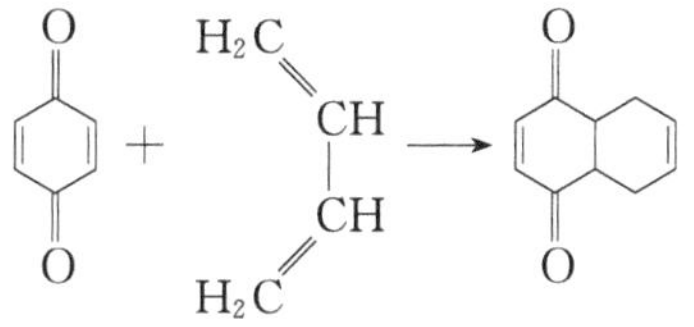

![反应式2]

![反应式3]

(iii) 1,4-苯醌可以发生共轭加成。

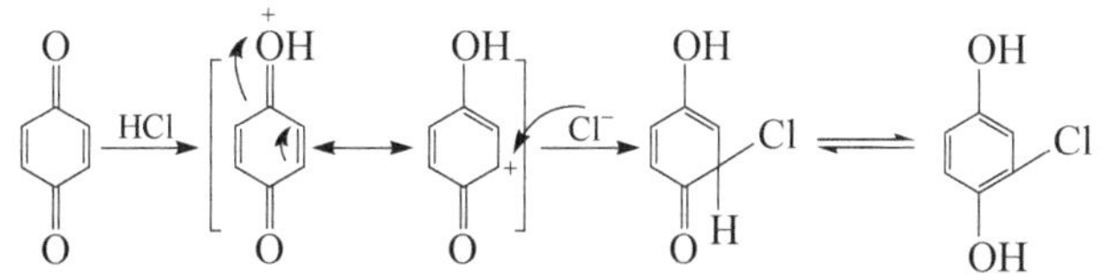

![反应式4]

9.2.3　萘酚的化学性质

(1) Bucherer 反应:萘酚在亚硫酸氢钠存在下与氨作用,转变成相应萘胺的反应。

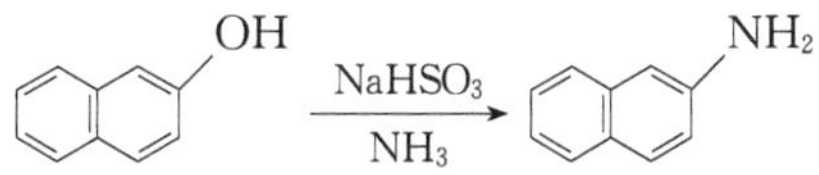

![反应式5]

(2) 萘酚的磺化、氯化、氧化等请参见第 8 章的相关内容。

9.2.4 酚的制备

1. 芳香磺酸碱熔融法

$$C_6H_6 \xrightarrow{H_2SO_4} C_6H_5SO_3H \xrightarrow[2.\ H^+]{1.\ NaOH/300℃} C_6H_5OH$$

萘 $\xrightarrow{H_2SO_4}$ 60℃ → 1-萘磺酸 $\xrightarrow[2.\ H^+]{1.\ NaOH/\triangle}$ 1-萘酚

萘 $\xrightarrow{H_2SO_4}$ 160℃ → 2-萘磺酸 $\xrightarrow[2.\ H^+]{1.\ NaOH/\triangle}$ 2-萘酚

2. 卤代苯的水解

氯苯 $\xrightarrow[300℃/28MPa]{NaOH/Cu}$ 苯酚钠 $\xrightarrow{H^+}$ 苯酚

2,4-二硝基氯苯 $\xrightarrow[\triangle]{Na_2CO_3/H_2O}$ 2,4-二硝基苯酚钠 $\xrightarrow{H^+}$ 2,4-二硝基苯酚

3. 重氮盐法

间氯苯重氮硫酸氢盐 $\xrightarrow{稀 H_2SO_4/\triangle}$ 间氯苯酚

4. 异丙苯法

异丙苯 $\xrightarrow{O_2}$ 异丙苯过氧化氢 $\xrightarrow{H^+}$ 苯酚 + 丙酮

该反应为工业制备苯酚和丙酮的方法，其反应机理为氧化-重排。

$$Ph-\underset{H}{\overset{CH_3}{\underset{|}{\overset{|}{C}}}}-CH_3 \atop \overset{|}{·O-O·} \xrightarrow{-HOO·} Ph-\overset{CH_3}{\underset{·O-O·}{\overset{|}{C·}}}-CH_3 \to Ph-\overset{CH_3}{\underset{·O-O·}{\overset{|}{C}}}-CH_3 \to H_3C-\overset{Ph}{\underset{H}{\overset{|}{C}}}-CH_3 \to$$

有双自由基性质

$$Ph-\overset{CH_3}{\underset{HOOH}{\overset{|}{C}}}-CH_3 + Ph-\overset{CH_3}{\underset{·}{\overset{|}{C}}}-CH_3 \xrightarrow{重复} \cdots$$

[反应机理图：枯烯过氧化氢在酸催化下分解生成苯酚和丙酮]

$$Ph-\underset{\underset{OOH}{|}}{\overset{\underset{|}{CH_3}}{C}}-CH_3 \xrightarrow{H^+} Ph-\underset{\underset{O-OH_2}{|}}{\overset{\underset{|}{CH_3}}{C}}-CH_3 \xrightarrow{-H_2O} Ph-\overset{\underset{|}{CH_3}}{\overset{+}{C}}-CH_3 \rightleftharpoons Ph-\overset{+}{O}=\overset{\underset{|}{CH_3}}{\underset{|}{C}}-CH_3$$

Ph向缺电子O迁移 H_2O

$$\longrightarrow Ph-O-\underset{\underset{H_2\overset{+}{O}}{|}}{\overset{\underset{|}{CH_3}}{C}}-CH_3 \rightleftharpoons Ph-\overset{+}{O}-\underset{\underset{OH}{|}}{\overset{\underset{|}{CH_3}}{C}}-CH_3 \longrightarrow Ph-OH + H_3C-\overset{+}{\underset{|}{C}}-CH_3$$

$$\xrightarrow{-H^+} H_3C-\overset{O}{\underset{||}{C}}-CH_3$$

5. 芳烃直接氧化

[均三甲苯 + CF$_3$COOOH 在 BF$_3$/CH$_2$Cl$_2$，$-40\sim 10℃$ 条件下生成 2,4,6-三甲基苯酚 + CF$_3$COOH]

6. 1-萘酚和2-萘酚

萘 $\xrightarrow[\text{催化剂}]{H_2}$ 四氢萘 $\xrightarrow{O_2}$ 四氢萘酮 $\xrightarrow[\text{催化剂}]{-H_2}$ 1-萘酚

萘 $\xrightarrow[AlCl_3]{CH_3CH=CH_2}$ 2-异丙基萘 $\xrightarrow[H_3O^+]{O_2}$ 2-萘酚 + CH_3COCH_3

9.2.5 多元酚

1. 工业制法

（1）间苯二酚。

[间苯二磺酸钠 $\xrightarrow[\text{熔融}]{NaOH}$ 间苯二酚钠 $\xrightarrow{H^+}$ 间苯二酚]

（2）邻苯二酚。

[邻羟基苯磺酸钠 + NaOH(20%水溶液) $\xrightarrow[200℃/\text{加压}]{CuSO_4}$ $\xrightarrow{H^+}$ 邻苯二酚]

（3）对苯二酚。

$(H_3C)_2HC-\text{C}_6H_4-CH(CH_3)_2 \xrightarrow{\text{氧化-重排}} \xrightarrow{H^+} HO-\text{C}_6H_4-OH + CH_3COCH_3$

2. 实验室制法

Dakin反应：水杨醛在氢氧化钠水溶液中与过氧化氢作用生成邻苯二酚的反应。

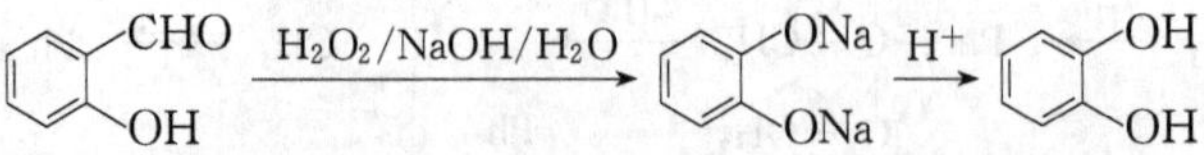

9.3 醚

9.3.1 醚的分类和结构

1. 醚的分类

（1）饱和醚 R—O—R′：R 与 R′均为饱和烃基。
单醚 R=R′：CH₃CH₂CH₂CH₂—O—CH₂CH₂CH₂CH₃
混醚 R≠R′：CH₃CH₂OCH₃

（2）不饱和醚：R 或 R′可以是不饱和烃基，如 H₃C—O—CH₂CH=CH₂，CH₂=CH—O—CH=CH₂。

（3）芳醚：RO— 或 ArO— 与芳环相连。

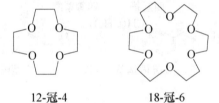

（4）环醚。

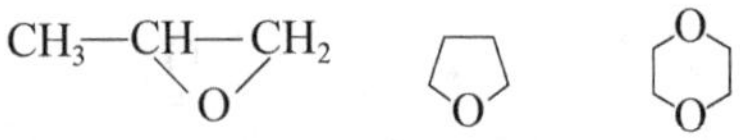

（5）冠醚。

12-冠-4　　18-冠-6

（6）多元醚，如 CH₃OCH₂CH₂OCH₃，CH₃OCH₂CH₂OCH₂CH₂OCH₃。

2. 醚的结构

目前认为脂肪族醚中醚键的氧为 sp³ 杂化（如甲醚的键角∠COC=111.7°）。在芳醚和烯醚中，氧可以看作 sp² 杂化（如苯甲醚的键角∠COC=121°），存在 p-π 共轭。

9.3.2 醚的命名

1. 醚的系统命名

醚的系统命名是将其看作烷烃、烯烃或芳烃的烷氧基取代物。

$CH_3OCH_2CH_2OCH_3$ $CH_3OCH_2CH=CH_2$ $CH_3CHCH_2CH_2CH_3$ $H_3C-\bigcirc-OCH_3$
                                                                                   OCH_3

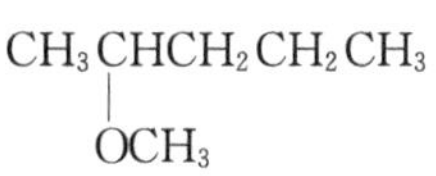

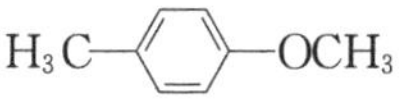

1,2-二甲氧基乙烷   3-甲氧基-1-丙烯   2-甲氧基戊烷   对甲氧基甲苯

2. 普通命名法

结构简单的醚常用普通命名法命名，即写出两个烃基的名称，再加上醚字。单醚命名时，"二"字通常省略。环醚常用习惯名。

$CH_3CH_2OCH_2CH_3$ $CH_3COCH_2CH_3$ (with CH_3 above and below C) $CH_3OCH=CH_2$ $\bigcirc-OCH_3$

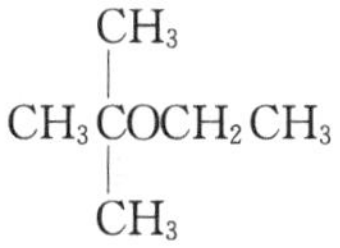

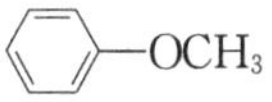

乙醚（二乙基醚）   乙基叔丁基醚   甲基乙烯基醚   苯甲醚

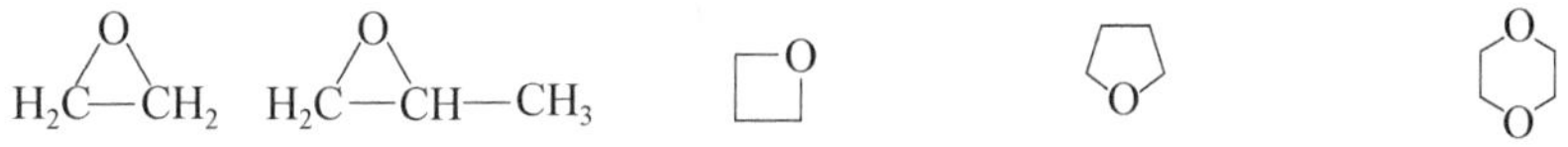

环氧乙烷   1,2-环氧丙烷   1,3-环氧丙烷   四氢呋喃（THF）   1,4-二氧六环 / 1,4-二氧杂环己烷

9.3.3 醚的制备

1. Williamson 合成法

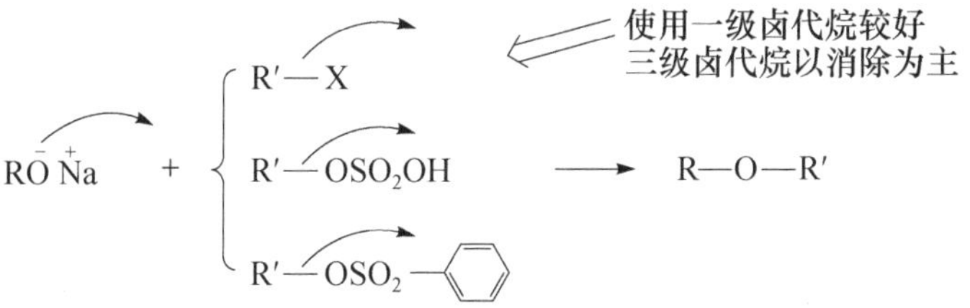

$$RO^-Na^+ + \begin{cases} R'-X \\ R'-OSO_2OH \\ R'-OSO_2-Ph \end{cases} \longrightarrow R-O-R'$$

使用一级卤代烷较好，三级卤代烷以消除为主

例如：

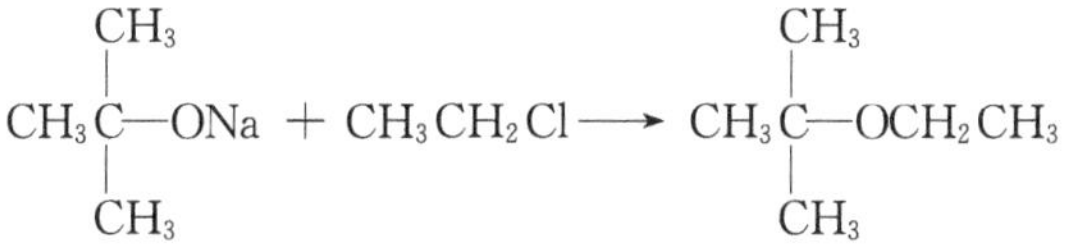

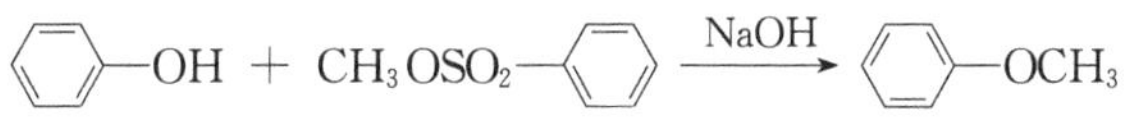

$$(CH_3)_3C-ONa + CH_3CH_2Cl \longrightarrow (CH_3)_3C-OCH_2CH_3$$

$$Ph-OH + CH_3OSO_2-Ph \xrightarrow{NaOH} Ph-OCH_3$$

2. 烷氧汞化-去汞反应

$$\underset{}{C=C} + ROH + (CH_3CO)_2Hg \longrightarrow \underset{OR}{\overset{HgOCCH_3}{C-C}} \xrightarrow{NaBH_4} \underset{OR}{\overset{H}{C-C}}$$

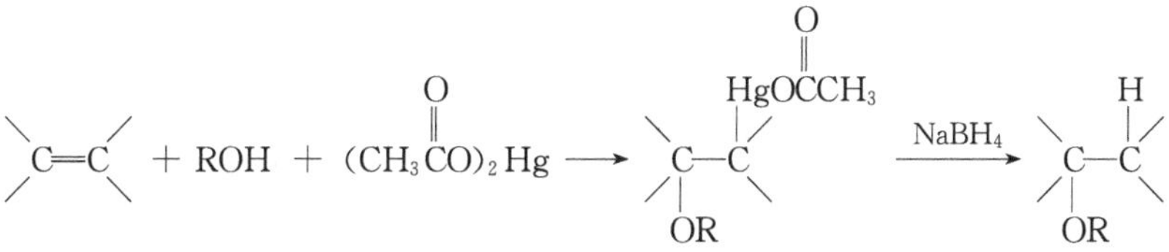

3. 醇脱水制备对称醚

$$2R-OH \xrightarrow[\triangle]{H^+} R-O-R + H_2O$$

$$HO\!-\!\!\frown\!\!-\!OH \xrightarrow{H_2SO_4} \langle O \rangle + H_2O$$

$$2\ HO\!-\!\frown\!-\!OH \xrightarrow{H_2SO_4} \text{(1,4-dioxane)} + 2H_2O$$

4. 烯烃与醇反应制备叔烷基醚

$$\underset{R'}{\overset{R}{>}}\!C\!=\!CH_2 + HO\!-\!R'' \xrightarrow{HCl} R'\!-\!\underset{CH_3}{\overset{R}{C}}\!-\!O\!-\!R''$$

合成上用于保护醇羟基

例如：

$$HO\!\frown\!Br \xrightarrow[H_2SO_4]{H_2C=C(CH_3)_2} H_3C\!-\!\underset{CH_3}{\overset{CH_3}{C}}\!-\!O\!\frown\!Br \xrightarrow{NaC\!\equiv\!CH}$$

$$H_3C\!-\!\underset{CH_3}{\overset{CH_3}{C}}\!-\!O\!\frown\!\!\equiv\!\!H \xrightarrow[H^+]{H_2O} HO\!\frown\!\!\equiv\!\!H$$

9.3.4 醚的化学性质

1. 自动氧化

化学物质在常温下被空气中的氧温和地氧化，而不发生燃烧和爆炸，这种反应称为自动氧化。

$$(CH_3)_2CH\!-\!O\!-\!CH_3 \xrightarrow[\text{自动氧化}]{O_2} (CH_3)_2\underset{OOH}{C}\!-\!O\!-\!CH_3$$
$$\quad\quad\quad\uparrow$$
$$\text{醚}\alpha\text{位上的 H}$$

烯丙位、苯甲位、3°H、醚的 α-H 均易发生自动氧化。醚类试剂（乙醚、THF 等）久置后使用时要当心！蒸馏时勿蒸干。可用还原剂（如 Na、$FeSO_4$、$LiAlH_4$ 等）处理除去过氧化物。

2. 醚-键氧的碱性

$$R\!-\!O\!-\!R' + HCl \rightleftharpoons R\!-\!\overset{+}{\underset{H}{O}}\!-\!R'\ Cl^-$$

$$R\!-\!O\!-\!R' + H_2SO_4 \rightleftharpoons R\!-\!\overset{+}{\underset{H}{O}}\!-\!R'\ HSO_4^-$$

$$\left.\begin{array}{l}\\ \\ \end{array}\right\}\ \begin{array}{l}\text{锌盐}\\ \text{(oxonium salt)}\end{array}$$

$$\langle O\rangle + BH_3 \longrightarrow \langle \overset{+}{O}\!-\!\overset{-}{B}H_3\rangle$$

$$\underset{Et}{\overset{Et}{>}}\!O\!\rightarrow\!\underset{R}{\overset{X}{Mg}}\!\leftarrow\!O\!\underset{Et}{\overset{Et}{<}}$$

3. 醚的碳-氧键断裂反应

1) 与 HX 反应

HX 可使醚的碳-氧键断裂

$$CH_3CH_2-O-CH_3 + HI \xrightarrow[\triangle]{S_N2} CH_3CH_2OH + CH_3I$$

$$C_6H_5-O-C_2H_5 + HI \xrightarrow[\triangle]{S_N2} C_6H_5-OH + CH_3CH_2I$$

$$\text{(四氢呋喃)} + HI(过量) \xrightarrow{150℃} ICH_2CH_2CH_2CH_2I$$

65% 用于制备 1,4-二卤代丁烷

(1) HX 使 C—O 键断裂的能力:HI>HBr≫HCl≫HF。醚键在中性、碱性或弱酸性条件下不会断裂。

(2) 反应中 I^- 进攻位阻小的 C,HI 不能使二芳基醚裂解(p-π 共轭使酚的 C—O 加强)。

2) 酸催化水解

(1) 甲基叔丁基醚酸催化水解有烯烃生成。

$$(CH_3)_3C-O-CH_3 \xrightarrow{H^+} (H_3C)_3C-\overset{H}{\overset{|}{\underset{+}{O}}}-CH_3 \xrightarrow{S_N1} (CH_3)_3C^+ \xrightarrow{-H^+} H_2C=C(CH_3)_2$$

$$\downarrow H_2O$$

$$(CH_3)_3COH$$

(2) 烯醚水解得羰基化合物。

$$CH_3-CH=CH-O-CH=CH-CH_3 \xrightarrow[\triangle]{H_3O^+, pH=4} 2CH_3CH_2CHO$$

$$C_6H_5-\underset{OCH_3}{\overset{|}{C}}=CH_2 \xrightarrow[\triangle]{H_3O^+, pH=4} C_6H_5-\underset{O}{\overset{\|}{C}}-CH_3 + CH_3OH$$

(3) 氢解反应。

$$C_6H_5CH_2-O-C_5H_{11} \xrightarrow{H_2, Pd/C} C_6H_5CH_3 + C_5H_{11}OH$$

9.3.5 环醚

1. 环氧化合物

1) 环氧化合物的制备

(1) 烯烃环氧化。

$$C_6H_5-CH=CH_2 + C_6H_5COOOH \longrightarrow C_6H_5-\underset{O}{\overset{}{CH-CH_2}} + C_6H_5COOH$$

环氧化试剂主要为过氧化物。有顺反异构体的烯烃,用过酸氧化后,取代基的相对位置不变。

(2) β-卤代醇的成环。

$$\text{(反-2-溴环己醇)} \xrightarrow{NaOH, H_2O} \text{(1,2-环氧环己烷)}$$

分子内的 S_N2 反应   81%

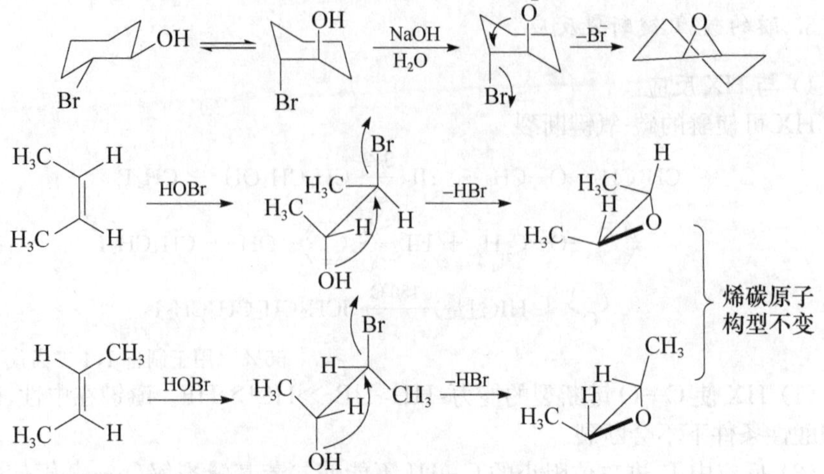

2) $n,n+1$ 型环氧化合物的开环反应

(1) $n,n+1$ 型环氧化合物在碱催化条件下开环时，亲核试剂优先进攻空间位阻小的环碳原子，被亲核试剂进攻的碳原子构型反转。

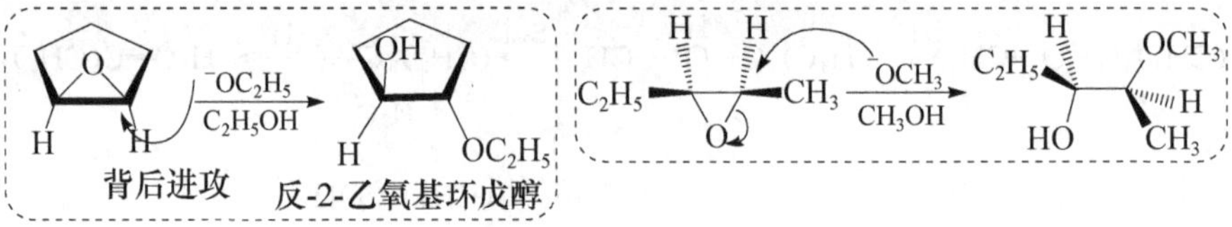

(2) $n,n+1$ 型环氧化合物在酸催化条件下开环时，亲核试剂优先进攻取代较多的环碳原子。从反应结果看类似于 C=C 的反式加成，优先生成稳定的碳正离子。

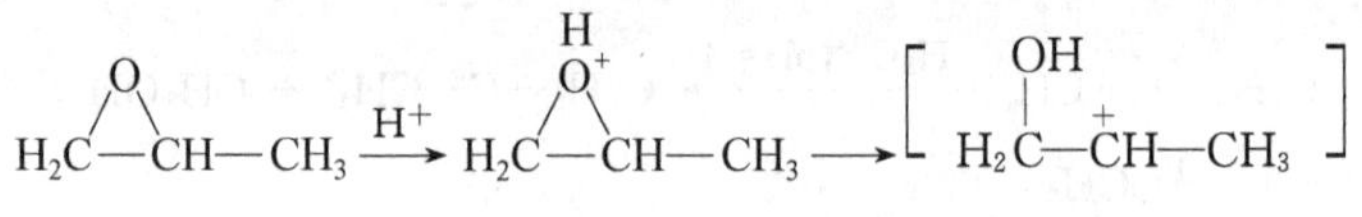

优先生成稳定的碳正离子

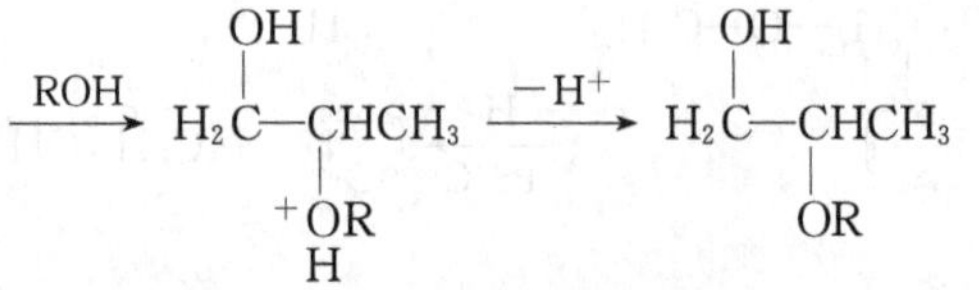

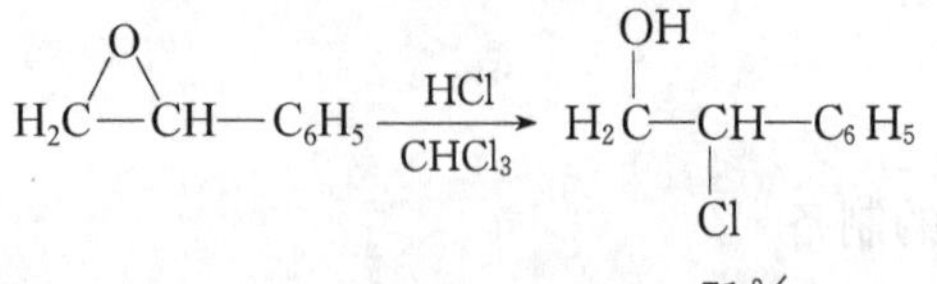

(3) 与硼烷的反应。

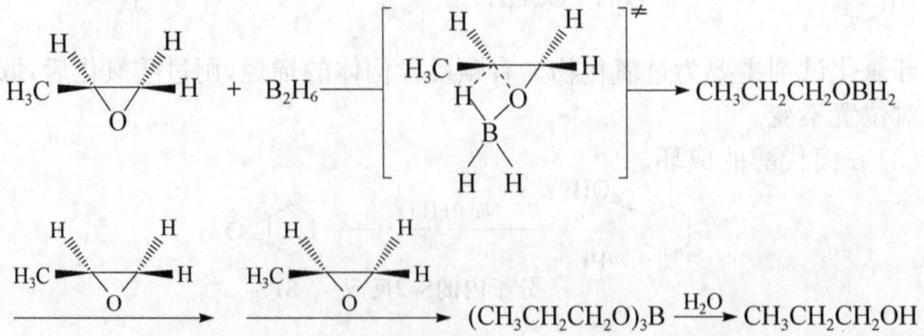

(4) 与氢化锂铝的反应。

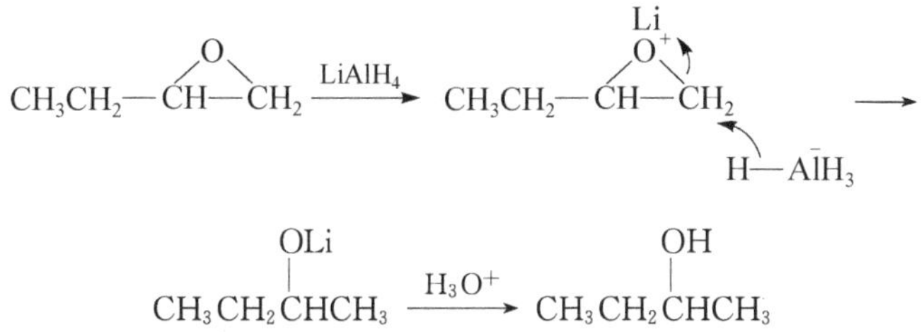

$$CH_3CH_2-CH-CH_2 \xrightarrow{LiAlH_4} CH_3CH_2-\overset{\overset{Li}{|}}{\underset{\underset{H-\bar{A}lH_3}{}}{O^+}}-CH_2 \longrightarrow$$

$$CH_3CH_2\overset{OLi}{\underset{|}{C}}HCH_3 \xrightarrow{H_3O^+} CH_3CH_2\overset{OH}{\underset{|}{C}}HCH_3$$

(5) 环氧化合物与格氏试剂的反应。

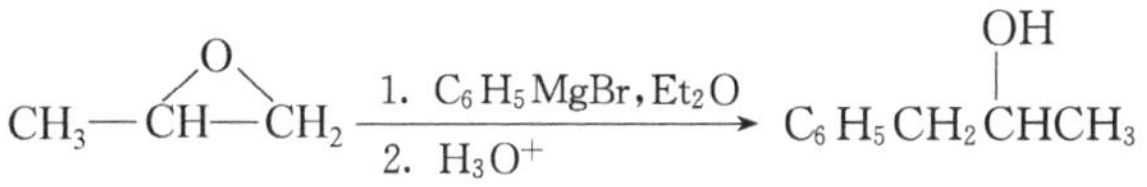

$$CH_3-CH-CH_2 \xrightarrow[2.\ H_3O^+]{1.\ C_6H_5MgBr,\ Et_2O} C_6H_5CH_2\overset{OH}{\underset{|}{C}}HCH_3$$

2. 冠醚

这类化合物由于构象外形与王冠相似而得名。

(1) 命名。

命名法一：总原子数+冠+氧原子数。

命名法二：按杂环的系统命名法命名。

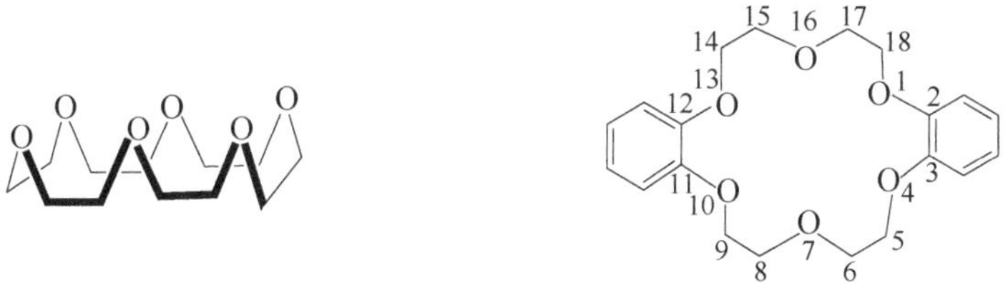

1,4,7,10,13,16-六氧杂环十八烷　　2,3,11,12-二苯并-1,4,7,10,13,16-六氧杂环十八烷
18-冠-6　　　　　　　　　　　　　二苯并-18-冠-6

(2) 冠醚的制备主要使用 Williamson 法，如 18-冠-6 的合成：

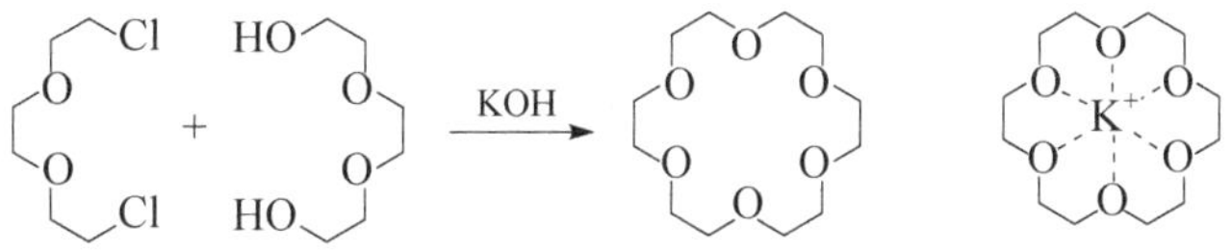

反应过程中 K^+ 与产物中的 6 个氧原子络合，起到模板作用。冠醚的显著特性是能与金属离子，特别是碱金属离子生成络合物。冠醚有一定毒性。

(3) 应用冠醚可以把无机盐中的金属离子包围起来，络合后的盐在有机溶剂中的溶解度增加，因此冠醚作为相转移催化剂，可以加快有机反应速率，提高反应产率。

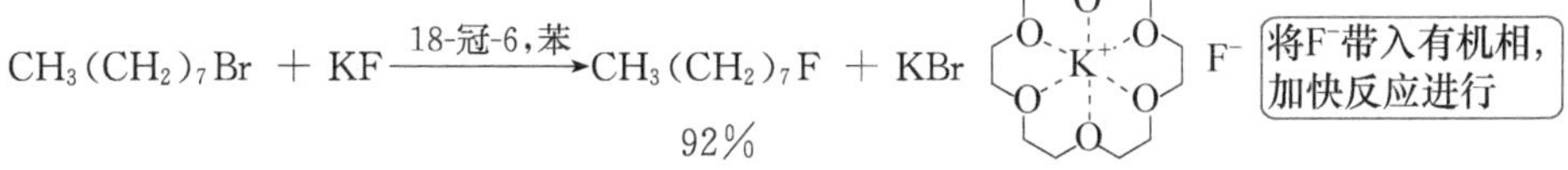

$$CH_3(CH_2)_7Br\ +\ KF \xrightarrow{18\text{-冠-}6,苯} CH_3(CH_2)_7F\ +\ KBr$$
$$92\%$$

将 F^- 带入有机相，加快反应进行

在不加冠醚的情况下，该反应需很长时间，且产率不高。

关于相转移催化剂更详细的讨论请参阅 13.3.2 的内容。

9.4 硫醇、硫酚和硫醚

S与O属同族元素,将醇、酚、醚中的O换成S,就得到硫醇、硫酚、硫醚。

ROH 醇	ArOH 酚	ROR 醚
RSH 硫醇	ArSH 硫基 硫酚	RSR 硫醚
CH_3SH 甲硫醇	C_6H_5SH 苯硫酚	甲硫基 CH_3SCH_3 甲硫醚
$CH_3\overset{O}{\underset{}{S}}CH_3$ 二甲亚砜(DMSO)		$CH_3\overset{O}{\underset{O}{S}}CH_3$ 二甲砜

结构复杂时可将—SH和—SR看作取代基

CH_3CHCH_2OH
        $|$
        SH

2-巯基丙醇

$CH_3CHCH_2CH_2CH_3$
        $|$
        SCH_3

2-甲硫基戊烷

9.4.1 硫醇

硫醇和硫酚的酸性比相应的含氧化合物强,在水中的溶解度比相应的含氧化合物小得多。低级硫醇有恶臭味,如乙硫醇的浓度为 $0.19\mu g/L$ 即可嗅到,用于煤气的报警。

1. 硫醇的合成

$$ROH + H\text{—}SH \xrightarrow[40℃]{ThO_2} RSH + H_2O$$

$$RX + KSH \xrightarrow{\triangle} RSH + KX$$

2. 性质、用途

$$RSH + NaOH \longrightarrow RSNa + H_2O$$
洗涤石油制品中的RSH

$$RSH + H_2O_2 \longrightarrow RSSR + H_2O$$
也可用 $NaIO, O_2$ 等代替 H_2O_2 工业上除臭

硫醇与Pb、Hg等重金属的反应可鉴定硫醇,作为Pb、Hg、Sb等重金属中毒的解毒剂。

$$\begin{matrix} CH_2OH \\ CH\text{—}SH \\ CH_2\text{—}SH \end{matrix} + Hg^{2+} \longrightarrow \begin{matrix} CH_2OH \\ CH\text{—}S \\ CH_2\text{—}S \end{matrix}\!\!\Big\rangle Hg \quad \downarrow \quad 起解毒作用$$

9.4.2 硫醚

1. 硫醚的合成

$$2CH_3I + K_2S \longrightarrow CH_3SCH_3 + 2KI$$

$$RX + NaSR' \longrightarrow R\text{—}S\text{—}R' + NaX$$

2. 硫醚的性质

硫醚可形成锌盐,可被氧化。

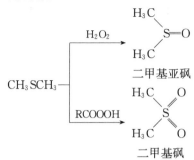

第10章 醛、酮

10.1 醛、酮的分类、命名和结构

10.1.1 醛、酮的分类

羰基碳分别与氢和烃基相连的化合物称为醛；羰基碳与两个烃基相连的化合物称为酮。

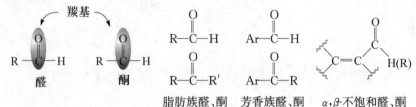

脂肪族醛、酮　　芳香族醛、酮　　α,β-不饱和醛、酮

10.1.2 醛、酮的命名

1. 普通命名法

醛按氧化后生成的羧酸命名，酮可以看作是甲酮的衍生物。

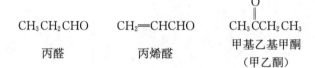

丙醛　　　　丙烯醛　　　　甲基乙基甲酮
　　　　　　　　　　　　　　（甲乙酮）

2. 系统命名法

（1）在醛、酮的系统命名法中，要选择含羰基的最长碳链作为主链，从离羰基最近的一端给主链编号，在酮的命名中要注明羰基的位置。

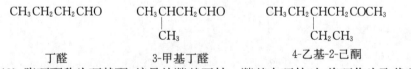

丁醛　　　　3-甲基丁醛　　　　4-乙基-2-己酮

（2）脂环酮称为环某酮，编号从羰基开始。羰基在环外时，将环作为取代基。

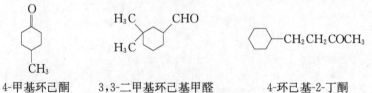

4-甲基环己酮　　3,3-二甲基环己基甲醛　　4-环己基-2-丁酮

（3）芳香族醛、酮是将芳环看作取代基。

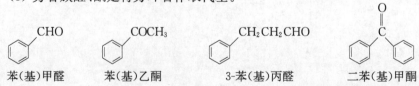

苯（基）甲醛　　苯（基）乙酮　　3-苯（基）丙醛　　二苯（基）甲酮

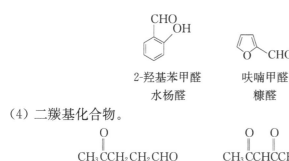

2-羟基苯甲醛　　　呋喃甲醛
水杨醛　　　　　　糠醛

（4）二羰基化合物。

$$CH_3\overset{O}{\underset{\|}{C}}CH_2CH_2CHO \qquad CH_3\overset{O}{\underset{\|}{C}}CH\overset{O}{\underset{\|}{C}}CH_3$$
$$\phantom{CH_3\overset{O}{\underset{\|}{C}}CH_2CH_2CHO \qquad CH_3\overset{O}{\underset{\|}{C}}CH}\overset{|}{\underset{}{CH_2CH=CH_2}}$$

4-氧代戊醛　　　　3-烯丙基-2,4-戊二酮

以醛为母体　　　　选含有羰基的最长碳链为主链

10.1.3 羰基的结构与反应性

羰基碳原子为 sp² 杂化，由于氧原子的吸电子作用，醛、酮通常都有较大的极性。

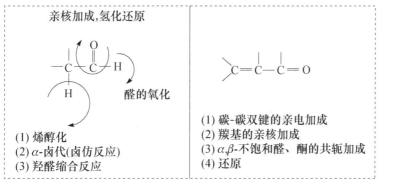

亲核加成，氢化还原

醛的氧化

(1) 烯醇化
(2) α-卤代（卤仿反应）
(3) 羟醛缩合反应

(1) 碳-碳双键的亲电加成
(2) 羰基的亲核加成
(3) α,β-不饱和醛、酮的共轭加成
(4) 还原

10.2 羰基的亲核加成

10.2.1 羰基的亲核加成反应总述

1. 反应机理

1）碱催化的反应机理

$$\underset{\delta^+}{C}=\underset{\delta^-}{O} \xrightarrow{Nu^-} -\overset{|}{\underset{|}{C}}-O^- \xrightarrow{H^+} -\overset{|}{\underset{|}{C}}-OH$$

2）酸催化的反应机理

$$\overset{|}{\underset{|}{C}}=O \xrightarrow{H^+} \left[\overset{|}{\underset{|}{C}}=\overset{+}{O}H \longleftrightarrow \overset{+}{\underset{|}{C}}-OH \right] \xrightarrow{Nu^-} -\overset{|}{\underset{|}{C}}-OH$$

2. 加成产物

加成产物如果有手性碳原子生成，得到的产物通常是外消旋体。

3. 醛、酮的反应活性

$$\underset{H}{\overset{R}{>}}C=O > \underset{R'}{\overset{R}{>}}C=O > \underset{R}{\overset{Ar}{>}}C=O$$

□10.2.2 羰基与含碳亲核试剂的加成

1. 与 RMgX、RLi 等的加成

$$\underset{R}{\overset{O}{\|}}C \xrightarrow{MgX \atop R} \underset{R}{\overset{OMgX}{|}}C \xrightarrow{H_2O} \underset{R}{\overset{OH}{|}}C$$

$$CH_2O \xrightarrow{RMgX} \xrightarrow{H_2O} R-CH_2-OH \quad 1°醇$$

$$R'CHO \xrightarrow{RMgX} \xrightarrow{H_2O} R'-\underset{|}{\overset{OH}{CH}}-R \quad 2°醇$$

$$\underset{R'}{\overset{O}{\|}}\underset{R''}{C} \xrightarrow{RMgX} \xrightarrow{H_2O} R'-\underset{R''}{\overset{OH}{|}}C-R \quad 3°醇$$

(1) RLi 活泼，体积小，亲核性更强。当 RMgX 中的 R 体积大，与酮反应产率低时，可使用 RLi。

$$(CH_3)_3C-\overset{O}{\overset{\|}{C}}-C(CH_3)_3 + (CH_3)_3CLi \xrightarrow[\text{2. }H_3O^+]{\text{1. }Et_2O,\ -60℃} [(CH_3)_3C]_3COH \quad 81\%$$

(2) 反应的立体化学。

(i) 醛、酮的极限构象式如图 10-1 所示，通常 R 与 L、M、S 之间的相互作用大于羰基氧与 L、M、S 之间的相互作用。所以，三个交叉式构象中(3)最稳定，三个重叠式构象中(6)最不稳定。

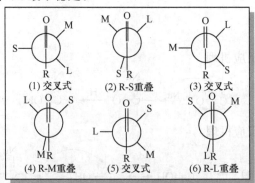

图 10-1 醛、酮的极限构象式

(ii) Cram 规则。

当羰基与手性中心相连时，亲核试剂从羰基两侧进攻的概率是不相等的，Cram 根据大量实验事实提出该规则，用以判断羰基亲核加成反应的优势产物。

Cram 规则 1 的内容可表示如下：

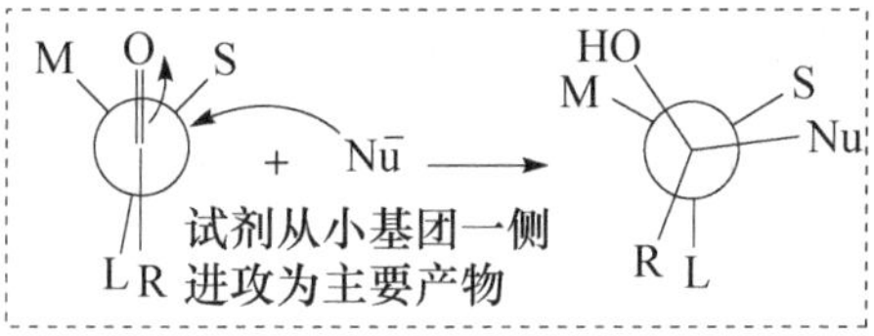

例如：

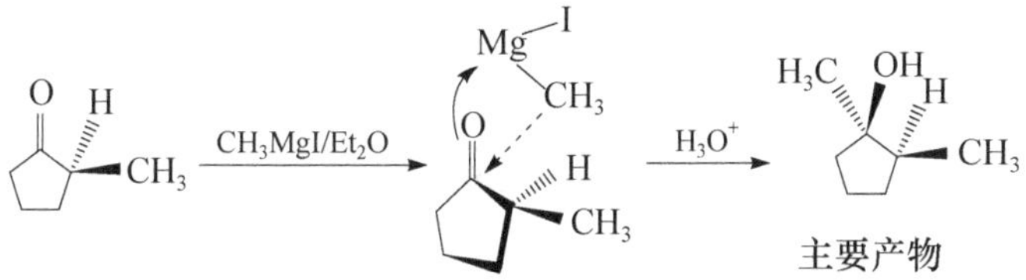

又如：

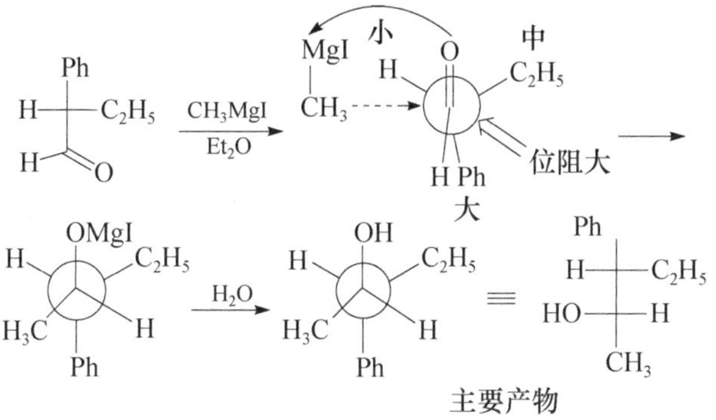

Cram 规则 2：当醛、酮的 α-C 上有 OH、NH$_2$ 等能与羰基形成氢键的基团时，若发生亲核加成，试剂主要从较小基团一侧进攻。例如：

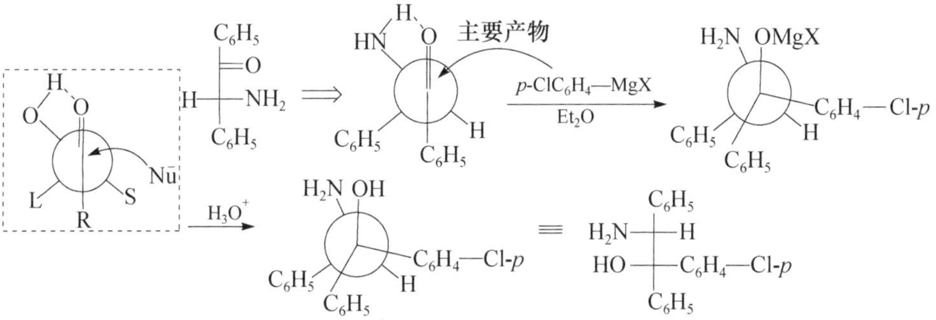

Cram 规则也适合氢化锂铝、硼氢化钠及 HCN 等试剂与醛、酮的亲核加成反应。

2. 与氢氰酸反应

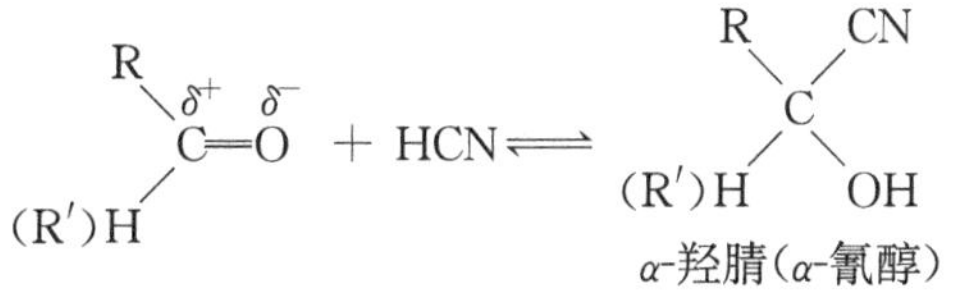

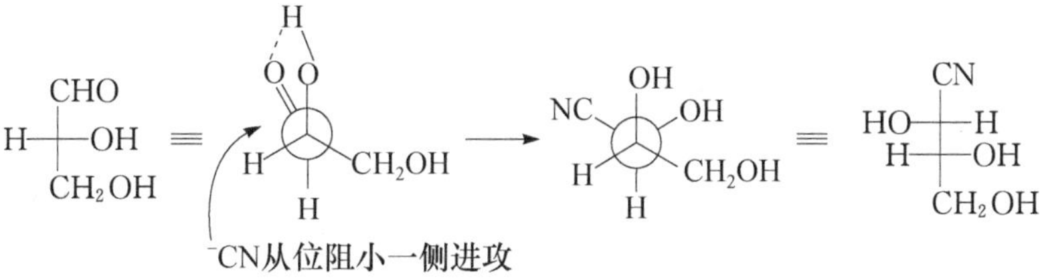

$$\underset{(R')H}{R}C\overset{\delta+}{=}\overset{\delta-}{O} + HCN \rightleftharpoons \underset{(R')}{R}\overset{CN}{\underset{OH}{C}}$$

α-羟腈（α-氰醇）

—CN 从位阻小一侧进攻

α-羟腈是非常有用的有机反应中间体。

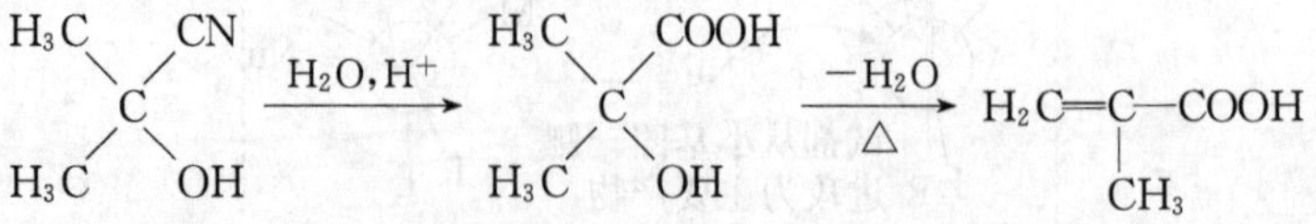

$$\underset{\underset{OH}{|}}{\overset{\overset{CN}{|}}{\underset{H_3C}{\overset{H_3C}{C}}}} \xrightarrow{H_2O, H^+} \underset{\underset{OH}{|}}{\overset{\overset{COOH}{|}}{\underset{H_3C}{\overset{H_3C}{C}}}} \xrightarrow[\triangle]{-H_2O} H_2C=\underset{\underset{CH_3}{|}}{C}-COOH$$

(1) 氢氰酸挥发性大,剧毒！反应必须在弱碱性条件下进行,并且必须在通风橱内仔细操作。醛、酮在亚硫酸氢钠存在下直接与氰化钠作用生成氰醇,可以避免反应过程产生挥发性的氢氰酸。

(2) 醛、甲基脂肪酮和 C_8 以下环酮均能反应。加成反应速率如下：

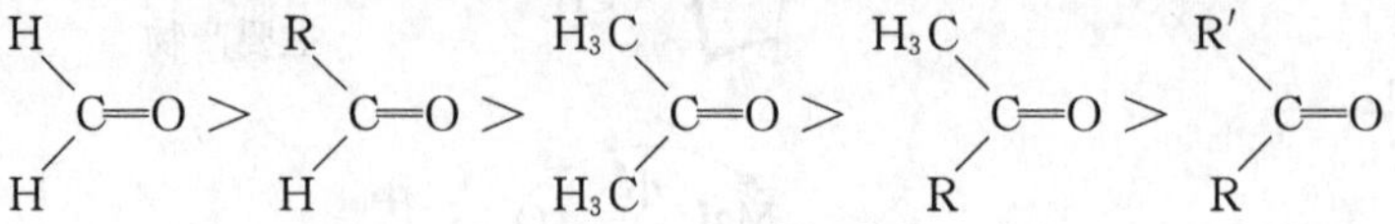

$$\underset{H}{\overset{H}{C=O}} > \underset{H}{\overset{R}{C=O}} > \underset{H_3C}{\overset{H_3C}{C=O}} > \underset{R}{\overset{H_3C}{C=O}} > \underset{R}{\overset{R'}{C=O}}$$

例如：

化合物	CH_3CHO	对硝基苯甲醛	苯甲醛	对甲基苯甲醛	$(CH_3)_2CHCOCH_3$	$C_6H_5COCH_3$	$C_6H_5COC_6H_5$
v	很大	1420	210	32	38	0.8	很小

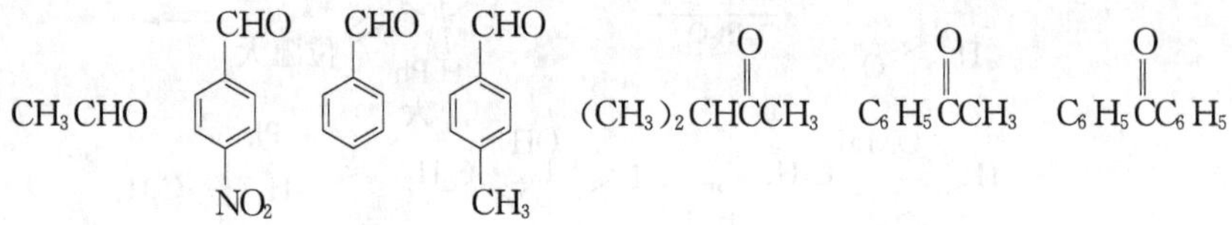

3. 醛、酮与金属炔化物的加成

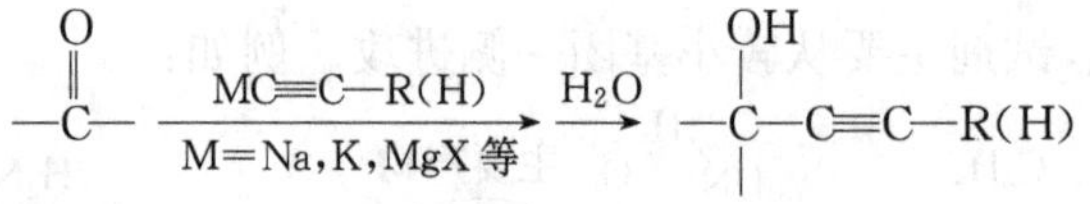

$$\underset{}{\overset{O}{\underset{|}{-C-}}} \xrightarrow[M=Na, K, MgX 等]{MC\equiv C-R(H)} \xrightarrow{H_2O} \underset{}{\overset{OH}{\underset{|}{-C-}}}C\equiv C-R(H)$$

α-炔基醇

α-炔基醇的应用如下：

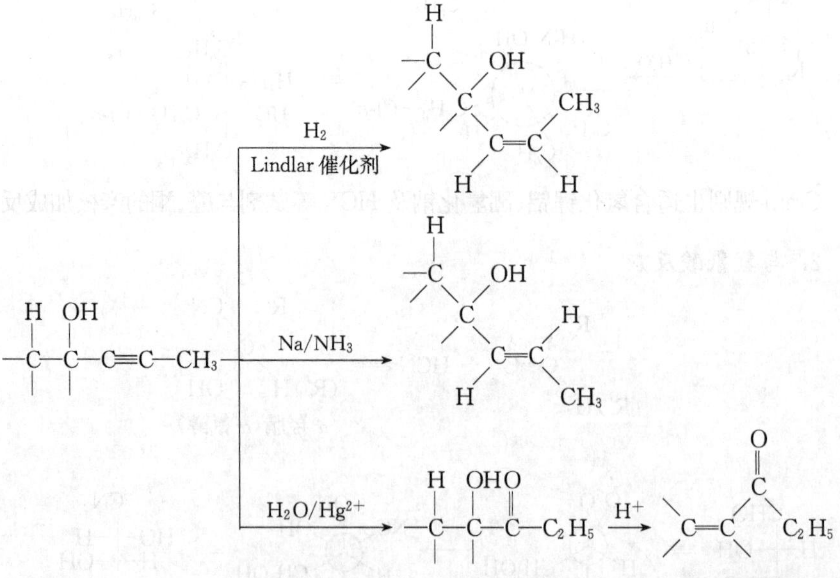

[反应流程图：以 α-炔基醇为原料，分别经 H_2/Lindlar 催化剂、Na/NH_3、H_2O/Hg^{2+} 得到顺式烯醇、反式烯醇、α-羟基酮，再经 H^+ 得 α,β-不饱和酮]

α-羟基酮　　α,β-不饱和酮

10.2.3 羰基与含氧亲核试剂的加成

1. 与醇的加成

醛(酮)加一分子醇生成半缩醛(酮);半缩醛(酮)再和一分子醇反应,生成缩醛(酮)。

$$\underset{(R')H}{\overset{R}{\underset{|}{C}}}\!\!\!\overset{\delta^+}{=}\!\!\overset{\delta^-}{O} + R''OH \xrightarrow{\mp HCl} (R')H-\underset{OH}{\overset{R}{\underset{|}{C}}}-OR'' \xrightarrow[\mp HCl]{ROH} (R')H-\underset{OR}{\overset{R}{\underset{|}{C}}}-OR''$$

反应须在酸催化下进行　　　　半缩醛(酮)　　　缩醛(酮)

(1) 半缩醛(酮)不稳定,通常不能被分离得到。但 CCl_3CHO、CBr_3CHO 生成的半缩醛和环状半缩醛稳定。

(2) 机理。

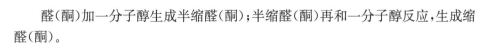

使羰基碳的电子云密度进一步降低

(3) 五元环状缩酮和六元环状缩酮的产率较高。缩醛(酮)在碱性和中性条件下稳定,遇水即分解为原来的醛(酮)。

2. 合成实例分析(2)——官能团的保护

1) 有机合成中羰基的保护

例 10-1

$$\underset{\underset{Br}{|}}{CH_2CH_2CHO} \Rightarrow CH_2=CHCHO$$

分析:消除 HBr 需碱性条件,但醛在碱性条件下易发生缩合反应,所以须先保护羰基。

$$\underset{\underset{Br}{|}}{CH_2CH_2CHO} \xrightarrow[C_2H_5OH]{H^+} \underset{\underset{Br}{|}}{CH_2CH_2CH(OC_2H_5)_2} \xrightarrow[C_2H_5OH]{NaOH}$$

$$CH_2=CHCH(OC_2H_5)_2 \xrightarrow{H_3O^+} CH_2=CHCHO$$

例 10-2

$$\underset{H_3C}{\overset{O}{\underset{\|}{C}}}(CH_2)_2-Br \Rightarrow \underset{H_3C}{\overset{O}{\underset{\|}{C}}}(CH_2)_2-\underset{\underset{CH_3}{|}}{\overset{OH}{\underset{|}{C}}}-CH_3$$

分析：

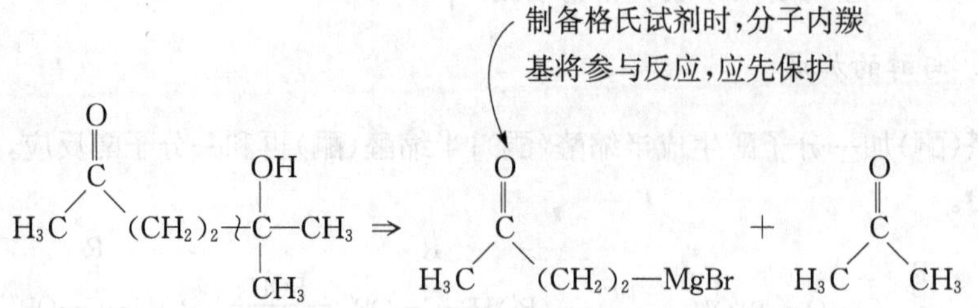

制备格氏试剂时，分子内羰基将参与反应，应先保护

$$CH_3COCH_2CH_2C(OH)(CH_3)_2 \Rightarrow H_3C-CO-(CH_2)_2-MgBr + CH_3COCH_3$$

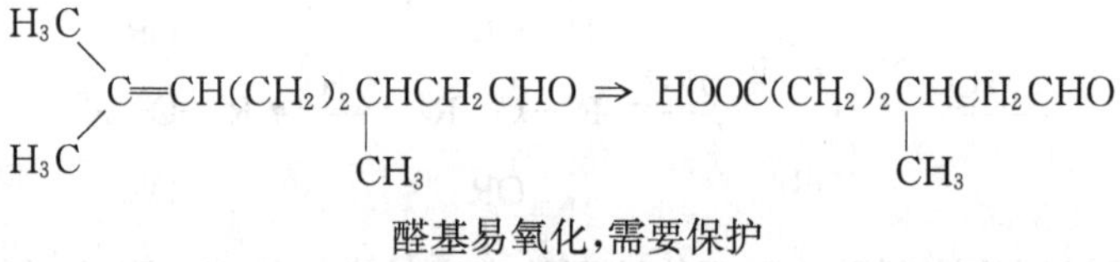

合成：

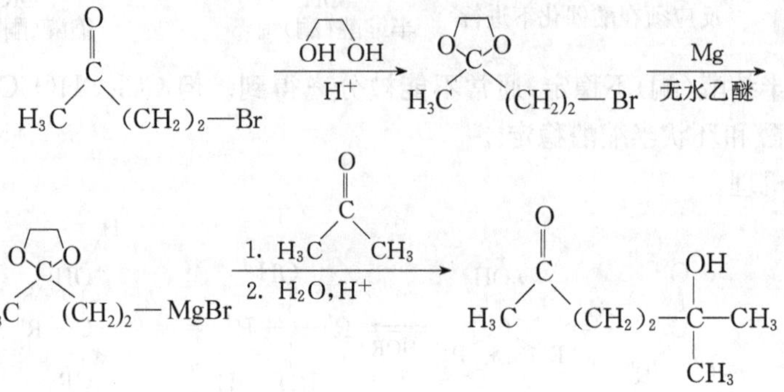

$$H_3C-CO-(CH_2)_2-Br \xrightarrow[H^+]{HOCH_2CH_2OH} \text{缩酮}-(CH_2)_2-Br \xrightarrow{Mg/\text{无水乙醚}}$$

$$\text{缩酮}-(CH_2)_2-MgBr \xrightarrow[2. H_2O, H^+]{1. CH_3COCH_3} H_3C-CO-(CH_2)_2-C(OH)(CH_3)_2$$

例 10-3

$$(CH_3)_2C=CH(CH_2)_2CH(CH_3)CH_2CHO \Rightarrow HOOC(CH_2)_2CH(CH_3)CH_2CHO$$

醛基易氧化，需要保护

合成：

$$(CH_3)_2C=CH(CH_2)_2CH(CH_3)CH_2CHO \xrightarrow[C_2H_5OH]{H^+} (CH_3)_2C=CH(CH_2)_2CH(CH_3)CH_2CH(OC_2H_5)_2$$

$$\xrightarrow{KMnO_4} HOOC(CH_2)_2CH(CH_3)CH_2CH(OC_2H_5)_2 \xrightarrow{H_3O^+} HOOC(CH_2)_2CH(CH_3)CH_2CHO$$

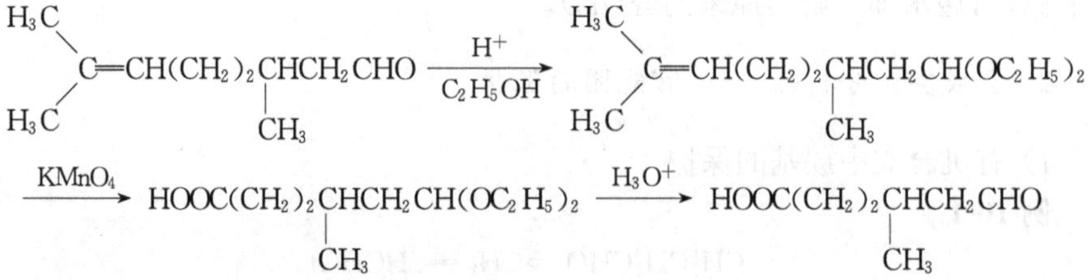

2) 有机合成中羟基的保护

例 10-4 合成多元醇单酯

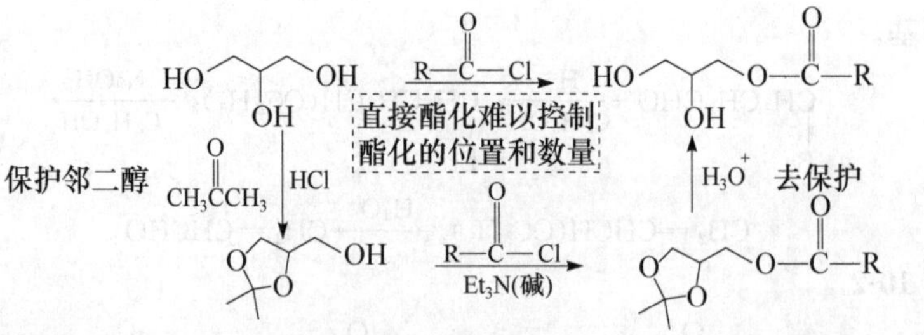

$$HOCH_2CH(OH)CH_2OH \xrightarrow{R-CO-Cl} HOCH_2CH(OH)CH_2O-CO-R$$

直接酯化难以控制酯化的位置和数量

保护邻二醇 ↓ CH_3COCH_3, HCl   ↑ H_3O^+ 去保护

$$\text{（丙酮缩醛保护的甘油）}-OH \xrightarrow[Et_3N(\text{碱})]{R-CO-Cl} \text{（丙酮缩醛保护的甘油）}-O-CO-R$$

3. 与水的加成

羰基连有吸电子基团时可以形成稳定水合物。水合物在酸性介质中不稳定。

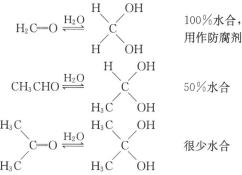

水合茚三酮是氨基酸、蛋白质分析中的常用试剂。

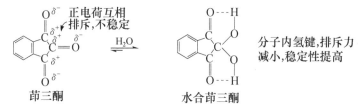

10.2.4 羰基与含氮亲核试剂的加成

1. 与氨及其衍生物的加成

1) 含氮亲核试剂

常见含氮亲核试剂包括 H_2N—H(氨)、H_2N—R(胺)、H_2N—OH(羟胺)、H_2N—$CONH_2$(脲)、H_2N—$NHCONH_2$(氨基脲)和 H_2N—NHR(肼),它们都可以看作氨的衍生物,统称为羰基试剂,用通式 H_2N—Z 表示。

(1) 羰基试剂可以与醛、酮发生缩合反应。

$$\diagdown\!\!\!C{=}O + H_2N{-}Z \longrightarrow \diagdown\!\!\!C{=}N{-}Z + H_2O$$

(2) 反应机理。

$$\diagdown\!\!\!C{=}O + H_2\ddot{N}{-}Z \rightleftharpoons \left[\begin{array}{c}O^-\\-C-\\{}^+NH_2Z\end{array}\right] \xrightarrow{H^+ 转移} \left[-\underset{|}{\overset{OH\ H}{C}}-\overset{|}{N}-Z\right] \xrightarrow{-H_2O} \diagdown\!\!\!C{=}N{-}Z$$

2) 与 NH_3 的反应

$$6H_2C{=}O + 4NH_3 \xrightarrow{-6H_2O} \underset{\text{六次甲基四胺}}{\text{[六元环四胺结构]}} \xrightarrow{HNO_3} \underset{\text{"旋风炸药"RDX,爆炸力极强}}{O_2N{-}N{\cdots}N{-}NO_2}$$

3) 与伯胺的反应

$$\underset{R}{\overset{R}{\diagdown}}\!C{=}O + R'H\ddot{N}{-}H \rightleftharpoons \left[R{-}\underset{R}{\overset{OH\ H}{\underset{|}{C}}}{-}\overset{|}{N}{-}R'\right] \xrightarrow[\triangle]{-H_2O} \underset{R}{\overset{R}{\diagdown}}\!C{=}NR'$$

亚胺(Schiff 碱)

R、R'都是脂肪烃基的 Schiff 碱,不稳定,R、R'中有一个芳基时,Schiff 碱较稳定。

4) 与仲胺的反应

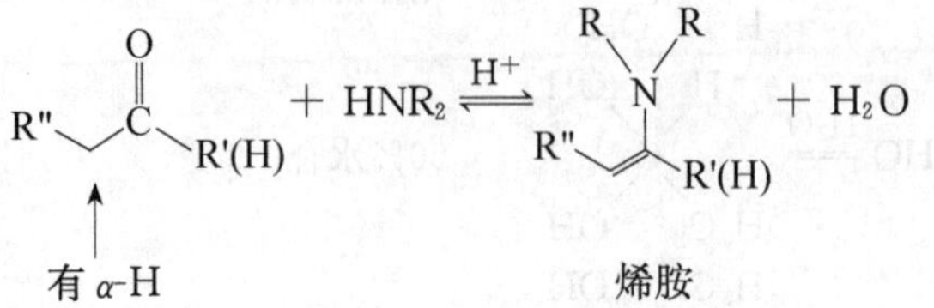

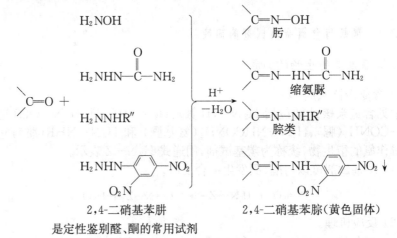

例如：产生的水可采用共沸或用干燥剂除去

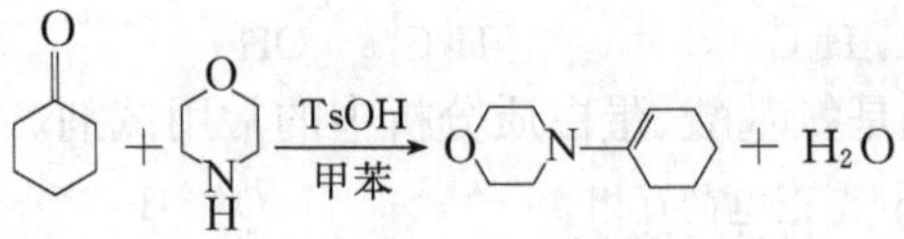

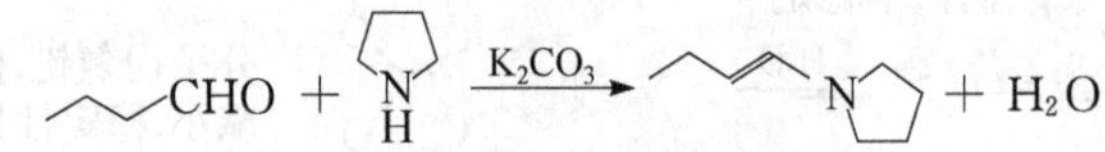

醛较活泼,可用碱催化

5) 与氨衍生物的反应

2,4-二硝基苯肼 是定性鉴别醛、酮的常用试剂

2,4-二硝基苯腙（黄色固体）

2. 肟的性质及反应

肟通常为结晶固体,有固定的熔点,可用于醛、酮的鉴别,空间位阻大的酮不易生成肟。

1) 肟的构型

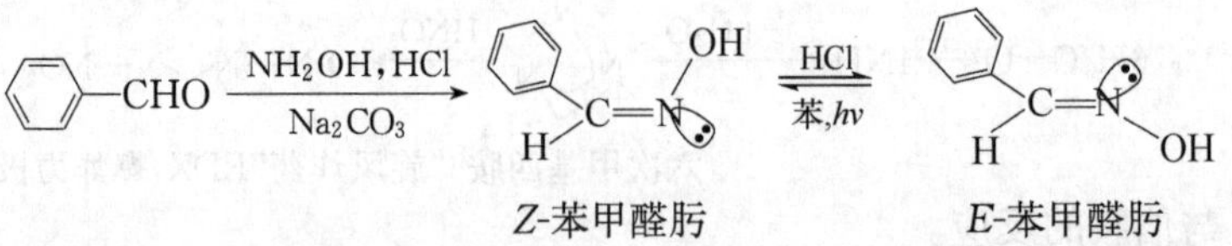

Z-苯甲醛肟　　　E-苯甲醛肟

通常以 E 构型为主

2) 肟的性质

肟与稀盐酸一起加热,水解为原来的醛、酮,肟的这一性质可用于提纯醛、酮。

3) Beckmann 重排

酮肟在酸性催化剂的作用下重排成酰胺的反应称为 Beckmann 重排。

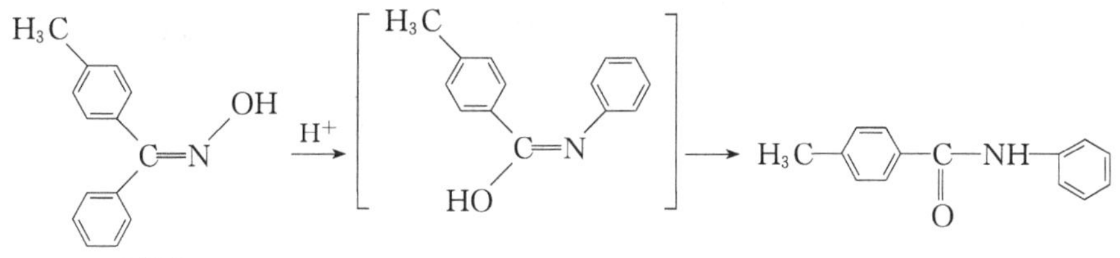

(1) 重排机理。

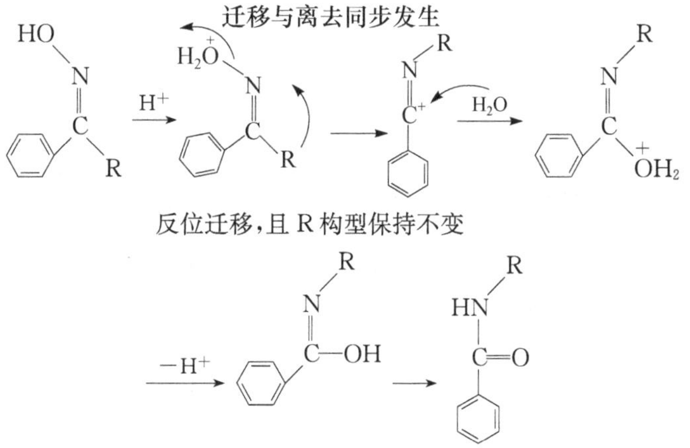

(2) Beckmann 重排反应的特点。

Beckmann 重排反应是在酸催化下完成的,基团的迁移和羟基离去同步完成。只有处于羟基反位的烃基才能迁移,且迁移基团在迁移过程中构型保持不变。醛肟通常不发生 Beckmann 重排。

(3) 利用 Beckmann 重排反应可制备酰胺、羧酸、胺,测定酮肟的几何构型。

❑ **10.2.5 羰基与含硫亲核试剂的加成**

1. 与亚硫酸氢钠的反应

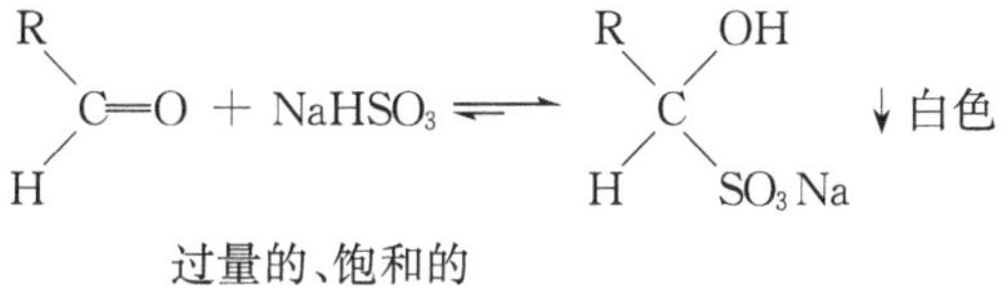

(1) 反应机理。

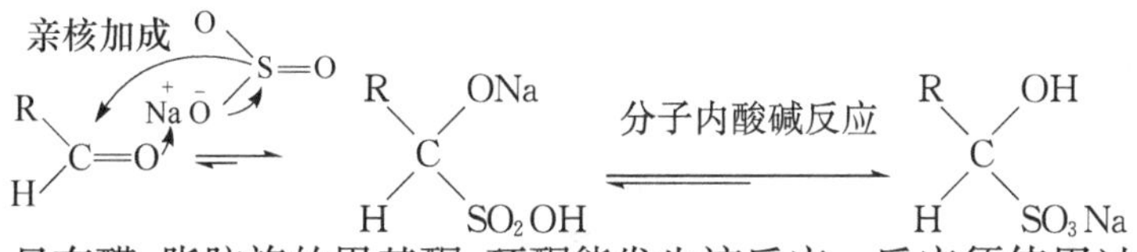

(2) 只有醛、脂肪族的甲基酮、环酮能发生该反应。反应须使用过量的饱和亚硫酸氢钠。加成产物可以用稀酸或稀碱分解为原来的醛、酮。该反应可用于鉴别、分离、提纯醛、酮。

2. 与硫醇反应形成缩硫醛(酮)

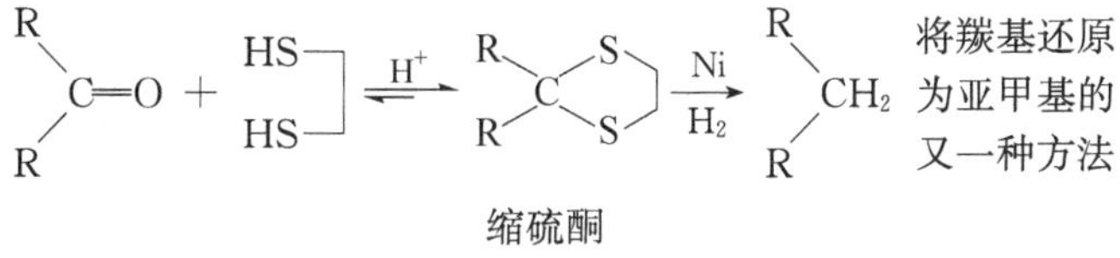

醛和酮都能与硫醇反应,缩硫醛(酮)在酸或碱条件下都很稳定。

10.3 酮式-烯醇式平衡及相关反应

10.3.1 α-H 的酸性及酮式-烯醇式平衡

1. α-H 的酸性

醛、酮的 α-H 具有酸性。

$$(H)R-\underset{O}{\overset{\parallel}{C}}-CH_3 \underset{}{\overset{-H^+}{\rightleftharpoons}} (H)R-\underset{O}{\overset{\parallel}{C}}-CH_2^-$$

	CH₃CHO	CH₃COCH₃	环己酮	PhCOCH₃	H₂O
α-H 的 pK_a	~17	~20	~17	~16	15.7

2. 酮式-烯醇式平衡

$$CH_3-\underset{O}{\overset{\parallel}{C}}-CH_3 \overset{-H^+}{\rightleftharpoons} \left[CH_3-\underset{O}{\overset{\parallel}{C}}-CH_2^- \leftrightarrow CH_3-\underset{O^-}{\overset{\mid}{C}}=CH_2 \right] \overset{H^+}{\rightleftharpoons} H_3C-\underset{OH}{\overset{\mid}{C}}=CH_2$$

酮式 99.98%　　　　　　　　　　　　　　　　　　　　　　烯醇式 0.02%

(1) 随着 α-H 活性的增强,烯醇式在平衡体系中的含量会增加。例如:

	CH₃COCH₃	环己酮	CH₃COCH₂CO₂C₂H₅	CH₃COCH₂COCH₃
烯醇式含量/%	1.5×10⁻⁴	2.0×10⁻²	7.3	76.5

(2) 酸或碱都能加快酮式-烯醇式平衡转化速率(在卤代反应中详细讨论)。

(3) 醛、酮 α 位的氢-氘交换。

$$-\underset{H}{\overset{\mid}{C}}-\underset{O}{\overset{\parallel}{C}}-R(H) \xrightarrow[H_2O/HO^-]{D_2O/DO^-} -\underset{D}{\overset{\mid}{C}}-\underset{O}{\overset{\parallel}{C}}-R(H)$$

交换机理:

$$\overset{H}{\underset{}{\searrow}}C=\overset{O}{\underset{}{C}} \overset{-HOD}{\rightleftharpoons} C=C\overset{O^-}{\underset{D-OD}{}} \rightleftharpoons -\underset{D}{\overset{\mid}{C}}-\underset{O}{\overset{\parallel}{C}}- + DO^-$$

(4) 手性醛、酮的消旋化(碱性条件)。

$$R^1-\underset{H}{\overset{R^2}{\underset{\ast}{C}}}-\underset{O}{\overset{\parallel}{C}}-R \xrightarrow[B^-=HO^-,RO^-]{B^-/HB} R^1-\underset{H}{\overset{R^2}{\underset{\ast}{C}}}-\underset{O}{\overset{\parallel}{C}}-R$$

(+)或(-)　　　　　　　　(±)消旋化

消旋化机理:

$$R^1-\overset{*}{\underset{\underset{B^-}{\overset{H}{|}}}{C}}-\overset{O}{\underset{}{\overset{\|}{C}}}-R \rightleftharpoons \text{平面} \rightleftharpoons (\pm) \ R^1-\overset{*}{\underset{H}{\overset{R^2}{|}}}-\overset{O}{\underset{}{\overset{\|}{C}}}-R$$

H—B 平面上方
B—H 平面下方
从平面上或下方成键的概率相等

3. 烯醇负离子

(1) 在非质子溶剂中，使用强碱可以使醛、酮完全转变为烯醇盐。一些常用的强碱见表 10-1。

$$CH_3CH_2CH_2CH_2\overset{O}{\overset{\|}{C}}CH_3 + LiN[CH(CH_3)_2]_2 \xrightarrow{THF} (CH_3CH_2CH_2CH_2\overset{\overset{OLi}{|}}{C}=CH_2)_4 \cdot 4THF$$

二异丙基胺锂(LDA)

表 10-1　一些常用于生成烯醇负离子的碱

强碱[a]	较强碱	较弱碱[b]
$\overset{+}{Na}\overset{-}{NH_2}$	NaOH	叔胺类
$\overset{+}{Li}\overset{-}{N}\begin{smallmatrix}CH(CH_3)_2\\CH(CH_3)_2\end{smallmatrix}$ (LDA)	NaOR	吡啶衍生物
$\overset{+}{Na}\overset{-}{C}H_2-\overset{O}{\overset{\|}{S}}-CH_3$		
$\overset{+}{Na}\overset{-}{H}$		

a. 可使羰基化合物完全烯醇负离子化。
b. 用于活泼 α-H 的烯醇负离子化(如 β-二羰基化合物)。

(2) 不对称酮的烯醇负离子化。

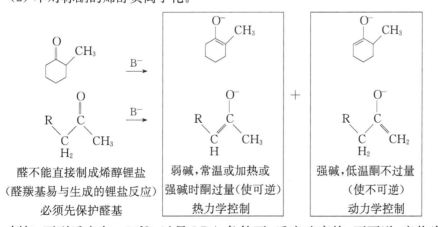

醛不能直接制成烯醇锂盐　弱碱,常温或加热或　强碱,低温酮不过量
(醛羰基易与生成的锂盐反应)　强碱时酮过量(使可逆)　(使不可逆)
必须先保护醛基　热力学控制　动力学控制

例如，下列反应在 −70℃、过量 LDA 条件下，反应速率快，不可逆，产物为 A；而在室温下，酮稍微过量，使生成的烯醇盐与酮之间产生平衡，产物为 B。

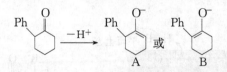

体积大的强碱 LDA 易进攻位阻小的碳，得到速率控制的产物

A 速度控制   B 平衡控制

(3) 烯醇负离子既可在 α-碳原子上发生反应，也可在氧原子上发生反应。

$$R-\overset{O}{\overset{\|}{C}}-CH_3 \xrightarrow{-OH} \left[R-\overset{O}{\overset{\|}{C}}-\overset{-}{C}H_2 \longleftrightarrow R-\overset{O^-}{\overset{|}{C}}=CH_2 \right] \equiv R-\overset{\overset{..}{O}{\ominus}}{\overset{|}{C}}\overset{\cdot\cdot}{\cdots}CH_2$$

(i) 在氧原子上发生反应。

$$n\text{-}C_6H_{13}\overset{O}{\overset{\|}{C}}CH_3 \xrightarrow[2.\ Me_3SiCl]{1.\ LDA,\ -78℃} n\text{-}C_6H_{13}\overset{OSiMe_3}{\overset{|}{C}}=CH_2 + n\text{-}C_5H_{11}CH=\overset{OSiMe_3}{\overset{|}{C}}CH_3$$

95%   5%

(ii) 烯醇盐与卤代烷、醛、酮、酯等化合物的反应基本在碳原子上进行，是构建 C—C 键的重要方法。

$$R'-\overset{O}{\overset{\|}{C}}-\overset{H}{\underset{|}{C}}HR \xrightarrow{B^-} R'-\overset{O^-}{\underset{|}{C}}=CHR \xrightarrow{E^+} R'-\overset{O}{\overset{\|}{C}}-\overset{|}{\underset{E}{C}}HR$$

E^+	$\overset{\delta+}{D}-\overset{\delta-}{OD}$	$\overset{\delta+}{X}-\overset{\delta-}{X}$	$\overset{\delta+}{R}-\overset{\delta-}{X}$	$\overset{\delta+}{>}C=\overset{\delta-}{O}$
产物	$R'-\overset{O}{\overset{\|}{C}}-\overset{|}{\underset{D}{C}}HR$	$R'-\overset{O}{\overset{\|}{C}}-\overset{|}{\underset{X}{C}}HR$	$R'-\overset{O}{\overset{\|}{C}}-\overset{|}{\underset{R}{C}}HR$	$R'-\overset{O}{\overset{\|}{C}}-\overset{|}{\underset{>C-OH}{C}}HR$
反应名称	氢氘交换	卤代反应	烷基化反应	羟醛缩合 (aldol condensation)

例如：

$$(CH_3)_2CHC\overset{O}{\overset{\|}{}}CH(CH_3)_2 \xrightarrow[20℃]{KH,\ THF} (CH_3)_2CH\overset{\overset{-}{O}K^+}{\overset{|}{C}}=C(CH_3)_2 \xrightarrow[-78℃]{CH_3I} (CH_3)_2CHCC(CH_3)_3\overset{O}{\overset{\|}{}}$$

(4) 生成烯醇盐的其他方法。

(i) α,β-不饱和酮在液氨溶液中用金属锂还原也可生成烯醇盐。

(ii) α,β-不饱和酮与二甲基铜锂发生加成反应，得到烯醇锂与甲基铜的络合物。

192

◻10.3.2 卤代反应

1. 酸催化卤代和碱催化卤代

在酸或碱的催化作用下,醛、酮的 α-H 可被卤素(氯、溴、碘)取代。

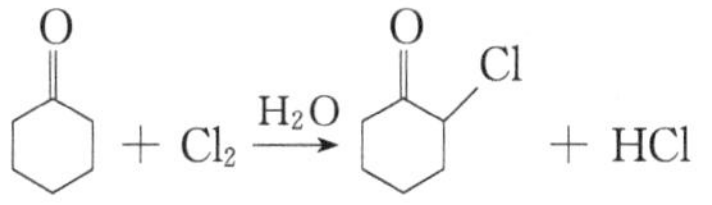

$$\text{环己酮} + Cl_2 \xrightarrow{H_2O} \text{2-氯环己酮} (61\% \sim 66\%) + HCl$$

$$(CH_3)_2CHCOCH_3 + Br_2 \xrightarrow{CH_3OH} (CH_3)_2CHCOCH_2Br (70\%) + HBr$$

卤代反应通常分两步进行:首先烯醇化,然后卤素与 C=C 加成。

1) 酸催化卤代反应机理

在不加催化剂的情况下,卤代反应可被反应中生成的 HX 催化,这是一个自动催化过程,有一个诱导期。

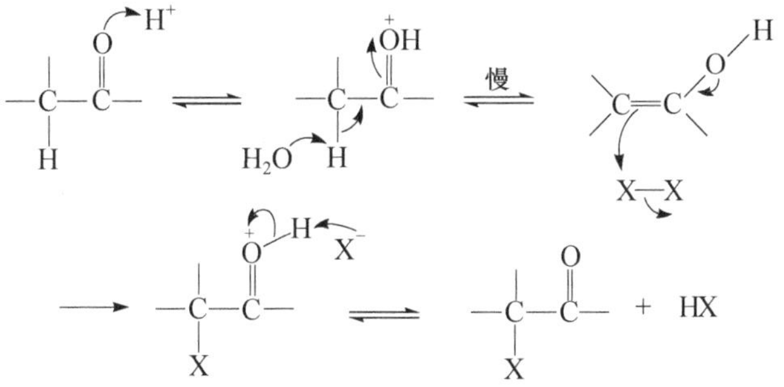

(1) 酸催化的反应速率只与酮和酸的浓度有关,与卤素的浓度无关,且氯化、溴化和碘化的速率相同。

(2) 实验还表明,酸催化卤代与酸催化 α-H 的氢-氘交换反应速率相同,说明二者是以相同的中间体途径进行的。

(3) 酸催化醛、酮卤代反应的活性次序如下:

$$R'\underset{H}{\overset{R''}{\text{C}}}-\underset{}{\overset{O}{\text{C}}}-\ >\ R'\underset{H}{\overset{H}{\text{C}}}-\underset{}{\overset{O}{\text{C}}}-\ >\ H\underset{H}{\overset{H}{\text{C}}}-\underset{}{\overset{O}{\text{C}}}-$$

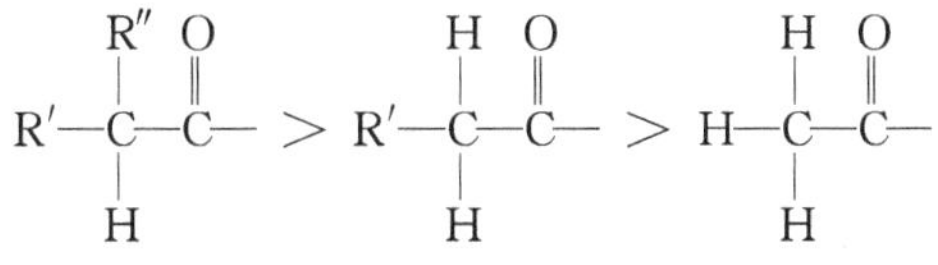

2) 碱催化卤代反应机理

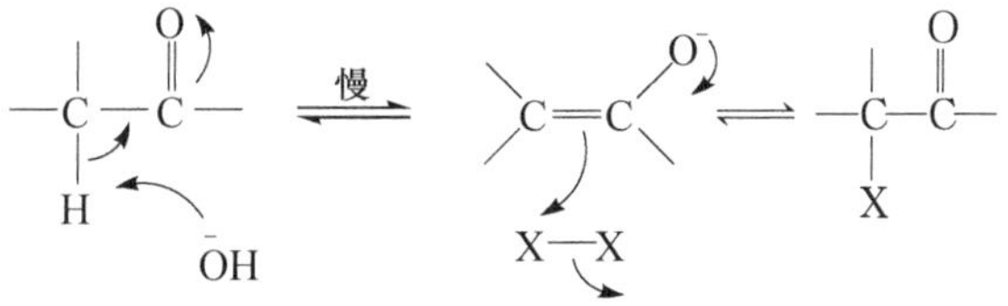

(1) 碱催化醛、酮卤代反应的活性次序如下:

$$H\underset{H}{\overset{H}{\text{C}}}-\underset{}{\overset{O}{\text{C}}}-\ >\ R'\underset{H}{\overset{H}{\text{C}}}-\underset{}{\overset{O}{\text{C}}}-\ >\ R'\underset{H}{\overset{R''}{\text{C}}}-\underset{}{\overset{O}{\text{C}}}-$$

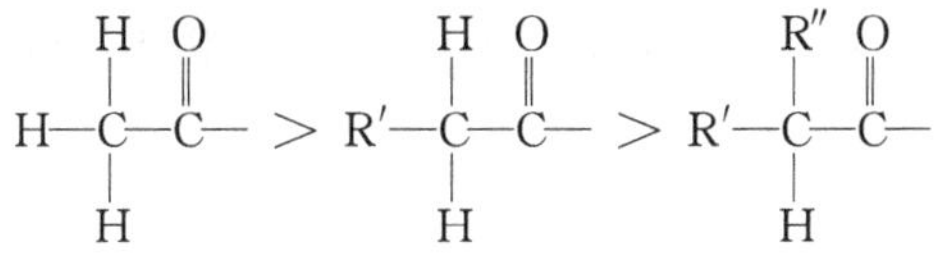

（2）卤仿反应：甲基酮类化合物在碱性条件下与氯、溴、碘作用分别生成氯仿、溴仿、碘仿（统称卤仿）的反应称为卤仿反应。

$$R-\underset{O}{\overset{\parallel}{C}}-CH_3 \xrightarrow[-OH]{3X_2} R-\underset{O}{\overset{\parallel}{C}}-O^- + CHX_3$$

（i）卤仿反应中应用较多的是碘仿反应，主要用于鉴别。

$$R-\underset{O}{\overset{\parallel}{C}}-CH_3 \xrightarrow[-OH]{I_2} R-\underset{O}{\overset{\parallel}{C}}-O^- + CHI_3\downarrow \quad \text{黄色沉淀，有特殊气味}$$

可鉴定具有特定结构 $\left(H_3C-\underset{O}{\overset{\parallel}{C}}- \text{与} \ H_3C-\underset{OH}{\overset{|}{C}}H-\right)$ 的化合物。

（ii）通过卤仿反应可制备用通常方法难获得的羧酸。例如：

$$(CH_3)_3CCCH_3 \xrightarrow{Br_2/NaOH/H_2O} CHBr_3 + (CH_3)_3CCONa \xrightarrow{H^+} (CH_3)_3CCOOH$$

（iii）卤仿反应机理。

$$R-\underset{\underset{OH}{|}}{\overset{O}{\overset{\parallel}{C}}}-\underset{H}{\overset{|}{C}}H_2 \longrightarrow R-\underset{}{\overset{O^-}{\overset{|}{C}}}=CH_2 \xrightarrow{X-X} R-\underset{X}{\overset{O}{\overset{\parallel}{C}}}-\underset{}{\overset{H}{\overset{|}{C}}H} \ \ ^-OH$$

$$\longrightarrow \cdots \longrightarrow R-\underset{}{\overset{O}{\overset{\parallel}{C}}}-CX_3 \xrightarrow{^-OH} R-\underset{OH}{\overset{O^-}{\overset{|}{C}}}-CX_3$$

$$\longrightarrow R-\underset{}{\overset{O}{\overset{\parallel}{C}}}-OH + {}^-CX_3 \longrightarrow R-\underset{}{\overset{O}{\overset{\parallel}{C}}}-O^- + CHX_3$$

2. 酸催化卤代与碱催化卤代的主要区别

酸催化反应	碱催化反应
（1）反应产生的酸起自动催化作用，因此有一个诱导期，一旦酸产生，反应就会很快发生。	（1）碱的用量必须超过 1mol，因为除催化作用外，还必须不断中和反应中产生的酸。
（2）对于不对称的酮，卤代反应的优先次序（关键是形成烯醇式）如下： $COCHR_2 > COCH_2R > COCH_3$	（2）对于不对称的酮，卤代反应的优先次序（关键是夺取 α-H）如下： $COCH_3 > COCH_2R > COCHR_2$
（3）$v_{一元卤代} > v_{二元卤代} > v_{三元卤代}$ 控制卤素的用量，可将卤代反应分别控制在一元、二元、三元卤代阶段。	（3）$v_{三元卤代} > v_{二元卤代} > v_{一元卤代}$ 反应很难控制在一元卤代阶段。

10.3.3 缩合反应

1. 羟(醇)醛缩合反应

1) 自身羟醛缩合(同种醛之间的缩合)

$$H_3C-\underset{O}{\overset{\parallel}{C}}-H + H_2C-\underset{O}{\overset{\parallel}{C}}-H \xrightarrow{-OH} H_3C-\underset{OH}{\overset{}{CH}}-CH_2-\underset{O}{\overset{\parallel}{C}}-H \xrightarrow[\triangle]{-H_2O} CH_3CH=CHCHO$$
$$\qquad\qquad\quad \underset{H}{|}$$

(1) 这是制备 α,β-不饱和醛的一种方法,使碳链增长一倍。

(2) 反应机理。

$$H_3C-\underset{O}{\overset{\parallel}{C}}-H \xrightarrow{-OH} H_2\bar{C}-\underset{O}{\overset{\parallel}{C}}-H \xrightarrow{H_3C-\overset{O}{\overset{\parallel}{C}}-H} H_3C-\underset{OH}{\overset{O^-}{\overset{|}{CH}}}-CH_2CHO$$

$$\xrightarrow{H_2O} CH_3\underset{OH}{\overset{|}{CH}}CH_2CHO \xrightarrow{\triangle} CH_3CH=CHCHO$$

(3) 应用举例。

$$C_7H_{15}CH=O \xrightarrow{NaOEt} C_7H_{15}CH=\underset{C_6H_{13}}{\overset{|}{C}}CHO$$

$$CH_3CH_2CH_2CH=O \xrightarrow{KOH} CH_3CH_2CH_2\underset{OH}{\overset{|}{CH}}\underset{C_2H_5}{\overset{|}{CH}}CH=O$$

2) 交叉羟醛缩合

(1) 通常两种不同的醛缩合,会生成四种不同的产物,用于合成的意义不大。如果一种无 α-H 的醛与另一种有 α-H 的醛进行缩合,则在合成上有实际意义。例如:

$$H_2C=O + (CH_3)_2CHCHO \rightleftharpoons (CH_3)_2\underset{CHO}{\overset{|}{C}}CH_2OH$$

(2) Claisen-Schmidt 反应:无 α-H 的芳香醛和有 α-H 的脂肪醛(酮)在 NaOH 和乙醇的混合体系内发生缩合,得到高产率的 α,β-不饱和醛(酮)的反应称为 Cleisen-Schmidt 反应。

$$\text{Ph}-CHO + CH_3\underset{O}{\overset{\parallel}{C}}C(CH_3)_3 \xrightarrow[H_2O/C_2H_5OH]{NaOH} \underset{H}{\overset{Ph}{\underset{|}{C}}}=\underset{\underset{O}{\overset{\parallel}{C}}C(CH_3)_3}{\overset{H}{\underset{|}{C}}}$$

E构型为主
88%~93%

3) 定向缩合

不对称酮进行羟醛缩合时,如果想得到动力学控制产物,一种有效的方法是使用 LDA。LDA 体积大,易进攻位阻小的碳;碱性强,可以使酮完全转化为相应的烯醇负离子。例如:

$$CH_3CH_2\underset{OH}{\overset{|}{CH}}CH_2\underset{O}{\overset{\parallel}{C}}CH_2CH_3 \Rightarrow CH_3CH_2CHO + CH_3\underset{O}{\overset{\parallel}{C}}CH_2CH_3$$

5-羟基-3-庚酮

$$CH_3CCH_2CH_3 \xrightarrow[THF,-78℃]{LDA} H_2C=CCH_2CH_3 \xrightarrow[2.\ H_2O]{1.\ CH_3CH_2CHO} CH_3CH_2\underset{OH}{CH}CH_2CCH_2CH_3$$
（此处酮的 $\overset{-}{O}\overset{+}{Li}$ 中间体，产物含 OH 基）

如果需制备醛出 α-H、酮出羰基的缩合产物，须先保护醛羰基。例如：

$$CH_3CHO \xrightarrow{\text{环己胺-NH}_2} \text{环己基}-N=CHCH_3 \xrightarrow{LDA}{THF} \text{环己基}-N=CHCH_2Li$$

$$\xrightarrow[-78℃]{Ph_2C=O} \xrightarrow{H_3O^+} Ph_2C=CHCHO$$

（总产率＞55％）

2. 酮的缩合

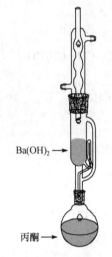

图 10-2　利用 Soxhlet 提取器制备异丙叉丙酮

脂肪族酮发生缩合反应时，平衡不利于生成羟酮，只有采用特殊方法，才可能有好的产率。例如，利用 Soxhlet 提取器进行丙酮的缩合，如图 10-2 所示。丙酮沸腾后回流下来与 Ba(OH)₂ 接触反应，生成二丙酮醇，随着多余的丙酮回到圆底烧瓶中，由于其沸点高，不会再参与反应循环。

$$2\ CH_3\overset{O}{\underset{\|}{C}}CH_3 \xrightleftharpoons{Ba(OH)_2} CH_3\underset{\underset{CH_3}{|}}{\overset{\overset{OH}{|}}{C}}CH_2\overset{O}{\underset{\|}{C}}CH_3$$

丙酮　　　　　　二丙酮醇
沸点：56℃　　　　沸点：164℃

$$\xrightarrow[\triangle]{H^+} \underset{CH_3}{\overset{CH_3}{>}}C=CH\overset{O}{\underset{\|}{C}}CH_3$$

异丙叉丙酮

3. 分子内羟醛缩合

二羰基化合物可发生分子内羟醛缩合，生成环状化合物。该反应主要用于五元环、六元环和七元环的合成。

例 10-5

（含 Et 取代的二醛在 $H_2O/OH^-,\triangle$ 条件下发生分子内羟醛缩合生成环戊烯甲醛或环戊醇甲醛等反应示意）

例 10-6

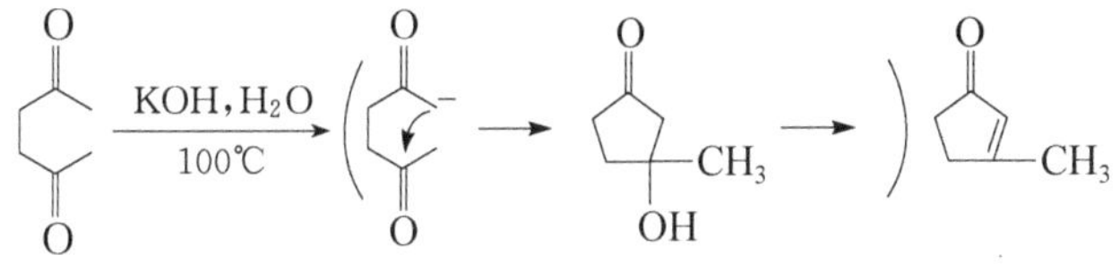

例 10-7

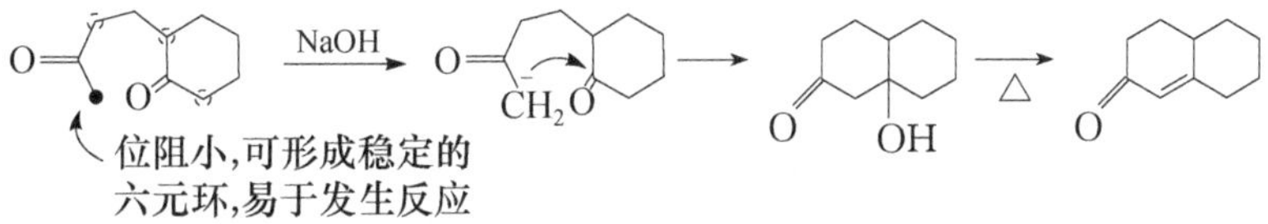

位阻小,可形成稳定的六元环,易于发生反应

4. 酸催化下的缩合反应

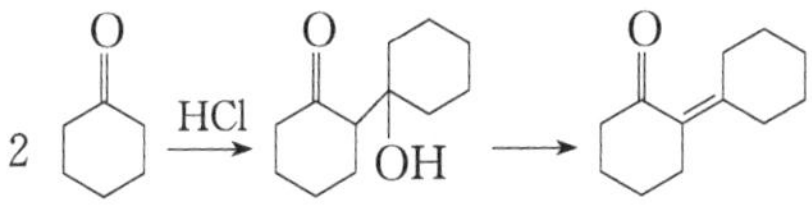

酸催化与碱催化的缩合反应对比:

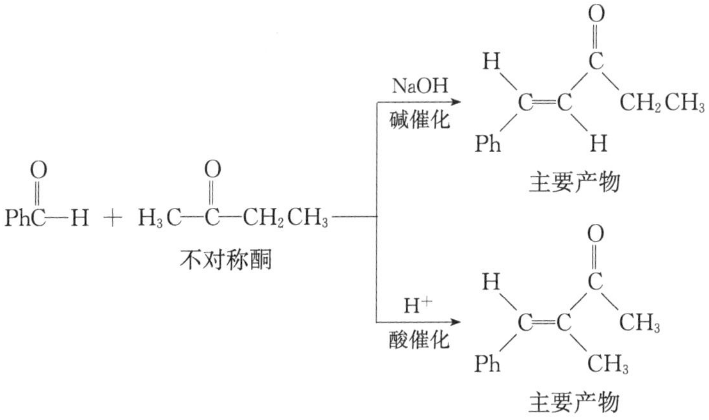

5. 合成实例分析(3)——羟醛缩合在合成上的应用

①合成 β-羟基醛(酮);②合成 α,β-不饱和醛(酮);③转换成其他相关化合物。

例 10-8 由简单化合物合成 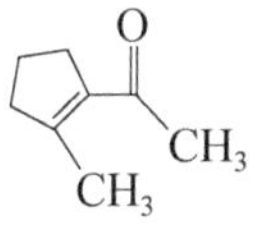 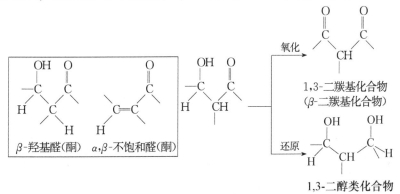。

分析：

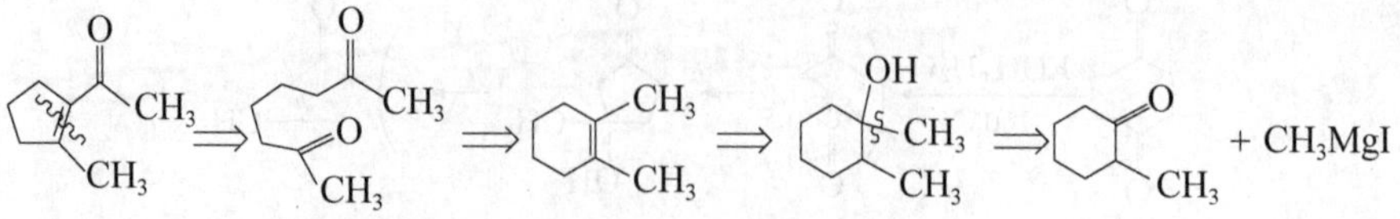

（结构式推导：1,6-二羰基化合物 ⇒ 烯烃 ⇒ 叔醇 ⇒ + CH₃MgI）

合成：

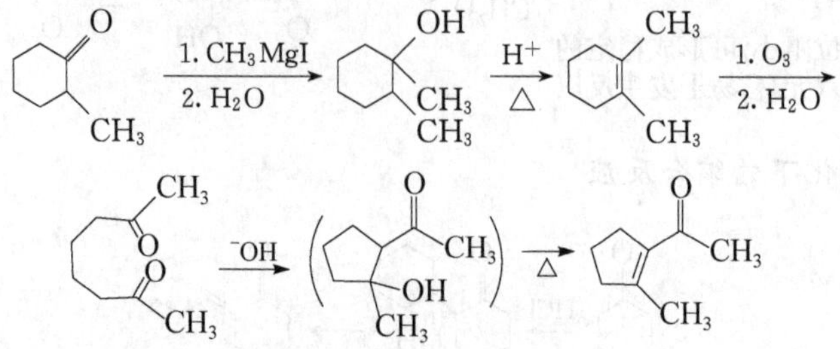

环己酮衍生物 $\xrightarrow{\text{1. CH}_3\text{MgI}}_{\text{2. H}_2\text{O}}$ 叔醇 $\xrightarrow[\Delta]{\text{H}^+}$ 烯烃 $\xrightarrow{\text{1. O}_3}_{\text{2. H}_2\text{O}}$ 1,6-二酮

1,6-二酮 $\xrightarrow{^-\text{OH}}$ (环戊基羟基酮中间体) $\xrightarrow{\Delta}$ 目标产物

例 10-9

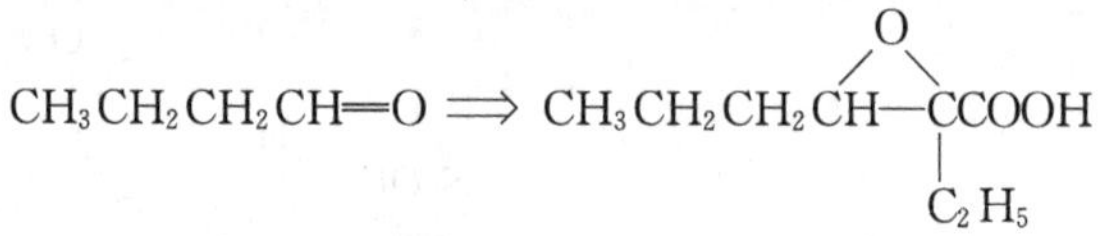

$$CH_3CH_2CH_2CH{=}O \Longrightarrow CH_3CH_2CH_2\underset{C_2H_5}{\overset{O}{\overset{|}{C}}}\text{—}CCOOH$$

分析：

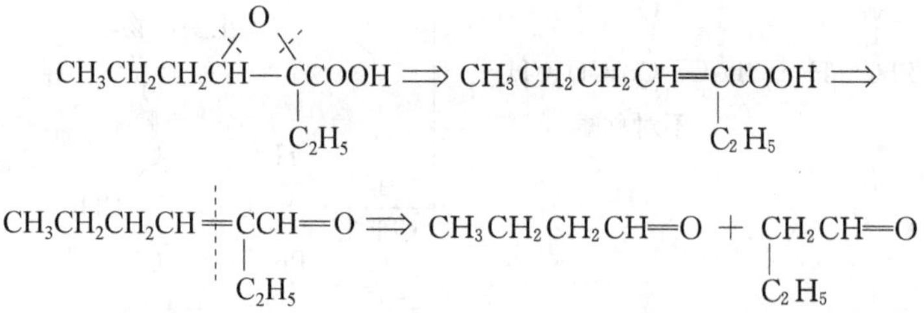

$$CH_3CH_2CH_2\underset{C_2H_5}{\overset{O}{C}}COOH \Longrightarrow CH_3CH_2CH{=}\underset{C_2H_5}{C}COOH \Longrightarrow$$

$$CH_3CH_2CH{-}\underset{C_2H_5}{C}CH{=}O \Longrightarrow CH_3CH_2CH{=}O + \underset{C_2H_5}{CH_2CH{=}O}$$

合成：

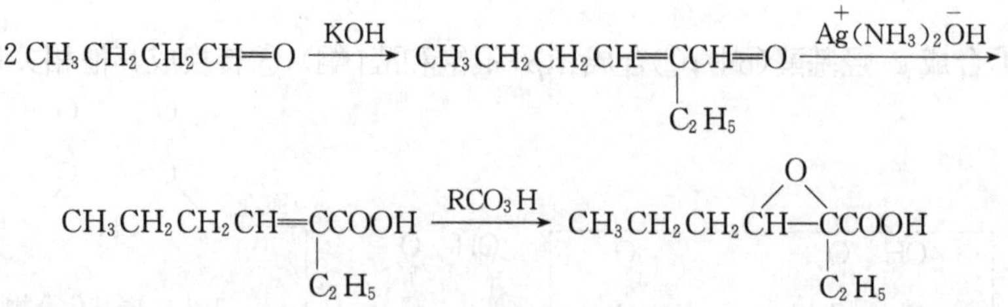

$$2\,CH_3CH_2CH_2CH{=}O \xrightarrow{KOH} CH_3CH_2CH_2CH{=}\underset{C_2H_5}{C}CH{=}O \xrightarrow{\overset{+}{Ag(NH_3)_2}\overset{-}{OH}}$$

$$CH_3CH_2CH_2CH{=}\underset{C_2H_5}{C}COOH \xrightarrow{RCO_3H} CH_3CH_2CH_2\underset{C_2H_5}{\overset{O}{C\text{—}C}}COOH$$

6. Mannich 反应

$$\underset{\text{具有 }\alpha\text{-活泼氢}}{RCCH_2{-}H} + \underset{\substack{\\ \text{C}\\ \text{H H}}}{O} + \underset{\text{伯或仲胺}}{HNR'_2 \cdot HCl} \longrightarrow \underset{\beta\text{-氨基酮盐酸盐}}{RCCH_2CH_2NR'_2 \cdot HCl} + H_2O$$

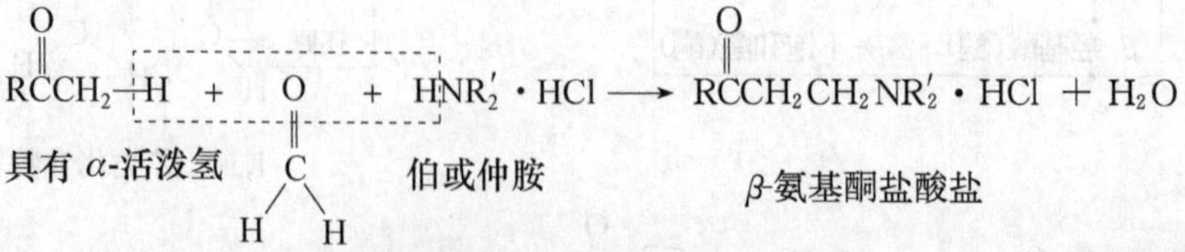

Mannich 缩合的结果是甲基酮的 α-H 被甲氨基取代，生成 β-氨基酮盐酸盐。其可进一步转化为 α,β-不饱和酮或 β-氨基酮（Mannich 碱），后者是有机合成的

重要中间体。

$$C_6H_5\overset{O}{\underset{\|}{C}}CH_3 + CH_2O + (CH_3)_2NH\cdot HCl \longrightarrow C_6H_5\overset{O}{\underset{\|}{C}}CH_2CH_2N(CH_3)_2\cdot HCl$$

$$\downarrow {}^-OH$$

$$C_6H_5\overset{O}{\underset{\|}{C}}CH_2CH_2COOH \xleftarrow{H_2O,\triangle} C_6H_5\overset{O}{\underset{\|}{C}}CH_2CH_2CN \xleftarrow{KCN} C_6H_5\overset{O}{\underset{\|}{C}}CH_2CH_2N(CH_3)_2$$

γ-酮酸   Mannich 碱

$$C_6H_5\overset{O}{\underset{\|}{C}}CH_2CH_2N(CH_3)_2\cdot HCl \xrightarrow{\triangle} C_6H_5\overset{O}{\underset{\|}{C}}CH=CH_2$$

10.3.4 Favorski 重排

在醇钠、氢氧化钠、氨基钠等碱性催化剂存在下，α-氯（溴）代酮失去卤原子，重排成具有相同碳原子的羧酸酯、羧酸或酰胺的反应称为 Favorski 重排。

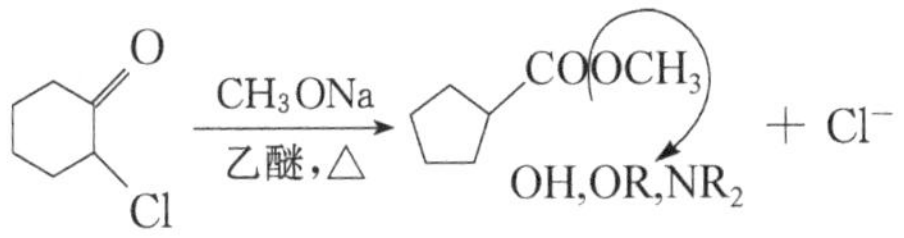

反应机理：

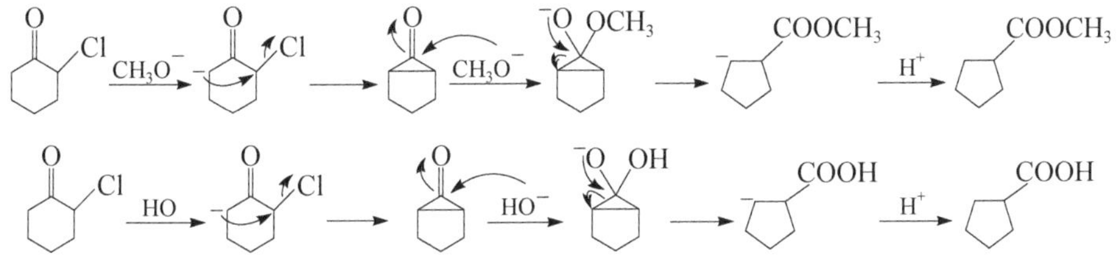

10.3.5 Wittig 反应

1. Wittig 试剂——磷叶立德 (phosphorus ylide)

$$Ph_3P: + CH_3Br \longrightarrow Ph_3\overset{+}{P}CH_3\overset{-}{B}r$$

具有双键性质

$$Ph_3\overset{+}{P}CH_3\overset{-}{B}r + PhLi \xrightarrow{醚} [Ph_3\overset{+}{P}-\overset{-}{C}H_2 \longleftrightarrow Ph_3P=CH_2] + PhH$$

Wittig 试剂

2. Wittig 反应机理

$$Ph_3\overset{+}{P}-\overset{-}{C}H_2 + Ph_2C=O \longrightarrow \begin{bmatrix} H_2C-CPh_2 \\ | \quad\quad | \\ Ph_3P^+ \quad O^- \end{bmatrix} \longrightarrow$$

$$\begin{matrix} H_2C-CPh_2 \\ | \quad\quad | \\ Ph_3P-O \end{matrix} \longrightarrow Ph_2C=CH_2 + Ph_3PO$$

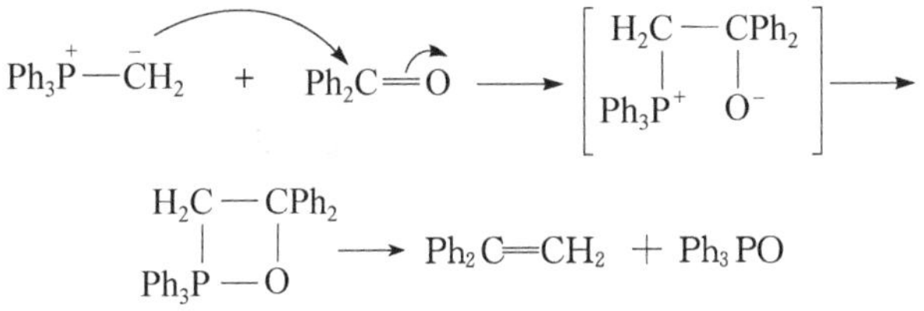

Wittig 反应是通过环状过渡态进行的反应,条件温和,所生成的双键位置确定无疑。

$Ph_3\overset{+}{P}—\overset{-}{C}HY$:Y 为吸电子基,生成稳定叶立德,主要生成反式烯烃;Y 为烷基,生成未稳定叶立德,主要生成顺式烯烃;Y 为苯环,生成半稳定叶立德,生成顺、反烯烃混合物。

3. Wittig 反应的应用

(1) 环外双键的建立。

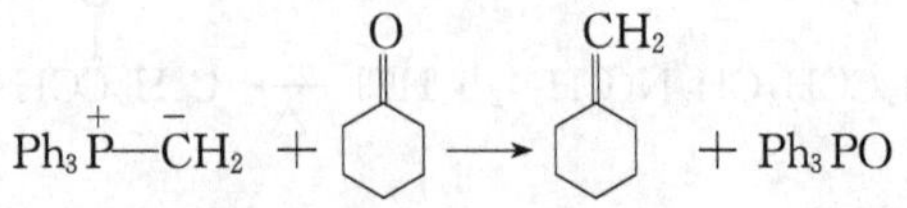

$$Ph_3\overset{+}{P}—\overset{-}{C}H_2 + \text{环己酮} \longrightarrow \text{亚甲基环己烷} + Ph_3PO$$

(2) Wittig 试剂与醛反应最快,酮其次,酯最慢。利用这一点可以进行选择性反应。

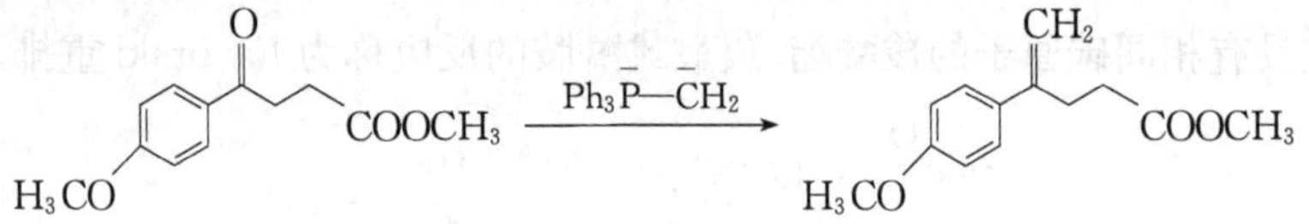

(3) 天然产物的合成。

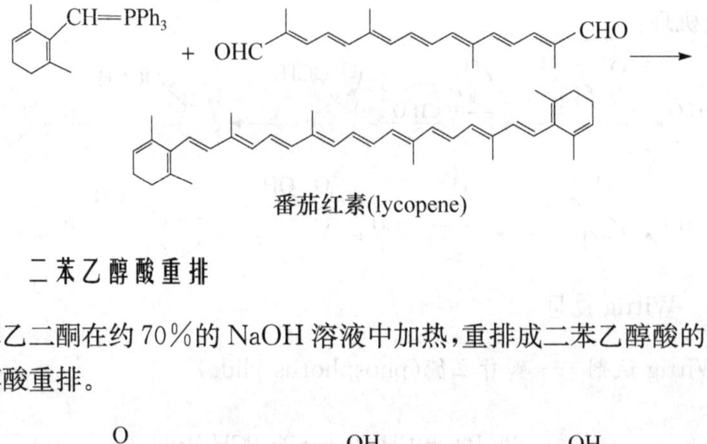

番茄红素(lycopene)

10.3.6 二苯乙醇酸重排

二苯乙二酮在约 70% 的 NaOH 溶液中加热,重排成二苯乙醇酸的反应称为二苯乙醇酸重排。

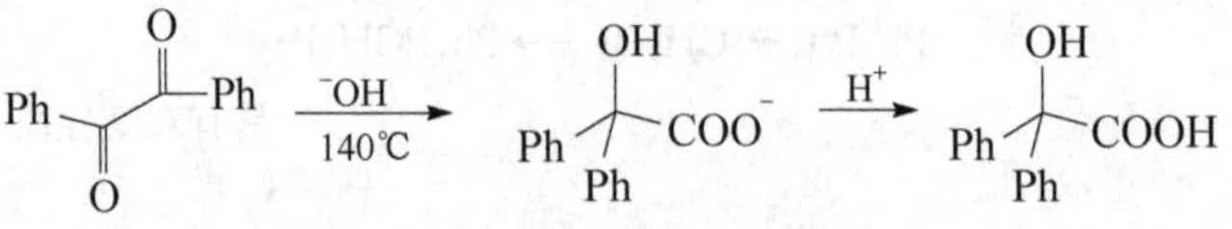

反应机理:

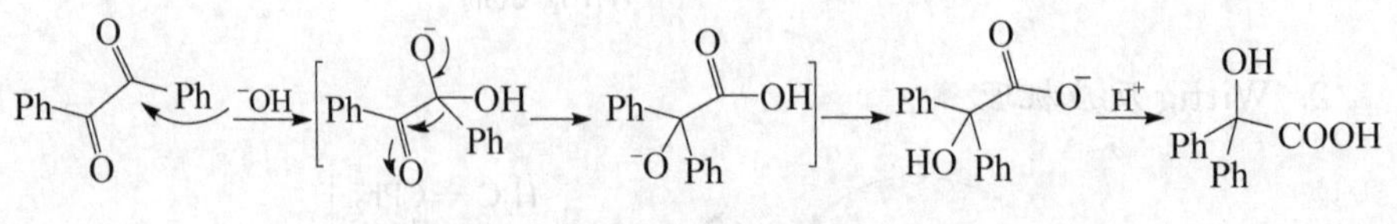

10.4 醛、酮的还原

(1) 羰基有两种主要还原形式:

$$\diagdown C=O \xrightarrow{[H]} \diagdown CH-OH$$

① 负氢转移
   LiAlH₄, NaBH₄, B₂H₆
② 催化氢化
   H₂,加压/Pt(或 Pd,或 Ni)/加热
③ Meerwein-Ponndorf 还原
   (i-PrO)₃Al/i-PrOH
④ 活泼金属还原
   Na, Li, Mg, Zn

$$\diagdown C=O \xrightarrow{[H]} \diagdown CH_2$$

① Clemmensen 还原
   Zn(Hg)/HCl
② Wolff-Kishner-黄鸣龙还原
   NH₂NH₂/NaOH/
   (HOCH₂CH₂)₂O/△
③ 通过缩硫酮间接还原

(2) 醛、酮被活泼金属还原分为单分子还原和双分子还原。

(i) 单分子还原。

$$R-\underset{\underset{O}{\|}}{C}-R'(H) \xrightarrow{Na, HA} R-\underset{\underset{OH}{|}}{CH}-R'(H)$$

活泼金属，如钠、锂、镁、铝等在酸、碱、水、醇等介质中作用，可以顺利地使醛、酮发生单分子还原转化为醇。还原机理如下：

$$R-\underset{O}{\overset{\|}{C}}-R' \xrightarrow[Na]{e^-} R-\underset{O^-Na^+}{\overset{\cdot}{C}}-R' \xrightarrow{e^-} R-\underset{O^-Na^+}{\overset{-}{C}}-R' \xrightarrow{\curvearrowleft H-A(溶剂)} R-\underset{O^-Na^+}{\overset{H}{C}}-R' \xrightarrow{HA} R-\underset{OH}{\overset{H}{C}}-R'$$

(ii) 双分子还原。

$$2\,R-\underset{O}{\overset{\|}{C}}-R' \xrightarrow[2.\,H_2O]{1.\,Mg, C_6H_6} R-\underset{R'}{\overset{OH}{\underset{|}{C}}}-\underset{R'}{\overset{OH}{\underset{|}{C}}}-R$$

在钠、镁、铝、铝汞齐或低价钛试剂的催化下，醛、酮在非质子溶剂中发生双分子还原偶联，生成频哪醇。其还原机理如下：

$$2\,R-\underset{O}{\overset{\|}{C}}-R' \xrightarrow[Mg]{2e^-} R-\underset{R'}{\overset{O}{\underset{|}{C}}}\cdot\ \cdot\underset{R'}{\overset{O}{\underset{|}{C}}}-R \longrightarrow R-\underset{R'}{\overset{\overset{Mg}{\overset{/\ \backslash}{O\ \ O}}}{\underset{|}{C}}}-\underset{R'}{\overset{}{\underset{|}{C}}}-R \xrightarrow{H_2O} R-\underset{R'}{\overset{OH}{\underset{|}{C}}}-\underset{R'}{\overset{OH}{\underset{|}{C}}}-R$$

频哪醇

10.5 醛、酮的氧化

10.5.1 醛的氧化

(1) 醛极易氧化，许多氧化剂都能将醛氧化成酸，如 KMnO₄、K₂Cr₂O₇、H₂CrO₄、RCOOOH、Ag₂O、H₂O₂、Br₂(水)等。

(2) 许多醛能发生自动氧化。

$$R-\underset{O}{\overset{\|}{C}}-H \xrightarrow{O_2} R-\underset{O}{\overset{\|}{C}}-OOH \xrightarrow{R-\overset{\|}{\underset{O}{C}}-H} 2R-\underset{O}{\overset{\|}{C}}-OH$$

(3) 醛用 Tollens 试剂氧化发生银镜反应(只氧化醛,不氧化酮)。

$$RCHO + \overset{+}{Ag}(NH_3)_2\overset{-}{OH} \longrightarrow RCOONH_4 + Ag\downarrow$$

该反应可用于醛类化合物的鉴定分析,用于制备羧酸类化合物时可使 C=C 保留。

(4) 醛用 Fehling 试剂氧化生成红色氧化亚铜沉淀(只氧化脂肪醛,不氧化芳香醛和酮)。

$$RCHO + Cu^{2+} \xrightarrow[NaOH]{H_2O} RCOONa + Cu_2O\downarrow$$

该反应可用于醛类化合物的鉴定分析,用于制备羧酸类化合物时可使 C=C 保留。

(5) Cannizzaro 反应。

没有 α-H 的醛在强碱作用下,生成相应的醇和酸的反应称为 Cannizzaro 反应,也称为歧化反应。

$$2\text{PhCHO} \xrightarrow[50℃]{NaOH, C_2H_5OH} \text{PhCOONa} + \text{PhCH}_2\text{OH}$$

$$\xrightarrow{H^+} \text{PhCOOH}$$

(i) 甲醛总是还原剂。

$$R-CH=O + CH_2=O \xrightarrow{\text{浓}-OH} R-CH_2-OH + HCOO^-$$

工业上制备季戊四醇的方法综合运用了羟醛缩合和 Cannizzaro 反应。

$$3H_2C=O + CH_3CHO \xrightarrow{Ca(OH)_2} (HOCH_2)_3CCHO \xrightarrow[HCHO]{Ca(OH)_2} HOH_2C-C(CH_2OH)_3$$

　　　　　　　　　　羟醛缩合　　　　　　　　歧化　　　　　　季戊四醇

(ii) 分子内也能发生 Cannizzaro 反应。

$$C_2H_5\text{-C(CHO)}_2\text{-CH}_3 \xrightarrow[2.H^+]{1.NaOH} C_2H_5\text{-C(COOH)(CH}_2\text{OH)CH}_3 \xrightarrow{-H_2O} \text{内酯}$$

　　　　　　　　　　　　　　　　　　　　　　羟基酸　　　　　　　　　内酯

□ 10.5.2 酮的氧化

(1) 酮不易被氧化,遇强氧化剂,长时间反应,碳链断裂形成相对分子质量较低的酸。

(2) Baeyer-Villiger 反应。

酮在过酸作用下发生氧化-重排生成酯的反应称为 Baeyer-Villiger 反应。

$$\underset{\|}{R-\overset{O}{C}-R} \xrightarrow{RCOOH} \underset{\|}{R-\overset{O}{C}-OR}$$

(i) 反应机理。

$$\underset{\|}{R-\overset{O}{C}-R} \xrightarrow{H^+} \left[\underset{\|}{R-\overset{\overset{+}{OH}}{C}-R} \longleftrightarrow R-\underset{+}{\overset{OH}{C}}-R \right] \xrightarrow{R'-C(=O)OOH} \xrightarrow{-H^+}$$

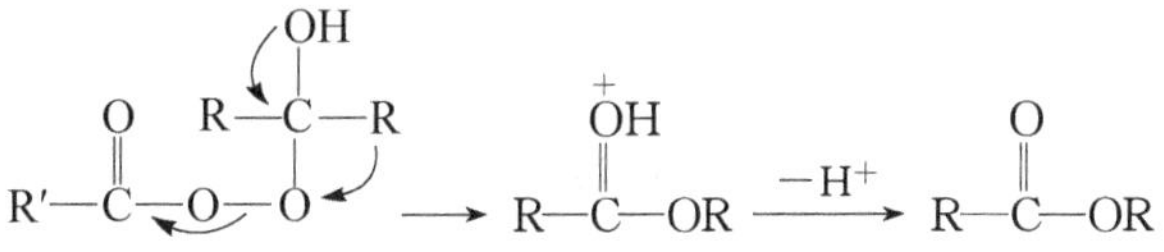

(ii) 不对称酮的 Baeyer-Villiger 氧化-重排。

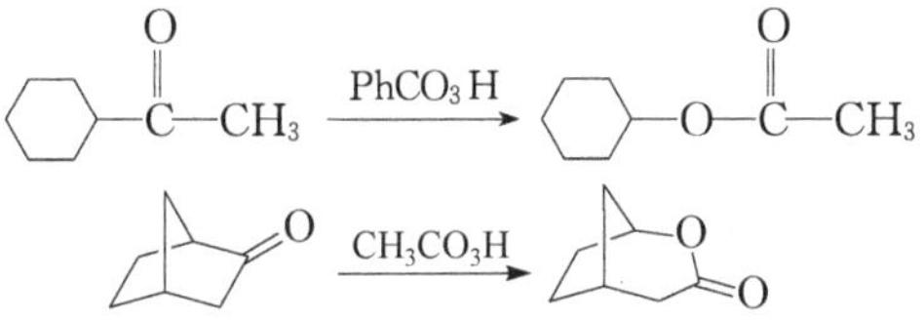

不同基团的迁移能力：

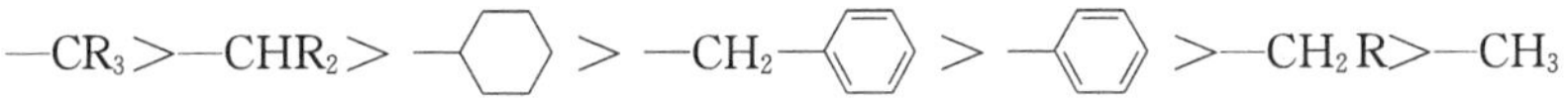

$-CR_3 > -CHR_2 > -\bigcirc > -CH_2C_6H_5 > -C_6H_5 > -CH_2R > -CH_3$

(iii) 手性基团迁移时构型保持。

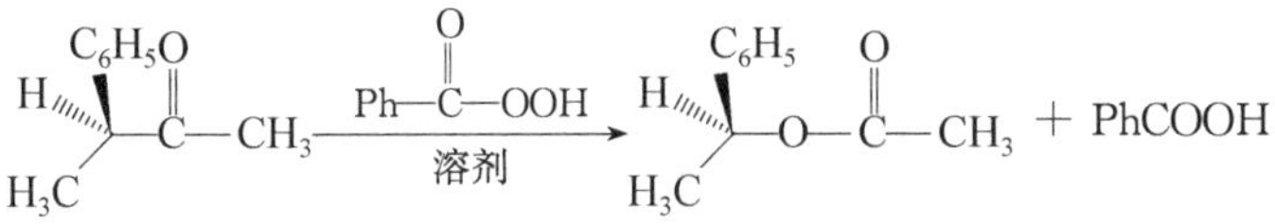

10.6 醛、酮的制备

10.6.1 几种已知的方法

1. 炔烃的水合

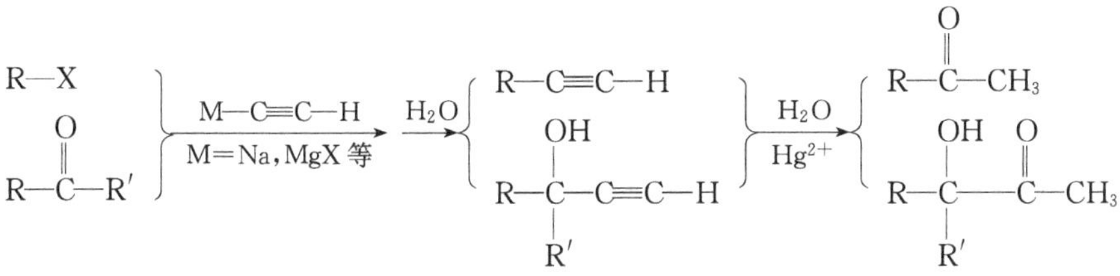

2. 氧化

1) 醇的氧化

采用缓和的氧化剂可将伯醇氧化为醛，仲醇氧化为酮。

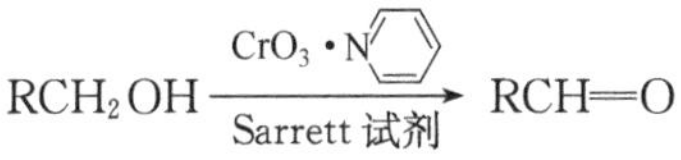

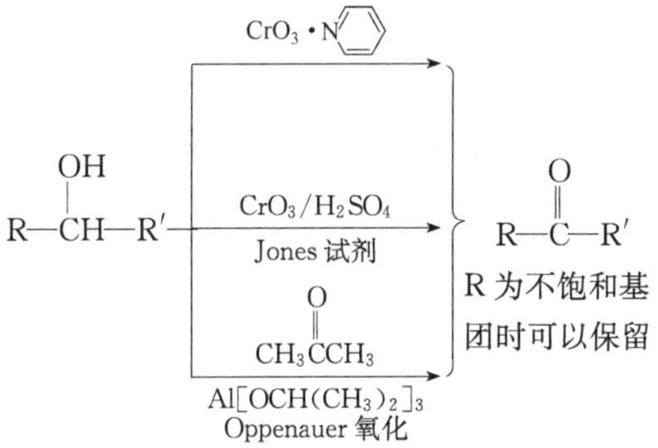

$$RCH_2OH \xrightarrow[\text{Sarrett 试剂}]{CrO_3 \cdot N} RCH{=}O$$

Jones 试剂 CrO_3/H_2SO_4

Oppenauer 氧化 $Al[OCH(CH_3)_2]_3$

R 为不饱和基团时可以保留

2) 醇的脱氢

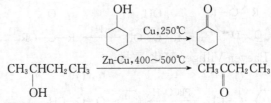

3) 烯烃的氧化

通过臭氧化或使用 KMnO₄ 等氧化剂可将烯烃氧化。例如：

$$\text{环己烯衍生物} \xrightarrow{\text{KMnO}_4} \text{二酮}$$

3. 芳香酮和醛的合成

1) 傅氏反应

$$\text{Ar—H} \xrightarrow[\text{AlCl}_3]{\text{RCOCl 或 (RCO)}_2\text{O}} \text{Ar—C(=O)—R}$$

2) Gattermann-Koch 反应

$$\text{Ar—H} \xrightarrow[\text{AlCl}_3, \text{CuCl}]{\text{CO/HCl（干燥）}} \text{Ar—C(=O)—H}$$

❏ 10.6.2 芳烃氧化

1. 芳香醛

$$\text{ArCH}_3 \xrightarrow[\text{H}^+]{\text{MnO}_2} \text{ArCH=O}$$

$$\text{ArCH}_3 \xrightarrow[\text{Ac}_2\text{O}]{\text{CrO}_3} \xrightarrow[\text{H}^+]{\text{H}_2\text{O}} \text{ArCH=O}$$

2. 芳香酮

$$\text{ArCH}_2\text{Ar}' \xrightarrow{\text{HNO}_3} \text{Ar—C(=O)—Ar}'$$

$$\text{ArCH}_2\text{R} \xrightarrow[\text{H}_2\text{O}]{\text{MnO}_2, \text{MgSO}_4} \text{Ar—C(=O)—R}$$

❏ 10.6.3 二卤代物水解

$$\text{ArCH}_3 \xrightarrow[\text{或 NBS}]{\text{X}_2/h\nu \text{ 或 }\triangle} \text{ArCHX}_2 \xrightarrow[\text{HO}^- \text{ 或 H}^+]{\text{H}_2\text{O}} \text{ArCH=O}$$

$$\text{ArCH}_2\text{Ar}' \xrightarrow[\text{或 NBS}]{\text{X}_2/h\nu \text{ 或 }\triangle} \text{Ar—CX}_2\text{—Ar}' \xrightarrow[\text{HO}^-]{\text{H}_2\text{O}} \text{Ar—C(=O)—Ar}'$$

间接氧化

10.7 α,β-不饱和醛、酮

(1) α,β-不饱和醛、酮的结构和性质分析。

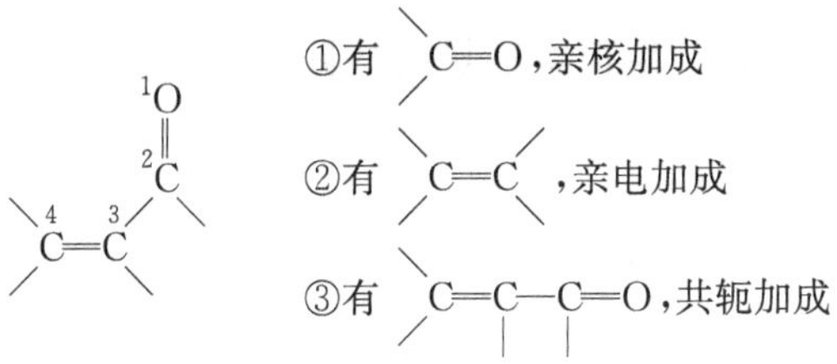

① 有 C=O，亲核加成

② 有 C=C，亲电加成

③ 有 C=C—C=O，共轭加成

(2) α,β-不饱和醛、酮的1,2-加成和1,4-加成。

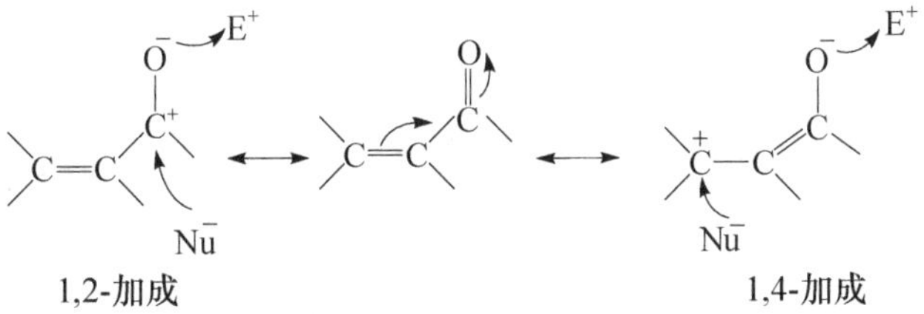

1,2-加成   1,4-加成

❑ 10.7.1　α,β-不饱和醛、酮的亲电加成反应

1. 亲电加成反应

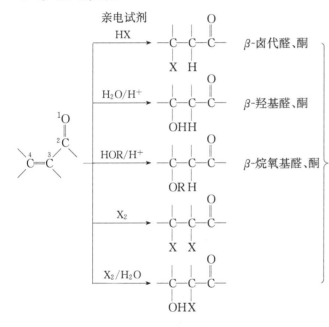

亲电试剂

HX → β-卤代醛、酮

H₂O/H⁺ → β-羟基醛、酮

HOR/H⁺ → β-烷氧基醛、酮

X₂ →

X₂/H₂O →

形式上为3,4-加成
实际是共轭加成

2. 1,4-加成(共轭加成)机理

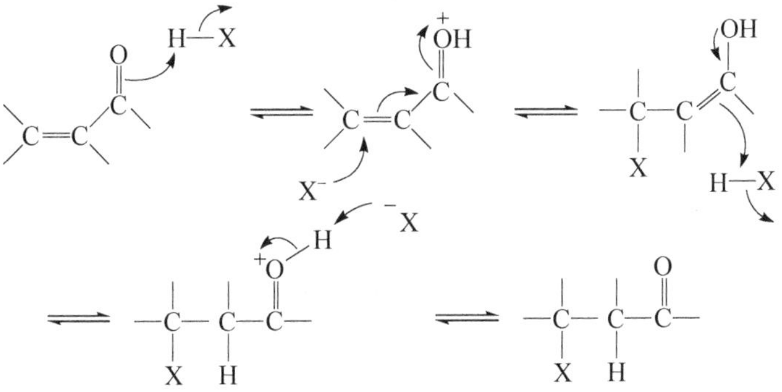

10.7.2 α,β-不饱和醛、酮的亲核加成反应

1. 1,2-加成

(1) 强亲核试剂：RLi，炔基钠，LiAlH₄ 等以 1,2-加成为主。例如：

$$Ph-CH=CH-\overset{O}{\underset{}{C}}-Ph \xrightarrow[2.\ H_2O]{1.\ PhLi} Ph-CH=CH-\underset{Ph}{\underset{|}{\overset{OH}{\underset{|}{C}}}}-Ph$$

$$H_2C=CH-\overset{O}{\underset{}{C}}-CH_3 \xrightarrow[2.\ H_2O]{1.\ HC\equiv CNa} H_2C=CH-\underset{CH_3}{\underset{|}{\overset{OH}{\underset{|}{C}}}}-C\equiv CH$$

$$\text{环己烯酮} \xrightarrow[2.\ H_2O]{1.\ LiAlH_4} \text{环己烯醇}$$

(2) 机理。

$$\overset{\delta^-}{\underset{}{O}}\overset{\delta^+}{\underset{}{C}} \longrightarrow \underset{Nu}{\overset{O^-}{\underset{|}{C}}} \xrightarrow{H_2O} \underset{Nu}{\overset{OH}{\underset{|}{C}}}$$

2. 1,4-加成（共轭加成）

(1) 较弱的亲核试剂以 1,4-加成（共轭加成）为主，亲核试剂总是加在 4 位。例如：

$$\overset{4}{C}=\overset{3}{C}-\overset{2}{C}\overset{1}{=O} \begin{cases} \xrightarrow[H^+]{NaCN} & -\underset{CN}{\underset{|}{C}}-\underset{H}{\underset{|}{C}}-\overset{O}{\underset{}{C}}- \\ \xrightarrow{NH_2R} & -\underset{NHR}{\underset{|}{C}}-\underset{H}{\underset{|}{C}}-\overset{O}{\underset{}{C}}- \\ \xrightarrow{NaHSO_3} & -\underset{SO_3Na}{\underset{|}{C}}-\underset{H}{\underset{|}{C}}-\overset{O}{\underset{}{C}}- \\ \xrightarrow[2.\ H_2O]{1.\ R_2CuLi} & -\underset{R}{\underset{|}{C}}-\underset{H}{\underset{|}{C}}-\overset{O}{\underset{}{C}}- \end{cases}$$

(2) 机理。

$$\underset{Nu^-}{\overset{\overset{M^+}{\underset{}{O}}}{C=C-C-}} \longrightarrow \underset{Nu}{\overset{OM^+}{\underset{|}{-C-C=C-}}} \xrightarrow{H-B} \underset{Nu}{\overset{OH}{\underset{|}{-C-C=C-}}} \rightleftharpoons \underset{Nu\ H}{\overset{O}{\underset{}{-C-C-C-}}}$$

RMgX 既可以发生 1,4-加成,也可以发生 1,2-加成。

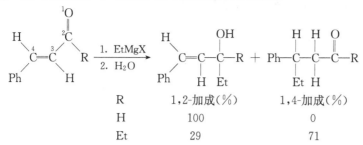

R	1,2-加成(%)	1,4-加成(%)
H	100	0
Et	29	71

α,β-不饱和醛与 RMgX 加成时,主要得 1,2-加成产物;α,β-不饱和酮与 RMgX 加成时,若有亚铜盐(如 CuX)作为催化剂,则主要得 1,4-加成产物;无亚铜盐催化剂时,空阻小的地方易发生反应。

3. Michael 加成

烯醇负离子与 α,β-不饱和羰基化合物发生的 1,4-加成称为 Michael 加成,在有机合成中常用于合成 1,5-二官能团化合物。

4. 共轭加成的立体化学——反型加成

(1)式有一个构象异构体 $\underset{C_6H_5}{\bigcirc}=O$ (2),所以产物应为一对光学活性异构体。

10.7.3 α,β-不饱和醛、酮的羟醛缩合

(1) α,β-不饱和醛、酮的羟醛缩合。

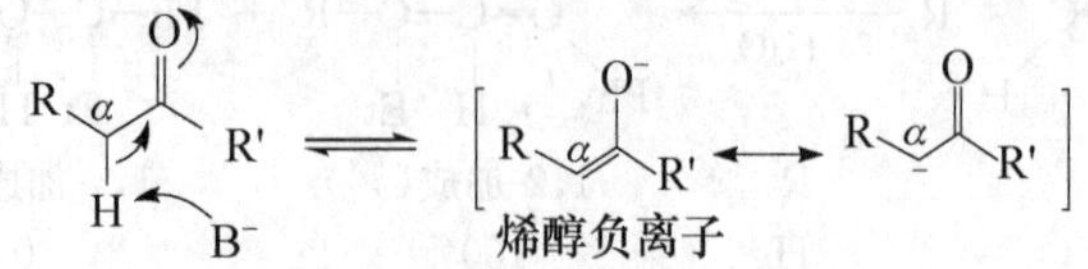

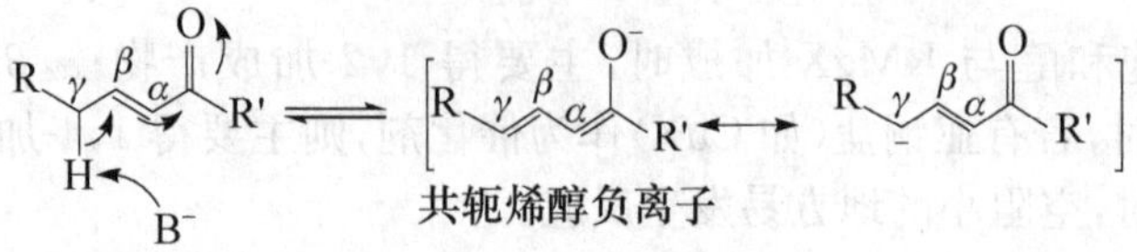

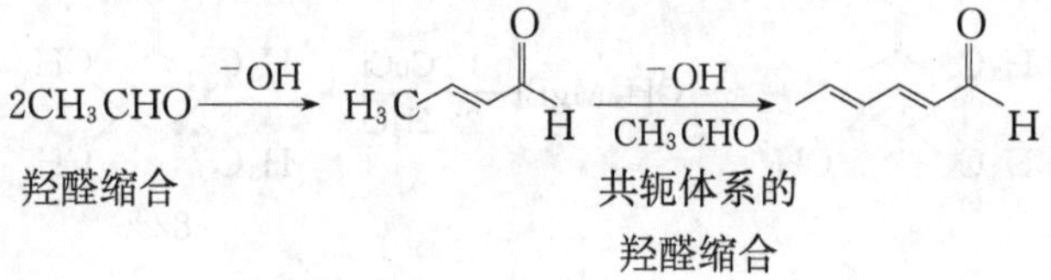

(2) 应用举例,写出下面合成的路线。

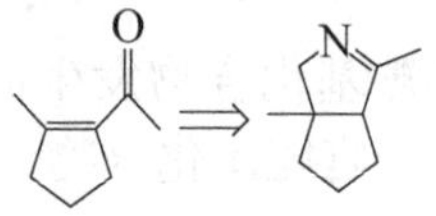

逆合成分析:

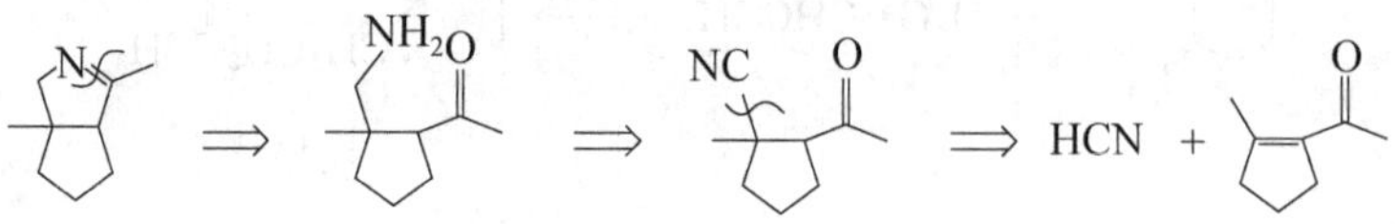

合成:

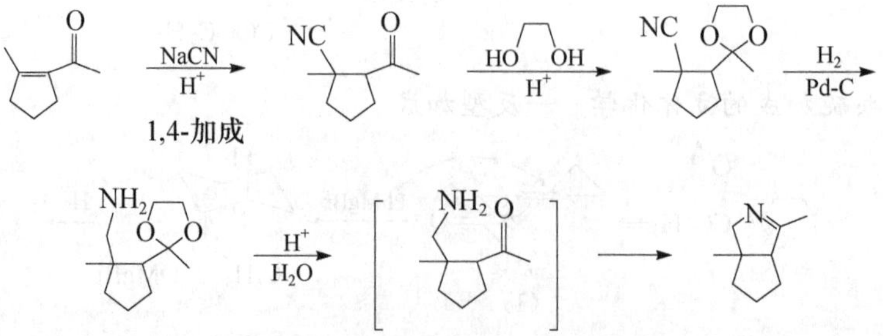

10.7.4 α,β-不饱和醛、酮的还原

(1) 只与 C=O 键发生反应,不与 C=C 键发生反应。

(i) Meerwein-Ponndorf 还原。

(ii) Clemmensen 还原。

(iii) Wolff-Kishner-黄鸣龙还原。

(2) C=C 键、C=O 键均被还原。

(i) 用硼烷还原,先与 C=O 键加成,再与 C=C 键加成。

(ii) 催化氢化,孤立时反应活性:RCHO>C=C>RCOR′;共轭时反应活

性:先C=C键,再C=O键。

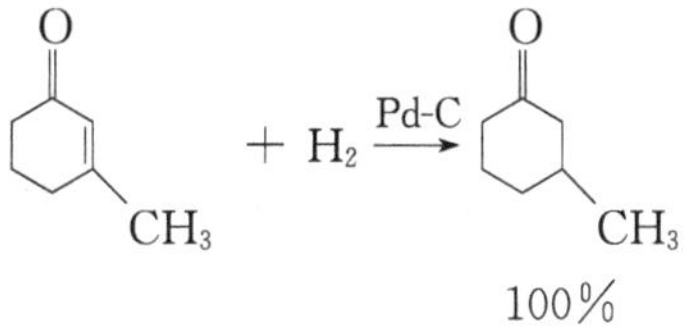

$$\text{3-methylcyclohex-2-enone} + H_2 \xrightarrow{Pd-C} \text{3-methylcyclohexanone} \quad 100\%$$

(iii) 用活泼金属还原[Na 或 Li 的 NH$_3$(液)]:不还原孤立的 C=C 键,但能还原共轭 C=C 键,而且是先还原共轭 C=C 键,再还原 C=O 键。

(iv) 用氢化金属化合物还原。

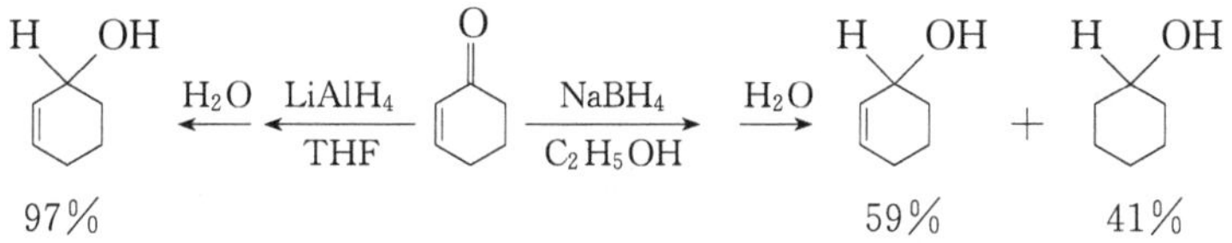

$$\text{2-cyclohexen-1-ol (97\%)} \xleftarrow[\text{THF}]{H_2O \; LiAlH_4} \text{cyclohex-2-enone} \xrightarrow[\text{C}_2\text{H}_5\text{OH}]{NaBH_4 \; H_2O} \text{2-cyclohexen-1-ol (59\%)} + \text{cyclohexanol (41\%)}$$

第11章 羧 酸

11.1 羧酸的分类、命名和结构

11.1.1 羧酸的分类和命名

1. 羧酸的命名

羧酸 R—COOH 官能团:羧基 —COOH

羧酸衍生物 RCOY Y=F,Cl,Br,I,OR′,OCOR′,NH$_2$,NHR′,NR$_2'$

历史上羧酸常由反映其来源的习惯名称命名。羧酸的系统命名是以含有羧基的最长碳链为主链,从羧基碳原子开始进行编号,根据主链碳原子数称为某酸,然后在母体的名称前加上取代基的名称和位置。含碳环的羧酸则把环看作取代基。

2. 羧酸的分类

1) 按碳骨架分类

(1) 开链脂肪酸。

	HCOOH	CH$_3$COOH	CH$_3$(CH$_2$)$_{10}$COOH	CH$_3$(CH$_2$)$_{16}$COOH
系统命名	甲酸	乙酸	十二碳酸	十八碳酸
习惯命名	蚁酸	醋酸	月桂酸	硬脂酸

(2) 脂环酸。

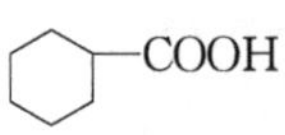

环己基甲酸 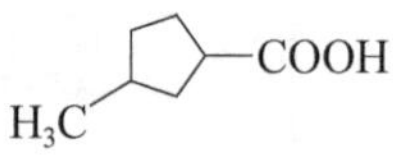   3-甲基环戊基甲酸

(3) 芳香酸。

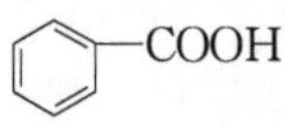

苯甲酸 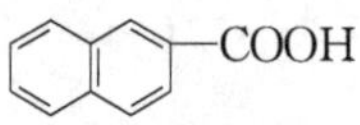   β-萘甲酸

(4) 不饱和酸。

CH$_3$CH=CHCOOH   C$_6$H$_5$CH=CHCOOH

2-丁烯酸   3-苯基丙烯酸(肉桂酸)

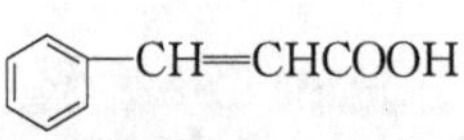

2) 按羧基数目分类

(1) 一元酸,分子中只含有一个羧基,如前述的乙酸、肉桂酸等。

(2) 多元酸,分子中含有两个及以上羧基,又分为二元酸、三元酸等。

HOOC—COOH   HOOC(CH$_2$)$_4$COOH   HOOC(CH$_2$)$_8$COOH

乙二酸(草酸)   己二酸   癸二酸

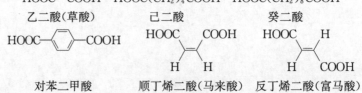

对苯二甲酸   顺丁烯二酸(马来酸)   反丁烯二酸(富马酸)

3) 取代羧酸

乳酸　　　　　　　苹果酸　　　　　　　柠檬酸

11.1.2 羧酸的结构

(1) 羧基中的 C 为 sp^2，其 C=O 与 OH 间存在 p-π 共轭。

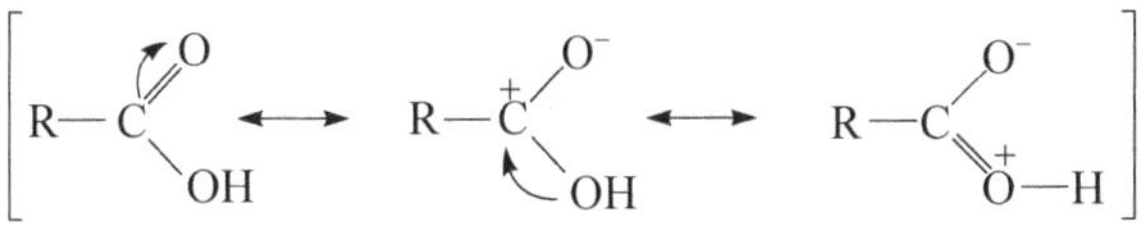

(2) 羧酸根中的两个 C—O 键是等同的，可用共振式表示。

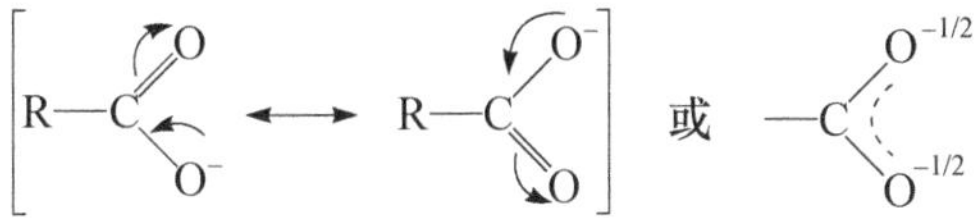

(3) 羧酸的物理性质简介。

低、中级脂肪酸是液体，可溶于水，有刺鼻或难闻的气味。高级脂肪酸是蜡状固体，无味，在水中溶解度较小。液态脂肪酸以二聚体形式存在，所以羧酸的沸点较高。

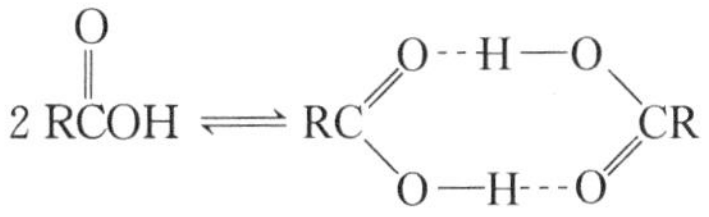

11.2 羧酸的化学性质

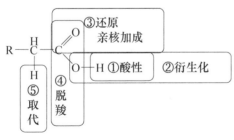

11.2.1 羧酸的酸性

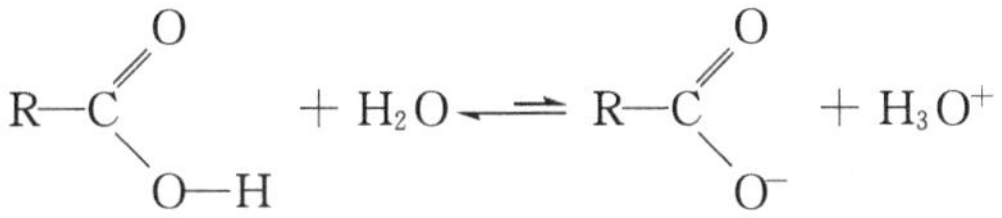

在羧酸的电离平衡中，大部分羧酸以未离解的分子形式存在，羧酸的 $pK_a = 3 \sim 5$，可与 $NaOH$、Na_2CO_3、$NaHCO_3$ 成盐。

1. 取代基对羧酸酸性的影响

1) 电子效应的影响

吸电子取代基使羧酸的酸性增强,给电子取代基使羧酸的酸性减弱。

$$FCH_2CO_2H > ClCH_2CO_2H > BrCH_2CO_2H > ICH_2CO_2H > CH_3CO_2H$$
pK_a　　2.66　　　　2.86　　　　2.90　　　　3.18　　　4.75

2) 空间效应的影响

有利于 H^+ 离解的空间结构使酸性增强,不利于 H^+ 离解的空间结构使酸性减弱。

3) 分子内氢键

分子内氢键也可以使羧酸的酸性增强。

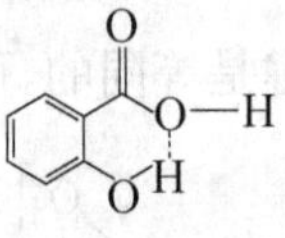

2. 芳香羧酸的酸性分析

苯甲酸的苯环上连有不同取代基时,其酸性强弱变化见表 11-1。

表 11-1　取代苯甲酸($Y-C_6H_4-COOH$)的 pK_a(25℃)

Y	o	m	p
H	4.17	4.17	4.17
CH_3	3.91	4.27	4.38
Cl	2.92	3.83	3.97
Br	2.85	3.81	3.97
OCH_3	4.09	4.09	4.47
NO_2	2.21	3.49	3.42

表 11-1 中数据表明,无论取代基性质如何,邻位取代苯甲酸的酸性都大于相应的对位、间位异构体,即存在邻位效应。

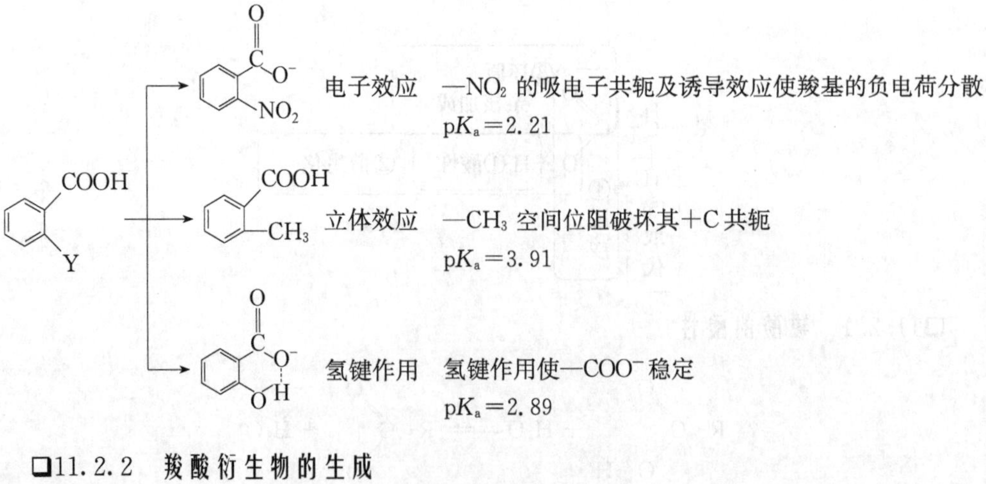

电子效应　—NO_2 的吸电子共轭及诱导效应使羧基的负电荷分散
　　　　　$pK_a = 2.21$

立体效应　—CH_3 空间位阻破坏其+C 共轭
　　　　　$pK_a = 3.91$

氢键作用　氢键作用使—COO^- 稳定
　　　　　$pK_a = 2.89$

❏11.2.2　羧酸衍生物的生成

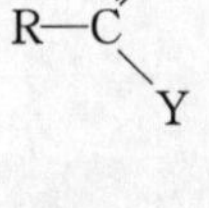

$$R-\overset{O}{\underset{Y}{C}} \quad (Y=X, OCOR, OR', NH_2)$$

1. 酰卤的生成

用无机酰卤 PCl_3、PCl_5、$SOCl_2$ 卤化。

$$CH_3COOH + PCl_3 \longrightarrow CH_3COCl + H_3PO_3$$

沸点/℃　　118　　　75　　　52　　　>200

可通过蒸馏分离出产物

$$RCOOH + SOCl_2 \longrightarrow RCOCl + HCl + SO_2$$

生成的气体 HCl、SO_2 易分离；$SOCl_2$ 需过量

2. 酸酐的生成

可选用 P_2O_5、$(CH_3CO)_2O$ 等作为脱水剂，同时蒸馏除去 H_2O。

$$2\,RCOOH \xrightarrow[\Delta]{P_2O_5} (RCO)_2O + H_2O$$

$$H_3C-COOH + H_2C=C=O \longrightarrow (CH_3CO)_2O$$

（邻苯二甲酸 $\xrightarrow{\Delta}$ 邻苯二甲酸酐 + $H_2O\uparrow$）

3. 酯的生成

（1）用同位素跟踪方法研究酯化反应机理，证明醇中的氧进入产物酯中。

$$RC(=O)-OH + H-{}^{18}O-R' \rightleftharpoons RC(=O)-{}^{18}O-R' + H_2O$$

机理 1：亲核加成-消除过程。

$$RCOOH + H^+ \underset{①}{\rightleftharpoons} RC(OH)_2^+ \underset{②}{\overset{HOR'}{\rightleftharpoons}} R-C(OH)_2-\overset{+}{O}HR' \underset{③}{\rightleftharpoons}$$

$$R-C(OH)(\overset{+}{O}H_2)(OR') \underset{④}{\rightleftharpoons} R-C(OH)=\overset{+}{O}R' \underset{⑤}{\rightleftharpoons} R-C(=O)-OR' + H^+$$

第②步是酯化控制步骤。醇的反应活性：$CH_3OH > 1°ROH > 2°ROH > 3°ROH$。酸的反应活性：$HCO_2H > CH_3CO_2H > RCO_2H > R_2CHCO_2H > R_3CCO_2H$。酯化反应是典型的可逆平衡，提高转化率的方法包括：①酸催化；②一种原料过量；③除去产物 H_2O。

（2）用同位素跟踪方法研究叔醇酯化的反应机理，发现醇中氧未进入产物酯中。

$$RC\underset{H}{\overset{O}{\|}}O-H + HO^{18}-CR'_3 \xrightarrow{H^+} RCOOCR'_3 + H_2O^{18}$$

机理 2：碳正离子中间体过程。

$$R'_3C-OH \underset{}{\overset{H^+}{\rightleftharpoons}} R'_3C^+ + H_2O$$

$$RC\overset{O}{\overset{\|}{-}}O-H + R'_3C^+ \longrightarrow RC\overset{O}{\overset{\|}{-}}O^+-H \xrightarrow{-H^+} RC\overset{O}{\overset{\|}{-}}O-CR'_3$$
$$\overset{|}{CR'_3}$$

（3）机理 3：酰基正离子中间体过程，仅有少量空阻大的羧酸按此机理进行反应。

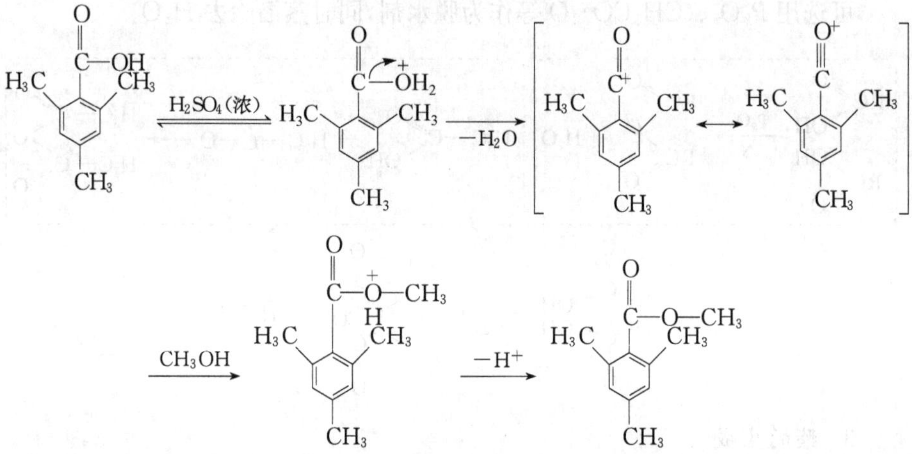

（图示：2,4,6-三甲基苯甲酸在浓H$_2$SO$_4$作用下质子化，失去H$_2$O生成酰基正离子中间体，再与CH$_3$OH反应，失去H$^+$，得到甲酯，产率 78%）

4. 酰胺的生成

$$RCOOH + NH_3 \xrightarrow{\triangle} RCOONH_4 \xrightarrow{185℃} RC\overset{O}{\overset{\|}{-}}NH_2 + H_2O$$

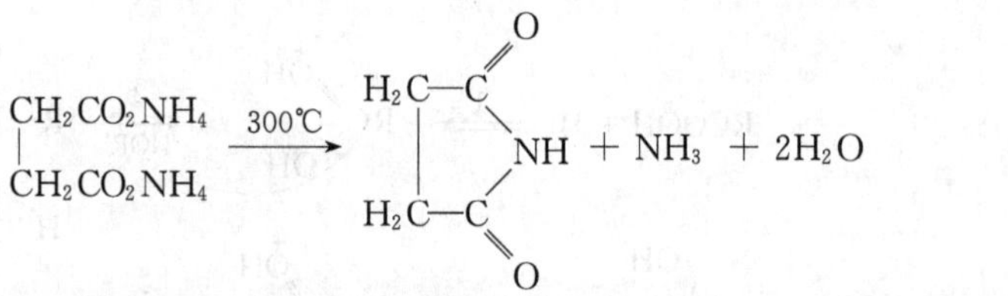

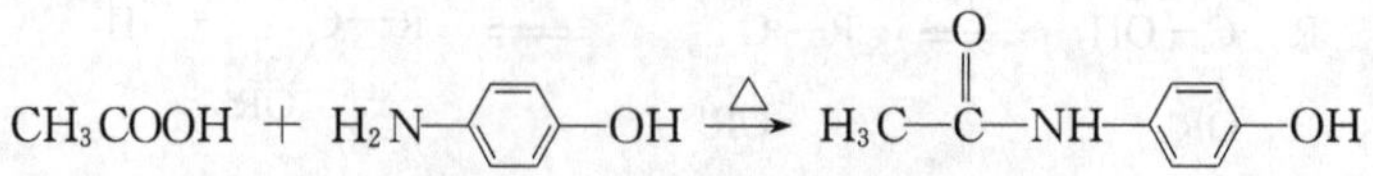

$$\begin{matrix}CH_2CO_2NH_4\\CH_2CO_2NH_4\end{matrix} \xrightarrow{300℃} \begin{matrix}H_2C-C=O\\ NH\\H_2C-C=O\end{matrix} + NH_3 + 2H_2O$$

$$CH_3COOH + H_2N-\!\!\!\!\bigcirc\!\!\!\!-OH \xrightarrow{\triangle} H_3C-C\overset{O}{\overset{\|}{-}}NH-\!\!\!\!\bigcirc\!\!\!\!-OH$$

将等物质的量的羧酸与尿素一起加热，也得到酰胺。

$$RC\overset{O}{\overset{\|}{-}}OH + H_2N\overset{O}{\overset{\|}{-}}CNH_2 \xrightarrow{\triangle} RC\overset{O}{\overset{\|}{-}}NH_2 + NH_3 + H_2O$$

羧酸与伯胺（RNH$_2$）或仲胺（R$_2$NH）反应，得到 N-烃基或 N,N-二烃基酰胺。

$$RC\overset{O}{\overset{\|}{-}}OH + R'_2NH \xrightarrow{\triangle} RC\overset{O}{\overset{\|}{-}}NR'_2$$

将酰胺与脱水剂一起加热,可得到腈。常用的脱水剂为磷酸酐 P_2O_5。

$$(CH_3)_2CHCNH_2 \xrightarrow{P_2O_5, 200℃} (CH_3)_2CHC\equiv N$$
$$69\% \sim 86\%$$

$$C_6H_5CNH_2 \xrightarrow{P_2O_5, 200℃} C_6H_5C\equiv N$$
$$74\%$$

11.2.3 羧酸的还原

羧酸难于被还原,需使用 $LiAlH_4$ 作为还原剂才能实现。

$$(CH_3)_3CCOOH \xrightarrow[\text{乙醚}]{LiAlH_4} \xrightarrow{H_3O^+} (CH_3)_3CCH_2OH$$

机理:

$$RCOOH + LiAlH_4 \longrightarrow RCOOLi + AlH_3 + H_2$$

$$R-\underset{OLi}{\underset{|}{C}}=O + AlH_3 \longrightarrow R-\underset{H}{\overset{OAlH_2}{\underset{|}{C}}}-OLi \xrightarrow{H_2O} R-\underset{}{C}(=O)-H \xrightarrow[2.\ H_2O]{1.\ LiAlH_4} R-CH_2OH$$

11.2.4 脱羧反应

(1) 一般的脱羧反应不需用特殊的催化剂,可以在加热或碱性条件下进行,也可以在加热和碱性条件共存的条件下进行。

$$A-CH_2-COOH \xrightarrow{\triangle, 碱} ACH_3 + CO_2$$

特别是当 $A = COOH$,CN,$RC=O$,NO_2,CX_3,C_6H_5 等时,失羧反应极易进行。

例如,β-酮酸脱羧:

$$C_6H_5-\underset{}{C}(=O)-CH_2-COOH \xrightarrow{\triangle} C_6H_5-\underset{}{C}(=O)-CH_3 + CO_2$$

(2) 脱羧反应机理。

(i) 环状过渡态机理:

$$RCCH_2COH \longrightarrow \left[\begin{array}{c}\text{环状过渡态}\end{array}\right]^{\neq} \xrightarrow[\triangle]{-CO_2} \underset{OH}{R-\overset{CH_2}{\underset{}{C}}} \xrightleftharpoons{\text{互变异构}} \underset{O}{R-\overset{}{\underset{}{C}}-CH_3}$$

一般当羧基的 α-碳与不饱和键相连时,都是通过环状过渡态机理发生脱羧。

(ii) 羧酸负离子机理:通常酸性很强的酸易通过负离子机理发生脱羧。

$$Cl_3CCOOH \xrightarrow{-H^+} Cl_3CC(=O)O^- \xrightarrow[\triangle]{-CO_2} {}^-CCl_3 \xrightarrow{H^+} CHCl_3$$

强酸,在水中完全电离($pK_a = 0.65$)

(3) 特殊的脱羧反应。

Kolbe 反应	$2CH_3COONa \xrightarrow[2H_2O]{电解} C_2H_6$	C_{10} 左右的羧酸
Hunsdiecker 反应	$RCH_2COOH \xrightarrow{AgNO_3, KOH} RCH_2COOAg \xrightarrow[\triangle]{Br_2, CCl_4} RCH_2Br$	1°RX 产率最好
Cristol 反应	$RCH_2COOH \xrightarrow{HgO} (RCH_2COO)_2Hg \xrightarrow[\triangle]{Br_2, CCl_4} RCH_2Br$	1°RX 产率最好
Kochi 反应	$RCOOH \xrightarrow{Pb(OAc)_4, I_2} RCOOPb(OAc)_3 \xrightarrow[\triangle]{LiCl, C_6H_6} RCl$	1°、2°、3°RX 产率都好

(4) 二元羧酸受热后的反应。

(i) 丙二酸易脱羧。

$$HOOCCH_2COOH \xrightarrow{150℃} H_3C-COOH + CO_2$$

(ii) 丁二酸、戊二酸在约 300℃ 发生失水生成酸酐。

$$\begin{matrix}COOH\\COOH\end{matrix} \xrightarrow{300℃} \text{(丁二酸酐)} + H_2O \qquad \begin{matrix}COOH\\COOH\end{matrix} \xrightarrow{300℃} \text{(戊二酸酐)} + H_2O$$

(iii) 己二酸、庚二酸在约 300℃ 同时发生失羧、失水,生成环酮。

$$\text{(己二酸)} \xrightarrow{300℃} \text{环戊酮} + CO_2 + H_2O$$

$$\text{(庚二酸)} \xrightarrow{300℃} \text{环己酮} + CO_2 + H_2O$$

(iv) 辛二酸、壬二酸等更多碳数的二酸则发生分子间失水,生成相对分子质量高的聚酐。

(5) 芳香羧酸的脱羧。

一般芳香羧酸脱羧需要用石灰或 Cu 作为催化剂。强的芳香羧酸不需要催化剂,在 H_2O 中加热即可脱羧。羧基邻、对位有给电子基的芳香羧酸需在强酸作用下脱羧。

$$\text{2,4,6-三硝基苯甲酸} \xrightarrow[\triangle]{H_2O} \text{1,3,5-三硝基苯} + CO_2$$

11.2.5 羧酸 α-H 的反应

在 PCl$_3$（或 PBr$_3$）等催化剂的作用下，卤素取代羧酸 α-H 的反应称为 Hell-Volhard-Zelinski 反应。

$$RCH_2COOH + Br_2 \xrightarrow[-HBr]{PBr_3} RCHCOOH$$
$$\qquad\qquad\qquad\qquad\qquad |$$
$$\qquad\qquad\qquad\qquad\qquad Br$$

环己基-COOH + Br$_2$ $\xrightarrow{PBr_3}$ 1-Br-环己基-COOH + HBr

$$RCH_2COOH + Cl_2 \xrightarrow{PCl_3} RCHClCOOH$$

反应机理：

$$3R-CH_2-COOH + PX_3 \longrightarrow 3R-CH_2-\overset{O}{\underset{\|}{C}}-X + H_3PO_3$$

$$R-CH_2-\overset{O}{\underset{\|}{C}}-X \xrightleftharpoons{H^+} R-CH=\overset{OH}{\underset{|}{C}}X \xrightarrow{X_2} R-CHX-\overset{O}{\underset{\|}{C}}-X + HX$$

$$R-CHX-\overset{O}{\underset{\|}{C}}-X + RCH_2COOH \longrightarrow RCHXCOOH + RCH_2-\overset{O}{\underset{\|}{C}}-X$$

生成的 α-卤代酸可以转化成各种取代酸。

$$BrCH_2-COOH \xrightarrow{NaOH} BrCH_2COONa \xrightarrow{NaCN} NCCH_2COONa \xrightarrow{H_3O^+} HOOCCH_2COOH$$

$$H_3C-\underset{\underset{Br}{|}}{CH}-COOH + H_2O \xrightarrow{NaOH} H_3C-\underset{\underset{OH}{|}}{CH}-COOH + HBr$$

$$H_3C-\underset{\underset{Br}{|}}{CH}-COOH \xrightarrow[\triangle]{KOH} H_2C=CH-COOH + HBr$$

11.3 羧酸的制备

11.3.1 常用方法

（1）氧化法：醇、醛、芳烃、炔的氧化及甲基酮的卤仿反应前已述及。

（2）羧酸衍生物的水解反应。

$$C_6H_5CH_2CN \xrightarrow[\triangle]{H_2O, H_2SO_4} C_6H_5CH_2COOH$$
$$\qquad\qquad\qquad\qquad\qquad 78\%$$

$$\begin{array}{l} CH_2OCOC_{13}H_{27}\text{-}n \\ CHOCOC_{13}H_{27}\text{-}n \\ CH_2OCOC_{13}H_{27}\text{-}n \end{array} \xrightarrow[2.\ HCl]{1.\ NaOH} n\text{-}C_{13}H_{27}COOH$$
$$\qquad\qquad\qquad\qquad\qquad 89\% \sim 95\%$$

萘 $\xrightarrow[500℃]{O_2/V_2O_5}$ 邻苯二甲酸酐 $\xrightarrow{H_2O}$ 邻苯二甲酸

三个氯原子位于同一碳原子上的多卤代烃水解，也生成羧酸。

$$\underset{\text{Cl}\quad\text{Cl}}{\text{CH}_3} \xrightarrow[185\sim190℃]{\text{Cl}_2,h\nu} \underset{\text{Cl}\quad\text{Cl}}{\text{CCl}_3} \xrightarrow[\text{2. H}_2\text{O}]{\text{1. H}_2\text{SO}_4(\text{SO}_3)} \underset{\text{Cl}\quad\text{Cl}}{\text{COOH}}$$

❏11.3.2 有机金属化合物与 CO_2 反应

(1) 格氏试剂与 CO_2 反应，生成比 RX 多一个碳原子的羧酸。

$$RX \xrightarrow[\text{无水醚}]{\text{Mg}} RMgX \xrightarrow[\text{2. H}_2\text{O}]{\text{1. CO}_2} RCOOH$$

$1°RX$、$2°RX$ 反应较好，$3°RX$ 需在加压条件下反应，否则易发生消除反应。ArI、ArBr 易制成格氏试剂，而 ArCl 较难制备格氏试剂。

(2) 有机锂试剂与 CO_2 反应，生成比 RLi 多一个碳原子的羧酸。

$$RLi + CO_2 \longrightarrow RCOOLi \xrightarrow{H_2O} RCOOH$$

必须注意投料比对产物的影响

$$\underset{\underset{\text{OLi}}{|}}{\overset{\overset{\text{OLi}}{|}}{R-C-R}} \longrightarrow R-\overset{O}{\underset{\|}{C}}-R \xrightarrow{RLi} \underset{\underset{R}{|}}{\overset{\overset{\text{OH}}{|}}{R-C-R}}$$

其中 RLi 位于中间箭头上方

11.4 卤代酸的合成和反应

$$\overset{\omega}{C}H_3-CH_2-CH_2-CH_2-\overset{\varepsilon}{C}H_2-\overset{\delta}{C}H_2-\overset{\gamma}{C}H_2-\overset{\beta}{C}H_2-\overset{\alpha}{C}H_2-COOH$$

❏11.4.1 卤代酸的合成

(1) α-卤代酸的合成（见 Hell-Volhard-Zelinski 反应）。

(2) β-卤代酸的合成。

$$R-CH=CH-COOH + HBr \longrightarrow R-\underset{\underset{}{|}}{\overset{\overset{Br}{|}}{C}H}-CH_2-COOH$$

(3) γ、δ 等卤代酸的合成（用二元羧酸的单酯通过 Hunsdiecker 反应合成）。

$$HOOC(CH_2)_3COOC_2H_5 \xrightarrow[\text{2. Br}_2, \text{CCl}_4, \triangle]{\text{1. AgNO}_3, \text{KOH}} BrH_2C(CH_2)_2COOC_2H_5$$

❏11.4.2 卤代酸的反应

1. α-卤代酸的反应

$$R-\underset{\underset{Br}{|}}{CH}-COOH \begin{array}{l} \xrightarrow[\text{H}_2\text{O}]{\text{NaOH}} \xrightarrow{H^+} R-\underset{\underset{OH}{|}}{CH}-COOH \\ \xrightarrow{NH_3} \xrightarrow{H^+} R-\underset{\underset{NH_2}{|}}{CH}-COOH \\ \xrightarrow[\text{2. NaCN}]{\text{1. NaHCO}_3} R-\underset{\underset{CN}{|}}{CH}-COOH \xrightarrow[\triangle]{H_3O^+} RCH(COOH)_2 \end{array}$$

2. β-卤代酸的反应

(1) β-卤代酸若有 α-H，在碱作用下生成 α,β-不饱和酸。

$$CH_3CH_2CHBrCH_2COOH \xrightarrow[H_2O]{NaOH} \xrightarrow{H^+} CH_3CH_2CH=CHCOOH$$

(2) β-卤代酸若无 α-H，在碱性 CCl_4 溶液中生成 β-丙内酯，在碱性水溶液中，β-丙内酯开环。

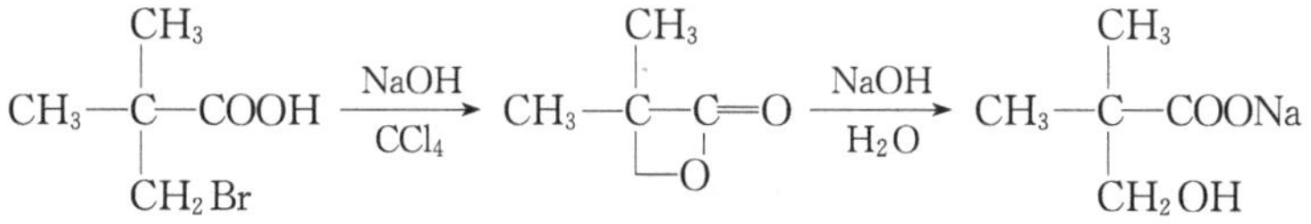

$$\underset{CH_2Br}{\underset{|}{\overset{CH_3}{\overset{|}{CH_3-C-COOH}}}} \xrightarrow[CCl_4]{NaOH} \underset{O}{\underset{|}{\overset{CH_3}{\overset{|}{CH_3-C-C=O}}}} \xrightarrow[H_2O]{NaOH} \underset{CH_2OH}{\underset{|}{\overset{CH_3}{\overset{|}{CH_3-C-COONa}}}}$$

11.5 羟基酸的合成和反应

11.5.1 羟基酸的合成

1. α-羟基酸的合成

(1) 羰基化合物与 HCN 反应，然后水解。
(2) 由 α-卤代酸合成。
(i) 浓碱作用下，构型反转。

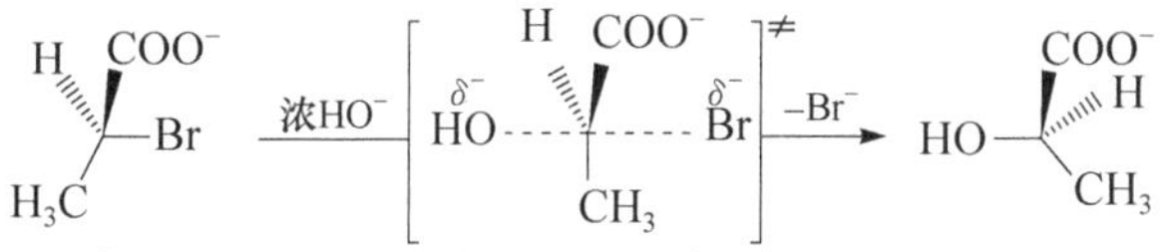

[反应式图]

(ii) 在 Ag_2O 存在下，用稀碱作用，构型保持。

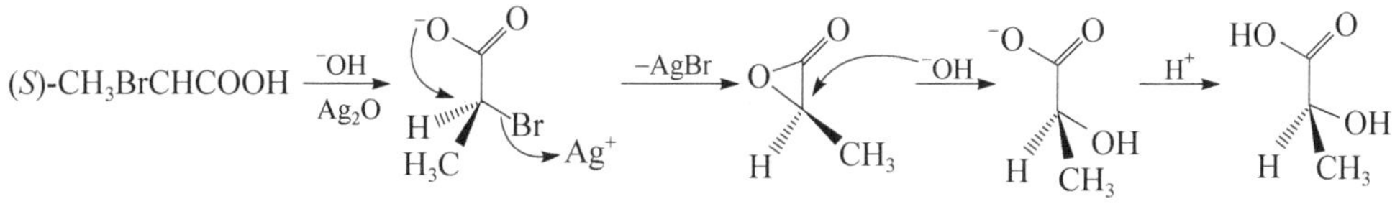

[反应式图]

$(S)\text{-}CH_3BrCHCOOH \xrightarrow[Ag_2O]{^-OH} \cdots$

2. β-羟基酸的合成

(1) 醛 $\xrightarrow{\text{羟醛缩合}}$ β-羟基醛 $\longrightarrow$ β-羟基酸。
(2) β-氯醇与 NaCN 反应，再水解。
(3) 用 β-羰基酯还原，水解。

11.5.2 羟基酸的反应

1. 分子间的酯化反应

(1) α-羟基酸。

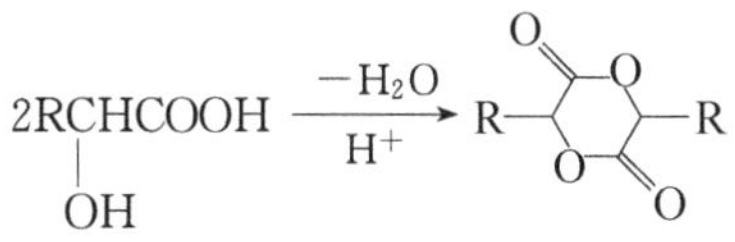

$$2\underset{OH}{\underset{|}{RCHCOOH}} \xrightarrow[H^+]{-H_2O} \text{交酯}$$

分子间的酯化反应　　　　交酯

(2) 羟基酸发生聚合反应生成聚酯。

$$n\text{HO(CH}_2)_8\text{COOH} \xrightarrow[\triangle]{\text{Sb}_2\text{O}_3} \text{HO(CH}_2)_8\overset{O}{\overset{\|}{C}}[\text{O(CH}_2)_8\overset{O}{\overset{\|}{C}}]_{n-1}\text{OH} + \text{H}_2\text{O}$$

2. 分子内的酯化反应

(1) β-羟基酸,若有 α-H：

$$\underset{\underset{\text{OH}}{|}}{\text{RCHCH}_2\text{COOH}} \xrightarrow[\text{H}^+]{-\text{H}_2\text{O}} \text{RCH}=\text{CHCOOH}$$

β-羟基酸若无 α-H,则形成 β-丙内酯。

(2) γ-羟基酸。

$$\underset{\underset{\text{OH}}{|}}{\text{RCHCH}_2\text{CH}_2\text{COOH}} \xrightleftharpoons{-\text{H}_2\text{O}, \text{H}^+} \underset{\gamma\text{-丁内酯}}{R\!\!\begin{array}{c}\diagup\!\!\!\!\diagdown\!\!=\!\!O\\ \diagdown\!\!\!\!\diagup\end{array}}$$

(3) δ-羟基酸。

$$\underset{\underset{\text{OH}}{|}}{\text{RCHCH}_2\text{CH}_2\text{CH}_2\text{COOH}} \xrightleftharpoons{-\text{H}_2\text{O}, \text{H}^+} \underset{\delta\text{-戊内酯}}{R\!\!\begin{array}{c}\diagup\!\!\!\!\diagdown\!\!=\!\!O\\ |\quad\quad|\\ \diagdown\!\!\!\!\diagup\end{array}}$$

(4) ω-羟基酸(碳原子数大于 9),在极稀溶液中,可形成大环内酯。

第 12 章 羧酸衍生物

12.1 羧酸衍生物的命名

12.1.1 酰卤的命名

酰卤命名时可作为酰基的卤化物,在酰基后加上卤素的名称即可。

$$\underset{\text{普通命名法}\quad\alpha\text{-溴丁酰溴}}{\underset{\text{系统命名法}\quad\text{2-溴丁酰溴}}{CH_3CH_2\overset{Br}{\underset{}{C}}H\overset{O}{\underset{}{C}}-Br}} \qquad \underset{\substack{\text{对氯甲酰苯甲酸}\\\text{4-氯甲酰苯甲酸}}}{HOOC-\!\!\!\bigcirc\!\!\!-COCl}$$

12.1.2 酸酐和酯的命名

1. 酸酐的命名

(1) 单酐:在羧酸的名称后加酐字。

(2) 混酐:将简单的酸放前面,复杂的酸放后面,再加酐字。

(3) 环酐:在二元酸的名称后加酐字。

$$\underset{\substack{\text{醋酸酐}\\\text{乙酸酐}}}{CH_3\overset{O}{\underset{}{C}}O\overset{O}{\underset{}{C}}CH_3} \qquad \underset{\substack{\text{乙丙酸酐}\\\text{乙丙酸酐}}}{CH_3\overset{O}{\underset{}{C}}O\overset{O}{\underset{}{C}}CH_2CH_3} \qquad \underset{\substack{\text{丁二酸酐}\\\text{丁二酸酐}}}{\text{}}$$

普通命名法	醋酸酐	乙丙酸酐	丁二酸酐
系统命名法	乙酸酐	乙丙酸酐	丁二酸酐

2. 酯的命名

酯可看作羧酸的羧基氢原子被烃基取代的产物。命名时把羧酸的名称放在前面,烃基的名称放在后面,再加酯字。内酯命名时,用内酯二字代替酸字并标明羟基的位置。

$$CH_3\overset{O}{\underset{}{C}}OCH_2C_6H_5 \qquad \text{}$$

普通命名法	醋酸苯甲酯	α-甲基-γ-丁内酯
系统命名法	乙酸苯甲酯	2-甲基-4-丁内酯

12.1.3 酰胺和腈的命名

1. 酰胺的命名

酰胺命名时把羧酸名称放在前面,将相应的酸字改为酰胺。

$$(CH_3)_2CHCNH_2 \quad\quad CH_3CH_2CH_2CN(CH_3)_2$$
（上述两式中C上方为=O）

普通命名法	异丁酰胺	N,N-二甲基戊酰胺
系统命名法	2-甲基丙酰胺	N,N-二甲基戊酰胺

2. 腈的命名

腈命名时要把 CN 中的碳原子计算在内，并从此碳原子开始编号；氰基作为取代基时，氰基碳原子不计在内。

$$CH_3CH_2CHCH_2CN \quad CH_3CH_2CHCOOH \quad NC(CH_2)_4CN$$
（第一式 CH 上带 CH_3，第二式 CH 上带 CN）

普通命名法	β-甲基戊腈	α-氰基丁酸	己二腈
系统命名法	3-甲基戊腈	2-氰基丁酸	己二腈

12.2 羧酸衍生物的结构和反应性能

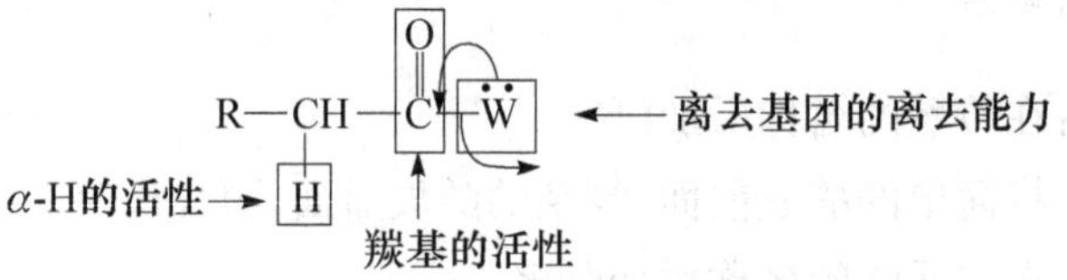

$$R-CH-\underset{H}{\overset{O}{\underset{|}{C}}}-W$$

- ←离去基团的离去能力
- α-H 的活性 ← H
- ↑ 羰基的活性

$$RCH_2COX \quad RCH_2COCOR' \quad RCH_2CHO \quad RCH_2COR' \quad RCH_2COOR' \quad RCH_2CONH_2$$

→

α-H 的活（酸）性减小

W 的离去能力减小（离去基团的稳定性减小）

羰基的活性减小（取决于综合电子效应）

12.3 羧酸衍生物的制备及相互转换

□ 12.3.1 酰卤的制备

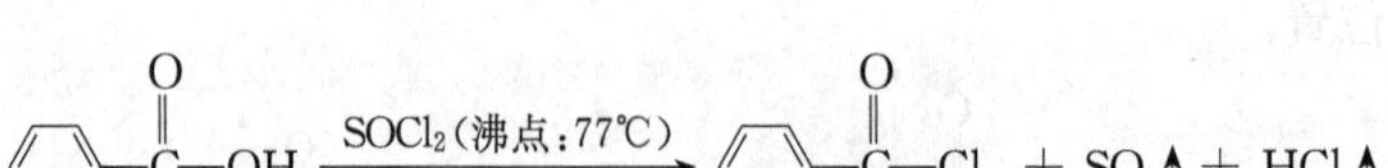

$$C_6H_5COOH \xrightarrow{SOCl_2(沸点:77℃)} C_6H_5COCl + SO_2\uparrow + HCl\uparrow$$

沸点:197℃

$$CH_3CH_2COOH \xrightarrow{PCl_3(沸点:74.2℃)} CH_3CH_2COCl + H_3PO_3$$

沸点:80℃　200℃分解

$$CH_3(CH_2)_6COOH \xrightarrow{PCl_5(160℃升华)} CH_3(CH_2)_6COCl + POCl_3$$

沸点:196℃　沸点:107℃

制备酰卤的反应需在无水条件下进行,常用的反应试剂是 $SOCl_2$、PCl_3、PCl_5。产物酰卤通常采用蒸馏的方法提纯,所以要求试剂、副产物与产物的沸点最好有较大的差别。各类卤化反应的归纳见表 12-1。

表 12-1 各类卤化反应的归纳

卤化反应类别	卤化试剂及反应条件	反应机理
烷烃的卤化	X_2 + 光照	自由基取代
芳烃的卤化	X_2 + FeX_3	亲电取代
烯丙位、苯甲位的卤化	NBS 或 X_2 + 光照	自由基取代
醇的卤化	$SOCl_2$,PCl_5,PCl_3,PBr_3, HX(HI>HBr>HCl)	亲核取代
醛、酮、酸的 α-H 的卤化	X_2 + PX_3	烯醇化,加成
羧酸羟基的卤化	$SOCl_2$,PCl_5,PCl_3 * 羧酸的羟基不能用 HX 取代	
卤代烃中卤素的交换	X^-	亲核取代
烯烃、炔烃与 X_2 等的加成	X_2,HX,HOX	亲电加成
羧酸的脱羧卤化	Hunsdiecker 反应、 Cristol 反应、Kochi 反应	自由基反应

12.3.2 酸酐的制备

1. 混合酸酐法(酰卤和羧酸盐的反应)

$$CH_3\overset{O}{\overset{\|}{C}}ONa + CH_3\overset{O}{\overset{\|}{C}}Cl \xrightarrow[0℃]{THF} CH_3\overset{O}{\overset{\|}{C}}O\overset{O}{\overset{\|}{C}}CH_3 + NaCl$$

$$R\overset{O}{\overset{\|}{C}}Cl + R'COOH + \underset{}{\underset{N}{\bigcirc}} \longrightarrow R\overset{O}{\overset{\|}{C}}O\overset{O}{\overset{\|}{C}}R' + \underset{H^+}{\underset{N}{\bigcirc}}Cl^-$$

2. 羧酸的脱水(甲酸除外)——制备单酐

$$\underset{}{\bigcirc}\text{—COOH} \xrightleftharpoons{(CH_3CO)_2O} \left(\underset{}{\bigcirc}\text{—}\overset{O}{\overset{\|}{C}}\text{—}\right)_2 O + CH_3COOH$$

3. 芳烃的氧化

4. 乙酸酐的特殊制法

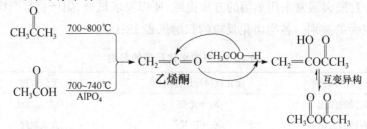

◻12.3.3 羧酸的制备

1. 氧化法及有机金属化合物与二氧化碳的反应

氧化法及有机金属化合物与二氧化碳的反应参见 11.3 节。

2. 羧酸衍生物的水解反应

羧酸衍生物中，酰氯和酸酐室温下即可水解，酯的水解一般需要加热回流，酰胺和腈较难水解，通常需长时间加热反应。

1) 酯的碱性水解（又称皂化反应）

（1）同位素跟踪结果表明，碱性水解时，发生了酰-氧键断裂。

$$CH_3CO^{18}C_2H_5 + H_2O \xrightarrow{NaOH} CH_3CONa + C_2H_5O^{18}H$$

（2）手性碳构型保持表明，与手性碳相连的化学键在反应中未发生断裂，也表明反应发生了酰-氧键断裂。

$$H_3CCO-\overset{H}{\underset{CH_3}{C}}-C_6H_5 + KOH \xrightarrow{EtOH-H_2O} H_3CCOK + HO-\overset{H}{\underset{CH_3}{C}}-C_6H_5$$

(R)-(＋)-乙酸-1-苯乙醇酯　　　　　　　　　　　　　(R)-(＋)-1-苯乙醇
　　　　　　　　　　　　　　　　　　　　　　　　　　　80%

（3）反应机理。

$$R-\overset{O}{\underset{}{C}}-OR' \xrightarrow[\text{慢}]{^{-}OH} \left[R-\overset{O^-}{\underset{OH}{C}}-OR' \right] \xrightleftharpoons[\text{快}]{\text{脱去}^{-}OR'} R-\overset{O}{\underset{}{C}}-OH \xrightarrow{^{-}OH} R-\overset{O}{\underset{}{C}}-O^-$$

中间体：四面体负离子

酯的碱性水解速率与 $[RCOOR'][^{-}OH]$ 成正比。酯羰基上连有吸电子基、酯基的空阻越小，反应速率越快；形成的四面体中间体能量越低，反应速率越快（吸电子基能分散负电荷，对反应有利）。

	CH$_3$COOCMe$_3$	Me$_3$CCOOEt	CH$_3$COOEt	ClCH$_2$COOEt
$v_{相对}$	0.002	0.01	1	296

（4）酯的碱性水解是不可逆反应，碱的用量要超过催化量。

2) 酯的酸性水解

（1）同位素跟踪结果表明，酯在酸性水解时，也发生酰-氧键断裂。

$$CH_3CO^{18}C_2H_5 + H_2O \xrightarrow{H^+} CH_3COH + C_2H_5O^{18}H$$
(其中两个羰基标为O)

(2) 反应机理。

$$RCOR' \underset{}{\overset{H^+}{\rightleftharpoons}} R\overset{+}{C}OR' \longleftrightarrow R-\underset{+}{\overset{OH}{C}}-OR' \underset{慢}{\overset{H_2O}{\rightleftharpoons}} \left[R-\underset{\overset{+}{O}H_2}{\overset{OH}{C}}-OR'\right]$$

中间体:四面体正离子

$$\rightleftharpoons R-\underset{OH}{\overset{OH}{\underset{|}{C}}}-OR' \xrightarrow{脱去\ R'OH} R\overset{+}{C}OH \xrightarrow{-H^+} RCOH$$
(带OH)

酸在水解反应中的作用是活化羰基,并使—OH、—OR 质子化后更易离去。

(3) 酯的酸性水解为可逆反应:体系中有大量水存在,发生酯的水解;若有大量醇存在,并采取去水措施,则有利于酯化反应。

(4) 在 $RCOOR^1$ 中,R 对水解速率的影响是:一级>二级>三级;R^1 对水解速率的影响是:三级>一级>二级。

例如,CH_3COOR^1 在盐酸中,于 25℃时水解的相对速率如下:

R^1	CH_3	C_2H_5	$CH(CH_3)_2$	$C(CH_3)_3$
v	1	0.97	0.53	1.15

(机理不同)

3) 三级醇酯的水解机理

(1) 同位素跟踪实验表明,下列水解中发生了碳-氧键断裂。

$$CH_3CO^{18}-C(CH_3)_3 + H_2O \underset{}{\overset{H^+}{\rightleftharpoons}} CH_3COO^{18}H + (CH_3)_3C-OH$$

(2) 反应机理。

$$CH_3\overset{O}{\overset{\|}{C}}-O^{18}-C(CH_3)_3 \overset{H^+}{\rightleftharpoons} \left[CH_3\overset{+OH}{\overset{\|}{C}}-O^{18}-C(CH_3)_3 \longleftrightarrow CH_3\overset{OH}{\overset{\|}{C}}-\overset{18}{O}\!-\!C(CH_3)_3\right]$$

$$\underset{慢}{\overset{S_N1}{\rightleftharpoons}} CH_3CO^{18}OH + \boxed{(CH_3)_3C^+} \xrightarrow{H_2O} (CH_3)_3CO\overset{+}{H}_2 \xrightarrow{脱去\ H^+} (CH_3)_3COH$$

关键中间体

4) 酯的酸性水解和碱性水解的异同点

(1) 相同点:都是经过加成-消除机理进行的,增大空阻对反应不利,并且都发生酯的酰-氧键断裂(三级醇酯例外)。

(2) 不同点:催化剂用量不同。碱催化时碱的用量需大于 1:1,酸催化时只需要催化量。碱催化反应是不可逆的,酸催化反应是可逆的。吸电子取代基对碱性催化水解反应有利,对酸性催化水解没有明显的影响。

碱性催化时的水解反应速率:$1°ROH>2°ROH>3°ROH$;

酸性催化时的水解反应速率:$3°ROH>1°ROH>2°ROH$。

5) 酯水解的应用

(1) 制备羧酸和醇。

(2) 测定酯的结构。

12.3.4 酯的制备

(1) 酯可采用酯化反应或羧酸盐与卤代烷反应制备(参见 11.3 节相关内容)。

(2) 利用羧酸对烯、炔的加成反应，可以制备各种醇的酯。反应在酸催化下进行，为亲电加成反应机理。

$$CH_2(COOH)_2 + 2(CH_3)_2C=CH_2 \xrightarrow[\text{室温}]{\text{浓 }H_2SO_4} CH_2(COOCMe_3)_2$$

$$58\% \sim 60\%$$

$$CH_3COOH + HC\equiv CH \xrightarrow[75\sim 80℃]{H^+, HgSO_4} CH_3COOCH=CH_2$$

乙酸乙烯酯(维尼纶单体)

$$CH_2=CHCHCOOH \underset{H^+}{\overset{H^+}{\rightleftharpoons}} \begin{array}{c} \overset{+}{C}H_3 \\ CH_3CH_2CHCOOH \\ \\ \overset{+}{C}H_3 \\ CH_3CHCHCOOH \end{array} \rightleftharpoons \begin{array}{c} \gamma\text{-丁内酯(主要产物)} \\ \\ \beta\text{-丙内酯(次要产物)} \end{array}$$

(3) 羧酸衍生物的醇解反应。

$$CH_3\overset{O}{\overset{\|}{C}}Cl + R'OH \xrightarrow{催化剂} CH_3\overset{O}{\overset{\|}{C}}-OR' + HCl \quad \text{和水解类似，产物是酯}$$

$$CH_3\overset{O}{\overset{\|}{C}}O\overset{O}{\overset{\|}{C}}CH_3 + R'OH \xrightarrow{催化剂} CH_3\overset{O}{\overset{\|}{C}}-OR' + CH_3\overset{O}{\overset{\|}{C}}OH$$

$$CH_3\overset{O}{\overset{\|}{C}}OC_2H_5 + R'OH \xrightarrow{催化剂} CH_3\overset{O}{\overset{\|}{C}}-OR' + C_2H_5OH \quad \text{酯交换}$$

$$CH_3\overset{O}{\overset{\|}{C}}NH_2 + R'OH \xrightarrow{催化剂} CH_3\overset{O}{\overset{\|}{C}}-OR' + NH_3 \quad \text{酸催化为主}$$

$$CH_3C\equiv N + R'OH \xrightarrow{催化剂} CH_3\overset{O}{\overset{\|}{C}}-OR' + {}^+NH_4 \quad \text{酸催化}$$

(1) 酰卤和酸酐的醇解通常在吡啶、三乙胺、N,N-二甲苯胺等弱有机碱催化下进行；酰胺和腈的醇解通常在酸催化下进行；酯交换用酸(HCl、H_2SO_4、对甲苯磺酸)或碱(RONa 等)催化均可。

(2) 酯交换反应常用于将一个低沸点醇的酯转化为高沸点醇的酯，反应过程中将低沸点醇不断蒸出，可使平衡移动。3°ROH 的酯交换比较困难(因空阻太大)。利用酯交换反应可制备一些难于合成的酯。

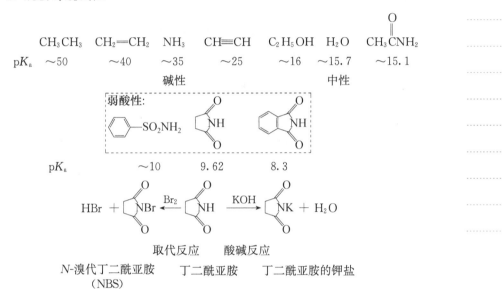

❏ 12.3.5 酰胺和腈

1. 酰胺的酸碱性

	CH_3CH_3	$CH_2=CH_2$	NH_3	$CH\equiv CH$	C_2H_5OH	H_2O	CH_3CONH_2
pK_a	~50	~40	~35	~25	~16	~15.7	~15.1
	碱性				中性		

弱酸性：

C$_6$H$_5$SO$_2$NH$_2$	丁二酰亚胺	邻苯二甲酰亚胺
~10	9.62	8.3

$$\text{HBr} + \underset{\text{N-溴代丁二酰亚胺(NBS)}}{\text{NBS}} \xrightarrow{Br_2} \underset{\text{丁二酰亚胺}}{\text{琥珀酰亚胺}} \xrightarrow{KOH} \underset{\text{丁二酰亚胺的钾盐}}{\text{琥珀酰亚胺钾}} + H_2O$$

取代反应　　酸碱反应

2. 酰胺的制备

1) 羧酸铵盐的失水

$$CH_3COOH + NH_3 \longrightarrow CH_3COO^- NH_4^+ \underset{}{\overset{100℃}{\rightleftharpoons}} CH_3CONH_2 + H_2O$$

2) 腈的水解

$$C_6H_5CH_2CN \xrightarrow[40\sim 50℃]{35\%HCl} C_6H_5CH_2CONH_2$$

$$\text{羧酸} \underset{H_2O}{\overset{NH_3}{\longrightarrow}} \text{铵盐} \xrightarrow[-H_2O]{\triangle} \text{酰胺} \underset{H_2O, 40\sim 50℃}{\overset{100\sim 200℃, -H_2O}{\rightleftharpoons}} \text{腈}$$

3) 羧酸衍生物的氨(胺)解

$$CH_3COW + NH_3 \longrightarrow CH_3CONH_2 + HW$$

反应只能用碱催化。3°胺不能发生酰基化反应。

4) 酰胺交换

$$CH_3\overset{O}{\underset{}{C}}NH_2 + CH_3NH_2 \cdot HCl \longrightarrow CH_3\overset{O}{\underset{}{C}}NHCH_3 + NH_4Cl$$
$$\downarrow \Delta$$
$$NH_3 + HCl$$

5) 酸酐氨解的应用

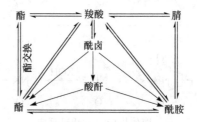

3. 腈的制备

腈可以通过卤代烃与氢氰酸盐反应制备(参见 5.3.1 的相关内容),也可以通过酰胺失水的方法制备。

12.3.6 羧酸及其衍生物间的转化

羧酸及其衍生物间的转化关系如图 12-1 所示。

图 12-1 羧酸及其衍生物间的相互转化

12.4 羧酸衍生物的其他反应

12.4.1 羧酸衍生物的还原反应

1. 一般还原反应

1) 催化氢化

反应物	R-C(=O)-X	① RCOCR' (酸酐) ② (CH$_2$)$_n$ 环状酸酐	① RCOR' ② (CH$_2$)$_n$ 内酯	① RCNHR(H) ② (CH$_2$)$_n$ NH(R)	R-C≡N
产物	① RCH$_2$OH ② Rosenmund 反应:RCHO	① RCH$_2$OH + R'CH$_2$OH ② HOCH$_2$(CH$_2$)$_n$CH$_2$OH	① RCH$_2$OH + R'OH ② HOCH$_2$(CH$_2$)$_n$OH	① RCH$_2$NHR(H) ② CH$_2$-(CH$_2$)$_n$-NH(R)	RCH$_2$NH$_2$

(1) Rosenmund 反应：采用部分失活的钯催化剂将酰氯还原为醛的反应称为 Rosenmund 反应。反应过程中，反应物上的硝基、卤素、酯基等不被还原。

$$\text{萘-2-COCl} \xrightarrow[\text{硫，喹啉}]{\text{H}_2/\text{Pd-BaSO}_4} \text{萘-2-CHO}$$

(2) 工业生产中应用催化氢化反应还原植物油和脂肪以获得长链醇类时，常用 $CuO \cdot CuCrO_4$ 作催化剂。

(3) 酰胺不易还原，需使用特殊催化剂并在高温高压下进行。

$$\text{月桂酰胺 (CH}_3(\text{CH}_2)_{10}\text{CONH}_2\text{)} \xrightarrow[\text{30MPa, 250℃}]{\text{H}_2/\text{Cu, Cr 氧化物}} \text{正十二碳胺 (CH}_3(\text{CH}_2)_{11}\text{NH}_2\text{)}$$

2) 使用金属氢化物还原

(1) 酸酐的还原。

$$\text{邻苯二甲酸酐} + \text{NaBH}_4 \xrightarrow[\text{DMF, 1h}]{0\sim25℃} \text{苯酞}$$

(2) 酰胺的还原。

$$\text{RCNHR(H)} \xrightarrow{\text{LiAlH}_4} \text{RCH}=\text{NR(H)} \xrightarrow{\text{LiAlH}_4} \xrightarrow{\text{H}_2\text{O}} \text{RCH}_2\text{NHR(H)}$$
$$\downarrow \text{H}_2\text{O}$$
$$\text{较难控制} \to \text{RCH}=\text{O}$$

$$\text{RCNR}_2 \xrightarrow{\text{LiAlH}_4} \text{RCH}=\overset{+}{\text{NR}}_2 \xrightarrow{\text{LiAlH}_4} \xrightarrow{\text{H}_2\text{O}} \text{RCH}_2\text{NR}_2$$
$$\downarrow \text{H}_2\text{O}$$
$$\text{好控制} \to \text{RCH}=\text{O}$$

2. 特殊还原法

(1) 酯的单分子还原——用金属钠和无水乙醇可将酯还原成一级醇。

$$\text{RCOOR}' \xrightarrow{\text{Na/无水乙醇}} \text{RCH}_2\text{OH} + \text{R}'\text{OH}$$

(2) 酯的双分子还原——酮醇反应或偶姻反应。

在惰性溶剂中，用金属钠将脂肪酸酯还原成 α-羟基酮的反应称为酮醇反应。

$$\begin{array}{c}\text{RCOOR}'\\ \text{RCOOR}'\end{array} \xrightarrow[\text{惰性溶剂}]{\text{Na}} \begin{array}{c}\text{R-C-ONa}\\ \parallel\\ \text{R-C-ONa}\end{array} \xrightarrow{\text{H}_2\text{O}} \begin{array}{c}\text{R-C=O}\\ \mid\\ \text{R-CH-OH}\end{array}$$

(i) 反应机理。

$$\begin{array}{c}\text{R-C-OR}'\\ \parallel\\ \text{O}\\ \text{R-C-OR}'\\ \parallel\\ \text{O}\end{array} \xrightarrow{2\text{Na}} \begin{array}{c}\text{R-C-OR}'\\ \mid\\ \text{O}^-\\ \text{R-C-OR}'\\ \mid\\ \text{O}^-\end{array} \xrightarrow{\text{偶联}} \begin{array}{c}\text{R-C-OR}'\\ \mid\\ \text{O}^-\\ \text{R-C-OR}'\\ \mid\\ \text{O}^-\end{array} \longrightarrow \begin{array}{c}\text{R-C=O}\\ \\ \text{R-C=O}\end{array} \xrightarrow{2\text{Na}}$$

$$\begin{matrix} R-C-O\cdot \\ R-C-O\cdot \end{matrix} \xrightarrow{\text{偶合}} \begin{matrix} R-C-O \\ R-C-O \end{matrix} \xrightarrow{H_2O} \begin{matrix} R-C-OH \\ R-C-OH \end{matrix} \xrightleftharpoons{\text{互变异构}} \begin{matrix} R-CH-OH \\ R-C=O \end{matrix}$$

(ii) 应用：制备 α-羟基酮或 α-羟基环酮。

$$(CH_2)_n \begin{matrix} COOR' \\ COOR' \end{matrix} \xrightarrow[p\text{-}CH_3-C_6H_4-CH_3]{Na} (CH_2)_n \begin{matrix} C-ONa \\ \parallel \\ C-ONa \end{matrix} \xrightarrow{H_2O} (CH_2)_n \begin{matrix} C=O \\ CH-OH \end{matrix}$$

12.4.2 烯酮的制备和反应

羧酸分子内失水后的生成物称为烯酮。最简单的烯酮是 $CH_2=C=O$〔乙烯酮〕。乙烯酮为气体，沸点 $-56\ ℃$，剧毒；在室温下很快二聚，工业上用于乙酐生产。

1. 烯酮的制备

(1) 由 α-溴代酰溴脱溴。

$$\underset{\underset{Br}{|}}{RCH}-\overset{\overset{O}{\parallel}}{C}-Br \xrightarrow{Zn} RCH=C=O + ZnBr_2$$

(2) 由羧酸脱水。

$$CH_3COOH \xrightarrow[\text{脱 } H_2O]{AlPO_4, 700\ ℃} CH_2=C=O$$

$$RCH_2COOH \xrightarrow[\text{脱 } H_2O]{AlPO_4, 700\ ℃} RCH=C=O$$

(3) 由甲基酮脱甲烷。

$$CH_3\overset{\overset{O}{\parallel}}{C}CH_3 \xrightarrow[\text{脱 } CH_4]{700\sim 800\ ℃} CH_2=C=O$$

$$RCH_2\overset{\overset{O}{\parallel}}{C}CH_3 \xrightarrow[\text{脱 } CH_4]{700\sim 800\ ℃} RCH=C=O$$

2. 烯酮的反应

(1) 形成亚甲基卡宾。

$$H_2C=C=O \xrightarrow{h\nu} :CH_2 + CO$$

(2) 发生双键的一般反应，乙烯酮的两个 π 键互不共轭，可各自进行反应。

$$CH_2=C=O + Br_2 \longrightarrow BrCH_2\overset{\overset{O}{\parallel}}{C}Br$$

$$CH_2=C=O + HBr \longrightarrow CH_3\overset{\overset{O}{\parallel}}{C}Br$$

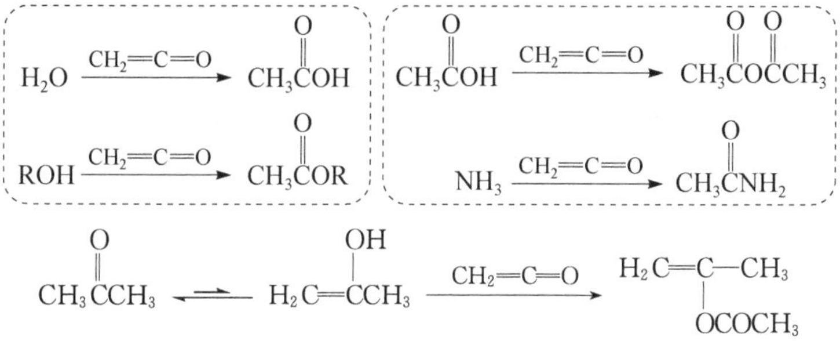

(3) 乙烯酮的二聚。

二(聚)乙烯酮

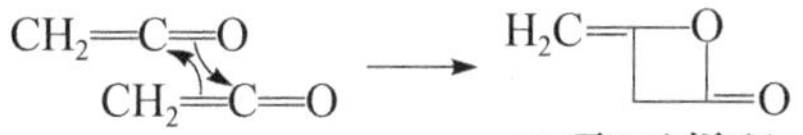

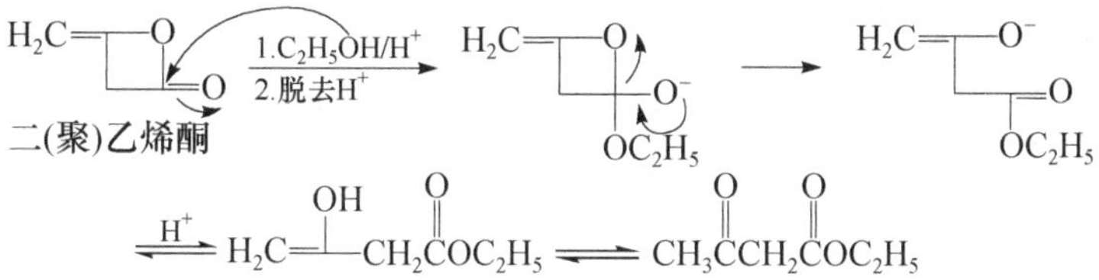

12.4.3　Reformatsky 反应

醛或酮与 α-溴(卤)代酸酯和锌在惰性溶剂中作用，得到 β-羟基酸酯的反应称为 Reformatsky 反应。

(1-羟基环己基)乙酸乙酯

2-甲基-3-苯基-3-羟基丙酸乙酯

反应需在惰性溶剂中进行。α-溴代酸酯的 α-碳上有较大空阻时，反应不能进行。

反应机理：

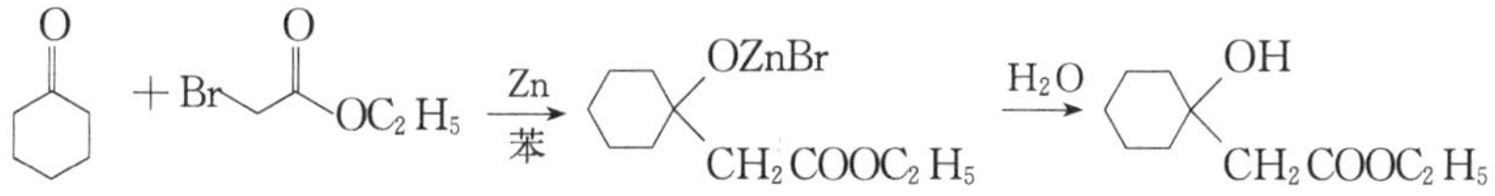

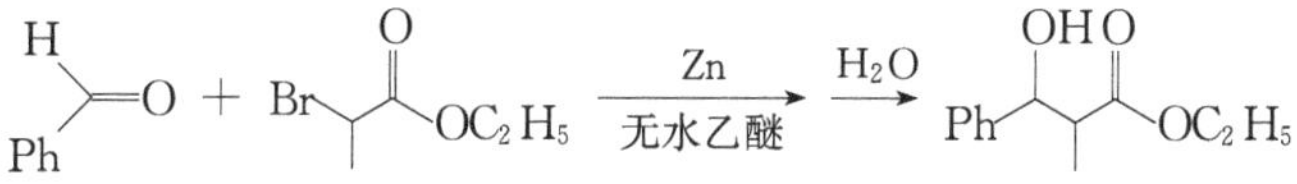

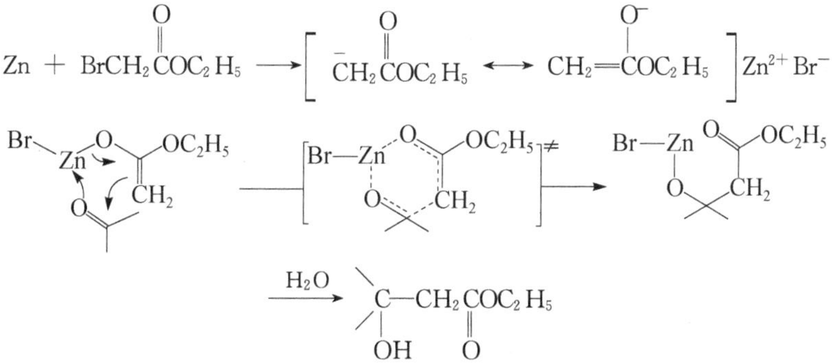

□12.4.4 酯的热解

酯在 400～500℃ 的高温下进行裂解，产生烯烃和相应羧酸的反应称为酯的热解。

$$CH_3COO-CH_2CH_2-H \xrightarrow{400\sim500℃} CH_3COOH + CH_2=CH_2$$

(1) 反应机理：消除反应通过一个六元环状过渡态完成，发生顺式消除。

(2) 消除反应的取向。

(i) 当 α-C 两侧都有 β-H 时，以空阻小、酸性大的 β-H 被消除为主要产物。

(ii) 如果被消除的 β-位有两个氢，以 E 型产物为主。例如：

(3) 羧酸酯的热消除反应所需温度较高，因此只适用于对热稳定的化合物。在有机合成中，羧酸酯的热消除反应常用于制备末端烯烃和具有环外双键的烯烃。

以 环己基-CH₂OH 为起始原料，制备 环己基=CH₂ 和 环己烯 。

$$\text{C}_6\text{H}_{11}\text{—CH}_2\text{OH} \xrightarrow{\text{CH}_3\text{COCl}} \text{C}_6\text{H}_{11}\text{—CH}_2\text{OCCH}_3 \xrightarrow{500℃} \text{C}_6\text{H}_{10}\text{=CH}_2$$

环外双键 ~100%

$$\downarrow \text{H}^+$$

$$\text{C}_6\text{H}_{11}\text{—}\overset{+}{\text{CH}}_2 \xrightarrow{\text{重排}} \overset{+}{\text{C}_7\text{H}_{13}} \xrightarrow{-\text{H}^+} \text{环庚烯}$$

环内双键

12.4.5 酯缩合反应

1. Claisen 酯缩合

在碱作用下,两分子具有活泼 α-H 的酯相互作用,缩合生成 β-羰基酯的反应称为 Claisen 酯缩合。

$$\text{CH}_3\text{COC}_2\text{H}_5 + \text{H—CH}_2\text{COC}_2\text{H}_5 \xrightarrow[\text{2. HOAc}]{\text{1. C}_2\text{H}_5\text{ONa}} \text{CH}_3\text{CCH}_2\text{COC}_2\text{H}_5$$

反应机理:

$$\text{CH}_3\text{COC}_2\text{H}_5 \xrightleftharpoons{\text{C}_2\text{H}_5\text{ONa}} {}^-\text{CH}_2\text{COC}_2\text{H}_5 \xrightleftharpoons{\text{CH}_3\text{COC}_2\text{H}_5}$$

$$\text{CH}_3\overset{\text{O}^-}{\underset{\text{OC}_2\text{H}_5}{\text{C}}}\text{CH}_2\text{COC}_2\text{H}_5 \rightleftharpoons \text{CH}_3\text{CCH}_2\text{COC}_2\text{H}_5 \xrightleftharpoons{\text{C}_2\text{H}_5\text{ONa}}$$

pK_a 10.85

$$[\text{CH}_3\text{C}\overset{-}{\text{CH}}\text{COC}_2\text{H}_5 \leftrightarrow \text{CH}_3\text{C}=\text{CHCOC}_2\text{H}_5] \xrightarrow{\text{H}^+} \text{CH}_3\text{CCH}_2\text{COC}_2\text{H}_5$$

pK_a 15.9

2. 混合酯缩合

1) 甲酸酯

$$\text{HC—OC}_2\text{H}_5 + \text{H—CH}_2\text{COC}_2\text{H}_5 \xrightarrow[\text{2. H}_2\text{O}]{\text{1. EtONa}} \text{HC—CH}_2\text{COOC}_2\text{H}_5$$

醛基(甲酰基)

$$\xrightarrow{-3\text{H}_2\text{O}} \text{1,3,5-三(乙氧羰基)苯}$$ (C$_2$H$_5$OOC—C$_6$H$_3$(COOC$_2$H$_5$)$_2$)

这是在分子中引入甲酰基的好方法,但产率不高。

2) 乙二酸酯

在混合酯缩合中使用乙二酸酯,主要用于制备丙二酸酯或 α-羰基酸。反应进行顺利,产率好。

$$\text{O=C}(\text{OC}_2\text{H}_5)_2 + \text{H—CH}_2\text{COC}_2\text{H}_5 \xrightarrow[\text{2. H}_2\text{O}]{\text{1. EtONa}} \text{加热易失去CO} \xrightarrow{} \text{EtO}_2\text{C—CH}_2\text{COC}_2\text{H}_5 \xrightarrow{175℃} \text{CH}_3\text{COC}_2\text{H}_5$$

丙二酸酯

$$\text{丙二酸酯} \xrightarrow[\text{2. H}^+]{\text{1. HO}^-} \text{HOOC—CO—CH}_2\text{COOH} \xrightarrow{\triangle} \text{HOOC—CO—CH}_3$$

α-羰基酸

3) 碳酸酯

在混合酯缩合中使用碳酸酯，主要用于制备丙二酸酯。由于羰基活性差，需选用较强碱作催化剂。

$$\text{O=C}(\text{OC}_2\text{H}_5)_2 + \text{H—CH}_2\text{COC}_2\text{H}_5 \xrightarrow[\text{2. H}_2\text{O}]{\text{1. EtONa}} \text{EtO}_2\text{C—CH}_2\text{COC}_2\text{H}_5$$

丙二酸酯

4) 苯甲酸酯

在混合酯缩合中使用苯甲酸酯可引入苯甲酰基。由于羰基活性差，需用强碱作催化剂。

$$\text{PhCO—OC}_2\text{H}_5 + \text{H—CH}_2\text{COC}_2\text{H}_5 \xrightarrow[\text{2. H}_2\text{O}]{\text{1. EtONa}} \text{PhCO—CH}_2\text{COC}_2\text{H}_5$$

5) 应用举例

例 12-1 选用合适的原料合成 $\text{HOOC—CH}_2\text{CH}_2\text{COCOOH}$。

逆合成分析：

$$\text{HOOC—CH}_2\text{CH}_2\text{COCOOH} \Longrightarrow \text{HOOC—CH}_2\text{CH}\text{---}\text{COOH} \atop \text{COOH}$$

合成：

$$\begin{array}{c}\text{COOEt}\\\text{COOEt}\end{array} + \begin{array}{c}\text{CH}_2\text{COOEt}\\\text{CH}_2\text{COOEt}\end{array} \xrightarrow[\text{2. H}^+]{\text{1. EtO}^-} \begin{array}{c}\text{EtOOC—CH—COCOOEt}\\\text{EtOOC—CH}_2\end{array} \xrightarrow[\text{2. H}^+]{\text{1. HO}^-}$$

$$\begin{array}{c}\text{HOOC—CH—COCOOH}\\\text{HOOC—CH}_2\end{array} \xrightarrow[-\text{CO}_2]{\triangle} \begin{array}{c}\text{CH}_2\text{COCOOH}\\\text{CH}_2\text{COOH}\end{array}$$

例 12-2 选用合适的原料合成环戊二酮。

逆合成分析：

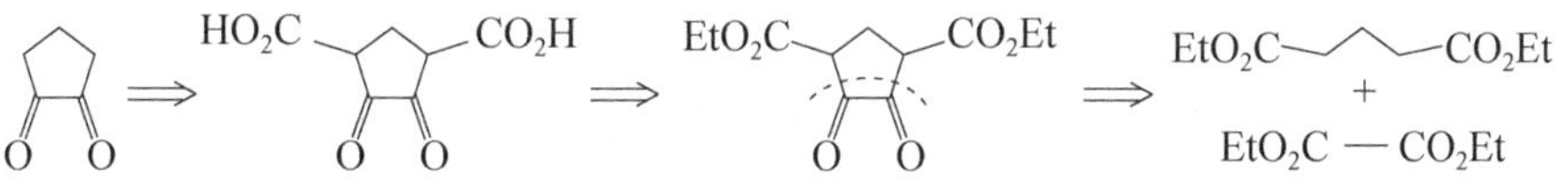

合成：

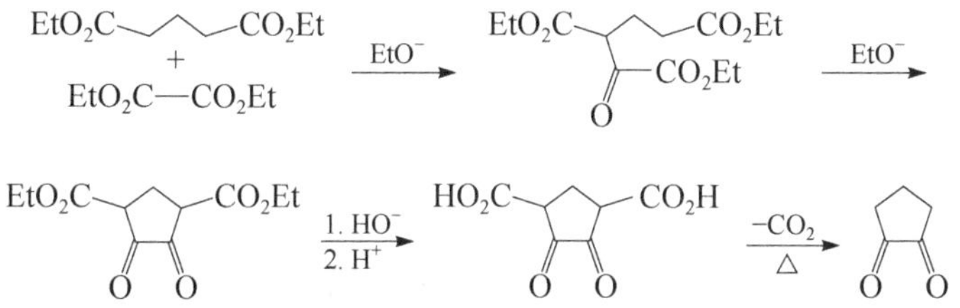

逆合成分析及合成路线（图示）

3. Dickmann 酯缩合反应

若二元酸酯分子中的酯基被四个或四个以上碳原子隔开，则可以发生分子内的酯缩合反应，形成五元环或更大环的酯，称为 Dickmann 酯缩合。

$$\begin{array}{c} CH_2CH_2CO_2C_2H_5 \\ | \\ CH_2CH_2CO_2C_2H_5 \end{array} \xrightarrow[C_6H_5CH_3]{Na, C_2H_5OH(少量)} \xrightarrow{H^+}$$ 2-氧代环戊烷甲酸乙酯

$$\xrightarrow[C_2H_5OH]{C_2H_5O^-} \xrightarrow{H_3O^+}$$ 螺环二酮

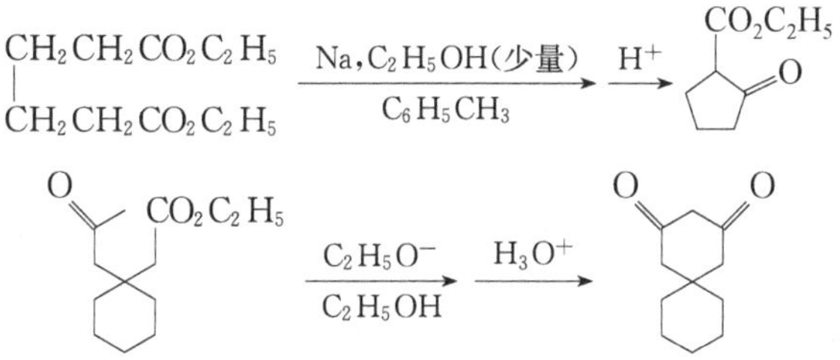

发生分子内酯缩合时，总是倾向于形成五元环或六元环。

12.4.6 酯的酰基化反应

一元酸酯在强碱作用下与酰氯或酸酐反应，在 α-C 上引入酰基的反应称为酯的酰基化反应。

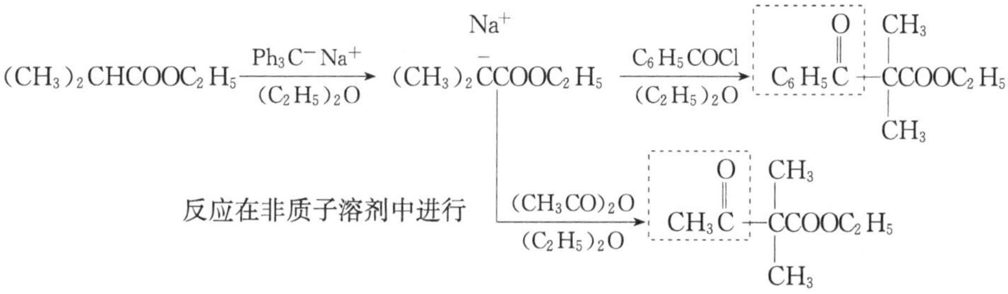

$$(CH_3)_2CHCOOC_2H_5 \xrightarrow[(C_2H_5)_2O]{Ph_3C^-Na^+} (CH_3)_2\overset{-}{C}COOC_2H_5\,Na^+ \xrightarrow[(C_2H_5)_2O]{C_6H_5COCl} C_6H_5\overset{O}{\overset{\|}{C}}\!-\!\overset{CH_3}{\underset{CH_3}{\overset{|}{C}}}COOC_2H_5$$

反应在非质子溶剂中进行

$$\xrightarrow[(C_2H_5)_2O]{(CH_3CO)_2O} CH_3\overset{O}{\overset{\|}{C}}\!-\!\overset{CH_3}{\underset{CH_3}{\overset{|}{C}}}COOC_2H_5$$

12.4.7 酯的烷基化反应

一元酸酯在强碱作用下与卤代烷发生反应，在 α-C 上引入烷基的反应称为烷基化反应。

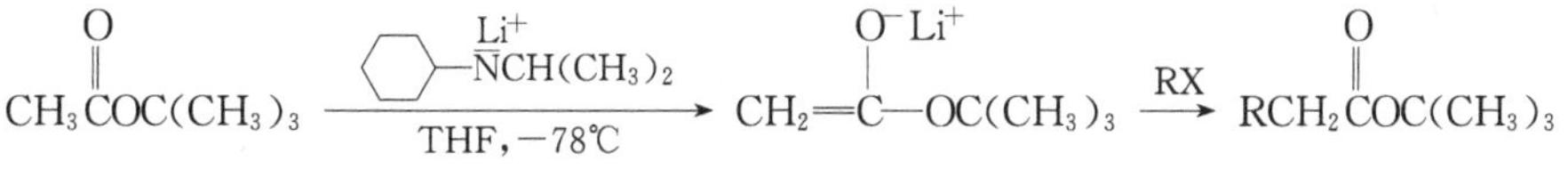

$$CH_3\overset{O}{\overset{\|}{C}}OC(CH_3)_3 \xrightarrow[THF,-78℃]{\underset{NCH(CH_3)_2}{Li^+}} CH_2\!=\!\overset{O^-Li^+}{C}\!-\!OC(CH_3)_3 \xrightarrow{RX} RCH_2\overset{O}{\overset{\|}{C}}OC(CH_3)_3$$

反应在非质子溶剂中进行

12.5 与酯缩合、酯的烷基化和酰基化类似的反应

12.5.1 酮的类似反应小结

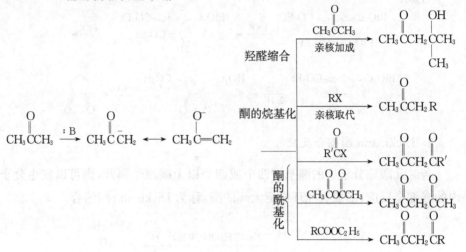

酮的 α-H 活（酸）性比酯高

12.5.2 酮经烯胺发生的烷基化、酰基化

烯胺的结构单元：—C=C—N— N 上有氢的烯胺是不稳定的，
N 上没有氢的烯胺是稳定的

1. 烯胺的制备

（1）不对称酮形成烯胺时，双键总是在取代基较少的位置形成。

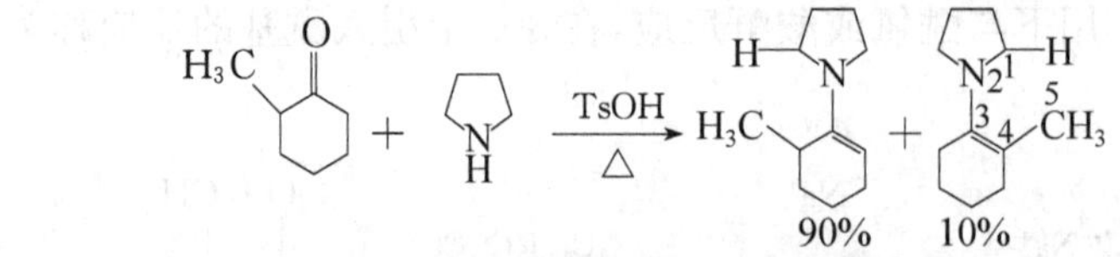

（2）形成双键时，在可能的情况下总是优先形成共轭体系。

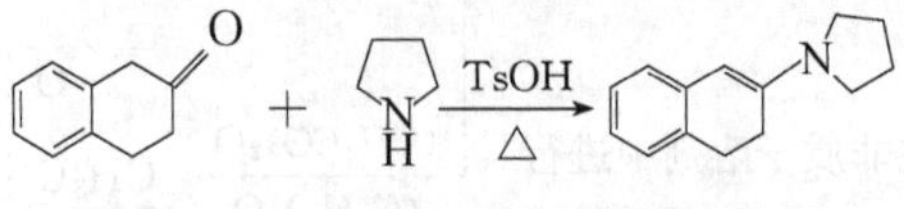

2. 烯胺的反应

（1）烯胺的烃基化反应。

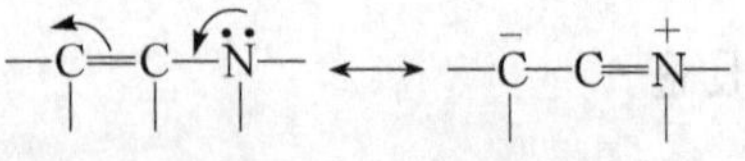

烯胺具有双位反应性能，烃基化反应既可以在氮上发生，也可以在碳上发生。使用活泼卤代烃（如碘甲烷、烯丙型卤代烃、苯甲型卤代烃等）主要得到碳烃基化产物。

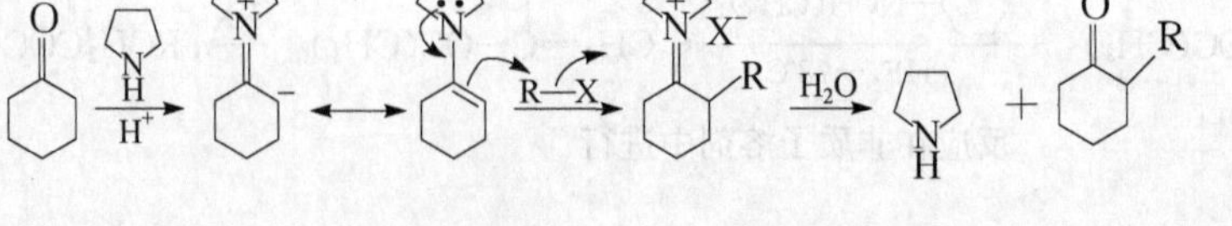

(2) 烯胺的酰基化反应。

酰基化反应一般在碳上发生。

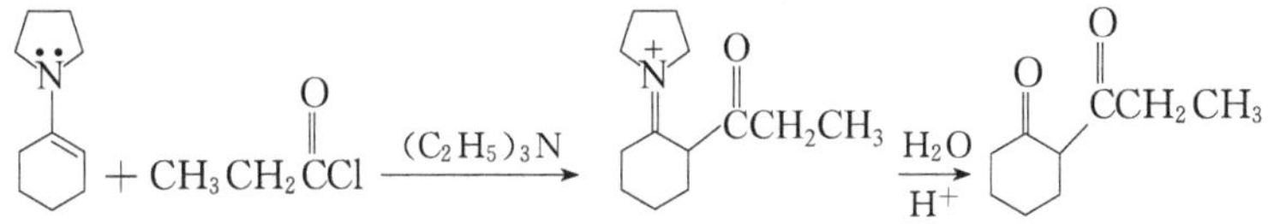

(3) 与 α,β-不饱和酸、酯、腈等发生反应。例如：

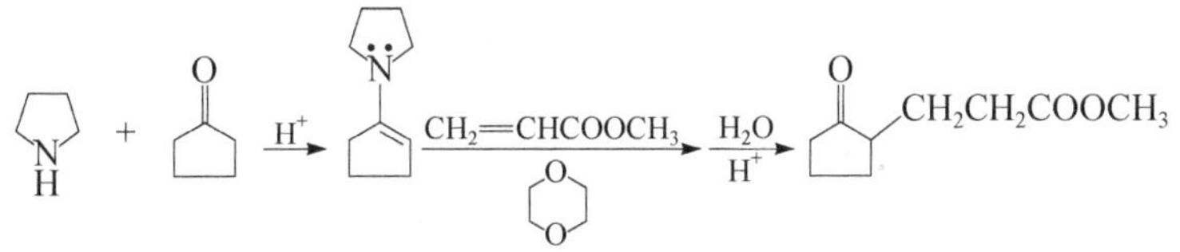

(4) 应用实例。

(i) 制备长链脂肪酸。

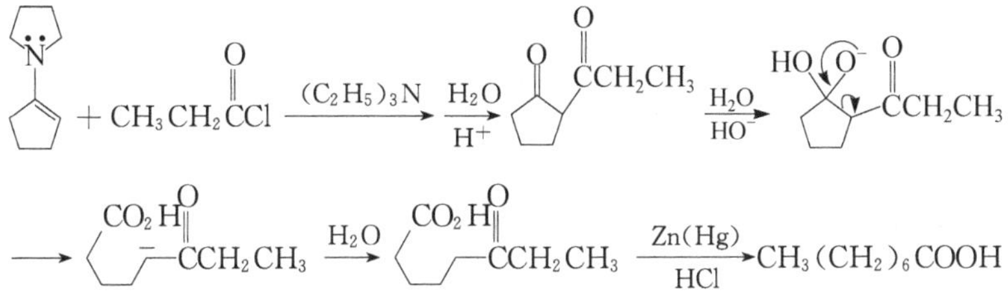

(ii) 制备长链的二元羧酸。

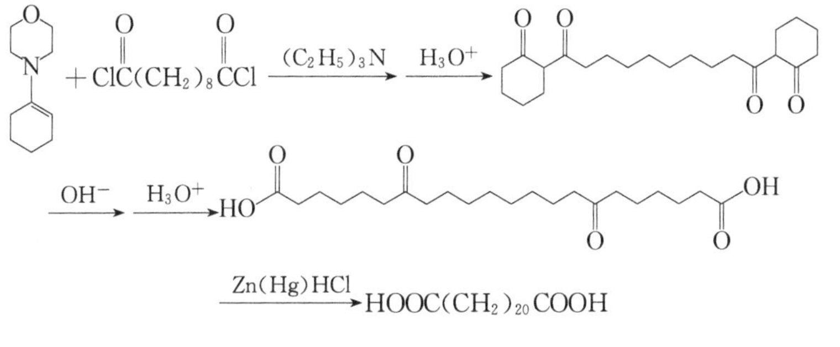

12.6 β-二羰基化合物的特性及应用

12.6.1 β-二羰基化合物的酸性及判别

化合物	pK_a	烯醇式含量
ROH	15	
EtO$_2$CCH$_2$CO$_2$Et		
CH$_3$COCH$_2$CO$_2$Et	13.3~9	
CH$_3$COCH$_2$COCH$_3$		76.5
C$_6$H$_5$COCH$_2$COCH$_3$		99

碳负离子可以写出三个共振式：

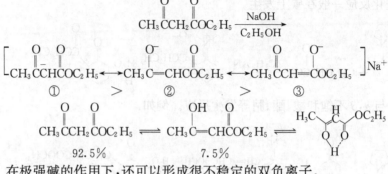

$$CH_3COCH_2COC_2H_5 \rightleftharpoons CH_3C(OH)=CHCOC_2H_5 \rightleftharpoons \text{(烯醇式环状氢键结构)}$$
92.5%　　　　　　　　7.5%

在极强碱的作用下，还可以形成很不稳定的双负离子。

$$CH_3COCH_2COCH_3 \xrightarrow{NaNH_2}{NH_3(液)} CH_3COCH^-COCH_3\ Na^+ \xrightarrow{NaNH_2}{NH_3(液)}$$

$$Na_2^+ [CH_2^-COCH^-COCH_3 \leftrightarrow CH_2=C(O^-)-CH=C(O^-)CH_3]$$

也可用 RLi/惰性溶剂代替 $NaNH_2/NH_3$（液）

12.6.2 β-二羰基化合物的烷基化与酰基化

1. 乙酰乙酸乙酯的 α-烷基化、α-酰基化

$$CH_3COCH_2COC_2H_5 \xrightarrow[\text{或 NaH}]{C_2H_5ONa} [CH_3COCH^-COC_2H_5 \leftrightarrow CH_3C(O^-)=CHCOC_2H_5]\ Na^+$$

$$\xrightarrow{CH_3I} CH_3COCH(CH_3)COC_2H_5$$

$$\xrightarrow[\text{或}(CH_3CO)_2O]{CH_3COCl} CH_3CO-CH(COCH_3)-COC_2H_5$$

2. 乙酰乙酸乙酯类化合物的 γ-烷基化、γ-酰基化

$$CH_3COCH_2COCH_3 \xrightarrow{2NaNH_2} [CH_2=C(O^-)-CH=C(O^-)CH_3]$$

$$\xrightarrow{1\text{mol RX}} RCH_2COCH^-COC_2H_5 \xrightarrow{1\text{mol RX}} RCH_2COCH(R)COC_2H_5$$

$$\xrightarrow[\text{或 1mol }(RCO)_2O]{1\text{mol RCOCl}} RCOCH_2COCH^-COC_2H_5 \xrightarrow[\text{或 }H_2O]{NH_4Cl} RCH_2COCH_2COC_2H_5$$

$$\xrightarrow[\text{或 1mol }(RCO)_2O]{1\text{mol RCOCl}} RCCH_2COCH(COR)COC_2H_5$$

12.6.3 β-二羰基化合物的酮式分解和酸式分解

1. 乙酰乙酸乙酯的酮式分解

$$CH_3COCH_2COOC_2H_5 \xrightleftharpoons{^-OH(稀)} CH_3\overset{O^-}{\underset{OH}{C}}CH_2\overset{O^-}{\underset{OH}{C}}OC_2H_5$$

$$\xrightarrow{H^+} CH_3COCH_2COOH \xrightarrow[-CO_2]{\triangle} CH_3COCH_3$$

2. 乙酰乙酸乙酯的酸式分解

$$CH_3COCH_2COOC_2H_5 \xrightleftharpoons{^-OH(浓)} CH_3\overset{O^-}{\underset{OH}{C}}CH_2\overset{O^-}{\underset{OH}{C}}OC_2H_5$$

$$\rightleftharpoons CH_3COOH + {}^-CH_2COOH + C_2H_5O^- \xrightarrow{H_2O} CH_3COOH + C_2H_5OH$$

12.6.4 β-二羰基化合物在合成中的应用

例 12-3 以乙酸乙酯为起始原料合成 $CH_3COCH_2CH_2C_6H_5$。

$$2CH_3COOC_2H_5 \xrightarrow{RONa(>1mol)} CH_3CO\overset{-}{C}HCOOC_2H_5 \cdot Na^+ \xrightarrow{C_6H_5CH_2Cl}$$

$$CH_3CO\underset{CH_2C_6H_5}{CH}COOC_2H_5 \xrightarrow{^-OH(稀)} \xrightarrow{H^+} CH_3CO\underset{CH_2C_6H_5}{CH}COOH \xrightarrow[-CO_2]{\triangle} \boxed{CH_3COCH_2}-CH_2C_6H_5$$

例 12-4 选用不超过 4 个碳的合适原料制备 (环戊基)COCH_3。

$$2CH_3COOC_2H_5 \xrightarrow{C_2H_5ONa} CH_3CO\overset{-}{C}HCOOC_2H_5 \cdot Na^+ \xrightarrow{Br(CH_2)_4Br} CH_3CO\underset{CH_2(CH_2)_3Br}{CH}COOC_2H_5$$

$$\xrightarrow{C_2H_5ONa} CH_3C\overset{O}{\underset{}{\overset{-}{C}}}COOC_2H_5 \text{(含Br的环)} \longrightarrow \text{(环戊基)COOC}_2H_5 \text{ 带CH}_3 \xrightarrow[2. H^+]{1.\ ^-OH(稀)} \xrightarrow[-CO_2]{\triangle} \text{(环戊基)COCH}_3$$

分子内的亲核取代反应

例 12-5 制备 $CH_3CH_2CH_2\overset{\displaystyle CH_3}{\underset{\displaystyle |}{CH}}COOH$。

$$CH_3\overset{O}{\overset{\|}{C}}-CH_2-\overset{O}{\overset{\|}{C}}OC_2H_5 \xrightarrow[EtOH]{NaOEt} \xrightarrow{CH_3I} \xrightarrow[EtOH]{NaOEt} \xrightarrow{CH_3CH_2CH_2Br}$$

$$CH_3\overset{O}{\overset{\|}{C}}-\underset{\underset{\displaystyle CH_2CH_2CH_3}{\displaystyle |}}{\overset{\displaystyle CH_3}{\overset{\displaystyle |}{C}}}-COOC_2H_5 \xrightarrow{^-OH(浓)} \xrightarrow[\triangle]{H^+} CH_3CH_2CH_2\overset{CH_3}{\underset{|}{CH}}COOH$$

例 12-6 选用合适的原料制备下列结构的化合物。

$$CH_3\overset{O}{\overset{\|}{C}}CH_2CH_2CH_2COOH \text{ 和 } CH_3\overset{O}{\overset{\|}{C}}CH_2CH_2CH_2\overset{O}{\overset{\|}{C}}CH_3$$

$$CH_3\overset{O}{\overset{\|}{C}}-CH_2-\overset{O}{\overset{\|}{C}}OC_2H_5 \xrightarrow[EtOH]{NaOEt} \xrightarrow{ClCH_2CH_2\overset{O}{\overset{\|}{C}}OC_2H_5}$$

$$CH_3\overset{O}{\overset{\|}{C}}-\underset{\underset{\displaystyle CH_2CH_2COOC_2H_5}{\displaystyle |}}{CH}-COOC_2H_5 \xrightarrow[H_2O]{OH^-} \xrightarrow[\triangle]{H^+, -CO_2} CH_3\overset{O}{\overset{\|}{C}}-CH_2-CH_2CH_2COOH$$

$$CH_3\overset{O}{\overset{\|}{C}}-CH_2-\overset{O}{\overset{\|}{C}}OC_2H_5 \xrightarrow[EtOH]{NaOEt} \xrightarrow{ClCH_2CH_2\overset{O}{\overset{\|}{C}}CH_3}$$

$$CH_3\overset{O}{\overset{\|}{C}}-\underset{\underset{\underset{\displaystyle O}{\displaystyle \|}}{\underset{\displaystyle CH_2CH_2CCH_3}{\displaystyle |}}}{CH}-COOC_2H_5 \xrightarrow[H_2O]{OH^-} \xrightarrow[\triangle]{H^+, -CO_2} CH_3\overset{O}{\overset{\|}{C}}-CH_2-CH_2CH_2\overset{O}{\overset{\|}{C}}CH_3$$

例 12-7 合成螺环化合物。

$$CH_2(CO_2Et)_2 \xrightarrow[EtOH]{NaOEt} \xrightarrow{Br(CH_2)_nBr} (CH_2)_n\!\!\bigcirc\!\!C(CO_2Et)_2 \xrightarrow[2.H^+/\triangle]{1.\,^-OH} (CH_2)_n\!\!\bigcirc\!\!CHCOOH$$

$$\downarrow 还原$$

$$(CH_2)_n\!\!\bigcirc\!\!C\underset{\displaystyle CH_2OH}{\overset{\displaystyle CH_2OH}{\diagup\!\!\diagdown}} \xrightarrow{SOCl_2} (CH_2)_n\!\!\bigcirc\!\!C\underset{\displaystyle CH_2Cl}{\overset{\displaystyle CH_2Cl}{\diagup\!\!\diagdown}} \xrightarrow[NaOEt]{CH_2(CO_2Et)_2} (CH_2)_n\!\!\bigcirc\!\!\diamondsuit\!\!\underset{\displaystyle COOEt}{\overset{\displaystyle COOEt}{\diagup\!\!\diagdown}}$$

第 13 章 胺

13.1 胺的分类、结构和命名

胺：R—NH$_2$　　官能团：—NH$_2$

13.1.1 胺的分类

1. 按 R 分类

脂肪胺　CH$_3$CH$_2$CH$_2$NH$_2$　　　　芳香胺　H$_3$C—C$_6$H$_4$—NH$_2$

2. 按 N 被取代的程度分类

$$R-NH_2 \qquad R-NH-R' \qquad R-\underset{R''}{N}-R' \qquad R-\overset{R'}{\underset{R'''}{N^+}}-R''\ X^-$$

一级（伯）胺　　二级（仲）胺　　三级（叔）胺　　四级（季）铵盐

伯胺：

　　　　CH$_3$CH$_2$NH$_2$　　　环戊胺 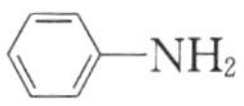　　　　苯胺
　　　　乙胺

仲胺：

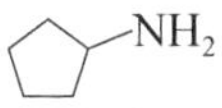

　　CH$_3$CH$_2$NHCH$_3$　　(CH$_3$CH$_2$)$_2$NH　　　二苯胺
　　　甲乙胺　　　　　　二乙胺

叔胺：

　　　　　(CH$_3$CH$_2$)$_3$N　　　C$_6$H$_5$N(CH$_3$)$_2$
　　　　　　三乙胺　　　　　　N,N-二甲基苯胺

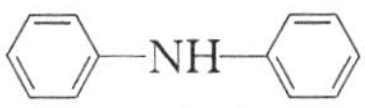

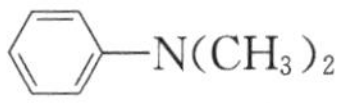

季铵盐：

　　(CH$_3$CH$_2$)$_4$N$^+$Br$^-$　　　[C$_6$H$_5$—CH$_2$—$\overset{+}{N}$(CH$_3$)$_3$]Cl$^-$
　　溴化四乙基铵 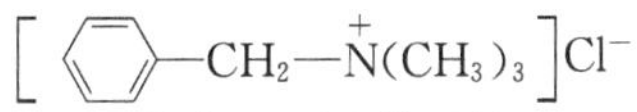　　　　氯化三甲基苄基铵

亚胺：

　　　　　CH$_3$CH$_2$CH=NCH$_3$
　　　　　　N-甲基丙亚胺

3. 按氨基数目分类

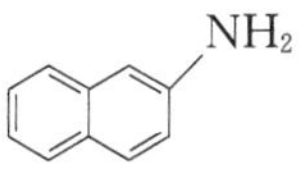

　　　　2-萘胺（NH$_2$）　　　NH$_2$(CH$_2$)$_6$NH$_2$
　　　　　一元胺　　　　　　　二元胺
　　　NH$_2$CH$_2$CH$_2$NHCH$_2$CH$_2$NHCH$_2$CH$_2$NH$_2$
　　　　　　　　　　多元胺

13.1.2 胺的结构与构型

1. 结构

(1) 脂肪胺分子中 N 为 sp^3 杂化。

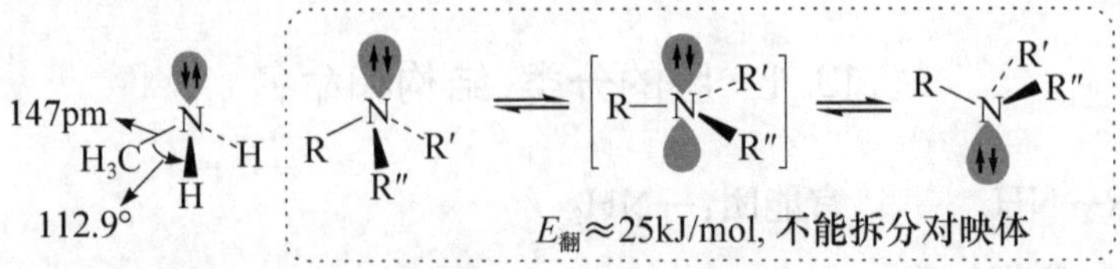

$E_{翻} \approx 25 kJ/mol$，不能拆分对映体

但当 N 上所连基团较大，角锥翻转困难时，可拆分出对映体。例如，下列季铵盐已拆分出一对对映体：

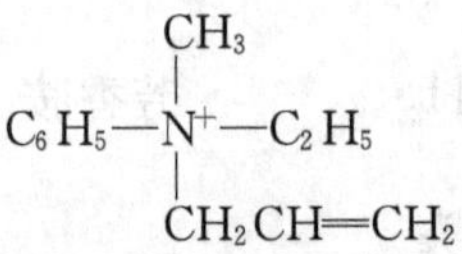

(2) 苯胺分子中 N 接近 sp^2 杂化，且存在 p-π 共轭。

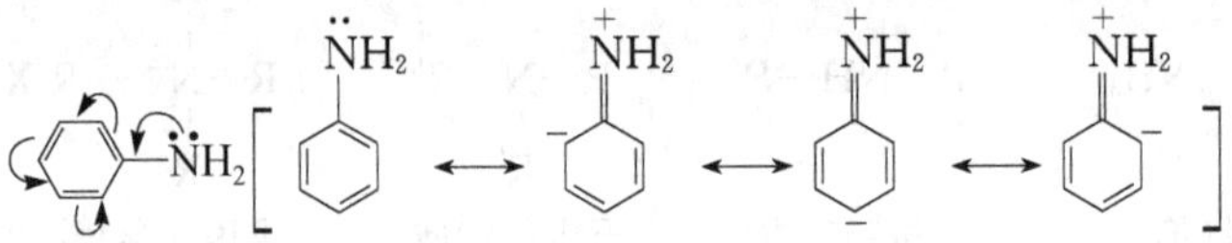

2. 烯胺-亚胺互变异构

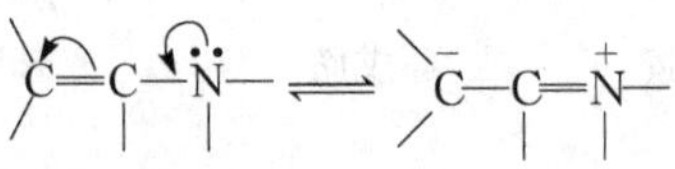

13.1.3 胺的系统命名

(1) 胺的系统命名是选含氮的最长碳链为母体，称为某胺。N 上其他烃基作为取代基，并用 N 定其位。

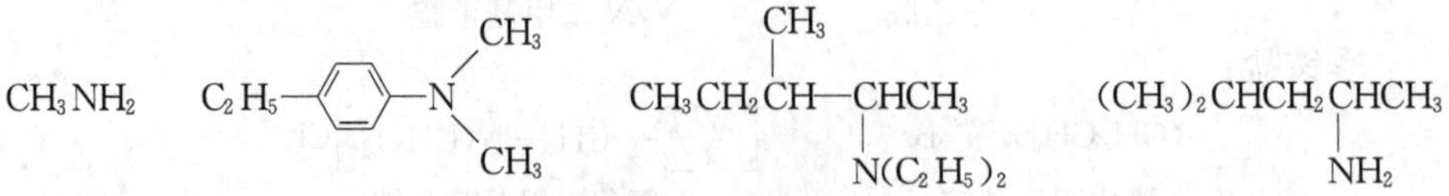

CH_3NH_2　　　C_2H_5—〔苯环〕—$N(CH_3)_2$　　　$CH_3CH_2CHCH_3$（$N(C_2H_5)_2$，CH_3）　　　$(CH_3)_2CHCH_2CHCH_3$（NH_2）

甲胺　　　N,N-二甲基-4-乙基苯胺　　　N,N-二乙基-3-甲基-2-戊胺　　　4-甲基-2-戊胺

(2) 结构比较复杂的胺，可以作为烃类的氨基衍生物命名。

(3) 胺形成的盐和四级铵化合物的命名。

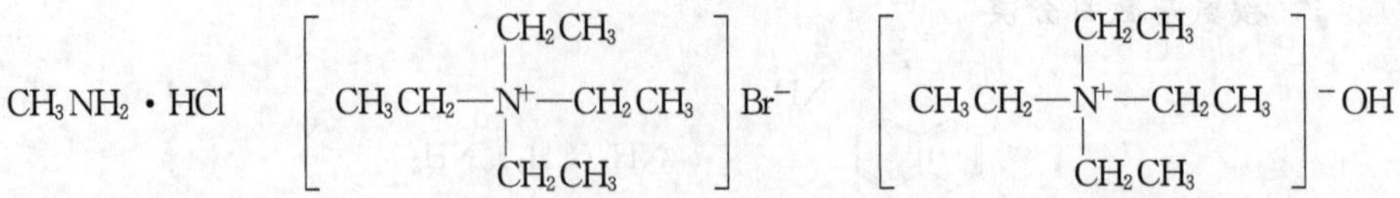

$CH_3NH_2 \cdot HCl$　　　$[CH_3CH_2-\overset{+}{N}(CH_2CH_3)(CH_2CH_3)CH_2CH_3] Br^-$　　　$[CH_3CH_2-\overset{+}{N}(CH_2CH_3)(CH_2CH_3)CH_2CH_3] OH^-$

甲胺盐酸盐　　　溴化四乙铵　　　氢氧化四乙铵

13.2 胺的制备

13.2.1 氨或胺的烷基化——Hofmann 烷基化

$$NH_3 \xrightarrow{R-X}_{S_N2} RNH_2 + HX \rightleftharpoons \overset{+}{R}NH_3X^- \xrightarrow{^-OH} RNH_2$$

反应速率：RI＞RBr＞RCl＞RF；1°RX＞2°RX，3°RX 以消除为主。该反应一般不易停留在生成一级胺的阶段，通常得到各级胺的混合物。但这一反应可用于制备环状胺。

$$Br(CH_2)_nBr \xrightarrow{NH_3} \underset{NH}{(CH_2)_n} \xrightarrow{Br(CH_2)_nBr} \underset{(CH_2)_n}{\overset{(CH_2)_n}{N^+}} Br^-$$

$n=4\sim6$

利用胺的烷基化可制备一个有用的四级铵盐。

$$(C_2H_5)_3N + C_6H_5CH_2Cl \longrightarrow [(C_2H_5)_3\overset{+}{N}CH_2C_6H_5]Cl^-$$
氯化三乙基苄基铵(TEBA)

13.2.2 Gabriel 合成法

利用邻苯二甲酰亚胺的烷基化制备一级胺的反应称为 Gabriel 合成法。空阻大的 RX 不能发生此反应。

（反应式：邻苯二甲酸酐 $\xrightarrow{NH_3}$ 邻苯二甲酰亚胺 $\xrightarrow{KOH/C_2H_5OH}$ 钾盐 $\xrightarrow{R-X/THF/DMF}$ N-取代邻苯二甲酰亚胺 $\xrightarrow{NH_2NH_2/C_2H_5OH}$ RNH₂ + 酞肼；或 $\xrightarrow{H^+或^-OH/H_2O/C_2H_5OH}$ 邻苯二甲酸 + RNH₂）

13.2.3 硝基化合物的还原——制备 1°胺

(1) 还原剂的分类。
(i) 酸性还原(酸＋金属)：Fe+HCl，Zn+HCl，Sn+HCl，SnCl₂+HCl。
(ii) 中性还原(催化氢化)：常用的催化剂有 Ni，Pt，Pd 等。
(iii) 碱性还原：Na₂S，NaHS，(NH₄)₂S，NH₄HS，LiAlH₄。而 NaBH₄ 和 B₂H₆ 不能还原硝基。

(2) 含有醛基的硝基化合物，若欲保留醛基，则须使用较温和的还原剂。

邻硝基苯甲醛 $\xrightarrow{FeSO_4,NH_3,H_2O}$ 邻氨基苯甲醛
67%～69%

(3) 用硫氢化钠可以只使二硝基化合物的一个硝基被还原。

间二硝基苯 $\xrightarrow{NaHS,EtOH,\triangle}$ 间硝基苯胺
79%～83%

13.2.4 酰胺、腈、肟的还原

1. 腈

$$R-C\equiv N \xrightarrow{LiAlH_4} RCH_2NH_2 \quad 1°胺$$

2. 酰胺

$$RCN\begin{matrix}O\\\\R'\\R''\end{matrix} \xrightarrow{LiAlH_4} RCH_2N\begin{matrix}R'\\R''\end{matrix} \begin{cases}R'=R''=H & 1°胺\\R'=H, R''=烷基 & 2°胺\\R'=R''=烷基 & 3°胺\end{cases}$$

3. 肟

$$CH_3(CH_2)_4\overset{NOH}{\underset{}{C}}CH_3 \xrightarrow[6\sim 8MPa,75\sim 80℃]{Ni/H_2} CH_3(CH_2)_4\overset{NH_2}{\underset{}{C}}HCH_3$$

$$CH_3(CH_2)_5CH=NOH \xrightarrow{Na+C_2H_5OH} CH_3(CH_2)_5CH_2NH_2$$

常用还原体系：$LiAlH_4$，B_2H_6，催化氢化，$Na+C_2H_5OH$。

13.2.5 醛、酮的还原胺化

(1) 醛(或酮)与氨(或胺)反应生成亚胺，再被还原为胺的反应称为醛、酮的还原胺化。

$$RCHO + NH_3 \xrightarrow{加成} \xrightarrow{消除} RCH=NH \xrightarrow{还原} RCH_2NH_2 \xrightarrow[加成]{RCHO} \xrightarrow{消除}$$

$$RCH_2N=CHR \xrightarrow{还原} RCH_2NHCH_2R \xrightarrow[加成]{RCHO} \xrightarrow{还原} (RCH_2)_3N$$

(2) Leuckart 反应。醛、酮在高温下与甲酸铵反应生成一级胺的反应称为 Leuckart 反应。

$$\text{Ph}\overset{O}{\underset{}{C}}CH_3 \xrightarrow[185℃]{HCONH_4} \text{Ph}\overset{NH_2}{\underset{}{C}}HCH_3$$

甲酸铵的作用是提供 NH_3 和还原剂甲酸。

$$HCONH_4 \longrightarrow HCOOH + NH_3$$

如果用 HCOOH+氨(或胺)，反应也可以发生。

[Steroid structure with ketone] $\xrightarrow[\Delta]{\text{piperidine, HCOOH}}$ [Steroid structure with piperidinyl group]

硝基、亚硝基、碳-碳双键、羟基的存在不干扰该反应进行。

13.2.6 从羧酸及其衍生物制胺——Hofmann 重排

酰胺与卤素的氢氧化钠溶液作用，放出二氧化碳，生成比酰胺少一个碳的胺的反应称为 Hofmann 重排。

$$\underset{\text{O}}{\text{RCNH}_2} + \text{Br}_2 + \text{NaOH} \xrightarrow{\text{H}_2\text{O}} \text{RNH}_2 + \text{CO}_2 + \text{NaBr}$$

也可以使用乙醇为溶剂,以增加溶解性。只有 1°酰胺能发生 Hofmann 重排,并且重排时迁移碳的构型保持不变。

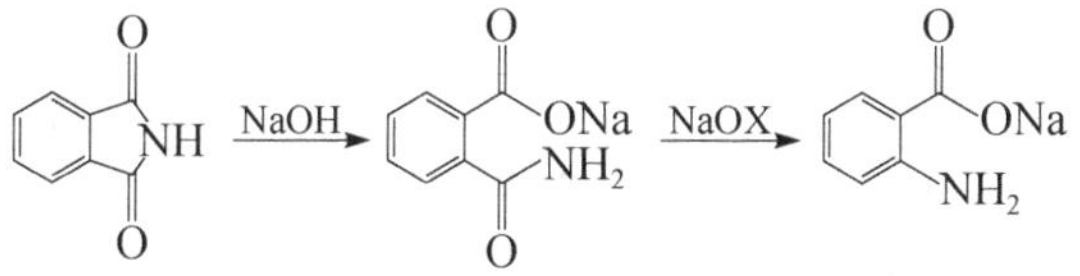

[结构式: CH₃—C*H(CONH₂)—C₂H₅ —NaOX→ CH₃—C*H(NH₂)—C₂H₅]

[结构式: 邻苯二甲酰亚胺 —NaOH→ 邻苯二甲酰胺钠盐 —NaOX→ 邻氨基苯甲酸钠]

13.3 胺的化学性质

13.3.1 胺的碱性

(1) 产生碱性的原因:N 上的孤对电子易与质子结合。

$$\underset{\text{碱}}{\text{RNH}_2} + \text{H}_2\text{O} \rightleftharpoons \underset{\text{共轭酸}}{\overset{+}{\text{RNH}_3}} + \text{HO}^-$$

(2) 可用胺的水溶液的 pK_b 或其共轭酸的 pK_a 来判别胺的碱性强弱。pK_b 值越小,胺的碱性越强;pK_a 值越小,胺的碱性越弱。也可通过形成的铵正离子的稳定性来判别胺的碱性强弱。

(3) 影响碱性强弱的因素。

(i) 电子效应:3°胺>2°胺>1°胺,N 上连有吸电子取代基时,胺的碱性减弱。

(ii) 空间效应:1°胺>2°胺>3°胺。

(iii) 溶剂化效应:极性溶剂(如 H_2O)可与氨基的 H 形成氢键,N 上的 H 越多,溶剂化效应越大,形成的铵正离子越稳定。

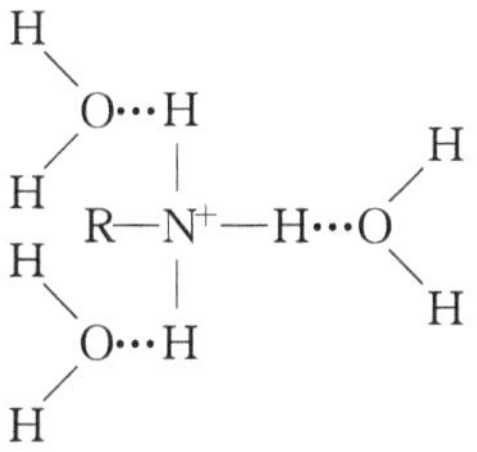

[结构式: R—N⁺ 与三个 H₂O 通过氢键相连]

(iv) 芳香胺的碱性:首先考虑 N 上的孤对电子,如与苯环共轭(p-π 共轭),碱性变弱。

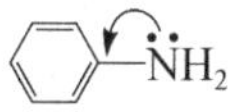

[结构式: 苯胺 PhNH₂ 孤对电子与苯环共轭]

综上所述,水溶液中胺的碱性强弱次序:脂肪胺(2°>3°>1°)>氨>芳香胺。

13.3.2 胺的成盐反应

(1) 胺具有碱性,遇酸能形成盐。

$$RNH_2 + CH_3COOH \longrightarrow CH_3COO^-NH_3^+R$$

(2) 成盐反应的应用。

(i) 分离提纯。

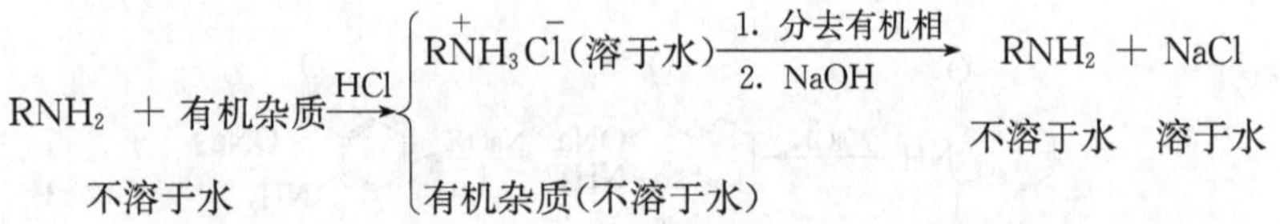

$$RNH_2 + 有机杂质 \xrightarrow{HCl} \begin{cases} RNH_3^+Cl^-（溶于水） \xrightarrow[2. NaOH]{1. 分去有机相} RNH_2 + NaCl \\ \text{不溶于水} \qquad\qquad\qquad\qquad\qquad\qquad \text{不溶于水 溶于水} \\ 有机杂质（不溶于水） \end{cases}$$

(ii) 用于鉴定。所有的铵盐都具有一定的熔点或分解点,可用于鉴别。

(iii) 析解消旋体。具有光学活性的有机胺可用来析解消旋的有机酸。例如:

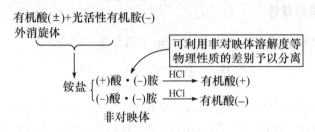

13.3.3 四级铵盐及其相转移催化作用

1. 制备和特点

四级铵盐可由三级胺和卤代烃反应制备,相关反应见13.2节。通常四级铵盐呈固态,具有离子化合物的性质。

2. 应用

(1) 四级铵盐的主要用途是作为表面活性剂,经过复配可以制成洗涤剂、润湿剂、乳化剂、悬浮剂等。

(2) 四级铵盐,如三乙基苄基氯化铵(TEBA)或四正丁基溴化铵还可用作相转移催化剂。

3. 相转移催化剂

(1) 定义:能把反应物从一相转移到另一相的催化剂称为相转移催化剂。

(2) 特点:相转移催化剂既能溶于水相,又能溶于有机相;并且能与体系中一个反应物缔合,将其带入有机相,使有机相的反应物浓度增加,促进反应发生。

一般认为在相转移催化反应中负离子的交换在水相中进行。

$$\text{有机相} \quad R-X + Q^+CN^- \xrightarrow{\text{使局部反应物}(CN^-)\text{浓度增加}} R-CN + Q^+X^-$$
$$\text{反应物2} \qquad\qquad\qquad \text{产物 相转移催化剂}$$

$$\text{水相} \quad NaX + Q^+CN^- \longleftarrow NaCN + Q^+X^-$$
$$\text{产物} \qquad\qquad\qquad \text{反应物1 相转移催化剂}$$

从上可以看出,相转移催化剂不断地将 CN^- 从水相运送到有机相,然后又将 X^- 从有机相运送到水相,促进反应的进行。

除四级铵盐外,相转移催化剂还包括冠醚、季鏻盐,也可根据情况使用聚乙二醇及十二烷基苯磺酸盐等。

(3) 用处:提高反应产率,降低反应温度,缩短反应时间。例如:

$$NaCN + CH_3(CH_2)_7Br \xrightarrow{(n\text{-}C_4H_9)_4\overset{+}{N}\overset{-}{Br}} CH_3(CH_2)_7CN$$
$$95\%$$

又如:

$$CH_3(CH_2)_7Cl \xrightarrow[\text{[CH}_3(CH_2)_3]_3\overset{+}{P}(CH_2)_{13}CH_3\overset{-}{Br}]{NaCN,\text{回流}1.8h} CH_3(CH_2)_7CN$$
$$99\%$$

如果不加季鏻盐,该反应回流两周也得不到取代产物。

13.3.4 四级铵碱和 Hofmann 消除反应

1. 四级铵盐遇碱形成四级铵碱

$$R_4N^+I^- + KOH \rightleftharpoons R_4N^+OH^- + KI$$

2. Hofmann 消除反应

1) 定义

四级铵碱受热分解为三级胺、烯烃和水的反应称为 Hofmann 消除反应。

$$[CH_3CH_2\overset{+}{N}(CH_3)_3]^-OH \xrightarrow{100\sim200℃} CH_2=CH_2 + (CH_3)_3N + H_2O$$

$$\left[CH_3\underset{R}{\overset{}{C}H}\overset{+}{N}(CH_3)_3\right]^-OH \xrightarrow{100\sim200℃} \underset{R}{CH}=CH_2 + (CH_3)_3N + H_2O$$

2) Hofmann 消除反应的取向与机理

(1) Hofmann 规则:四级铵碱热解时,若有两个 β-H 可供消除,总是优先消去取代较少的碳上的 β-H。

$$\left[CH_3CH_2\overset{\beta}{C}H_2\overset{\beta}{C}HCH_3 \atop \overset{+}{N}(CH_3)_3\right]^-OH \xrightarrow[C_2H_5OH]{C_2H_5OK,130℃} CH_3CH_2CH_2CH=CH_2 + CH_3CH_2CH=CHCH_3$$
$$55.7\% \qquad\qquad 1.3\%$$

因此,若四级铵碱上有一个乙基,又有一个长链烃基,则总是乙基上的 β-H 首先被消除。

$$[\underset{\underset{CH_2CH_2R}{|}}{\overset{\beta}{CH_3CH_2}}\overset{+}{N}(CH_3)_2]\overline{O}H \xrightarrow{\triangle} CH_2=CH_2 + RCH_2CH_2N(CH_3)_2$$

(2) Hofmann 消除反应的机理为 E2(似 E1cb)消除。

$$CH_3CH_2\underset{\underset{\overset{+}{N}(CH_3)_3}{|}}{\overset{H''}{C}}H-\overset{H'}{C}H_2 \xrightarrow{\overline{O}H} CH_3CH_2CH=CH_2 \quad (主)$$

H′的酸性比 H″大；进攻 H′空阻小，形成的一级碳负离子的稳定性好——进攻 H′过渡态稳定性较高。

(3) 不符合 Hofmann 规则的特殊例子。

(i) 碳负离子与 π 体系相邻时较稳定，且反应后可进一步形成更大的共轭体系，产物能量降低。

$$C_6H_5CH_2\underset{\underset{CH_2CH_3}{|}}{\overset{+}{N}(NH_3)_2}\overline{O}H \xrightarrow{\triangle} C_6H_5CH=CH_2 + CH_3CH_2N(CH_3)_2$$

$$[\underset{\underset{CH_3}{|}}{\overset{O}{\parallel}}\overset{+}{RCCH_2CHN(CH_3)_3}]\overline{O}H \xrightarrow{\triangle} \overset{O}{\underset{\parallel}{RC}}CH=CHCH_3 + (CH_3)_3N$$

(ii) β-H 空阻太大时，得不到正常产物。

$$[\underset{\underset{CH_3}{|}}{\overset{CH_3}{|}}\overset{}{CH_3CCH_2CH_2\overset{+}{N}(CH_3)_3}\overline{O}H] \longrightarrow \begin{cases} (CH_3)_3CCH=CH_2 + (CH_3)_3N \\ \quad\quad 20\% \\ (CH_3)_3CCH_2CH_2N(CH_3)_2 + CH_3OH \\ \quad\quad 80\% \end{cases}$$

❑13.3.5 **胺的酰化和 Hinsberg 反应**

1. 胺的酰化

$$\underset{}{\overset{O}{\underset{\parallel}{RCCl}}} + \begin{cases} NH_3 \\ R'NH_2 \\ R_2'NH \end{cases} \xrightarrow[\text{或}]{NaOH} \begin{cases} \overset{O}{\underset{\parallel}{RCNH_2}} \\ \overset{O}{\underset{\parallel}{RCNHR'}} \\ \overset{O}{\underset{\parallel}{RCNR_2'}} \end{cases} \text{放热反应，产物酰胺均为固体}$$

$$\overset{O}{\underset{\parallel}{RCCl}} + R_3'N \longrightarrow [\overset{O}{\underset{\parallel}{RC\overset{+}{N}R_3'}}]\overline{Cl} \quad 酰基铵盐（尚未析离）$$

2. Hinsberg 反应

定义：胺与磺酰氯的反应称为 Hinsberg 反应。

1°胺+磺酰氯 $\longrightarrow$ 沉淀 $\underset{H^+}{\overset{NaOH}{\rightleftharpoons}}$ 沉淀溶解

2°胺+磺酰氯 $\longrightarrow$ 沉淀(既不溶于酸，也不溶于碱)

3°胺+磺酰氯 $\longrightarrow$ 油状物 $\underset{NaOH}{\overset{H^+}{\rightleftharpoons}}$ 油状物消失

油状物

反应呈现不同现象,可用于一、二、三级胺的鉴别分析。例如:

$$RNH_2 + H_3C-\text{\textcircled{C_6H_4}}-SO_2Cl \longrightarrow H_3C-\text{\textcircled{C_6H_4}}-SO_2NHR \downarrow \underset{H^+}{\overset{NaOH}{\rightleftharpoons}} H_3C-\text{\textcircled{C_6H_4}}-SO_2\overset{-}{N}R\overset{+}{Na}$$
　　　　　　　　　　　　　　　　　　　　沉淀　　　　　　　　　　　溶解

$$R_2NH + H_3C-\text{\textcircled{C_6H_4}}-SO_2Cl \longrightarrow H_3C-\text{\textcircled{C_6H_4}}-SO_2NR_2 \downarrow \xrightarrow[\Delta]{NaOH} \text{沉淀不溶解}$$
　　　　　　　　　　　　　　　　　　　　　　　　　　沉淀

$$R_3\overset{+}{N}H \underset{NaOH}{\overset{H^+}{\rightleftharpoons}} R_3N + H_3C-\text{\textcircled{C_6H_4}}-SO_2Cl \longrightarrow \text{不反应}$$
　　油状物消失　　油状物

13.3.6 胺的氧化和 Cope 消除反应

1. 氧化胺的制备

$$R_3N \xrightarrow[\text{或 } RCO_3H]{H_2O_2} R_3\overset{+}{N}-\overset{-}{O}\ (\text{或 } R_3N\rightarrow O)$$
　　　　　　　　　　　　　　氧化胺

2. 性质

氧化三级胺的偶极矩大,分子极性大;当 N 上相连的三个烷基不相同时,可拆分出光活异构体,能发生 Cope 消除。

3. Cope 消除反应

氧化胺的 β-碳上有氢时,会发生热分解反应,得到羟胺和烯烃,称为 Cope 消除反应。

$$\begin{array}{c} CH_3CH_2CHCH_3 \\ | \\ O^--N^+-CH_3 \\ | \\ CH_3 \end{array} \xrightarrow{150℃} CH_3CH=CHCH_3 + CH_2CH_2CH=CH_2 + (CH_3)_2NOH$$
　　　　　　　　　　　　　　　　　　　　　　　　　　　　67%

反应经过环状过渡态完成,发生顺式消除。氧化胺的制备和 Cope 消除可以在同一体系中完成。当氧化胺的烃基上有两种 β-H 时,产物为混合物,但以 Hofmann 产物为主。

13.3.7 胺与亚硝酸的反应

分类	脂肪胺与亚硝酸的反应	芳香胺与亚硝酸的反应	说明
1°胺	$RNH_2 \xrightarrow[0\sim 5℃]{NaNO_2, HCl} R\overset{+}{N}\equiv N\overset{-}{Cl}$ 不稳定　$\xrightarrow{-N_2}$ 醇、烯、卤代烃等的混合物	$ArNH_2 \xrightarrow[0\sim 5℃]{NaNO_2, HCl} Ar\overset{+}{N}\equiv N\overset{-}{Cl}$ $\xrightarrow{\text{亲电取代}}$ ArX, ArCN, ArOH, ArSH, ArH, ArN=NAr	①芳香一级胺与亚硝酸作用生成重氮盐的反应称为重氮化反应
2°胺	$R_2NH \xrightarrow{NaNO_2, HCl} R_2N-N=O$ $\xrightarrow[HCl]{SnCl_2} R_2NH$ N-亚硝基胺为黄色油状物或固体	与脂肪胺类似	

续表

分类	脂肪胺与亚硝酸的反应	芳香胺与亚硝酸的反应	说明
3°胺	$R_3N \xrightarrow[-OH]{HNO_2} R_3\overset{+}{N}HNO_2^-$	$\text{C}_6\text{H}_5\text{N(CH}_3)_2 \xrightarrow{HNO_2}$ ON—C$_6$H$_4$—N(CH$_3$)$_2$ 绿色	②重氮化试剂：亚硝酸 （实际使用 NaNO$_2$+HCl 或 NaNO$_2$+H$_2$SO$_4$）
总结	1°胺放出气体 2°胺出现黄色油状物 3°胺发生成盐反应无特殊现象	1°胺室温条件下放出气体 2°胺出现黄色油状物 3°胺出现绿色晶体	

13.4 芳 胺

13.4.1 芳胺的制备

1. 硝基化合物还原

C$_6$H$_5$NO$_2$ $\xrightarrow[\text{或 H}_2\text{/Cu,}\triangle,\text{加压（产率 95%）}]{\text{Fe+HCl（产率 100%）}}$ C$_6$H$_5$NH$_2$

2. 芳环亲核取代

C$_6$H$_5$OH $\xrightarrow[\triangle,\text{加压}]{NH_3}$ C$_6$H$_5$NH$_2$

O$_2$N—C$_6$H$_3$(NO$_2$)—Br $\xrightarrow{RNH_2}$ O$_2$N—C$_6$H$_3$(NO$_2$)—NHR

3. Hofmann 重排

邻苯二甲酰亚胺 $\xrightarrow{NaOH+X_2}$ 邻氨基苯甲酸钠（COONa, NH$_2$）

13.4.2 芳胺的化学性质

1. 氧化

N 上有氢的芳胺极易氧化，随氧化剂种类及反应条件的不同，氧化产物也不同。

$\text{ArNH}_2 \xrightarrow{[O]} \text{ArNHOH} \xrightarrow{[O]} \text{ArNO} \xrightarrow{[O]} \text{ArNO}_2$
 伯胺   N-芳基羟胺 亚硝基化合物 硝基化合物

三级芳胺在过氧化物作用下可以生成氧化胺，四级铵盐很难氧化。

2. 芳胺的亲电取代反应

1）卤化

C$_6$H$_5$NH$_2$ $\xrightarrow{I_2}$ p-I—C$_6$H$_4$—NH$_2$

C$_6$H$_5$NH$_2$ $\xrightarrow{Br_2/H_2O}$ 2,4,6-三溴苯胺 ↓ 白色沉淀

不易停留在一溴代阶段

对溴苯胺的制备：

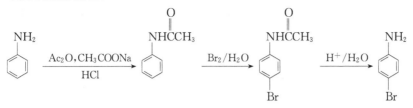

2) 磺化

若以发烟硫酸为磺化剂，在室温下反应，主要生成间位产物；若以浓硫酸为磺化剂，并长时间加热反应，则主要生成对位产物。

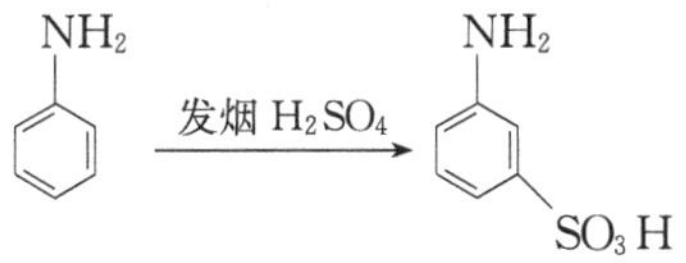

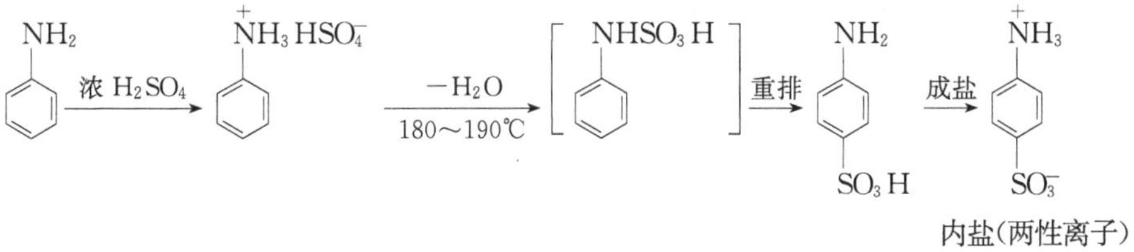

如果对位被占，则重排到氨基的邻位。

3) 硝化

一级胺、二级胺由于氮上有氢，易被硝酸氧化，不宜直接硝化。三级苯胺可以直接硝化。稀 HNO_3 硝化主要得邻、对位产物，浓 HNO_3 硝化主要得间位产物。

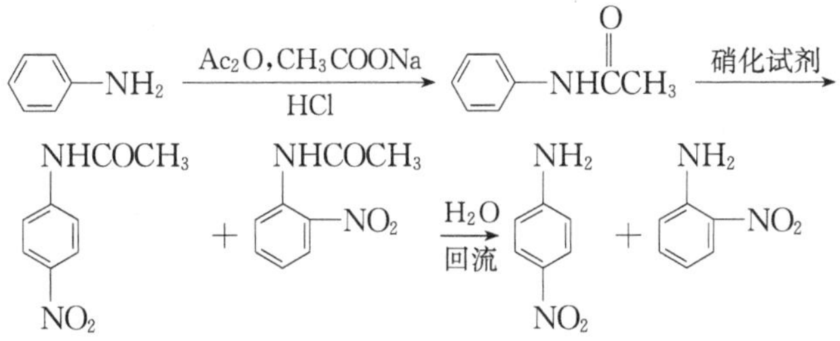

4) 酰化

一级芳胺、二级芳胺由于 N 上有氢，直接酰化时，芳环和 N 上都会发生酰基化，所以必须将其保护；三级芳胺可直接进行傅氏酰基化反应。

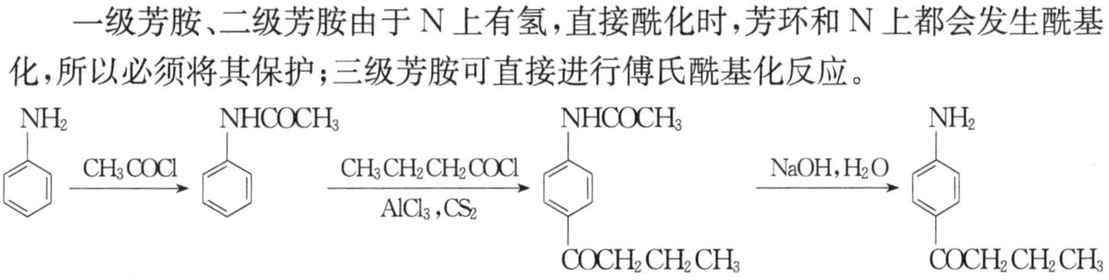

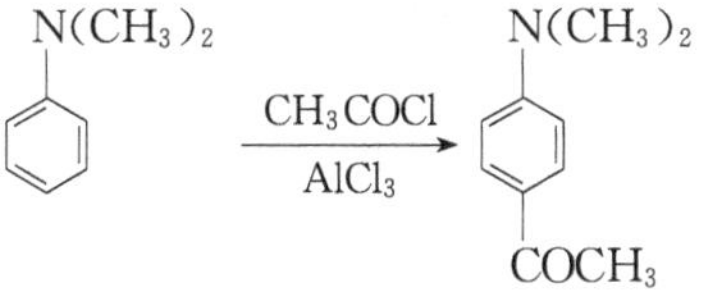

5) Vilsmeier 反应

N,N-二甲苯胺与三氯氧磷和 DMF 作用，在苯环上引入甲酰基（详见 8.3.6）。

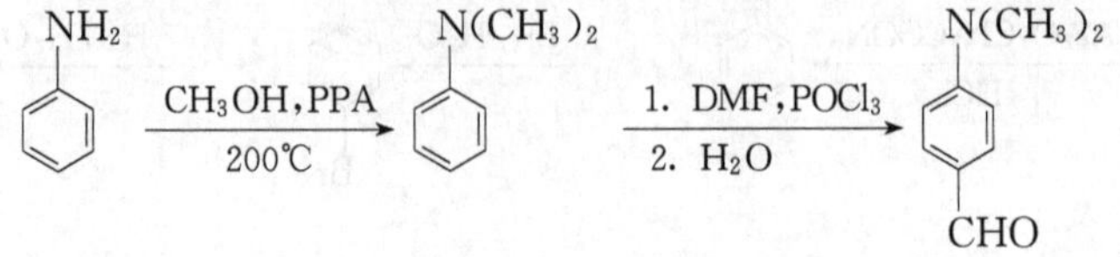

$$\underset{}{C_6H_5NH_2} \xrightarrow[200°C]{CH_3OH, PPA} \underset{}{C_6H_5N(CH_3)_2} \xrightarrow[2.\ H_2O]{1.\ DMF, POCl_3} 4\text{-}(CH_3)_2N\text{-}C_6H_4\text{-}CHO$$

3. 联苯胺重排

氢化偶氮苯在酸催化下发生重排，生成 4,4′-二氨基联苯的反应称为联苯胺重排。

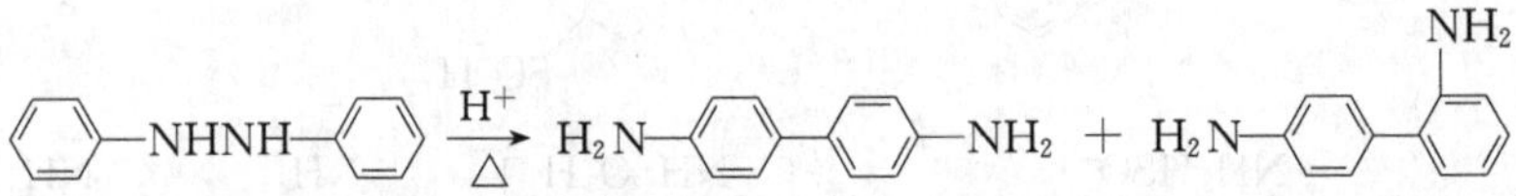

$$\text{PhNH-NHPh} \xrightarrow[\Delta]{H^+} H_2N\text{-}C_6H_4\text{-}C_6H_4\text{-}NH_2 + H_2N\text{-}C_6H_4\text{-}C_6H_4\text{-}NH_2\text{(邻)}$$

联苯胺重排是分子内重排。

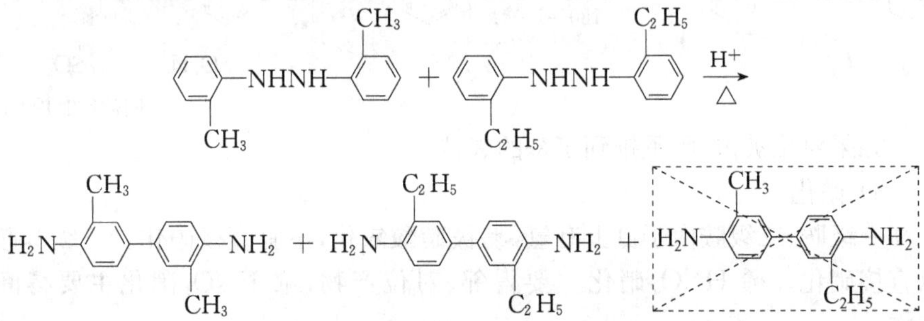

（含邻甲基和邻乙基的氢化偶氮苯重排示意图）

13.5 重氮化反应及重氮盐在合成上的应用

❏ 13.5.1 重氮化反应

芳香一级胺在过量酸与低温条件下与亚硝酸作用生成重氮盐的反应称为重氮化反应。

$$C_6H_5NH_2 \xrightarrow[0\sim 5°C]{NaNO_2 + HCl} C_6H_5\overset{+}{N}\equiv N\ \overset{-}{Cl}$$

重氮化反应必须在酸性溶液中进行。重氮盐通常不用分离，而直接用于下步反应。

❏ 13.5.2 重氮盐在合成上的应用

1. Sandmeyer 反应

在 CuCl 或 CuBr 催化下，重氮盐在氢卤酸溶液中加热，生成芳香氯（溴）化物。

$$Ar\text{-}\overset{+}{N}\equiv N\ \overset{-}{Cl} \xrightarrow[\text{或 HCl+CuCl}]{HBr + CuBr} ArBr\ \text{或}\ ArCl$$

$$Ar\text{-}\overset{+}{N}\equiv N\ \overset{-}{Cl} \xrightarrow[\text{(中性条件)}]{CuCN} ArCN$$

2. Gattermann反应

用 Cu 加 HCl（或 HBr）催化，也可生成芳香氯（溴）化物。

$$Ar-\overset{+}{N}\equiv N\ \overset{-}{Cl}\ \xrightarrow[\text{或 Cu+HCl}]{\text{Cu+HBr}}\ ArBr\ 或\ ArCl$$

3. 重氮盐被碘取代

$$\text{PhNH}_2 \xrightarrow[\text{2. KI, 25℃}]{\text{1. HCl, NaNO}_2, 0\sim5℃}\ \text{PhI}\quad 74\%\sim76\%$$

$$o\text{-BrC}_6\text{H}_4\text{NH}_2 \xrightarrow[\text{2. KI, 25℃}]{\text{1. HCl, NaNO}_2, 0\sim5℃}\ o\text{-BrC}_6\text{H}_4\text{I}\quad 72\%\sim83\%$$

4. 重氮盐的水解

重氮盐在酸性水溶液中分解成酚并放出氮气。

$$[C_6H_5\overset{+}{N}\equiv N]HSO_4^- + H_2O \xrightarrow[\text{Cu}_2\text{O}]{\text{Cu}^{2+}} C_6H_5OH + N_2$$
$$74\%\sim79\%$$

5. Schiemann反应

芳香重氮盐和冷的氟硼酸反应，生成溶解度较小、稳定性较高的氟硼酸盐，经过滤、干燥，然后加热分解产生氟苯。

$$\text{PhNH}_2 \xrightarrow[0\sim5℃]{\text{HCl, NaNO}_2} \text{PhN}_2^+\text{Cl}^- \xrightarrow[\text{NaBH}_4]{\text{HBF}_4} \text{PhN}_2^+\text{BF}_4^- \xrightarrow{\triangle} \text{PhF}$$

6. 重氮盐的还原

$$\text{PhNH}_2 \xrightarrow[0\sim5℃]{\text{HCl, NaNO}_2} \text{PhN}_2^+\text{Cl}^- \begin{cases} \xrightarrow[\text{H}_2\text{O}]{\text{H}_3\text{PO}_2} \text{PhH} + N_2\uparrow \\ \xrightarrow{\text{还原剂}} \text{PhNHNH}_2 \end{cases}$$

还原成肼的还原剂包括硫代硫酸钠、亚硫酸钠、亚硫酸氢钠、HCl+SnCl$_2$ 等。

应用：在合成中可借用氨基定位。

$$\text{PhCH}_3 \xrightarrow{\text{HNO}_3} \xrightarrow{\text{还原}} \xrightarrow{\text{乙酰化}} \xrightarrow{\text{Cl}_2} \text{2-Cl-4-CH}_3\text{-C}_6\text{H}_3\text{NHCOCH}_3$$

$$\xrightarrow{\text{H}_3\text{O}^+} \xrightarrow[0\sim5℃]{\text{HCl, NaNO}_2} \xrightarrow[\text{H}_2\text{O}]{\text{H}_3\text{PO}_2} \text{3-Cl-C}_6\text{H}_4\text{CH}_3$$

7. 偶联反应

重氮盐正离子可以作为亲电试剂与酚、三级芳胺等活泼的芳香化合物进行芳环上的亲电取代，生成偶氮化合物，这类反应称为偶联反应。

1) 与酚偶联

$$\underset{}{\text{Ph–N}_2^+} \longleftrightarrow \underset{}{\text{Ph–N=N}^+} \xrightarrow[\text{pH}=8\sim9, 0℃]{\text{C}_6\text{H}_5\text{OH}} \text{Ar–N=N–C}_6\text{H}_4\text{–OH} \ (\text{邻、对位})$$

2) 与芳胺偶联

$$\text{Ar–N}_2^+\text{Cl}^- \xrightarrow[\text{pH}=5\sim7, 0℃]{\text{C}_6\text{H}_5\text{N(CH}_3)_2, \text{HOAc, H}_2\text{O}} \text{Ar–N=N–C}_6\text{H}_4\text{–N(CH}_3)_2$$

$$\xrightarrow[\text{HOAc, H}_2\text{O, pH}=5\sim7, 0℃]{\text{4-CH}_3\text{–C}_6\text{H}_4\text{–N(CH}_3)_2} \text{邻位偶联产物}$$

偶联反应均在羟基或氨基的邻、对位发生。与酚偶联时 pH=8～9，与芳胺偶联时 pH=5～7。

一级芳香胺和二级芳香胺的氮原子连有氢，在冷的弱酸性溶液中与重氮盐偶联时，生成苯重氮氨基苯（反应发生在氨基上）。

$$\text{C}_6\text{H}_5\text{–N}_2^+\text{Cl}^- + \text{H}_2\text{N–C}_6\text{H}_5} \xrightarrow[-\text{HCl}]{\text{HOAc}} \text{C}_6\text{H}_5\text{–N=N–NH–C}_6\text{H}_5$$

苯重氮氨基苯与酸形成不稳定盐，在稀盐酸溶液中加热可分解成酚、胺和氮气。

$$\text{C}_6\text{H}_5\text{–N=N–NH–C}_6\text{H}_5 \xrightarrow[\text{H}_2\text{O}]{\text{H}^+} \text{C}_6\text{H}_5\text{OH} + \text{H}_2\text{N–C}_6\text{H}_5} + \text{N}_2$$

苯重氮氨基苯在苯胺中与少量苯胺盐酸盐一起加热，可发生重排生成对氨基偶氮苯。

$$\text{C}_6\text{H}_5\text{–N=N–NH–C}_6\text{H}_5 \xrightarrow{\text{C}_6\text{H}_5\text{NH}_3^+\text{Cl}^-} \text{C}_6\text{H}_5\text{–N=N–C}_6\text{H}_4\text{–NH}_2$$

3) 偶联反应的应用

(1) 合成偶氮染料：偶氮染料是最大的一类化学合成染料，这些染料大多是含有一个或几个偶氮基（—N=N—）的化合物。1856 年，英国有机化学家 Parkin 用重铬酸钾处理苯胺的硫酸盐，得到了第一个人工合成染料苯胺紫；1895 年，Griss 发现了第一个重氮化合物，并制备了第一个偶氮染料苯胺黄。

(2) 合成氨基化合物。例如：

$$\text{2-萘酚} + \ ^-\text{O}_3\text{S–C}_6\text{H}_4\text{–N}_2^+\text{Cl}^- \xrightarrow{^-\text{OH}} \text{1-(4-磺酸基苯偶氮)-2-萘酚}$$

$$\xrightarrow[\text{还原}]{\text{Na}_2\text{S}_2\text{O}_4} \text{1-氨基-2-萘酚} + \ ^-\text{O}_3\text{S–C}_6\text{H}_4\text{–NH}_2$$

第14章 周环反应

14.1 周环反应和分子轨道对称守恒原理

14.1.1 周环反应简介

1. 定义

在化学反应过程中，能形成环状过渡态的协同反应称为周环反应。

协同反应是指在反应过程中有两个或两个以上的化学键在破裂和形成时，它们都相互协调地在同一步骤中完成。

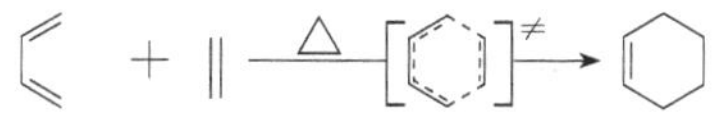

2. 分类

周环反应主要包含三类反应：电环化反应、环加成反应和σ迁移反应。

3. 特点

周环反应过程中没有自由基或离子这一类活性中间体产生。其反应速率极少受溶剂极性和酸、碱催化剂的影响，也不受自由基引发剂和抑制剂的影响。周环反应的条件一般只需要加热或光照，而且在加热或光照条件下得到的产物具有不同的立体选择性，是高度空间定向反应。

14.1.2 分子轨道对称守恒原理简介

1. 分子轨道对称守恒原理的中心内容及内涵

化学反应是分子轨道重新组合的过程，分子轨道的对称性控制化学反应的进程，在一个协同反应中，分子轨道对称性守恒，即在一个协同反应中，由原料到产物，轨道的对称性始终保持不变。因为只有这样，才能用最低的能量形成反应中的过渡态。

分子轨道对称守恒原理包括两种理论：前线轨道理论和能级相关理论。

2. 前线轨道理论的概念和中心思想

（1）前线轨道和前线电子：已填充电子的能级最高的轨道称为最高占据轨道（HOMO）；未填充电子的能级最低的轨道称为最低未占轨道（LUMO）。HOMO、LUMO统称为前线轨道，处在前线轨道上的电子称为前线电子。

在一些共轭体系中含有奇数个电子，它的已填充电子的能级最高的轨道中只有一个电子，称为单占轨道（SOMO），单占轨道既是HOMO，又是LUMO。

(2) 前线轨道理论的中心思想：分子中有类似于单个原子中"价电子"的电子(分子的"价电子")存在,分子的"价电子"就是前线电子。

在分子间的化学反应过程中,最先作用的分子轨道是前线轨道,起关键作用的电子是前线电子。因为分子的 HOMO 对其电子的束缚较松弛,具有给电子倾向,而 LUMO 对电子的亲和力较强,具有接受电子的倾向,这两种轨道最易互相作用,在化学反应过程中起着重要作用。

14.2 电环化反应

14.2.1 电环化反应定义

共轭多烯烃末端两个碳原子的 π 电子环合成一个 σ 键,从而形成比原来分子少一个双键的环烯烃,这种反应及其逆反应统称为电环化反应。

14.2.2 前线轨道理论对电环化反应选择规则的描述

(1) 前线轨道理论认为,一个共轭多烯分子在发生电环化反应时,起决定作用的分子轨道是共轭多烯的 HOMO,反应的立体选择规则主要取决于 HOMO 的对称性。当共轭多烯两端碳原子的 p 轨道旋转关环生成 σ 键时,必须发生同相位的重叠(因为发生同相位重叠使能量降低)。

需要注意的是,同一分子基态和激发态的 HOMO 和 LUMO 是不同的。

(2) 含 4 个 π 电子的体系,以 (Z,E)-2,4-己二烯的电环化反应为例。(Z,E)-2,4-己二烯的 π 轨道如图 14-1 所示。

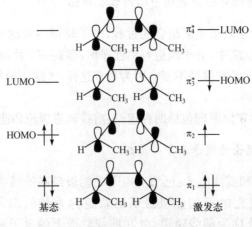

图 14-1　(Z,E)-2,4-己二烯的 π 轨道

(i) 热反应只与分子的基态有关,在基态下 HOMO 为 π_2,其可能的旋转途

径如图14-2所示。顺旋是轨道对称性允许的途径；对旋是轨道对称性禁阻的途径。

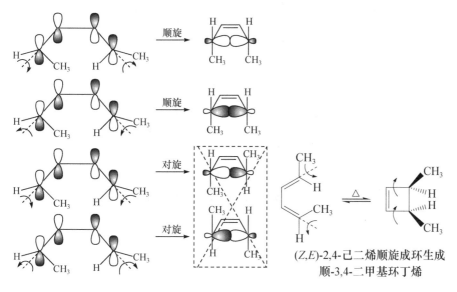

图 14-2 (Z,E)-2,4-己二烯加热顺旋
生成顺-3,4-二甲基环丁烯

(ii) 光照条件下，(Z,E)-2,4-己二烯的 HOMO 为 π_3^*。其两种可能的旋转途径如图14-3所示。对旋是轨道对称性允许的途径；顺旋是轨道对称性禁阻的途径。

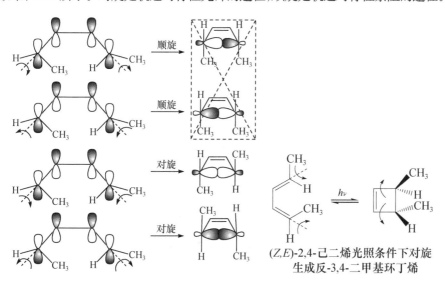

图 14-3 (Z,E)-2,4-己二烯光照对旋
生成反-3,4-二甲基环丁烯

(iii) 电环化反应是可逆的，正反应和逆反应经过的途径相同。

(3) 含 6 个 π 电子的体系，以 (E,Z,Z)-2,4,6-辛三烯环化反应为例。(E,Z,Z)-2,4,6-辛三烯的 π 轨道如图 14-4 所示。

图 14-4 (E,Z,Z)-2,4,6-辛三烯的 π 轨道

因此，(E,Z,Z)-2,4,6-辛三烯环化反应选择性如下：

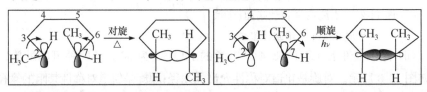

(4) 电环化反应的选择规则总结。

共轭体系 π 电子数	$4n+2$	$4n$
对旋	热允许	光允许
顺旋	光允许	热允许

允许是指对称性允许，其含义是反应按协同机理进行时活化能较低；禁阻是指对称性禁阻，其含义是反应按协同机理进行时活化能很高。

(5) 带电荷的共轭体系：轨道对称性守恒规律也适用于带电荷的共轭体系。

$$\triangleleft \longrightarrow \triangleleft^+ \quad 4n+2(n=0) \text{热反应, 对旋}$$

$$\pentagon \longrightarrow \pentagon^+ \quad 4n(n=1) \text{热反应, 顺旋}$$

(6) 电环化反应选择规则的应用实例。

例 14-1

例 14-2

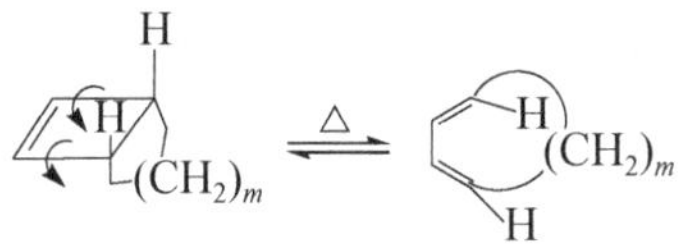

$m>6$ 对正反应有利
$m<6$ 对逆反应有利

例 14-3 如何实现下列转换？

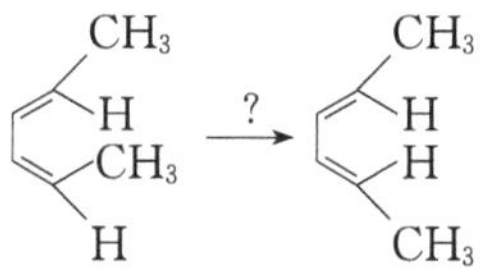

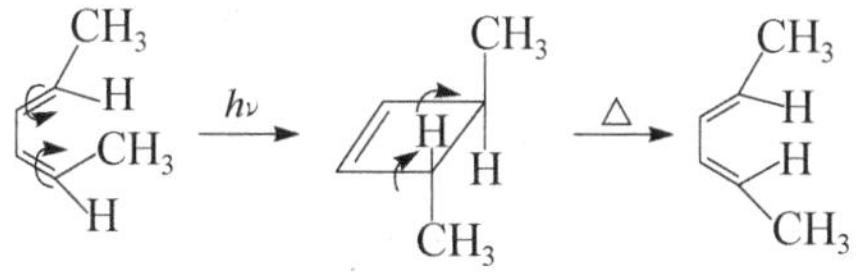

14.3 环加成反应

14.3.1 环加成反应的定义、分类

1. 定义

两个具有 π 电子体系的分子(一个为双烯体,一个为亲双烯体)相互作用,形成一个稳定的环状化合物的反应称为环加成反应。Diels-Alder 反应(见 7.2.3 的相关内容)是最重要的一类环加成反应。

2. 分类和表示

根据两个 π 电子体系参与反应的 π 电子数分为[2+2]环加成和[4+2]环加成。

14.3.2 前线轨道理论对环加成反应选择规则的描述

(1) 前线轨道理论认为,两个分子之间的协同反应按照下列三项原则进行：

(i) 两个分子发生环加成反应时,起决定作用的轨道是一个分子的 HOMO 和另一个分子的 LUMO,反应过程中电子由 HOMO 流入 LUMO。

(ii) 当两个分子相互作用形成 σ 键时,两个起决定作用的轨道必须发生同相位重叠。

(iii) 相互作用的两个轨道,能量必须接近,能量越接近,反应越易进行。

(2) [4+2]环加成的轨道对称性。

[4+2]环加成对于热反应是轨道对称性允许的反应。Diels-Alder 反应是该类反应的重要代表。最简单的[4+2]环加成是 1,3-丁二烯与乙烯的加成反应,丁二烯的 HOMO 与乙烯的 LUMO 或丁二烯的 LUMO 与乙烯的 HOMO 均可重叠成键。

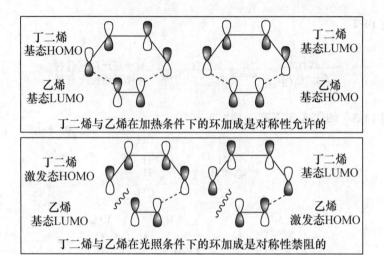

正常的 Diels-Alder 反应主要是由双烯体的 HOMO 与亲双烯体的 LUMO 发生作用，电子由双烯体的 HOMO 流入亲双烯体的 LUMO。因此，带有给电子取代基的双烯体和带有吸电子取代基的亲双烯体对反应有利。

(3) [2+2]环加成的轨道对称性。

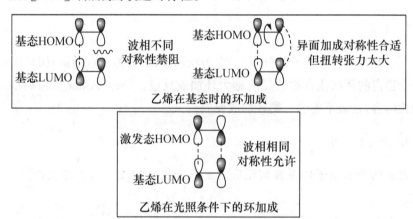

(4) 环加成反应的选择规则。

参与反应的 π 电子数	$4n+2$	$4n$
同面-同面	热允许	光允许

(5) 环加成反应应用实例。

例 14-4

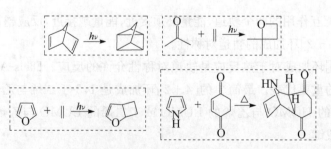

例 14-5

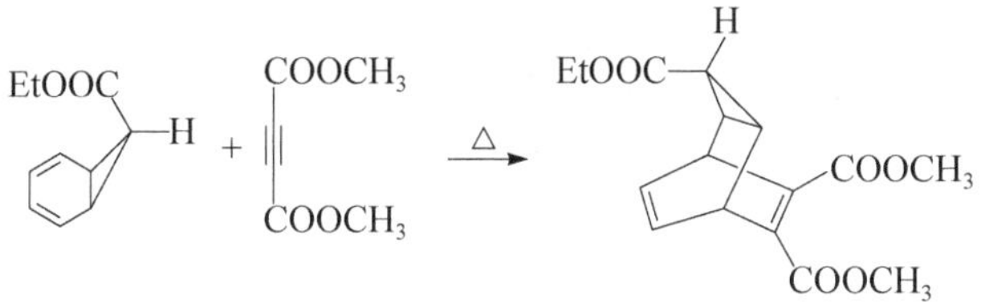

[反应式: 含EtOOC取代的环戊二烯 + CH₃OOC-C≡C-COOCH₃ →(Δ) 双环加成产物]

除碳原子体系外,含有杂原子的不饱和体系也能发生环加成反应。例如:

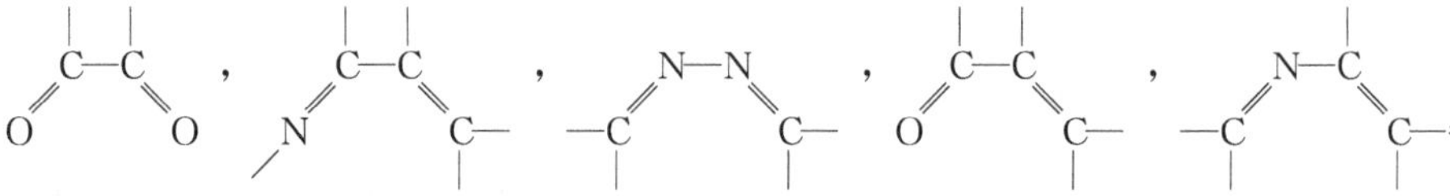

[结构式: C=C-C=O, C=N-C=C, N=N-C=C, C=C-C=O, N=C-C=C 等]

均可作为[4+2]环加成反应中的双烯体

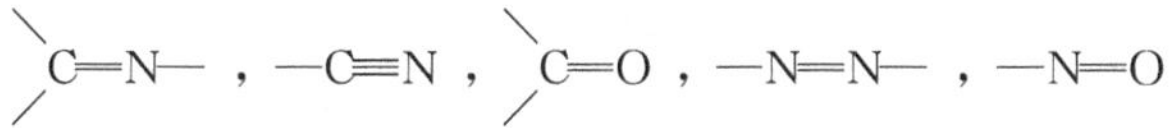

[结构式: C=N—, —C≡N, C=O, —N=N—, —N=O 等]

可作为[4+2]环加成反应中的亲双烯体

例 14-6

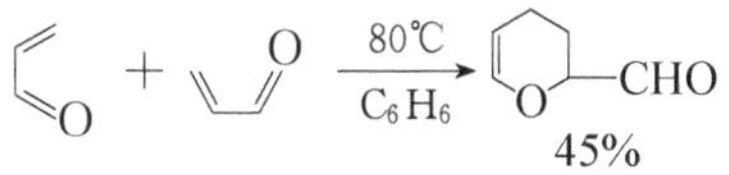

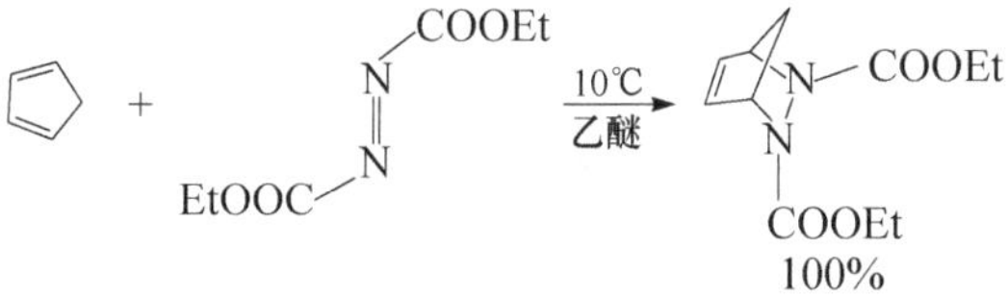

[反应式: 丙烯醛 + 丙烯醛 →(80℃, C₆H₆) 二氢吡喃-2-甲醛 45%]

[反应式: 环戊二烯 + EtOOC-N=N-COOEt →(10℃, 乙醚) 双环氮杂产物 100%]

14.3.3 1,3-偶极化合物的环加成反应

1. 1,3-偶极化合物的结构和分子轨道

(1) 能用偶极共振式描述的化合物称为1,3-偶极化合物。这类化合物都具有"在3个原子范围内包括4个电子的π体系"。例如:

名称	电子结构	偶极共振式
CH_2N_2 重氮甲烷	$CH_2-N-N:$	$:\overset{-}{C}H_2-\overset{+}{N}\equiv N: \longleftrightarrow :\overset{-}{C}H_2-\overset{+}{N}=\overset{-}{N}:$
RN_3 叠氮化合物	$R-N-N-N$	$R-\overset{-}{N}-\overset{+}{N}\equiv N: \longleftrightarrow R-\overset{-}{N}-\overset{+}{N}=\overset{-}{N}:$

(2) 1,3-偶极化合物的π分子轨道。

1,3-偶极化合物与烯丙基负离子具有类似的π分子轨道,如图14-5所示。

图 14-5　1,3-偶极化合物的 π 分子轨道

2. 1,3-偶极环加成反应

1,3-偶极化合物与烯烃、炔烃或其衍生物生成五元环状化合物的环加成反应称为 1,3-偶极环加成反应。1,3-偶极环加成与 Diels-Alder 反应一样是 [4+2] 环加成。

如果用前线轨道理论来处理 1,3-偶极环加成反应,从基态时的过渡态可知同面-同面加成是分子轨道对称性允许的。

3. 1,3-偶极环加成反应实例

(1) 1,3-偶极环加成反应提供了许多极有价值的五元杂环新合成法。

(2) 1,3-偶极环加成反应是立体专一的顺式加成反应。

14.4 σ迁移反应

14.4.1 σ迁移反应的定义、命名

1. 定义

一个σ键沿着共轭体系由一个位置转移到另一个位置，同时伴随着π键转移的反应称为σ迁移反应。

在σ迁移反应中，原有σ键的断裂、新σ键的形成以及π键的迁移都是经过环状过渡态协同完成的。

2. 命名方法

编号分别从反应物中以σ键连接的两个原子开始。

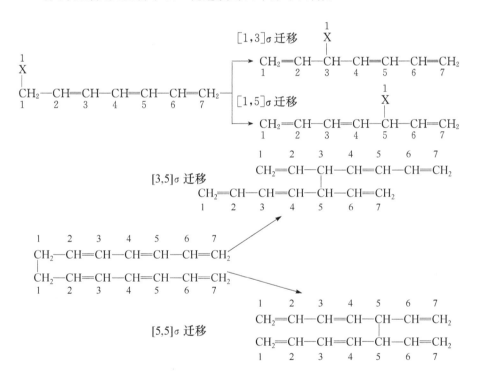

14.4.2 前线轨道理论对σ迁移反应选择规则的描述

1. 处理[1,j]σ迁移的方法

(1) 让发生迁移的σ键发生均裂，产生一个氢自由基（或碳自由基）和一个奇数碳共轭体系自由基，把[1,j]σ迁移看作是一个氢自由基（或碳自由基）在一个奇数碳共轭体系自由基上移动完成的。

(2) 在[1,j]σ迁移反应中，起决定作用的分子轨道是奇数碳共轭体系中含有单电子的前线轨道，[1,j]σ迁移反应的立体选择规则完全取决于奇数碳共轭体系自由基中含有单电子的轨道的对称性。

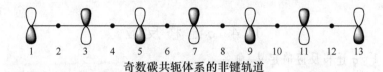

奇数碳共轭体系的非键轨道

(3) 在σ迁移反应中,新σ键形成时必须发生同相位重叠。

2. 氢原子的[1,j]σ迁移

三碳共轭体系分子轨道示意图如图14-6所示。

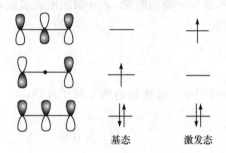

基态　　激发态

图14-6　三碳共轭体系分子轨道示意图

基态时:

H[1,3]σ迁移

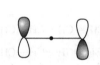

基态时三碳共轭体系　　同面迁移时不能发生同
自由基的HOMO　　　　相位重叠,对称性禁阻

激发态时:

H[1,3]σ迁移

 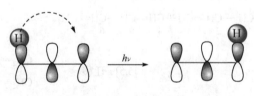

激发态时三碳共轭体系　　同面迁移时能发生同相位重叠,对称性允许
自由基的HOMO

基态时:

H[1,5]σ迁移

 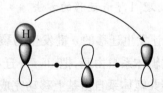

基态时五碳共轭体系自由基的HOMO　　同面迁移时能发生同相位重叠,对称性允许

例如,下列反应式表明 H[1,3]σ同面迁移为对称性禁阻,而 H[1,5]σ同面迁移为对称性允许。

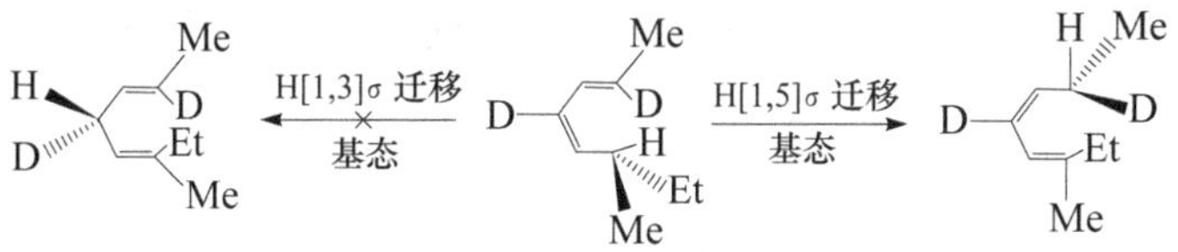

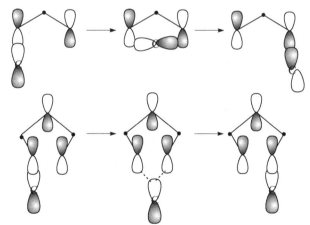

3. 碳原子的 [1, j] σ 迁移

在 C[1, j] σ 迁移反应中，如果与迁移键相连的碳为手性碳，迁移后，若手性碳仍在原来键断裂的方向形成新键，该手性碳的构型保持；反之，该手性碳的构型翻转。

（1）C[1, j] σ 迁移的立体选择性如下：

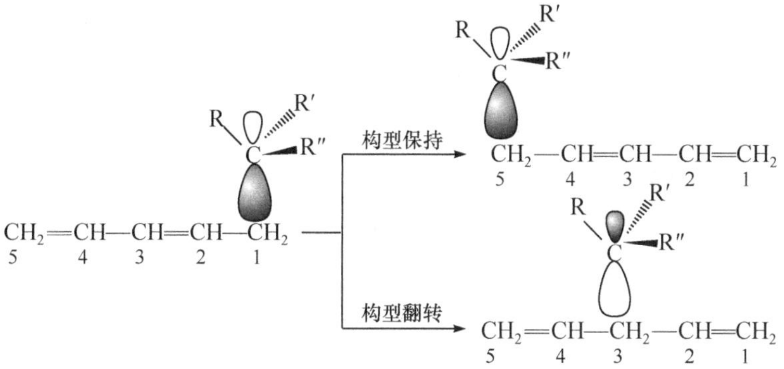

（2）碳原子的迁移与氢不同，因为烃基自由基的未配对电子在 p 轨道上，p 轨道有相位相反的两瓣，在热反应中，其同面 [1, 3] σ 迁移是对称性允许的，迁移后碳原子构型翻转；其同面 [1, 5] σ 迁移也是对称性允许的，迁移后碳原子构型保持不变。

例如：

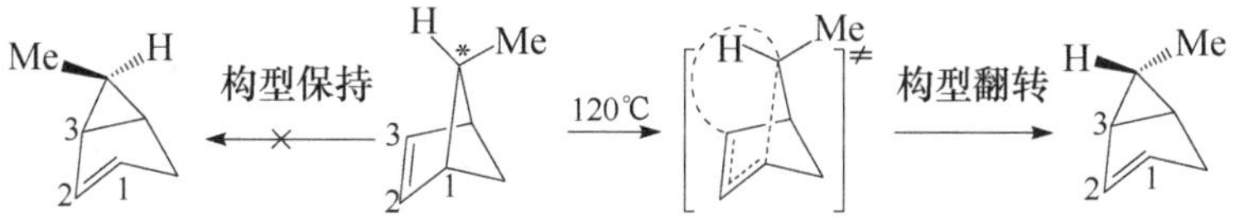

这一实验结果表明，C[1,3]σ迁移是对称性允许的，但（手性碳）构型翻转。又如：

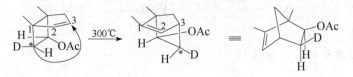

再如，C[1,5]σ迁移，构型保持：

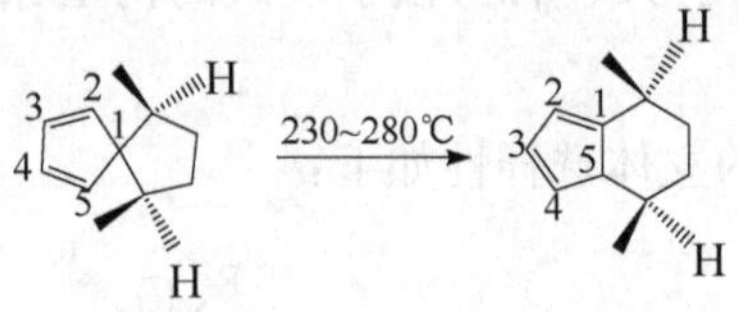

4. [3,3]σ迁移

1) Cope 重排

1940年，Cope 发现1,5-二烯在加热时重排为它的异构体，这一反应称为 Cope 重排。最简单的 Cope 重排如下：

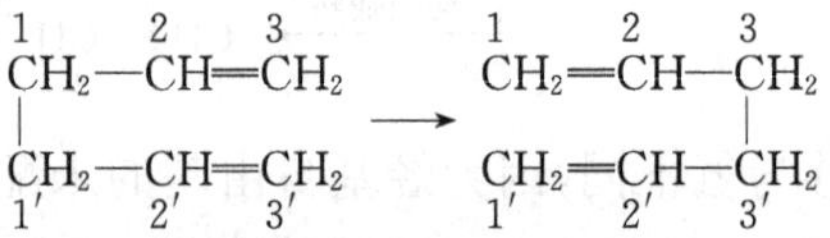

(1) Cope 重排的反应机理为[3,3]σ迁移反应。

在1和1′间的σ键开始断裂时，3和3′间的σ键就开始生成，经过一个六元环状过渡态。

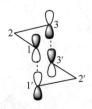

基态时同面-同面迁移
对称性允许

(2) [3,3]σ迁移反应的六元环状过渡态不是以平面结构形式存在的，一般都是取比较稳定的椅形结构式为过渡态。例如，*meso*-3,4-二甲基-1,5-己二烯重排后几乎全部生成(Z,E)-2,6-辛二烯。

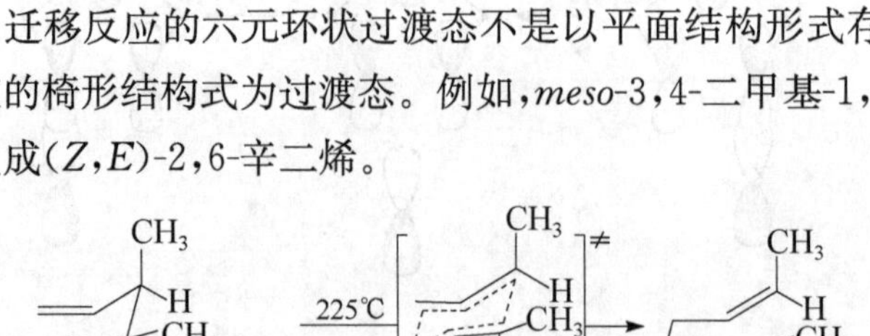

meso-3,4-二甲基-1,5-己二烯　　　　　　　　　　　　(Z,E)-2,6-辛二烯

若过渡态为船形，则应生成(E,E)-或(Z,Z)-2,6-辛二烯。

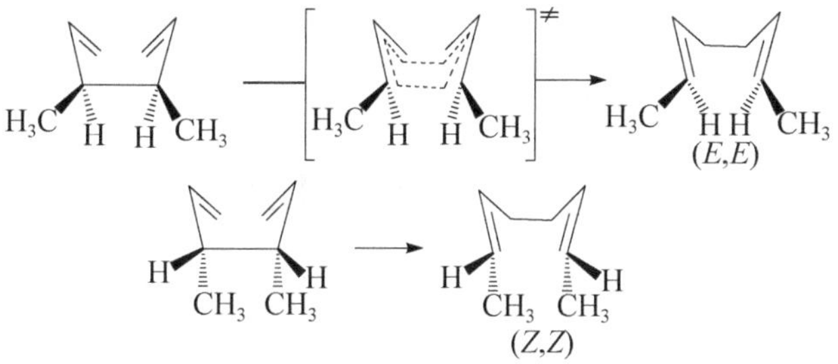

(3) Cope 重排是构建新的 C—C 键的有效方法。

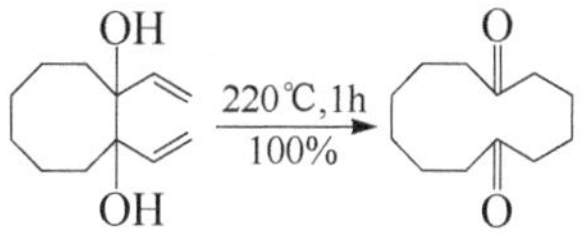

(4) 在 Cope 重排中使用催化剂，可使反应温度大幅度降低。

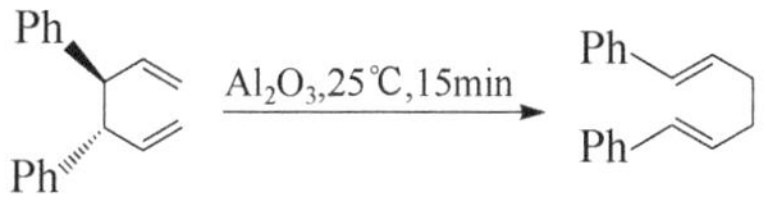

2) Claisen 重排

1912 年，Claisen 发现乙烯基烯丙基醚在加热时重排为 4-戊烯醛；苯基烯丙基醚在加热时生成邻烯丙基苯酚，这类反应称为 Claisen 重排。

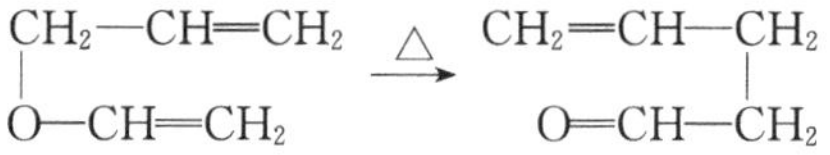

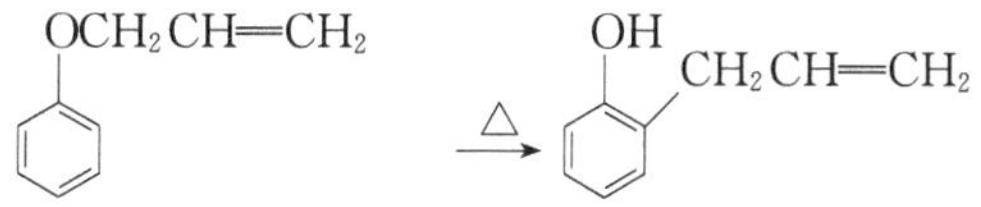

(1) Claisen 重排反应机理也为 [3,3]σ 迁移。

(2) 如果两个邻位都被占据，则烯丙基重排到对位上。

重排是分步进行的。烯丙基先迁移至邻位，再迁移至对位，在整个过程中没有离开原来的分子。

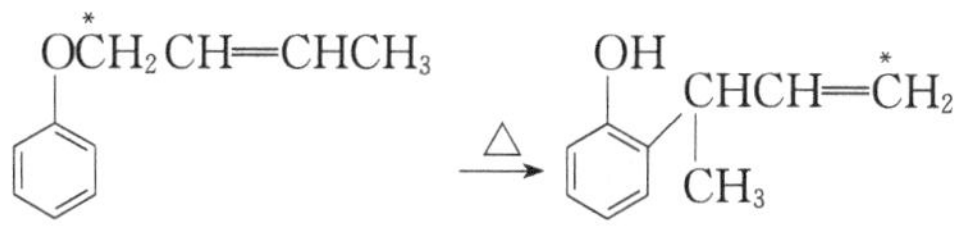

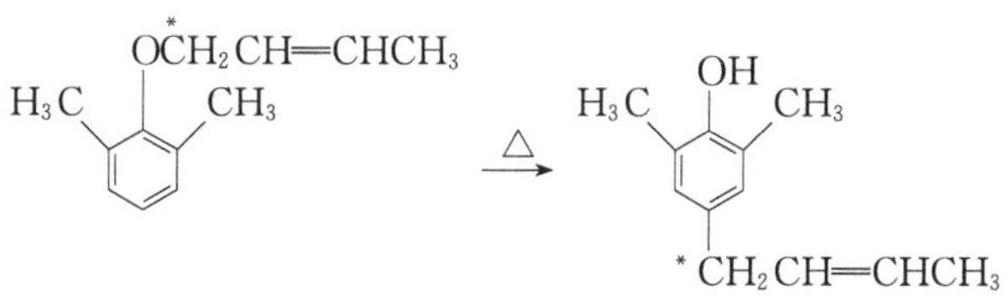

(3) Claisen 重排可用于构建新的结构单元。

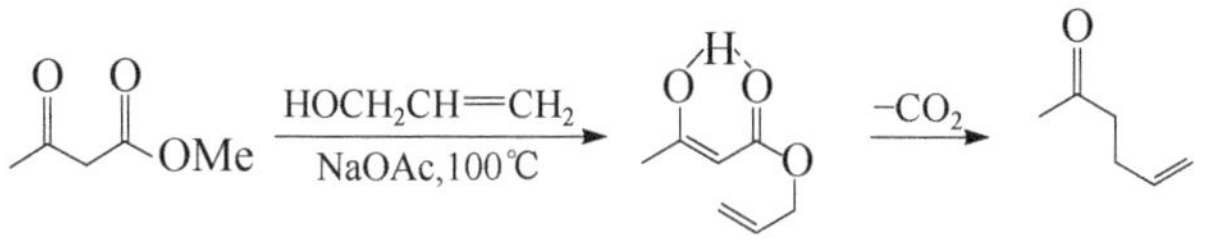

第15章 杂环化合物

15.1 杂环化合物的简介和命名

15.1.1 杂环化合物的简介

环的组成元素含有杂原子(非碳原子)的有机物称为杂环化合物。

1. 脂杂环

没有芳香特征的杂环化合物称为脂杂环。

三元杂环：

环氧乙烷    氮杂环丙烷

四元杂环：

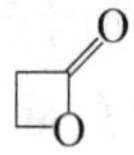

β-丙内酯 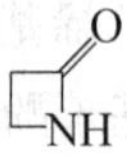   β-丙内酰胺

五元杂环：

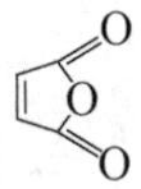

顺丁烯二酸酐

七元杂环：

氧杂䓬

2. 芳杂环

具有芳香特征的杂环化合物称为芳杂环。

五元杂环：

呋喃　　噻吩　　吡咯

噁唑　　噻唑　　咪唑　　吡唑

六元杂环：

吡啶 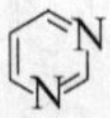　　嘧啶 　　吡喃(无芳香性)

苯并杂环：

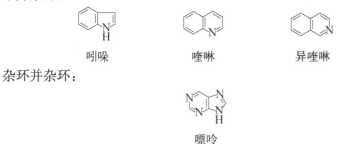

杂环并杂环：

嘌呤

15.1.2 五元杂环化合物的命名

我国杂环化合物的命名较为普遍地采用外文名称的音译，并在同音汉字前加口字旁表示环状化合物。

1. 五元杂环

呋喃　　　　噻吩　　　　吡咯
(furan)　　 (thiophene)　(pyrrole)

杂环母核通常由杂原子开始编号，杂原子旁的碳原子依次按数字编号，也用 α、β、γ 等依次编号。

2. 五元杂环苯并体系

苯并呋喃　　　　苯并噻吩　　　　苯并吡咯
(benzofuran)　　(benzothiophene)　吲哚(indole)

3. 唑的命名

含有两个杂原子的五元杂环，若至少有一个杂原子是氮，则该杂环化合物称为唑。

命名时的编号原则是：①使杂原子的编号尽可能小；②当两个杂原子不相同时，编号的次序是价数小的在前，大的在后；③两个杂原子价数相等时，原子序数小的在前，大的在后。例如：

O、S、N 的次序如右： O / 2价　 S N / 3价
　　　　　　　　　　　　　　　原子序数小　原子序数大

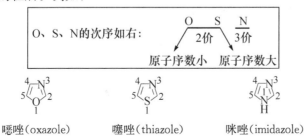

恶唑(oxazole)　　　噻唑(thiazole)　　　咪唑(imidazole)

□15.1.3 六元杂环化合物的命名

1. 六元杂环

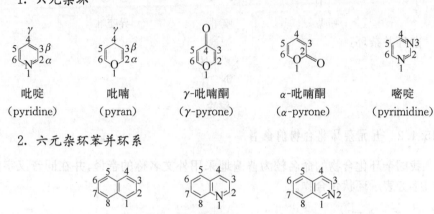

吡啶
(pyridine)

吡喃
(pyran)

γ-吡喃酮
(γ-pyrone)

α-吡喃酮
(α-pyrone)

嘧啶
(pyrimidine)

2. 六元杂环苯并环系

喹啉
(quinoline)

异喹啉
(isoquinoline)

稠杂环的编号与稠环芳烃相同，但一般先从杂环开始编号。

3. 杂环并杂环

嘌呤有特殊的编号方式：

嘌呤(purine)

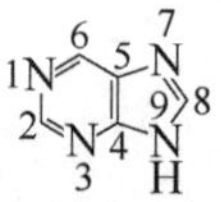

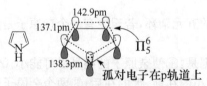

15.2 含一个杂原子的五元杂环体系

□15.2.1 呋喃、噻吩、吡咯的结构

1. 吡咯的结构

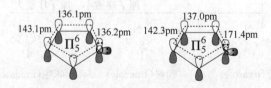

吡咯 N 是 sp^2 杂化，孤对电子参与共轭，因此碱性较弱。吡咯环易发生亲电取代反应，吡咯 N 相当于邻、对位定位基。

2. 呋喃、噻吩具有与吡咯类似的结构特点

15.2.2 呋喃、噻吩、吡咯环系的制备

1. Paal-Knorr 合成法

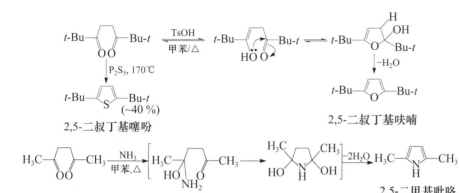

2. Knorr 合成法

采用氨基酮与 β-酮酯或 β-二酮缩合制备吡咯或其衍生物的方法称为 Knorr 合成法。

合成时一般是氨基酮制成盐酸盐或生成后立即用于反应，防止发生自身缩合反应。

15.2.3 呋喃、噻吩、吡咯的反应

1. 呋喃、噻吩、吡咯的质子化

(1) 呋喃、噻吩、吡咯在酸性条件下均可接受一个质子发生质子化，并且质子化主要发生在 α-C 上。以吡咯为例，理论上吡咯的 α-C、β-C 和 N 上都能发生质子化。分子轨道理论计算表明，吡咯 α-C 上的电子云密度高于 β-C，而吡咯 N 的孤对电子参与共轭，碱性较弱，因此质子化主要发生在 α-C 上。

(2) 在强酸作用下，α-C 质子化的吡咯会进一步发生聚合。

(3) 在稀的酸性水溶液中,呋喃的质子化在氧上发生,并导致水解开环生成 1,4-二羰基化合物。

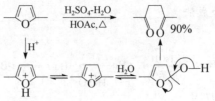

2. 呋喃、噻吩、吡咯的亲电取代反应

1) 概述

(1) 亲电取代反应的活性顺序:

$$\underset{N}{\underset{H}{\bigcirc}} > \underset{O}{\bigcirc} > \underset{S}{\bigcirc} > \bigcirc$$

(i) 吡咯、呋喃、噻吩均具有五原子六电子共轭体系,π 电子云密度高于苯,因此比苯环更易发生亲电取代反应。

另外,虽然电负性 O(3.5)>N(3.0)>S(2.6);但给电子共轭作用 N>O>S(硫的 3p 与碳的 2p 共轭较差);综合结果:N 贡献电子最多,O 其次,S 最少。

(ii) 三种杂环化合物发生亲电取代反应时中间体正离子的稳定性大于苯,中间体稳定性越高,反应越易进行。例如:

$$\underset{N}{\underset{H}{\bigcirc}}\underset{H}{\overset{E}{\diagup}} > \bigcirc\underset{H}{\overset{E}{\diagup}}$$

氮比碳更容易容纳正电荷

(2) 噻吩、吡咯的芳香性较强,易发生亲电取代反应,呋喃的芳香性较弱。

	芳香特征		
	噻吩	吡咯	呋喃
			烯键特征
离域能/(kJ/mol)	121.3	87.8	66.9

(3) 定位效应。

(i) 第一取代基进入杂原子的 α 位。

(ii) 3 位上有取代基时,呋喃、吡咯、噻吩的定位效应一致。

$$\underset{Z}{\bigcirc}\overset{G(o,p)}{\longrightarrow} \quad \underset{Z}{\bigcirc}\overset{G(m)}{\longrightarrow}$$

2 位上有取代基时,吡咯和噻吩的定位效应一致。

$$\underset{(主)}{\overset{(次)}{\underset{Z}{\bigcirc}}}\text{-}G(o,p) \quad \underset{(次)}{\overset{(主)}{\underset{Z}{\bigcirc}}}\text{-}G(m)$$

2-取代呋喃:

$$\underset{O}{\bigcirc}\text{-}G(o,p,m)$$

(4) 吡咯、呋喃对酸及氧化剂比较敏感,选择试剂时需要注意。

2) 呋喃、噻吩、吡咯的硝化反应

呋喃、吡咯和噻吩易氧化,一般需使用较温和的非质子硝化试剂(如硝乙酐),并使反应在低温下进行。

$$CH_3COCCH_3 + HNO_3 \longrightarrow CH_3CONO_2 + CH_3COOH$$
$$\text{硝乙酐}$$

噻吩 $\xrightarrow[Ac_2O/AcOH]{AcONO_2, 0℃}$ 2-硝基噻吩 (60%) + 3-硝基噻吩 (10%)

吡咯 $\xrightarrow[Ac_2O/AcOH]{AcONO_2, 0℃}$ 2-硝基吡咯 (51%) + 3-硝基吡咯 (13%)

呋喃的芳香性较弱,其亲电取代一般经过先生成 1,5-加成产物再消除的过程。

呋喃 $\xrightarrow[-30\sim-5℃]{AcONO_2}$ 中间体 $\xrightarrow{AcO^-}$ 1,5-加成产物 $\xrightarrow[\text{消除}]{\text{吡啶}}$ 亲电取代产物

3) 呋喃、噻吩、吡咯的磺化反应

吡咯、呋喃的磺化一般需用温和的非质子磺化试剂。常用的磺化试剂为吡啶与三氧化硫的加合物。噻吩比较稳定,既可以直接磺化(产率稍低),也可以用温和的磺化试剂磺化。

吡啶 + SO_3 $\xrightarrow[\text{室温}]{CH_2Cl_2}$ 吡啶-SO_3^- 加合物

呋喃 + 吡啶·SO_3^- $\xrightarrow[\text{室温,3天}]{ClCH_2CH_2Cl}$ 产物

吡咯 + 吡啶·SO_3^- $\xrightarrow{100℃}$ 中间体 $\xrightarrow{HCl}$ 2-磺酸吡咯

噻吩 + 吡啶·SO_3^- $\xrightarrow[\text{室温}]{ClCH_2CH_2Cl} \xrightarrow{H^+}$ 2-噻吩磺酸

4) 呋喃、噻吩、吡咯的卤化反应

呋喃、噻吩、吡咯的卤化反应剧烈,易得多卤代物。为了获得一卤代(Cl、Br)产物,要采用低温、溶剂稀释等温和条件。

2-溴呋喃 $\xleftarrow[\text{稀释}]{Br_2, 0℃}$ 呋喃 $\xrightarrow{Cl_2, -40℃}$ 2-氯呋喃 + 2,5-二氯呋喃

四溴吡咯 $\xleftarrow{Br_2, 0℃ \atop EtOH}$ 吡咯 $\xrightarrow[Et_2O, 0℃]{SOCl_2(1mol)}$ 2-氯吡咯

$$\text{噻吩-I} \xleftarrow[C_6H_6, 0°C]{I_2, HgO} \text{噻吩} \xrightarrow[\text{或NBS}]{Br_2/AcOH} \text{噻吩-Br}$$

* 碘要用催化剂才能发生一元取代

5) 呋喃、噻吩、吡咯的傅氏酰基化反应

$$\text{呋喃} \xrightarrow[BF_3]{Ac_2O} \text{呋喃-COCH}_3$$

 须小心控制反应条件，先将AlCl₃与酰化剂混合

$$\text{吡咯} \xrightarrow[150\sim200℃]{Ac_2O} \text{吡咯-COCH}_3 \xrightarrow[\text{或浓NaOH}]{Na} \text{吡咯-Na}^+ \xrightarrow{PhCOCl} \text{N-COPh吡咯}$$

N-酰基化

（1）呋喃、噻吩、吡咯的傅氏烷基化反应在合成上实际应用价值不高。

（2）呋喃、噻吩的酰化反应只在 α-C 上发生；而吡咯的酰化反应既能在 α-C 上发生，又能在 N 上发生，但在 α-C 上发生比在 N 上发生容易。

sp² 杂化 　　　　sp³ 杂化

碳上酰化，正电荷处在　　　氮上酰化，正电荷不
离域范围内，较稳定　　　　处在离域范围内

6) 吡咯、噻吩的 Vilsmeier 甲酰化反应

吡咯和噻吩可以发生 Vilsmeier 甲酰化反应。

$$\text{吡咯} \xrightarrow{DMF, POCl_3} \text{吡咯-CHO}$$

$$\text{噻吩} \xrightarrow{DMF, POCl_3} \text{噻吩-CHO}$$

7) 吡咯的特殊性

吡咯虽然是二级胺，但碱性很弱。吡咯还具有弱酸性，酸性比苯酚小。吡咯成盐后环上电荷密度增大，亲电取代反应更易进行。

$$\text{PhOH} \xrightarrow{^-OH} \text{PhO}^-$$
$pK_a=10$

$$\text{吡咯} \xrightarrow[\text{或浓NaOH}]{\text{Na 或 K}} \text{吡咯-K}^+$$
$pK_a \approx 15.5$

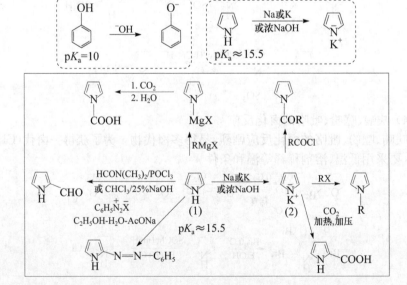

3. 呋喃的 Diels-Alder 反应

呋喃作为共轭二烯易发生 Diels-Alder 反应。

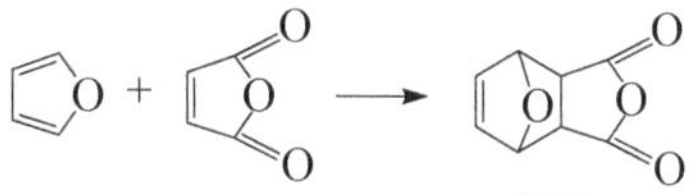

吡咯也可与某些亲双烯体发生 Diels-Alder 反应，使用 AlCl$_3$ 等 Lewis 酸可以加速反应，但在加热时最终会生成重排产物。

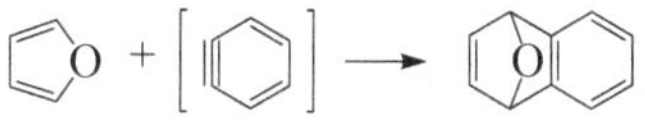

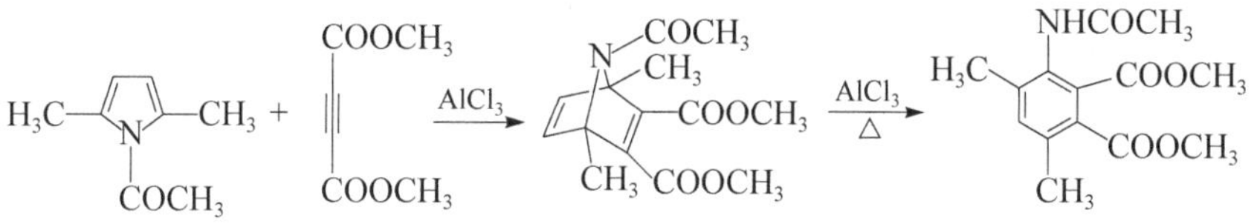

4. 呋喃、吡咯、噻吩的还原反应

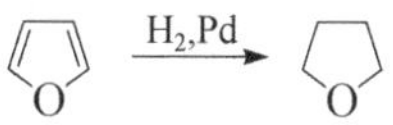

吡咯在酸性条件下容易被还原。

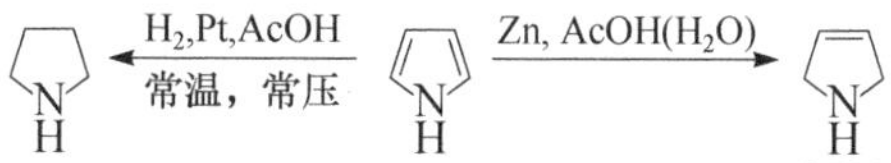

噻吩易使一般的催化剂中毒，需使用特殊的催化剂。

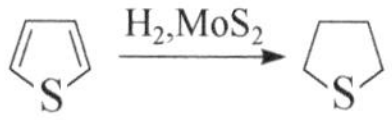

噻吩在 Raney 镍作用下可发生脱硫反应生成烃类化合物。

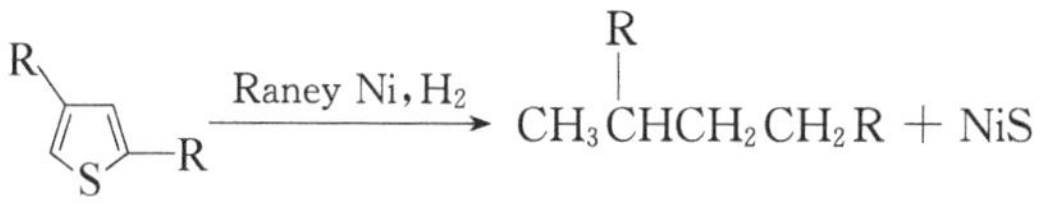

15.3　含两个杂原子的五元杂环体系简介

15.3.1　1,3-唑的结构

1. 互变异构

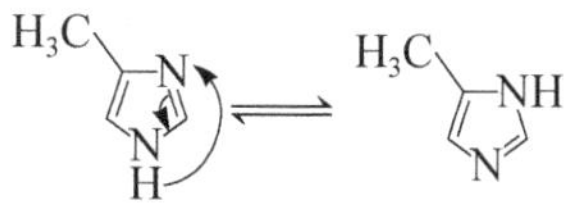

4-甲基咪唑　　5-甲基咪唑

因为 4-甲基咪唑和 5-甲基咪唑两个异构体不能分离，所以常用 4(5)-甲基咪唑表示。

2. 结构和碱性

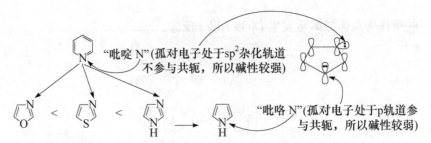

□15.3.2 唑的反应

1. 亲电取代反应

(1) 磺化须强烈条件。

$$\text{噻唑} \xrightarrow[250℃]{\text{发烟 } H_2SO_4, HgSO_4} HO_3S\text{-噻唑} \quad 65\%$$

(2) 硝化、卤化时唑环上须有给电子取代基。

$$\text{2,4-二甲基噻唑} \xrightarrow[CHCl_3, \triangle]{Br_2} \text{5-溴-2,4-二甲基噻唑} \quad 63\%$$

(3) 傅氏烷基化反应。

(i) 唑的吡啶 N 电子云密度较大，通常烷基化反应总是在吡啶 N 上发生。常用的烷基化试剂是 RX。

$$\text{噻唑} \xrightarrow{CH_3I} \left[\text{中间体共振式} \right] I^-$$

(ii) 咪唑上有两个 N，烷基化反应首先在吡啶 N 上发生，一烷基化产物经互变异构可进一步发生二烷基化。

$$\text{咪唑} \xrightarrow{CH_3I} [\cdots] \xrightarrow{-H^+} \text{1-甲基咪唑}$$

$$\xrightarrow{CH_3I} [\cdots] \equiv \text{1,3-二甲基咪唑鎓盐} I^-$$

(iii) 在强碱作用下，烷基化反应也能在噻唑的 α-甲基上发生。

$$\text{2-甲基噻唑} \xrightarrow[-78℃]{BuLi} \text{2-CH}_2Li\text{-噻唑} \xrightarrow{PhCH_2Br} \text{2-CH}_2CH_2Ph\text{-噻唑}$$

(4) 傅氏酰基化反应。

一般情况下，酰基化反应主要在吡啶 N 上发生，常用的酰基化试剂是酰卤。酰基是一个吸电子基，所以反应能控制在一元酰基化阶段。例如，咪唑的酰基化反应：

N-酰基咪唑的两种应用:

(i) *N*-酰基咪唑是吡咯的酰化试剂。

(ii) 酰卤经*N*-酰基咪唑可转化成醛。

15.4 含一个杂原子的六元杂环体系

15.4.1 吡啶的结构

孤对电子在 sp^2 杂化轨道上,共轭效应和诱导效应都是吸电子的

吡啶 N 是 sp^2 杂化,孤对电子在 sp^2 杂化轨道中,不参与吡啶环的共轭,因此吡啶的碱性较强。吡啶环不易发生亲电取代反应,而易发生亲核取代反应。在发生亲电取代反应时,吡啶 N 起间位定位基的作用;发生亲核取代反应时,吡啶 N 起邻、对位定位基的作用。

15.4.2 吡啶环系的合成

1. Hantzsch 合成法

由两分子 β-羰基酸酯、一分子醛、一分子氨经缩合反应制备吡啶同系物的方法称为 Hantzsch 合成法。

2. β-二羰基化合物和氰乙酰胺缩合法

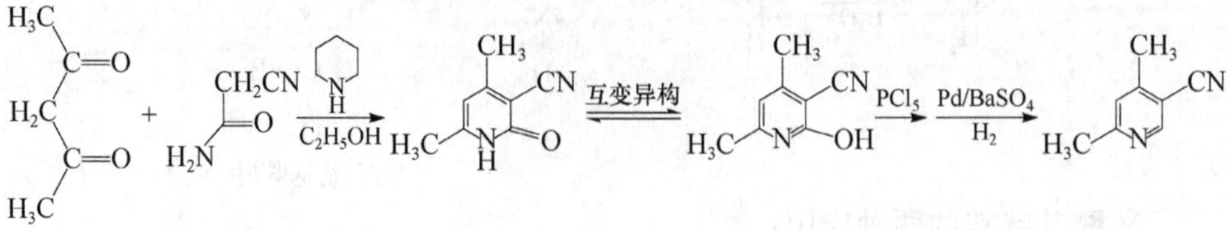

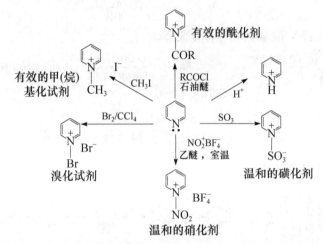

□ **15.4.3 吡啶与亲电试剂的反应**

1. 亲电试剂与吡啶 N 的反应

许多吡啶盐可以作为温和的磺化、硝化、卤化、烷基化、酰基化的试剂，在有机合成中有十分重要的作用。例如：

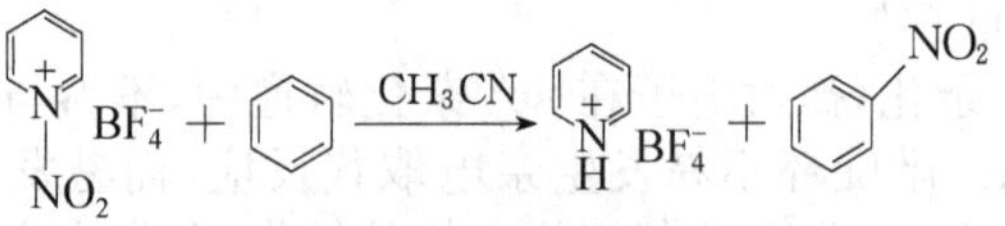

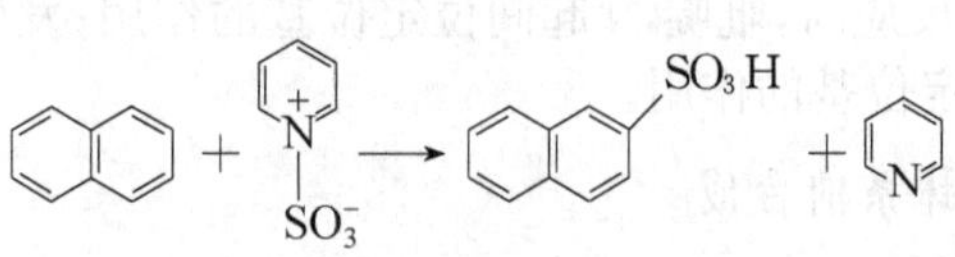

2. 在吡啶环碳上发生亲电取代反应

（1）在温和条件下，亲电试剂主要与吡啶 N 反应；在强烈条件下，以吡啶 C 取代为主。但吡啶 C 不能发生傅氏反应。吡啶的硝化、磺化、卤化必须在强烈条件下才能发生；当吡啶环上有给电子基时，反应活性增大。

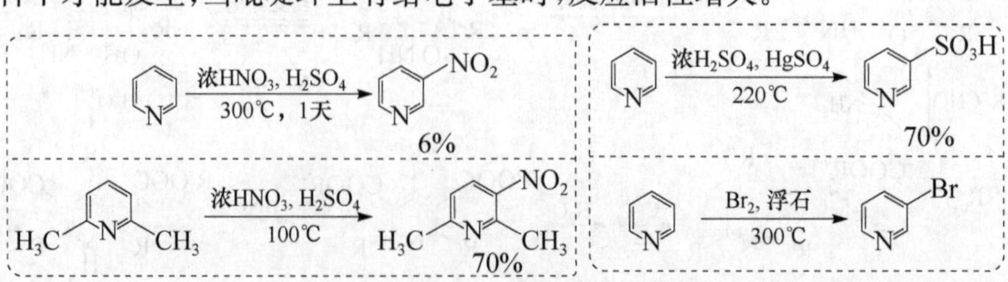

(2) 亲电取代反应中吡啶 N 可以看作是一个间位定位基。

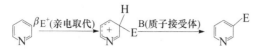

15.4.4 吡啶与亲核试剂的反应

1. 一般机理

$$\underset{\alpha}{\overset{\gamma}{\diagup}}\!\!\text{N} \xrightarrow{Nu^-(\text{亲核取代})} \underset{\text{Nu}}{\overset{H}{\diagup}}\!\!\text{N}^- \xrightarrow{Z(\text{负氢接受体})} \underset{Nu}{\diagup}\!\!\text{N} + ZH$$

由于负氢不易离去,反应一般需要一个负氢的接受体。亲核取代优先在 α 位上发生,如果 α 位上有取代基,则在 γ 位上发生。

2. 实例

(1) 烷基化、芳基化反应。

$$\text{吡啶} + \text{PhLi} \xrightarrow[0\,^\circ\text{C}]{\text{甲苯}} \underset{\text{Li}}{\overset{H\;Ph}{\diagdown N \diagup}} \xrightarrow{O_2/\triangle} \underset{80\%}{\text{Ph-吡啶}}$$

(2) Chichibabin 反应:吡啶与氨基钠作用生成 2-氨基吡啶的反应称为 Chichibabin 反应。

$$\text{吡啶} + \text{NaNH}_2 \xrightarrow[100\,^\circ\text{C}]{C_6H_5N(CH_3)_2} \underset{\overline{N}HNa^+}{\diagup\!\!\text{N}} \xrightarrow{H_2O} \underset{NH_2}{\diagup\!\!\text{N}}$$

如果 α 位已被占据,则得到 γ-氨基吡啶,但产率很低。

3. 置换易离去基团的亲核取代反应

(1) 如果在吡啶的 α,γ 位有 Cl、NO$_2$、Br 等基团,则可以与氨(或胺)、烷氧化物、水等亲核试剂发生亲核取代反应。在亲核取代反应中,吡啶 N 对邻、对位有活化作用。

$$\underset{\text{N}}{\overset{NO_2}{\diagup}} \xrightarrow[60\,^\circ\text{C}]{H_2O} \underset{\text{N}}{\overset{O-H}{\diagup}} \rightleftharpoons \underset{\underset{95\%}{H}}{\overset{O}{\diagup\!\!N\diagdown}}\quad\text{4-吡啶酮}$$

$$\underset{Cl}{\diagup\!\!\text{N}} \xrightarrow[220\,^\circ\text{C}]{NH_3,ZnCl_2} \underset{NH_2\;90\%}{\diagup\!\!\text{N}} \qquad \underset{\text{N}}{\overset{Br\;Br}{\diagup}} \xrightarrow[160\,^\circ\text{C}]{NH_3,H_2O} \underset{\text{N}}{\overset{NH_2\;Br}{\diagup}}\;65\%$$

(2) β-卤代吡啶的反应性与卤苯相似,在铜盐存在下卤素可以被取代。

$$\underset{\text{N}}{\overset{Br}{\diagup}} \xrightarrow[140\,^\circ\text{C},18\text{MPa},18\text{h}]{NH_3,H_2O,CuSO_4} \underset{\text{N}}{\overset{NH_2}{\diagup}}\;88\%$$

(3) 3-氨基吡啶性质与苯胺相似。而 2-氨基吡啶、4-氨基吡啶的性质与 3-氨基吡啶不同。

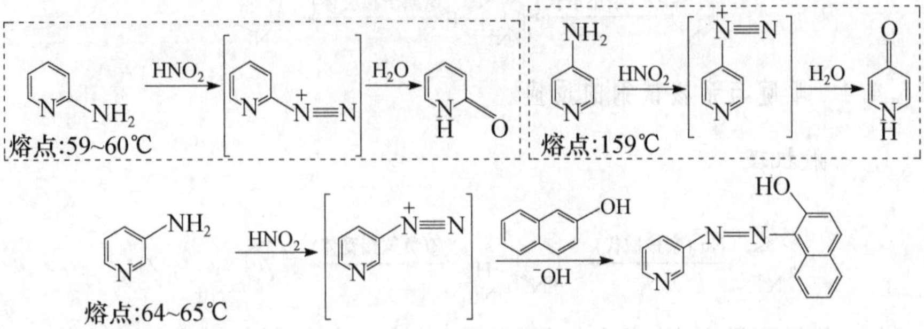

15.4.5 吡啶的氧化还原反应

吡啶环本身不易被氧化,但它的侧链很容易被氧化。

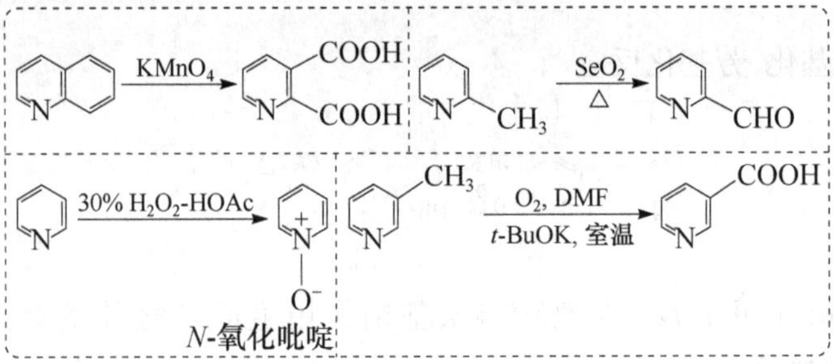

吡啶的还原:

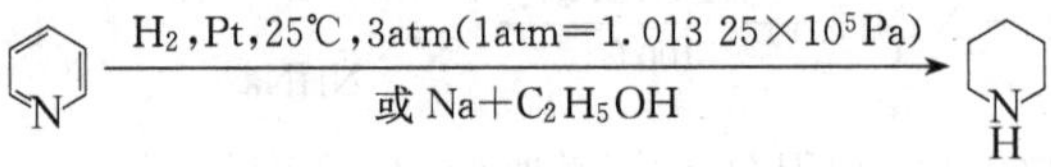

15.4.6 吡啶侧链 α-H 的反应

吡啶 2,4,6 位上烷基的 α-H 与羰基的 α-H 活性相似。

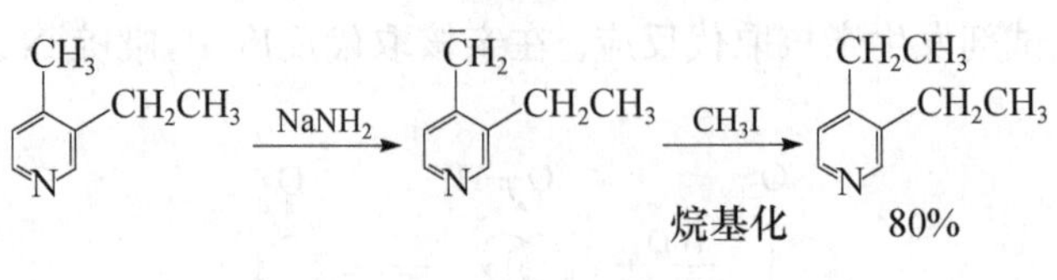

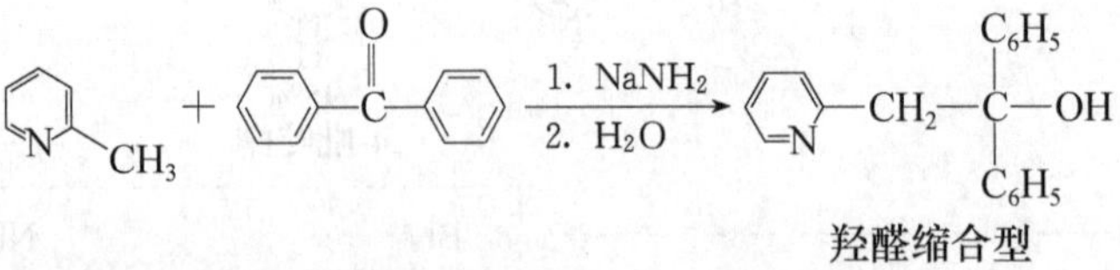

N-烷基吡啶盐侧链的 α-H 更活泼。

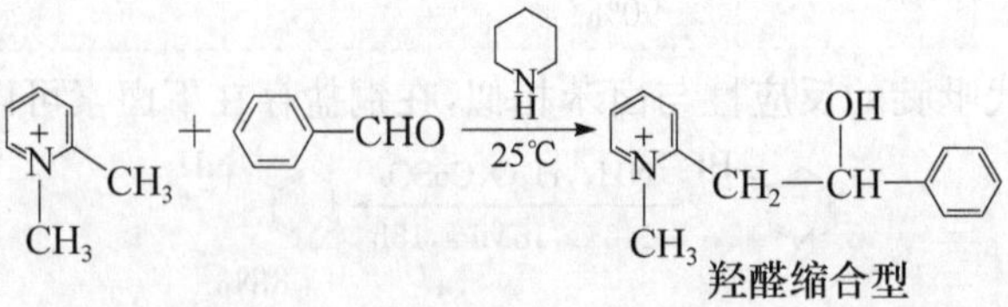

280

15.4.7 吡啶 N-氧化物的反应

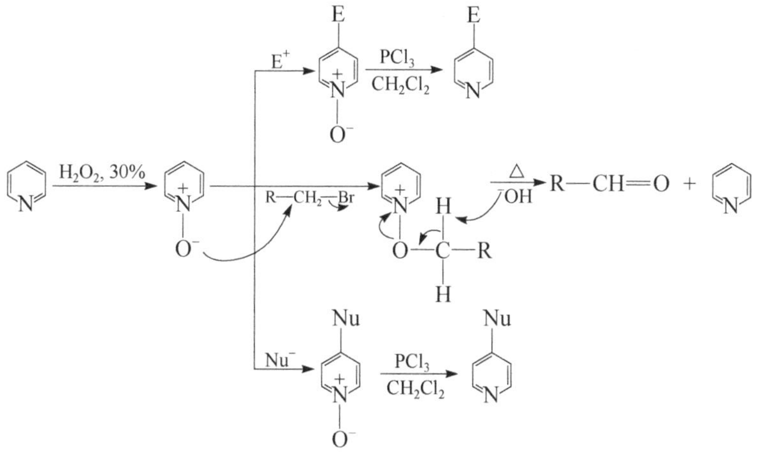

(1) N-氧化吡啶分子中与氮相连的氧可以看作是一个电子储存库。需要时，氧能提供电子，使整个环上的电荷密度增大；不需要时，氧不提供电子，整个环系相当于吡啶盐。

(2) 吡啶的 N-氧化物作为亲核试剂，可以将卤代烃变成醛。

15.5 含两个氮原子的六元杂环体系简介

15.5.1 嘧啶的合成

嘧啶环可由 β-二羰基化合物（或类似物）与尿素、硫脲、胍等化合物缩合制备。例如：

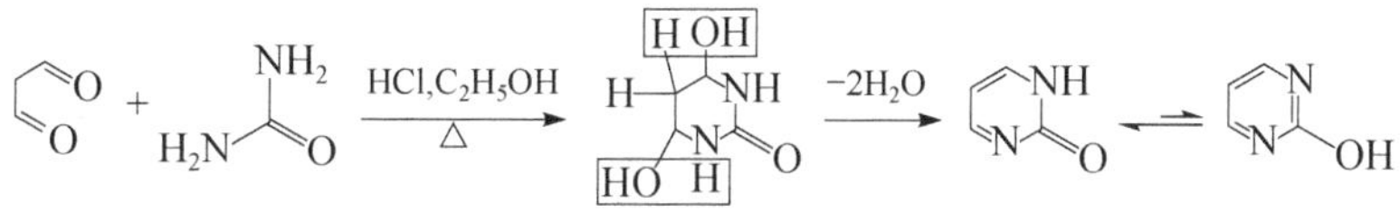

15.5.2 嘧啶的反应

(1) 嘧啶易发生亲核取代反应，并且反应最易在 2 位发生，其次是 4，6 位。

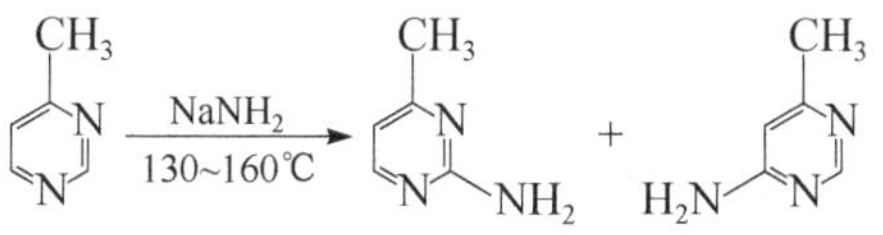

取代嘧啶环上的卤素要比取代氢更容易。

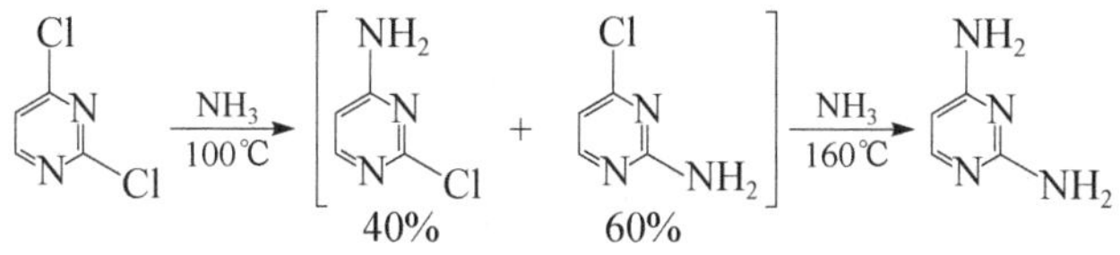

(2) 氧化：使用过氧化物氧化，可得到嘧啶单 N-氧化物。

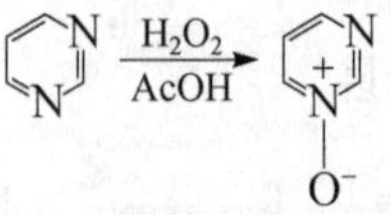

$$\text{嘧啶} \xrightarrow[\text{AcOH}]{H_2O_2} \text{嘧啶-N-氧化物}$$

(3) 侧链 α-H 反应。

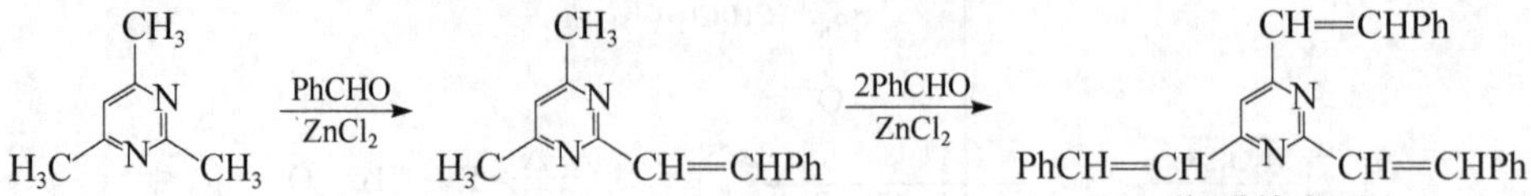

$$2,4,6\text{-三甲基嘧啶} \xrightarrow[\text{ZnCl}_2]{\text{PhCHO}} \text{单取代} \xrightarrow[\text{ZnCl}_2]{2\text{PhCHO}} \text{三取代}$$

羟醛缩合型

$$2,4,6\text{-三甲基嘧啶} \xrightarrow{\text{PhLi}} \text{CH}_2\text{Li衍生物} \xrightarrow{\text{CH}_3\text{I}} \text{乙基化产物}$$

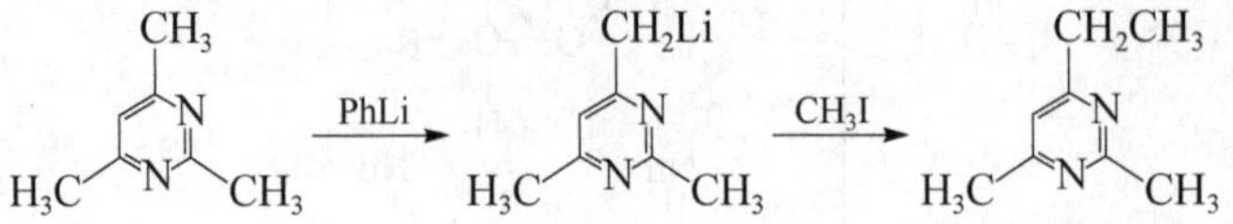

烷基化反应

15.5.3 几个重要的嘧啶衍生物

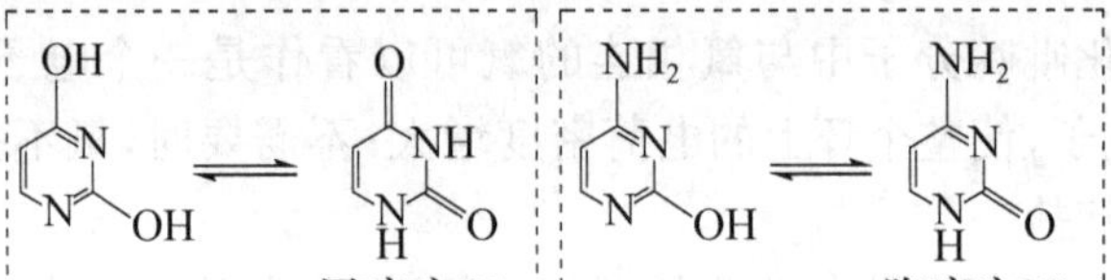

尿嘧啶(U)   胞嘧啶(C)

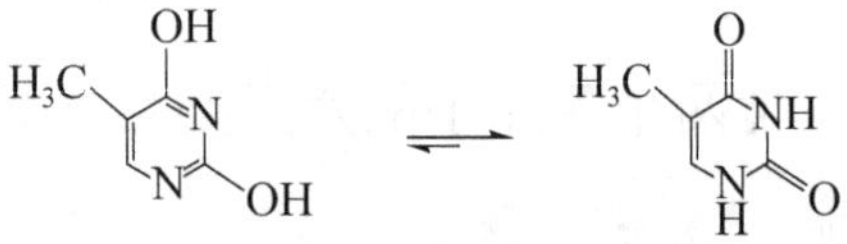

胸腺嘧啶(T)

15.6 含一个杂原子的五元杂环苯并体系简介

15.6.1 吲哚的合成

苯肼与醛、酮类化合物在酸性条件下加热生成吲哚及其衍生物的反应称为 Fischer 合成法。

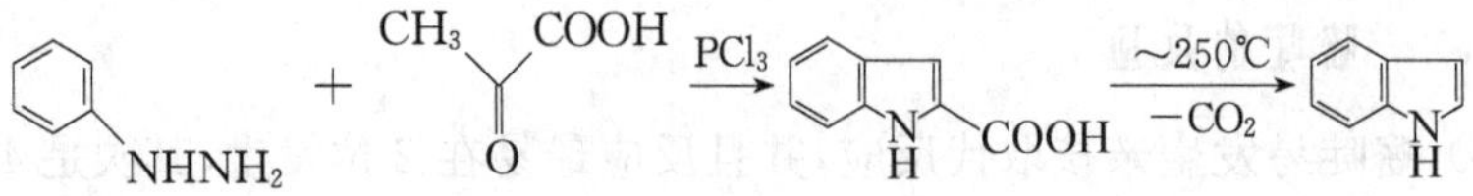

$$\text{PhNHNH}_2 + \text{CH}_3\text{COCOOH} \xrightarrow{\text{PCl}_3} \text{2-羧基吲哚} \xrightarrow[-\text{CO}_2]{\sim 250\,^\circ\text{C}} \text{吲哚}$$

15.6.2 吲哚的反应

(1) 吲哚的亲电取代在吡咯环上发生，主要生成 3 位取代产物。

常用的亲电试剂：HNO_3+HOAc（硝化），$C_5H_5N+SO_3$（磺化）；卤化反应需在低温、稀释条件下进行，常用稀释剂为二氧六环、HOAc，卤化试剂为 X_2；$PhN\equiv N^+Cl^-$（重氮化），$DMF+POCl_3$（甲酰化）。此外，吲哚易氧化，强酸易使吲哚聚合。

(2) 亲电取代反应的定位规律。

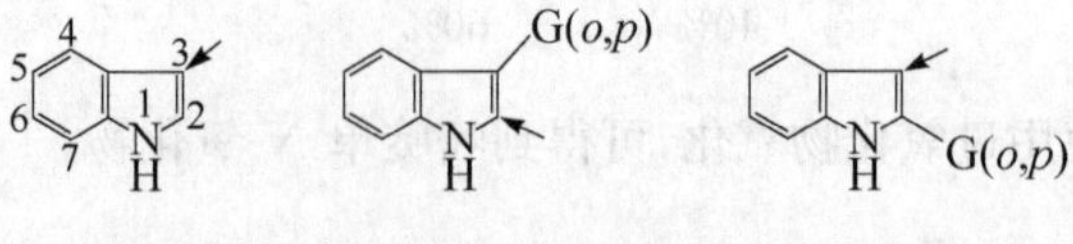

当苯环连有强的邻、对位定位基,或吡咯环的 2,3 位均被占用,或吡咯环连有间位定位基时,新的取代基将进入苯环。

15.7 含一个杂原子的六元杂环苯并体系简介

15.7.1 喹啉和异喹啉的合成

1. Skraup 反应

苯胺、甘油与硫酸、硝基苯、As_2O_5 等氧化剂一起作用,生成喹啉的反应称为 Skraup 反应。

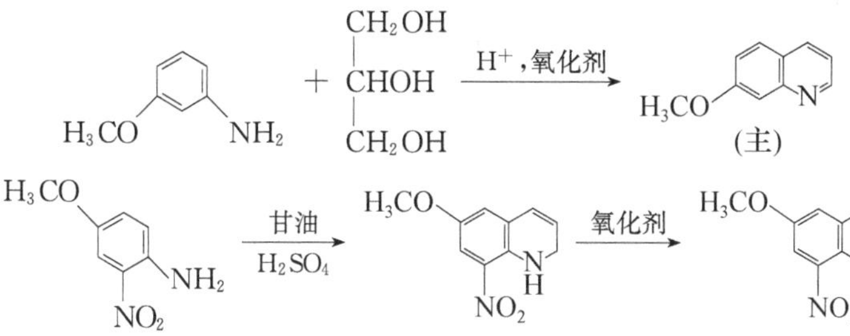

2. Bischler-Napieralski 反应

苯乙胺与羧酸或酰氯形成酰胺,然后在失水剂作用下失水关环,再脱氢得 1-取代异喹啉化合物的反应称为 Bischler-Napieralski 反应。

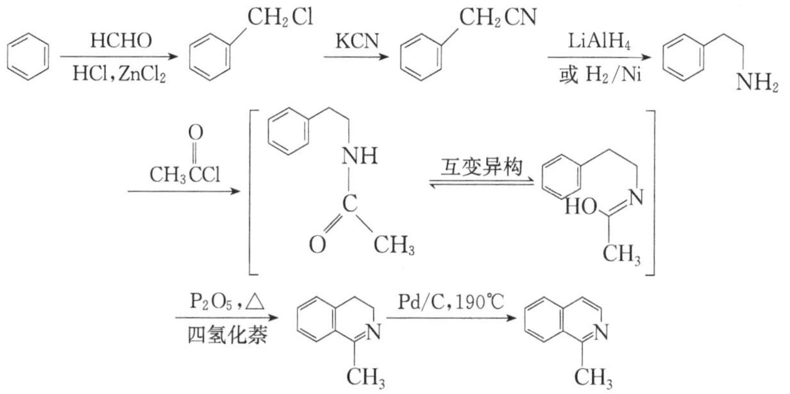

当苯环上有吸电子基时,反应几乎不能进行。苯环上有给电子基时,若此基团处于间位,关环可以在两个不同的位置进行,则主要在给电子基的对位发生。母体异喹啉不宜用此法制备,因为没有相应的酰氯。

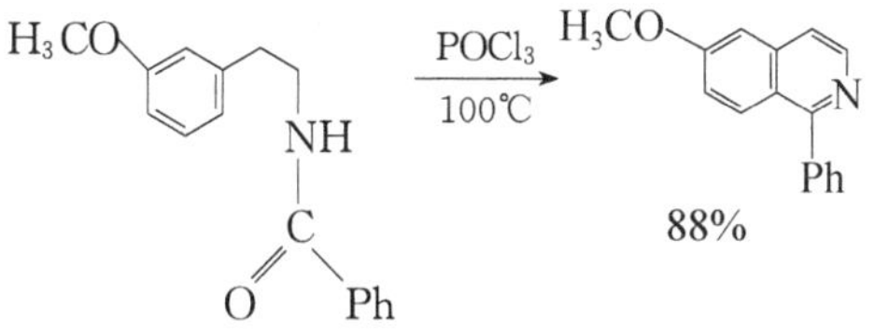

15.7.2 喹啉和异喹啉的反应

1. 成盐

碱性强弱比较：异喹啉＞吡啶＞喹啉。

$$\text{喹啉} \xrightarrow{H^+} \text{喹啉}^+\text{-H}$$

2. 氧化反应

(1) 喹啉和异喹啉与绝大多数氧化剂不发生反应，但能与高锰酸钾发生反应。

$$\text{喹啉} \xrightarrow[100\,^\circ\text{C}]{KMnO_4 \text{ 水溶液}} \begin{array}{c} HOOC \\ HOOC \end{array}\text{-吡啶}$$

$$\text{异喹啉} \xrightarrow{KMnO_4 \text{ 水溶液}} \text{邻苯二甲酰亚胺类}$$

$$\xrightarrow{KMnO_4, {}^-OH} \begin{array}{c}COOH\\COOH\end{array} + \begin{array}{c}HOOC\\HOOC\end{array}\text{-吡啶}$$

(2) 喹啉与异喹啉在过酸的作用下均可形成 N-氧化物。

$$\text{喹啉} \xrightarrow{RCO_3H} \text{喹啉 } N\text{-氧化物}$$

$$\text{异喹啉} \xrightarrow{RCO_3H} \text{异喹啉 } N\text{-氧化物}$$

3. 亲电取代反应

在酸性介质中，喹啉和异喹啉的亲电取代主要在苯环上发生。因为杂环上氮原子易与质子或 Lewis 酸络合而带正电荷。

$$\text{喹啉} \xrightarrow[\text{或发烟 } H_2SO_4, 90\,^\circ\text{C}]{\text{浓 } H_2SO_4, 200\,^\circ\text{C}} \text{8-SO}_3\text{H-喹啉 } (54\%) \xrightarrow[300\,^\circ\text{C}, \text{重排}]{\text{浓 } H_2SO_4} \text{6-SO}_3\text{H-喹啉}$$

$$\text{喹啉} \xrightarrow{HNO_3, H_2SO_4, 0\,^\circ\text{C}} \text{5-NO}_2\text{-喹啉} + \text{8-NO}_2\text{-喹啉}$$

$$\text{异喹啉} \xrightarrow{HNO_3, H_2SO_4, 0\,^\circ\text{C}} \text{5-NO}_2\text{-异喹啉} + \text{8-NO}_2\text{-异喹啉}$$

4. 亲核取代反应

(1) 亲核取代反应主要在吡啶环上发生,喹啉的反应位置在 2 位和 4 位(2 位为主),异喹啉在 1 位。

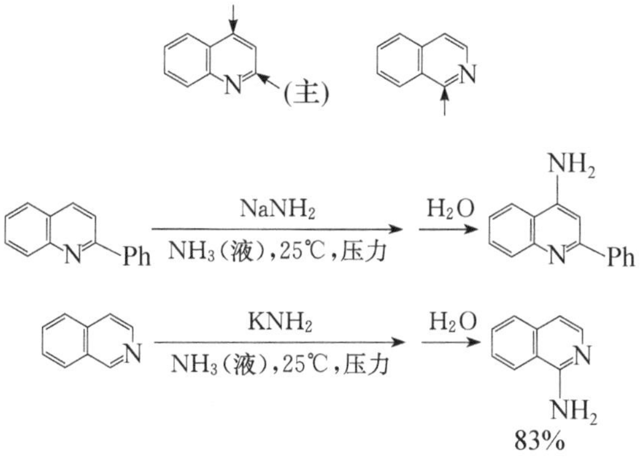

$$\text{喹啉} \quad (主) \qquad \text{异喹啉}$$

2-苯基喹啉 $\xrightarrow[\text{NH}_3(液),25℃,压力]{\text{NaNH}_2}$ 中间体 $\xrightarrow{\text{H}_2\text{O}}$ 4-氨基-2-苯基喹啉

异喹啉 $\xrightarrow[\text{NH}_3(液),25℃,压力]{\text{KNH}_2}$ 中间体 $\xrightarrow{\text{H}_2\text{O}}$ 1-氨基异喹啉 83%

(2) 常用的亲核试剂除 $\text{KNH}_2(\text{NaNH}_2)$ 外,还有 RLi、ArLi、RMgX、RONa 等。Cl、NO_2 等基团比氢更易被取代。

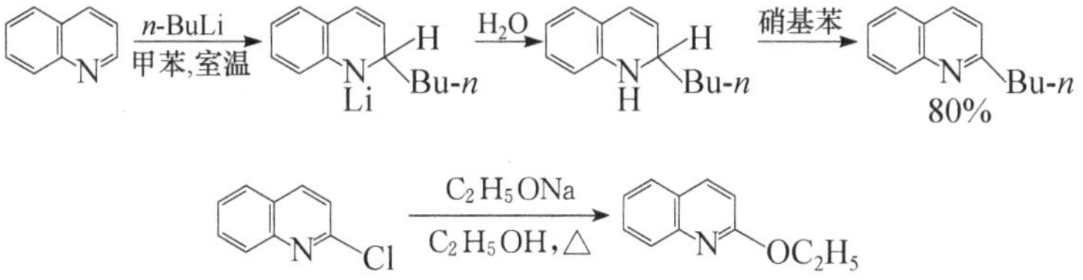

喹啉 $\xrightarrow[\text{甲苯,室温}]{n\text{-BuLi}}$ 加成物 $\xrightarrow{\text{H}_2\text{O}}$ 中间体 $\xrightarrow{\text{硝基苯}}$ 2-正丁基喹啉 80%

2-氯喹啉 $\xrightarrow[\text{C}_2\text{H}_5\text{OH},\triangle]{\text{C}_2\text{H}_5\text{ONa}}$ 2-乙氧基喹啉

5. 侧链 α-H 的反应

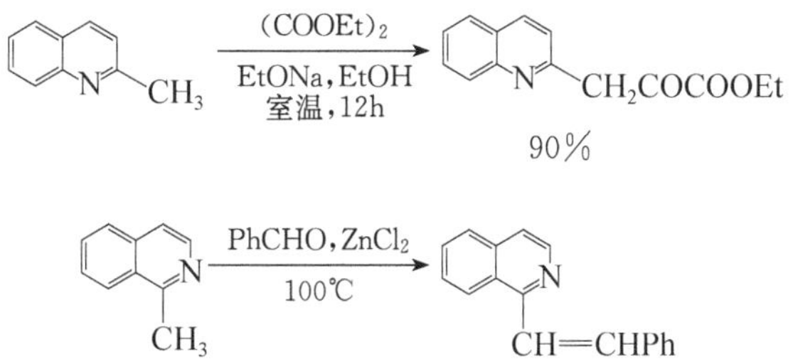

2-甲基喹啉 $\xrightarrow[\substack{\text{EtONa,EtOH}\\\text{室温,12h}}]{(\text{COOEt})_2}$ 2-(CH$_2$COCOOEt)喹啉 90%

1-甲基异喹啉 $\xrightarrow[100℃]{\text{PhCHO,ZnCl}_2}$ 1-(CH=CHPh)异喹啉

6. 还原

喹啉 $\xrightarrow{\text{H}_2/\text{Ni}}$ 1,2,3,4-四氢喹啉

喹啉 $\xrightarrow{\text{H}_2,\text{Pt,AcOH},40℃}$ 反十氢喹啉 + 顺十氢喹啉

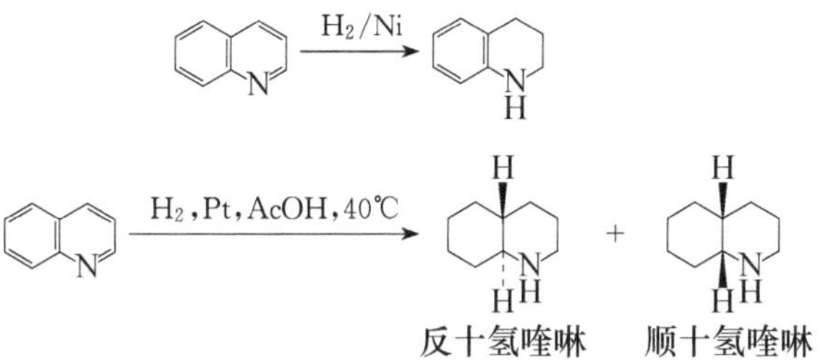

15.8 嘧啶和咪唑的并环体系——嘌呤环系简介

15.8.1 结构

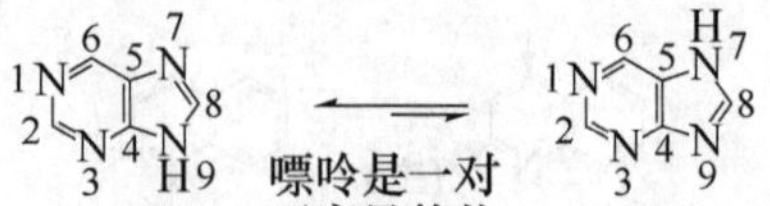

9H-嘌呤 ⇌ 7H-嘌呤

嘌呤是一对互变异构体的平衡体系

15.8.2 嘌呤的两个重要衍生物

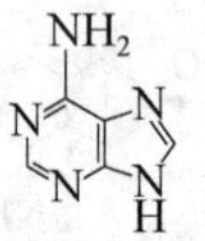

腺嘌呤(A)
(6-氨基嘌呤)

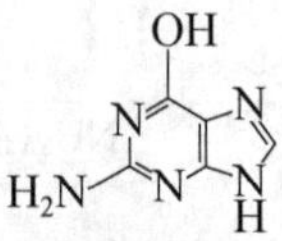

鸟嘌呤(G)
(2-氨基-6-羟基嘌呤)

第16章 碳水化合物

16.1 糖的定义和分类

"碳水化合物"的名称早年源于该类化合物的分子组成,当时分析发现淀粉、纤维素、葡萄糖等的分子式都符合 $C_n(H_2O)_m$ 的通式。从化学结构来看,碳水化合物是多羟基醛(酮),或容易水解为多羟基醛(酮)的化合物。又因为它们都具有甜味,因此将该类物质统称为糖类化合物。糖类化合物是自然界分布最广泛的化合物,动植物的新陈代谢过程都涉及糖类化合物。

植物　　$nCO_2 + mH_2O \xrightarrow[\text{光照}]{\text{叶绿素}} C_n(H_2O)_m + nO_2$

动物　　$C_n(H_2O)_m + nO_2 \longrightarrow nCO_2 + mH_2O + 能量$

16.1.1 糖的定义

多羟基醛、酮或经简单水解能生成多羟基醛、酮的化合物称为糖。

16.1.2 糖的分类

(1) 单糖:不能再水解为更简单的糖的糖类化合物。单糖分为醛糖和酮糖,它们都可根据所含碳原子数进一步分为几碳糖。

(2) 低聚糖(寡糖):由 2~10 个单糖失水形成的糖类。

(3) 多糖:十个或更多个单糖失水形成的糖类。

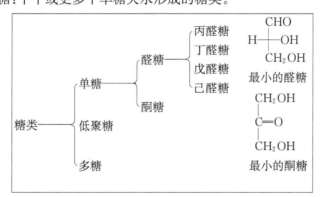

16.2 单糖的链式结构及表示方法

16.2.1 单糖链式结构的表示方法

(1) 单糖的链式结构常用 Fischer 投影式表示,如图 16-1 所示。

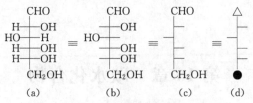

图 16-1　D-(+)-葡萄糖的 Fischer 投影式

（2）表示糖的 Fischer 投影式在使用时规定如下：

(i) 投影式不能离开纸面翻转，并规定羰基要写在投影式的上端，编号从靠近羰碳的一端开始。

(ii) 为了书写方便，投影式可以简化表达为(b)、(c)或(d)的形式，其中以(c)式使用较多。

(iii) 另外单糖的结构也可以用以下方式表示，在下方的(e)式中，楔形线连接的是在纸平面前的原子团，虚线连接的是在纸平面后的原子团，实线连接的原子团位于纸平面上。

16.2.2　相对构型

单糖可以分为 D 型和 L 型两个系列，称为相对构型。其划分以甘油醛为比较标准，并根据单糖 Fischer 投影式中编号最大的不对称碳原子的构型来决定。若该手性碳原子的构型与 D-甘油醛相同，则属于 D 型；若与 L-甘油醛相同，则属于 L 型。

自然界存在的葡萄糖、果糖都是 D 型糖。糖的旋光方向为实验测量值，右旋为"+"，左旋为"-"。单糖的相对构型是人为规定的，但后来发现实验测得的单糖构型(绝对构型)正好与相对构型相同。

16.3 单糖的命名

单糖可以按照系统命名法命名,但由于单糖分子常含有多个手性碳原子,导致名称复杂,因此单糖多以其来源命名。

实例	系统命名法	习惯命名法	类别
CHO H—OH CH₂OH	(2R)-(＋)-2,3-二羟基丙醛	D-(＋)-甘油醛	丙醛糖
CHO H—OH H—OH H—OH CH₂OH	(2R,3R,4R)-(－)-2,3,4,5-四羟基戊醛	D-(－)-核糖	戊醛糖
CH₂OH C=O HO—H H—OH H—OH CH₂OH	(3S,4R,5R)-(－)-1,3,4,5,6-五羟基-2-己酮	D-(－)-果糖	己酮糖

D-醛糖的结构和习惯名称如图 16-2 所示。

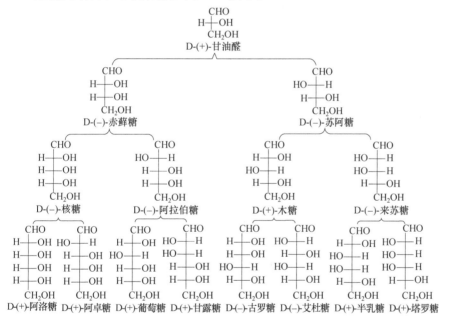

图 16-2 D-醛糖的结构

16.4 单糖的环形结构

16.4.1 葡萄糖的变旋现象及环形结构

1. 葡萄糖的变旋现象

一个旋光化合物放入溶液中,它的旋光度逐渐变化,最后达到一个稳定的平

衡值,这种现象称为变旋现象。例如,葡萄糖的情况:

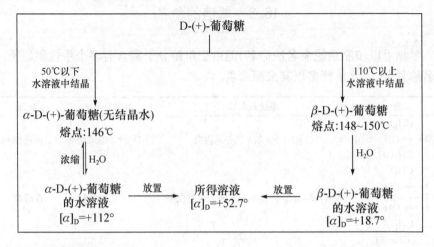

2. 单糖环形结构的提出

(1) 用葡萄糖的链式结构也不能合理解释葡萄糖的下列各种特性:

(i) 葡萄糖具有一个醛基,却只能与一分子醇形成缩醛。

(ii) 葡萄糖不能与 $NaHSO_3$ 形成加成产物。

(iii) 葡萄糖的 IR 图谱中没有羰基的伸缩振动,^{1}H-NMR 图谱中没有醛基质子的吸收峰。

(iv) 葡萄糖能与 Fehling 试剂、Tollens 试剂、H_2NOH、HCN、Br_2 的水溶液反应。

(2) 单糖环形结构的提出。

受到羟基醛(酮)易形成五元或六元环状半缩醛(酮)的启迪,提出单糖的环形结构。

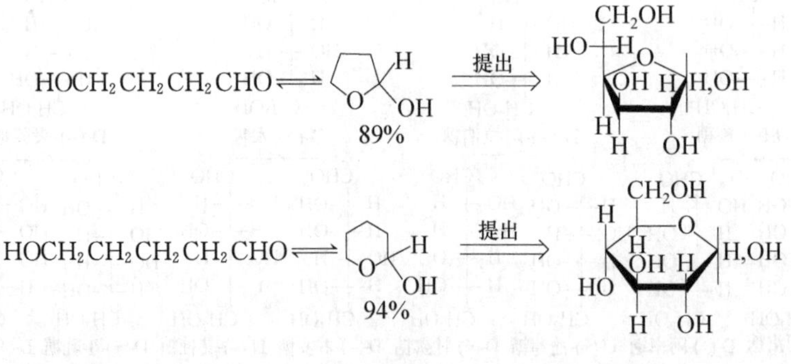

$HOCH_2CH_2CH_2CHO$ ⇌ (89%) ⟹ 提出

$HOCH_2CH_2CH_2CH_2CHO$ ⇌ (94%) ⟹ 提出

3. 葡萄糖的存在形式

现已清楚葡萄糖是一个链式结构和环形结构的平衡体。在其平衡体系中各种结构及其所占份额如图 16-3 所示。

4. 糖的环形结构能够很好地说明糖的特性

(1) 用糖的环形结构与链式结构在溶液中达成动态平衡能够很好地解释糖的变旋现象。

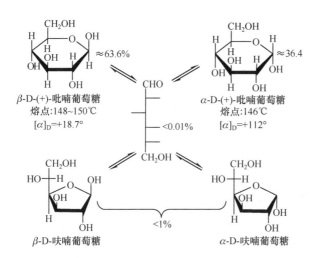

图 16-3 葡萄糖在水溶液中的异构现象

(2) 在环形结构中,糖的醛基已与分子内的一个羟基形成了环状半缩醛,因此只能与另一分子醇形成缩醛。

(3) 葡萄糖主要以环形结构存在,链式结构很少;并且在水溶液中醛与 $NaHSO_3$ 的反应平衡并不偏向加成产物,因此二者的反应不灵敏。

(4) 由于链式结构在平衡中所占份额很少,以致仪器检测不到,因此 IR 和 ^{1}H-NMR 图谱中没有相关吸收峰。

(5) 葡萄糖与 Fehling 试剂、Tollens 试剂、H_2NOH、HCN、Br_2/H_2O 的反应是由环状半缩醛通过平衡转变为链式结构发生的。

16.4.2 葡萄糖 Haworth 透视式的画法

葡萄糖 Haworth 透视式的画法如下:

16.4.3 葡萄糖的构象式

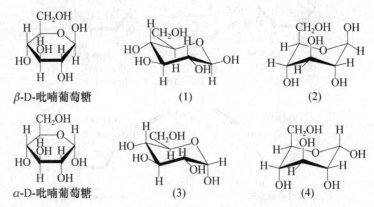

β-D-吡喃葡萄糖　　　　(1)　　　　　(2)

α-D-吡喃葡萄糖　　　　(3)　　　　　(4)

构象式的稳定性：(1)＞(3)＞(4)＞(2)，所以在葡萄糖的平衡体系中β-D-吡喃葡萄糖所占份额最多。

16.5 单糖的反应

16.5.1 差向异构化

在弱碱性条件下，糖中与羰基相邻的不对称碳原子的构型发生变化，称为差向异构化。

D-葡萄糖 ⇌(吡啶或三级胺) [中间体] ⇌(吡啶或三级胺) D-甘露糖

⇅

D-果糖

16.5.2 糖的递增反应——Kiliani 氰化增碳法

D-甘油醛 + HCN → 产物 →(1. Ba(OH)$_2$; 2. H$_3$O$^+$) 内酯 →(Na-Hg, H$_2$O, pH=3~5) D-赤藓糖

D-甘油醛 + HCN → 产物 →(1. Ba(OH)$_2$; 2. H$_3$O$^+$) 内酯 →(Na-Hg, H$_2$O, pH=3~5) D-苏阿糖

由于分子中原有的手性碳原子对新生手性碳原子的构型具有一定的诱导作用，所以两个差向异构体是不等量的。若用 Na-Hg 乙醇溶液还原，则产物两端均为醇。该反应产率不高，主要用于结构研究。

❑16.5.3 糖的递降反应——Ruff 递降法(氧化脱羧)

D-葡萄糖

D-阿拉伯糖

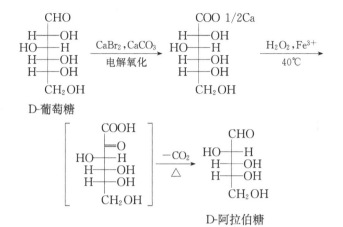

❑16.5.4 形成糖脎

糖和苯肼反应，在糖的 1，2 位形成二苯腙(称为脎)的反应称为成脎反应。

D-葡萄糖苯腙 D-葡萄糖脎

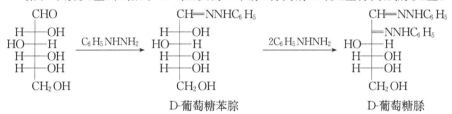

成脎反应的应用：

(1) 糖脎都是黄色晶体，由于不同的糖脎结晶形状不同，熔点不同，形成的时间也不同，因此可用来鉴别各种糖。

(2) 用于研究糖的构型，如葡萄糖、甘露糖、果糖具有相同的糖脎，这说明这三种糖的第 3、4、5、6 号碳原子的构型完全相同。

❑16.5.5 糖的氧化反应

1. 还原糖和非还原糖

凡是对 Fehling 试剂、Tollens 试剂、Benedict 试剂呈正反应的糖称为还原糖，呈负反应的糖称为非还原糖。

Fehling 试剂：硫酸铜＋碱性酒石酸钾钠。

Tollens 试剂：硝酸银的氨水溶液。

Benedict 试剂：柠檬酸＋硫酸铜＋碳酸钠。

2. 用 Tollens 试剂、Fehling 试剂或 Benedict 试剂氧化

$$\text{Tollens 试剂} \atop \text{Fehling 试剂} \atop \text{Benedict 试剂} \quad + \quad \underset{\text{D-葡萄糖}}{\begin{array}{c}\text{CHO}\\\text{H}-\text{OH}\\\text{HO}-\text{H}\\\text{H}-\text{OH}\\\text{H}-\text{OH}\\\text{CH}_2\text{OH}\end{array}} \longrightarrow \underset{\text{D-葡萄糖酸}}{\begin{array}{c}\text{COOH}\\\text{H}-\text{OH}\\\text{HO}-\text{H}\\\text{H}-\text{OH}\\\text{H}-\text{OH}\\\text{CH}_2\text{OH}\end{array}} + \begin{array}{c}\text{Ag}\downarrow\\\text{Cu}_2\text{O}\downarrow\\\text{Cu}_2\text{O}\downarrow\end{array}$$

3. 用溴水氧化——形成糖酸

溴水在 pH=5 左右时使醛糖氧化成糖酸。酮糖不能发生这一反应，所以该反应可以区别酮糖和醛糖。

D-葡萄糖 $\xrightarrow{\text{Br}_2,\text{H}_2\text{O}}$ D-葡萄糖酸-δ-内酯 $\rightleftharpoons$ (开链 D-葡萄糖酸) $\rightleftharpoons$ D-葡萄糖酸-γ-内酯

4. 用硝酸氧化

稀硝酸能把醛糖氧化成糖二酸；稀硝酸氧化酮糖时会导致 C_1—C_2 键断裂。浓硝酸能进一步导致 C—C 键断裂，因此不能使用。

$$\underset{}{\begin{array}{c}\text{COOH}\\\text{H}-\text{OH}\\\text{HO}-\text{H}\\\text{H}-\text{OH}\\\text{H}-\text{OH}\\\text{CH}_2\text{OH}\end{array}} \xrightarrow{\text{稀 HNO}_3} \begin{array}{c}\text{COOH}\\\text{H}-\text{OH}\\\text{HO}-\text{H}\\\text{H}-\text{OH}\\\text{H}-\text{OH}\\\text{COOH}\end{array} \longrightarrow \cdots$$

5. 用高碘酸氧化

$$\begin{array}{c}\text{CHO}\\\text{H}-\text{OH}\\\text{HO}-\text{H}\\\text{H}-\text{OH}\\\text{H}-\text{OH}\\\text{CH}_2\text{OH}\end{array} \xrightarrow{5\text{H}_5\text{IO}_6} 5\text{HCOOH} + \text{HCHO}$$

该反应定量进行，在测定糖的结构时非常有用。

❑ 16.5.6 单糖的还原

单糖可用催化氢化或硼氢化钠还原，产物为糖醇。例如，D-葡萄糖还原生成山梨糖醇，L-古罗糖还原也生成山梨糖醇。

▌16.5.7 形成糖苷

环状糖的半缩醛羟基能与另一化合物分子中的羟基、氨基或巯基等失水,生成的失水产物称为糖苷。例如,由葡萄糖衍生的糖苷称为葡萄糖苷。

糖苷的名称由三部分组成:配基＋糖的残基＋(糖)苷。

其中,糖去掉半缩醛羟基剩余的部分称为糖的残基;配基指糖苷中的非糖部分。糖的残基与配基连接的键称为苷键。

(1) 在酸催化下,只有糖的半缩醛羟基能与另一分子醇反应形成醚键。

(2) Williamson 反应可使糖上所有的羟基(包括半缩醛的羟基)形成醚。最常用的甲基化试剂:①30% NaOH＋$(CH_3)_2SO_4$;②Ag_2O＋CH_3I。

(3) 糖苷从结构上看是缩醛,在碱性条件下稳定,但可在温和的酸性条件下水解,生成糖和配基。而普通的醚键在温和的酸性条件下是稳定的,只有在强的 HX 作用下才分解。

(4) 酶能够立体专一地使糖苷水解。例如,从酵母中分离得到的 α-D-葡萄糖苷酶只水解 α-D-葡萄糖苷;而从杏仁中得到的 β-D-葡萄糖苷酶只水解 β-D-葡萄糖苷。

(5) 醛和酮可以与糖分子中邻位顺式羟基缩合形成环状的缩醛和缩酮,该反应可以用来保护羟基。

例如,维生素 C 的合成:

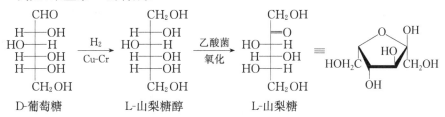

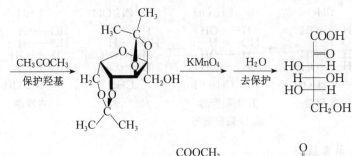

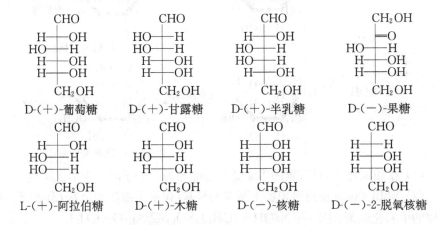

L-抗坏血酸(维生素C)

16.6 一些重要的单糖及其衍生物

D-(+)-葡萄糖　　D-(+)-甘露糖　　D-(+)-半乳糖　　D-(−)-果糖

L-(+)-阿拉伯糖　　D-(+)-木糖　　D-(−)-核糖　　D-(−)-2-脱氧核糖

16.7 双　　糖

水解后产生两分子单糖的低聚糖称为双糖。

❑16.7.1 纤维二糖的结构和命名

(1) 纤维二糖($C_{12}H_{22}O_{11}$)是纤维素水解的产物。纤维二糖能用 β-葡萄糖苷酶水解，水解产物为两分子 D-葡萄糖。

(2) 因为整个分子中保留了一个半缩醛的羟基，能与 Tollens 试剂、Fehling 试剂及 Benedict 试剂反应，所以是还原糖。

(3) 命名时选保留半缩醛羟基的糖为母体，另一个糖为取代基。

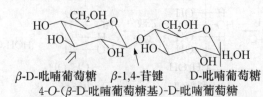

β-D-吡喃葡萄糖　　β-1,4-苷键　　D-吡喃葡萄糖
4-O-(β-D-吡喃葡萄糖基)-D-吡喃葡萄糖

16.7.2 麦芽糖的结构和命名

(1) 麦芽糖($C_{12}H_{22}O_{11}$)是淀粉水解的产物。麦芽糖能被 α-葡萄糖苷酶水解,水解产物为两分子 D-葡萄糖。

(2) 麦芽糖分子中保留了一个半缩醛羟基,能与 Tollens 试剂、Fehling 试剂及 Benedict 试剂反应,所以是还原糖。

(3) 命名时选保留半缩醛羟基的糖为母体,另一个糖为取代基。

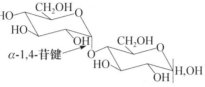

4-*O*-(α-D-吡喃葡萄糖基)-D-吡喃葡萄糖

麦芽糖与纤维二糖的区别虽然只在苷键,但在生理上却有很大不同。麦芽糖有甜味,可在人体内分解消化;纤维二糖则无味,也不能在人体内分解消化。

16.7.3 乳糖的结构和命名

(1) 乳糖($C_{12}H_{22}O_{11}$)存在于哺乳动物的乳汁中,牛奶变酸是因为其所含乳糖变成了乳酸。乳糖水解产生一分子 D-半乳糖和一分子 D-葡萄糖。

(2) 乳糖分子中保留了一个半缩醛的羟基,能与 Tollens 试剂、Fehling 试剂及 Benedict 试剂反应,所以是还原糖。

(3) 命名时选保留半缩醛羟基的糖为母体,另一个糖为取代基。

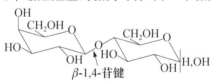

4-*O*-(β-D-吡喃半乳糖基)-D-吡喃葡萄糖

16.7.4 蔗糖的结构和命名

(1) 蔗糖($C_{12}H_{22}O_{11}$)主要从甘蔗和甜菜中获得,是人类需求量最大的低聚糖。蔗糖由 α-D-吡喃葡萄糖和 β-D-呋喃果糖的两个半缩醛羟基失水而成。蔗糖是右旋的,$[\alpha]_D = +66.5°$,其水解所得的混合物是左旋的,因此将蔗糖的水解产物称为转化糖。

(2) 蔗糖中已无半缩醛羟基,所以是非还原糖。

(3) 两种糖均可作为母体,所以有两种学名。

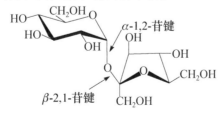

1-*O*-(β-D-呋喃果糖基)-α-D-吡喃葡萄糖苷
2-*O*-(α-D-吡喃葡萄糖基)-β-D-呋喃果糖苷

主要参考文献

高坤,李瀛. 2008. 有机化学. 北京:科学出版社
高占先. 2007. 有机化学. 2版. 北京:高等教育出版社
胡宏纹. 2006. 有机化学. 3版. 北京:高等教育出版社
裴伟伟. 2008. 有机化学核心教程. 北京:科学出版社
荣国斌. 2009. 高等有机化学基础. 3版. 上海:华东理工大学出版社
邢其毅,裴伟伟,徐瑞秋,等. 2005. 基础有机化学. 3版. 北京:高等教育出版社
Carey F A. 2005. Organic Chemistry. 6th ed. New York:McGraw-Hill
K. 彼得 C. 福尔哈特,尼尔 E. 肖尔. 有机化学结构与功能. 戴立信,席振峰,王梅祥,等译. 2006. 北京:化学工业出版社
L. G. 韦德 JR. 有机化学. 5th ed. 万有志,等译. 2006. 北京:化学工业出版社
McMurry J. 2005. Fundamentals of Organic Chemistry. 5th ed(影印版). 北京:机械工业出版社